高等学校土木工程专业系列教材

建 筑 材 料

(第 3 版)

杨彦克　李固华　潘绍伟　主编

叶跃忠　何川祥　主审

西南交通大学出版社

·成　都·

内 容 简 介

本教材是为土木工程大专业编写的专业基础课教材,主要介绍土木工程中常用材料的基本成分、结构、技术性能、质量检验和合理选材等方面的基本理论和基础知识。全书共分十二章,包括建筑材料基本性质、气硬性胶凝材料、水泥、混凝土、建筑砂浆、钢材与铝合金、木材、合成高分子建筑材料、沥青及防水材料、墙体材料及石材、常用建筑装饰材料、绝热材料与吸声材料等。

本书可作为高等学校土木工程、工程管理、建筑学等专业的教学用书,还可供有关科研、生产、施工人员参考。

图书在版编目(CIP)数据

建筑材料 / 杨彦克,李固华,潘绍伟主编. —3 版. —成都:西南交通大学出版社,2013.6(2020.7 重印)
高等学校土木工程专业系列教材
ISBN 978-7-5643-2398-1

Ⅰ.①建… Ⅱ.①杨…②李…③潘… Ⅲ.①建筑材料-高等学校-教材 Ⅳ.①TU5

中国版本图书馆 CIP 数据核字(2013)第 139487 号

高等学校土木工程专业系列教材

建 筑 材 料
(第 3 版)

杨彦克　李固华　潘绍伟　主编

*

责任编辑　李芳芳
封面设计　本格设计

西南交通大学出版社出版发行
四川省成都市二环路北一段 111 号西南交通大学创新大厦 21 楼
邮政编码：610031　发行部电话：028-87600564
http://www.xnjdcbs.com
四川森林印务有限责任公司印刷

*

成品尺寸：185 mm×260 mm　　印张：19.75
字数：490 千字
2013 年 6 月第 3 版　2020 年 7 月第 12 次印刷
ISBN 978-7-5643-2398-1
定价：48.00 元

图书如有印装质量问题　本社负责退换
版权所有　盗版必究　举报电话：028-87600562

第3版前言

本教材为大学本科土木工程、工程管理及建筑学等专业的教学用书，是在第2版（2010年编写）教材的基础上进行修订而成的。

由于土木工程发展很快，且新技术、新材料不断涌现，国家有关标准、规范在2008—2012年做了大量的修订，第2版部分内容已满足不了需要，因此，有必要对相关章节作适当修订，以适应教学需要。修订后的教材保留了第2版的特色，并根据现行的国家有关标准、规范和国内外有关的建筑材料新技术、新工艺、新成就改写了部分内容；书中继续保留了每章复习题和建筑材料试验内容。

参加本次修订的有西南交通大学杨彦克（绪论、第四章及有关试验）、何川祥（第一、二章及有关试验）、李固华（第三、六章及有关试验）、潘绍伟（第五、七章及有关试验）、叶跃忠（第八、九、十、十一、十二章及有关试验）。全书由杨彦克、李固华、潘绍伟担任主编，叶跃忠、何川祥担任主审。

感谢对本书提出宝贵意见的老师和同学。

编　者
2013年5月

第 2 版前言

本教材为大学本科土木工程、工程管理及建筑学等专业的教学用书，是在第一版（2005年编写）教材的基础上进行修订而成的。

第一版《建筑材料》的选材符合教育部对普通高等学校本科专业的要求，但由于土木工程专业在原有的专业方向上有了较大的拓宽，涵盖的方向更多，且随着新材料、新技术的出现和国家有关标准、规范的修订，部分内容已满足不了需要，因此，有必要对相关章节内容作适当修订，以适应教学需要。修订后的教材保留了第一版教材特色，并根据现行的国家有关标准、规范和国内外有关的建筑材料新技术、新工艺、新成就改写了部分内容；书中继续保留了每章复习题和建筑材料试验内容。

参加本次修订的有西南交通大学杨彦克（绪论、第四章及有关试验）、何川祥（第一、二章及有关试验）、李固华（第三、六章及有关试验）、潘绍伟（第五、七章及有关试验）、叶跃忠（第八、九、十、十一、十二章及有关试验）。全书由杨彦克、李固华、潘绍伟担任主编，叶跃忠、何川祥担任主审。

感谢对本书提出宝贵意见的老师和同学。

编　者
2010 年 2 月

第1版前言

根据国家教育委员会对普通高等学校本科专业目录的修订，土木工程专业与原有专业目录有了较大变化，专业面涵盖了原来的交通、土建、道路工程、桥梁工程、地下结构工程等多个专业方向。本教材是为适应按大类专业培养人才的要求，根据各专业特点，并按高等学校土木工程专业指导委员会编制的"土木工程材料课程教学大纲"的要求而编写的。本书重点讲述了建筑材料的基本性能、无机胶凝材料（重点是水泥）、混凝土和砂浆、钢材与铝合金、木材、合成高分子材料、沥青及防水材料、墙体材料及石材等。

由于建筑材料课程强调实践环节，本书将建筑材料试验集中在后面，并列出了每个试验所采用的试验规范。

本教材除适合铁道桥梁、铁道工程、地下工程、工民建等专业的教学外，还适合建筑学、工程管理等专业的教学。教材深入浅出，叙述生动，结合工程实际，既注重理论知识又突出该课程的工程实际应用特点。

参加本书编写的有西南交通大学杨彦克（绪论、第四章及有关试验）、何川祥（第一章、第二章及有关试验）、李固华（第三章、第六章及有关试验）、潘绍伟（第五章、第七章及有关试验）、叶跃忠（第八、九、十、十一、十二章及有关试验）。全书由杨彦克、李固华、潘绍伟担任主编，叶跃忠、何川祥担任主审。

本书在编写过程中，得到了西南交通大学土木工程学院领导和建筑材料教研室、建筑材料实验室同志们的大力支持和帮助，对书中内容提出了宝贵的意见，在此表示衷心的感谢。

编　者
2005年5月

目　录

绪　论 ··· 1

第一章　建筑材料基本性质 ··· 5
 第一节　材料的组成、结构和构造与性质的关系 ······················· 5
 第二节　材料的物理性质 ··· 8
 第三节　材料的力学性质 ··· 16
 第四节　材料的耐久性、装饰性和环保性 ··································· 22
 复习思考题 ·· 25

第二章　气硬性胶凝材料 ·· 26
 第一节　建筑石膏 ·· 26
 第二节　建筑石灰 ·· 32
 第三节　水玻璃 ·· 37
 第四节　镁氧水泥 ·· 39
 复习思考题 ·· 41

第三章　水　泥 ··· 42
 第一节　硅酸盐水泥 ·· 42
 第二节　掺混合材的硅酸盐水泥 ·· 55
 第三节　专用水泥和特性水泥 ·· 61
 第四节　铝酸盐水泥 ·· 67
 复习思考题 ·· 70

第四章　混凝土 ··· 72
 第一节　普通混凝土组成材料及其作用 ·· 72
 第二节　新拌混凝土和易性 ·· 82
 第三节　混凝土硬化特性及强度 ·· 86
 第四节　混凝土在硬化过程中及硬化后的变形性能 ···················· 93
 第五节　钢筋混凝土的耐久性 ·· 96
 第六节　混凝土质量控制与强度评定 ·· 104
 第七节　普通混凝土配合比设计 ·· 107
 第八节　其他混凝土 ·· 117
 复习思考题 ·· 132

第五章　建筑砂浆 ·· 136
第一节　砂浆的定义和分类 ·· 136
第二节　建筑砂浆的技术性质 ·· 138
第三节　砌筑砂浆 ·· 140
第四节　砌筑砂浆配合比设计 ·· 142
第五节　一般抹灰砂浆 ·· 144
第六节　装饰砂浆 ·· 146
复习思考题 ··· 148

第六章　钢材与铝合金 ·· 149
第一节　钢的生产、分类与晶体组织 ·· 149
第二节　钢材的技术性质 ·· 155
第三节　化学成分、热处理、冷加工硬化与时效对钢性质的影响 ············· 161
第四节　建筑钢材的标准与选用 ·· 163
第五节　建筑钢材的锈蚀及其防止 ··· 177
第六节　铝及铝合金 ··· 179
复习思考题 ··· 182

第七章　木　材 ·· 183
第一节　木材的分类与构造 ··· 183
第二节　木材的物理力学性质 ·· 184
第三节　木材的防护处理 ·· 187
第四节　木材的综合利用 ·· 188
复习思考题 ··· 190

第八章　合成高分子建筑材料 ·· 191
第一节　合成高分子材料基础知识 ··· 191
第二节　塑料 ··· 193
第三节　橡胶 ··· 198
第四节　合成高分子防水卷材 ·· 199
第五节　合成胶粘剂 ··· 200
复习思考题 ··· 202

第九章　沥青及防水材料 ·· 203
第一节　石油沥青与煤沥青 ··· 203
第二节　防水卷材 ·· 209
第三节　沥青基防水涂料 ·· 212
第四节　沥青基建筑密封材料 ·· 216
第五节　沥青混合料及沥青砂浆 ·· 217
复习思考题 ··· 221

第十章　墙体材料及石材ㆍㆍㆍ222
第一节　墙体材料ㆍㆍ222
第二节　石材ㆍㆍ230
复习思考题ㆍㆍㆍ233

第十一章　常用建筑装饰材料ㆍㆍㆍㆍㆍㆍㆍㆍㆍㆍㆍㆍㆍㆍㆍㆍㆍㆍㆍㆍㆍㆍㆍㆍㆍㆍㆍㆍㆍㆍㆍㆍㆍㆍㆍㆍ234
第一节　玻璃ㆍㆍ234
第二节　建筑涂料ㆍㆍㆍ241
第三节　建筑饰面石材ㆍㆍ244
第四节　建筑陶瓷ㆍㆍㆍ246
复习思考题ㆍㆍㆍ247

第十二章　绝热材料与吸声材料ㆍㆍㆍㆍㆍㆍㆍㆍㆍㆍㆍㆍㆍㆍㆍㆍㆍㆍㆍㆍㆍㆍㆍㆍㆍㆍㆍㆍㆍㆍㆍㆍ248
第一节　绝热材料ㆍㆍㆍ248
第二节　吸声材料ㆍㆍㆍ252
复习思考题ㆍㆍㆍ254

建筑材料试验ㆍㆍ255
试验一　材料的基本性质试验ㆍㆍㆍㆍㆍㆍㆍㆍㆍㆍㆍㆍㆍㆍㆍㆍㆍㆍㆍㆍㆍㆍㆍㆍㆍㆍㆍㆍㆍㆍㆍㆍㆍㆍㆍ255
试验二　水泥性能检验ㆍㆍ263
试验三　混凝土试验ㆍㆍ272
试验四　建筑砂浆试验ㆍㆍ291
试验五　建筑钢材试验ㆍㆍ293
试验六　石油沥青及沥青混合料马歇尔稳定度试验ㆍㆍㆍㆍㆍㆍㆍㆍㆍㆍㆍㆍ298

参考文献ㆍㆍ305

绪　　论

一、建筑材料与土木工程

广义上的建筑材料指构成土木工程的材料总和，它包括结构材料、维护材料、装饰材料，以及各种功能材料（如防水、保温隔热、隔声吸声、透光反光材料）、门窗材料、小五金材料等。

建筑材料的发展是随着社会科技的进步而不断发展的。我们的祖先最早就是从利用自然界材料建造人们赖以生活的住所开始，才有了后来的古罗马建筑、埃及金字塔、中国的万里长城。人类在土木工程的建造中发现（发明）了许多现在仍被广泛使用的建筑材料，如石灰、石膏、波特兰水泥、钢铁、减水剂、碳纤维等，也正是由于出现了钢筋混凝土、高强合金钢、高强纤维等，才使我们今天的建筑发生了如此巨大的变化。如波兰的 65 m 高的钢筋混凝土世纪大厅；德国采用玻璃纤维增强水泥建造的联邦园艺展览厅的双曲抛物面屋顶，直径 31 m，厚 1 cm，质量才 25 t；还有我国已建成通车的苏通长江公路大桥，其全长 8 206 m，主跨 1 088 m，是一座双塔斜拉桥，这些都说明材料的发展对土木工程的发展贡献是多么巨大。

现代土建工程中采用的钢材强度已达 1 800 MPa，碳纤维可达 2 000～4 000 MPa，而混凝土材料强度在很多建筑中已用到 100～150 MPa。由于不断应用新型材料，才可能有结构的创新和发展。可以这样认为：如果说土木建筑业的发展可以折射出社会的进步，那么建筑材料的发展对它的促进作用则功不可没。

随着现代社会的发展，人们对土木建筑工程，如桥梁、隧道、高层建筑、城市交通网、地下铁路、大型标志性建筑、大型水利工程、海港工程等，提出了更高的要求，除了高强轻质外，还要求高寿命（100～500 年）、低能耗、绿色环保。

从成本上考虑，一项土建工程，材料所占工程造价的比例是最高的（根据工程性质的不同，比例在 50%～80% 范围内变化）。因此，合理、正确地选用材料，是降低工程造价的关键，否则会由于材料选用不当甚至严重失误而导致重大工程事故的发生。

二、我国建筑材料的发展

新中国成立初期，我国水泥年产量仅 66 万吨，钢产量几乎为零。改革开放后我国土木工程和建材业得到了迅速的发展，2004 年钢材已达到 1.25 亿吨，占全世界的 1/4，居世界首位；1985 年水泥年产量就达到了 1.5 亿吨，居世界第一，2003 年我国水泥产量已达世界产量的 1/3 以上；普通玻璃年产量现在已达到 1 亿标箱以上；其他建筑材料如建筑陶瓷，已占到世界产量的 1/4 以上。我国是建筑材料名副其实的大国。当然，我国的建筑材料产业得益于蓬勃发展的建筑业，但基建投资的迅速发展，使很多生产还停留在高能耗、低效率、高污染状况。要改善现状，必须建立健全相关法律，并与国际接轨。

随着科学技术的发展，材料的研究与开发利用已成为国民经济的支柱产业，并相应产生了一门新的学科——材料科学。它是运用物理、化学、力学的基本理论，通过电子显微镜、X 射线、红外光谱仪及其他现代测试手段，研究材料组成、内部结构和构造对性能的影响以及相互作用的一门科学。它的产生为材料的研制、生产和应用提供了广泛的理论依据，也为新产品的产生奠定了理论基础。随着土木工程的发展，人们对未来的建筑材料提出了以下要求：

（1）高耐久性。有高的预期寿命，且综合单价低（含运营期维护费）。

（2）高性能。要求综合性能优良，如结构材料轻质、高强、高抗震性。

（3）多功能化。既是承重材料，又是维护材料，还具有良好的保温、隔热、隔声等功能。如多功能玻璃墙可起到装饰、隔声、吸热、防辐射、单面透光等作用。

（4）绿色环保。材料从生产、施工到使用多个环节上都是低能耗、低污染，不影响生态环境。

（5）智能化。某些土木工程重要部位的材料在发生破坏前能产生自救功能，或发出警示信号等。

三、建筑材料的分类

建筑材料品种繁多，由于使用和生产的目的不同，分类方法也就不同。如按化学成分可分为无机材料、有机材料和复合材料，见表 1。

表 1　按化学成分建筑材料的分类

建筑材料	无机材料	金属材料	黑色金属：钢、铁
			有色金属：铝及铝合金、铜及铜合金
		非金属材料	天然石材：石灰岩、大理石、花岗岩、砂岩
			陶瓷和玻璃：砖、瓦、玻璃、陶瓷
			无机胶凝材料：石膏、石灰、菱苦土、水玻璃、水泥
			混凝土与砂浆：混凝土、砂浆、硅酸盐制品
	有机材料	植物材料	木材、竹材、纤维制品
		高分子材料	塑料：聚乙烯、聚氯乙烯、工程塑料
			涂料：聚乙烯醇、丙烯酸酯、聚胺酯
			胶粘剂：环氧类、聚酯酸乙烯、丙烯酸酯
			密封膏：聚硫橡胶
		沥青材料	石油沥青、煤沥青
	复合材料		金属与非金属：钢筋混凝土、钢丝网水泥、钢纤维混凝土
			有机与无机：聚合物混凝土、沥青混凝土、纤维增强塑料

若按材料在工程中的功能可分为承重材料、防水材料、隔热保温材料、吸声材料、装饰材料和防护材料等；按用途可分为结构材料、墙体材料、屋面材料、地面材料、装饰材料等。

四、建筑材料的标准与工程建设规范

为了确保土木工程质量的百年大计，必须从材料的生产、运输、保管、施工、验收等方面全方位监控，而监控的依据就是规范。目前我国已制定了各种建筑材料的技术标准，它们包括产品的规格、分类、技术要求、检验方法、验收方法、验收标准、包装标志、运输和储存等要求。

按照这些标准，企业就可以进行生产质量控制，也可以依此评定产品质量合格与否，并为需求一方对产品质量进行验收提供了依据。

我国建筑材料标准分为国家标准、部委行业标准、地区标准和企业标准。国家标准和部委行业标准是全国通用标准。

世界各国对建筑材料均有各自的国家标准，如美国的"ASTM"标准、德国的"DIN"标准、英国的"BS"标准、日本的"JIS"标准等。另外，世界范围还统一使用"ISO"国际标准。

我国常用的标准有：

（1）国家标准。国家标准有强制性标准（代号 GB），推荐标准（代号 GB/T）。

（2）部委行业标准。有建筑工业标准（代号 JG）、建材行业标准（代号 JC）、冶金行业标准（代号 YB）、交通行业标准（代号 JT）、铁道部标准（代号 TB）等。

（3）地方标准（代号 DB）和企业标准（代号 QB）。

另外，我国土木工程协会标准（代号 CCES）也是全国推荐标准，它具有前瞻性和引导性。

标准表示方法一般是由标准名称，部门代号，编号和批准年份等组成。例如，国家标准《建筑用砂》（推荐性）为 GB/T 14684—2001，国家标准《钢筋混凝土热轧带肋钢筋》（强制性）为 GB 1499—1998。对强制性标准，任何技术（或产品）不得低于其规定的要求；对推荐性国家标准，也可执行其他标准。地方标准和企业标准所制定的技术要求应高于国家标准。

五、本课程的目的和要求

建筑材料课程是针对土木类及相关专业开设的专业基础课。它是从工程实用的角度去研究材料的原料和生产、成分和组成、结构和构造、环境条件等对材料性能的影响以及其相互关系的一门应用科学。作为一个未来的土木工程技术人员，建筑材料的一些基本知识是必须具备的，这样才能在今后从事专业技术工作时，合理选择和使用建筑材料。

虽然建筑材料种类、品种、规格繁多，但常用的建筑材料品种并不多，通过对常用的、有代表性的建筑材料的学习，可以为今后工作中了解和运用其他建筑材料打下基础。

建筑材料课程的学习要抓住一个中心，即材料的性能，但如果我们孤立地去死记这一性能实际上是很困难的。只有通过学习材料的组成、结构、构造和其性能的内在联系，以及影响这些性能的因素，才有可能从本质上去认识它。

此外，在学习建筑材料课程时，可把相关内容分为三个层次。第一层次是建筑材料基础知识，所谓基础知识是指在土木工程中与建筑材料有关的术语，如标准试件、标准强度、强度等级、屈服强度（R_{eL}）、材料牌号、材料技术指标等；第二层次是建筑材料的基本性质，它包括材料的生产工艺，材料的组成、结构、构造和性能的关系及其影响因素，这一层次要求学生重点掌握，并能运用已有的理论知识对上述关系进行分析；第三层次是有关建筑材料的基本技能，指能够结合工程实际，正确选用材料，而且可根据工程实际情况对材料进行改性，设计计算材料配比、材料强度、耐久性等。上述三个层次也是本门课程考核的重点。

在学习中，通常可以通过对比法找出它们的共性和各自的特性。此外，要抓住建筑材料中典型材料、通用材料，举一反三，紧密联系工程实际问题，在学习中寻求答案，这样有助于增强学习的兴趣和效率。

本课程是一门实践性很强的课程，为了配合理论教学，还开设了必要的建筑材料试验。试验是本课程的重要教学环节，通过试验可验证所学的基础理论，熟悉材料检验方法，掌握一定的试验技能，对培养分析和判断问题的能力、试验工作能力以及严谨的科学态度十分有益，也为今后从事既有材料的改性、新材料的研制以及材料方面的科学研究打下基础。

第一章 建筑材料基本性质

各种不同结构形式、不同使用环境和不同使用功能的现代建筑物是由具有相应优良性能的建筑材料构筑而成的。建筑材料性能的优劣在很大程度上决定了建筑物的安全性、耐久性、适用性和美观性。因此，熟悉和掌握各种建筑材料的技术性质和特点，对现代建筑工程技术人员是十分重要的。

建筑材料的技术性质很多，为了便于研究，我们把不同材料所具有的一些重要的共同性质称为材料的基本性质。在本章中主要介绍材料的物理性质、力学性质、耐久性质等，并讨论这些性质与材料的组成、结构和构造的关系。

第一节 材料的组成、结构和构造与性质的关系

影响材料性质的因素很多，通常可以归纳为两部分，即外部因素和材料自身的内部因素。材料的组成、结构和构造是影响其性质的内部因素。

一、材料的组成

建筑材料的组成包括化学组成和矿物组成，它是决定材料各种性质的重要因素。

化学组成是指构成材料的各种化学元素和氧化物含量。根据化学组成可大致判断材料的一些性质，如耐火性、化学稳定性等。不同化学组成的材料其性质不同，如碳素钢随含碳量的改变，其强度、硬度、塑性、冲击韧性等将发生变化；硅酸盐水泥熟料中若游离氧化钙含量过多会影响水泥体积的安定性。由于多数建筑材料的化学组成非常复杂，因此很难用某种化合物来表示，也很难找到化学组成与材料性能之间的直接关系。有时即使化学组成相同，其性质也不尽相同，如金刚石和石墨、有机高分子材料的同分异构现象等。因此，对不同的材料应采用与之相适宜的化学组成分析方法，如石油沥青材料在工程实践中是采用化学组分的分析方法代替化学元素的分析方法。

矿物组成是指构成材料的矿物种类与含量。矿物是指具有相对固定的化学成分和结构特征的单质和化合物，包括天然矿物和人造矿物。组成矿物的物质是各种氧化物和无机盐类，无机非金属材料则是由不同的矿物所组成的，每一种矿物都具有一些特殊的性质，如果不考虑材料内部各种矿物之间的相互作用，无机非金属材料的性质就取决于组成该材料的各种矿

物的相对含量。如硅酸盐水泥中，若硬化强度较高的熟料矿物硅酸三钙含量高，则该水泥的硬化强度较高；若水化放热量较小的熟料矿物硅酸二钙含量较多，则该水泥为水化速度较慢的低热水泥。

二、材料的结构

材料的结构是决定材料性能最重要的因素，是指用肉眼或放大镜不能观察到的材料内部的组织状态，它可分为微观结构和亚微观结构。

（一）微观结构

微观结构是原子、分子层次的材料内部组织状态，可通过电子显微镜、X射线衍射等检测手段对其进行观察、分析和研究。建筑材料的微观组织结构可分为晶体结构、玻璃体结构和胶体结构三种。

1. 晶体结构

晶体结构是材料内部质点（离子、原子、分子）按照特定的规则排列形成的呈周期重复的空间点阵。它根据各类质点在空间排列规律的不同而构成不同的晶格形式，如体心立方晶格、面心立方晶格、六方晶格、斜方晶格等。

单晶体具有规则的几何外形、固定的熔点、各向异性、化学稳定性好等特点。这些性能特点与单晶体中质点种类及相互作用力、排列方式、密集程度、质点处于最低能量位置等结构特征有必然的联系。质点之间的相互作用根据质点种类不同有共价键（原子键）、离子键、分子键等，其中原子键力最大，离子键力次之，分子键力最小。金属键力则由电子数目确定，电子越多，结合力越大。质点密集程度较高的材料密度较大，强度较高，硬度也较高。钢材中晶格的质点密集程度很高，质点间有金属键联结着，这使得钢材具有很大的塑性变形能力，并且具有良好的导热性和导电性。一定数目的自由电子也使得钢材有较高的强度。如果晶格中质点的密集程度不高，则材料的变形能力就很小，即使质点间以共价键联结，其脆性也很大，如天然石材等。

实际上多数晶体材料是由很多的微小晶粒杂乱堆积而成，因而其性能特点是大致各向同性，且具有固定的熔点和稳定的化学性质。材料结构中微小晶粒之间的接触面称为材料的晶界面，晶界面的界面性质及界面面积在很大程度上影响着材料的宏观性质。晶体尺寸越小，单位体积晶界面积就越大，通常情况下，材料的内聚力也就越大，从而具有较好的宏观力学性质。例如采用合金化、热处理等工艺措施可使建筑钢材中的晶粒细化、粒形改变、强化铁素体，从而获得较好的力学性能。

在复杂的晶体结构中，原子团可以联结成不同的结构形式。在建筑材料中占有重要地位的硅酸盐晶体材料，其基本结构单元——硅氧四面体连接形式的不同导致了性能上的巨大差异。具有空间结构形式的硅酸盐晶体材料，其整体性好，也比较坚固，如石英砂等；具有平面网状结构的硅酸盐晶体材料，由于结构平面间的连接比较薄弱，因此易分解成片状，如云母等；具有链状结构形式的硅酸盐晶体材料，链与链之间的连接作用弱于链本身，则形成纤维状物质，纤维材料顺纤维方向的抗拉强度和抵抗变形的能力均很高，如石棉等。

2. 玻璃体结构

玻璃体结构是材料内部质点无规律的排列而形成的紊乱的空间点阵。玻璃体材料是无定型物质，性能特点为各向同性，且无固定熔点，只是出现软化现象，具有化学不稳定性。其性能特点与结构内部质点种类及质点在空间无规律排列的紊乱程度有关。

晶体材料熔融物经缓慢冷却后可重新生成晶体，其再结晶程度与冷却速度有关。如果熔融物冷却速度很快，液相黏度将急剧增大，质点来不及回到原来的位置便凝固成固体状态。所以，玻璃体结构是无机非金属晶体熔融物经急速冷却后在常温下保留的高温组织状态。

由于高温组织状态中各质点都处于极不稳定的位置，都具有较高的能量，因此玻璃体材料具有较高的内部能量。在一定的条件下，无机非金属玻璃体材料容易发生化学反应。如火山灰、粉煤灰、粒化高炉矿渣在碱性和硫酸盐环境中具有较好的水硬胶凝性能而被用来作为建筑材料；混凝土用天然岩石骨料中若含有无定型二氧化硅则易产生碱-骨料反应，生成膨胀性的碱-硅酸凝胶，从而导致混凝土开裂破坏；而含结晶态二氧化硅的石英砂在常温下却不能与石灰进行化学反应。

3. 胶体结构

胶体结构是指大量微小的固体粒子（直径为 1~100 μm）均匀稳定地分散在介质中所形成的结构。由于分散介质可以有不同的形态，因此胶体材料在常温下呈固态、半固态、液态等形式。

由于胶体材料中分散相固体粒子尺寸很小，因此具有很大的内比表面积和表面能，从而具有很强的吸附能力和黏结强度。水泥石强度理论认为：水泥石具有较高强度的原因是由于水泥水化产物——水泥凝胶具有巨大的内比表面积（约 210 m^2/g）。

液态和半液态胶体由于脱水作用或质点的凝聚作用而产生凝胶。凝胶具有固体性质，但凝胶在长期应力作用下又具有黏性液体的流动性，这个性质是混凝土徐变机理的理论依据。

胶体结构材料的性能取决于分散相和分散介质的性质，以及两者之间的相互作用和相对含量。如建筑石油沥青中油分组分（液体分散介质）含量较多时，沥青的流动性和塑性较好，但黏性和温度稳定性较差。由于石油沥青和煤沥青两者表面张力相差很大，因此，两者不能直接混合形成稳定的胶体结构。

胶体材料是一种非晶体材料，在外力作用下，其弹性变形和塑性变形并没有明显的界限划分，而是同时产生可恢复的弹性变形和不可恢复的黏性流动。

（二）亚微观结构

材料的亚微观结构是指借助光学显微镜所能观察到的材料内部的组织状态。材料的亚微观结构与性能之间往往有直接的联系，因此，对亚微观结构的研究是改善材料性能、开发新型材料的有效途径。

利用亚微观光学显微镜，可研究钢材中各种晶体组织，如铁素体、珠光体、渗碳体等的分布及含量，从而确定钢材的力学性能；可以观察木材内部组织，如管胞、导管、木纤维、树脂道的分布情况；可以对水泥熟料进行物相分析，借此确定各种熟料矿物的晶相及相对含量以预测水泥的性能并指导水泥生产；可以观察材料中较小孔隙的情况，研究混凝土中骨料与水泥石的黏结。利用光学显微硬度仪，可以研究复合材料中两相界面作用的效应及范围等。

三、材料的构造

材料的构造是指宏观的内部组织状态和具有特定性质的材料单元的组合情况。材料的性质不但与材料的组成和结构有关，而且与材料的构造有极其密切的联系。常见的材料构造有材料的孔隙构造、天然岩石的层状构造及层理、木材的纤维构造、混凝土的三相多孔构造等。

天然或人工的石材由固体和孔隙组成，当固体的性质确定以后，石材的性质在很大程度上由孔隙构造决定。孔隙构造的内容包括孔隙率、孔径分布、孔几何形状、孔连通程度等。通常情况下，材料的孔隙率小，则有效承载面积大，材料的密实度高、强度高并具有较好的耐久性；当孔隙率不变时，若接近球形的孔较多，则应力集中程度小，强度较高；孔径分布指材料内部各种不同尺寸的孔的数量分布。研究表明，在前述两个条件（孔隙率、孔几何形状）相同时，含小孔多的天然或人工石材性能较优。连通孔多会降低材料的耐久性和隔热性。

具有层理或纹理的材料是各向异性的，如云母可沿其解理面分解；天然石料的开采可沿岩石层状构造的方向进行；木材具有较高的顺纹抗弯强度，在纤维方向具有较小的干缩变形值。

使用单一种类的材料已很难满足现代建筑的要求，因此，应研发、应用更多的复合材料来获得更多的优良性能。复合材料的性能取决于各材料组成单元的性质、相对含量和相互作用。按各材料单元的组合方式，可将材料分为堆聚构造材料（如水泥、混凝土等）、纤维构造材料（如纤维混凝土、纤维增强塑料等）、层状构造材料（如胶合板等）和散粒构造材料（如膨胀珍珠岩等）。

第二节　材料的物理性质

材料的物理性质包括材料与质量、水、热等有关的性质。

一、材料与质量有关的性质

（一）材料的密度（ρ）

材料的密度是指材料在绝对密实状态下单位体积的干质量。材料的密度按下式计算：

$$\rho = \frac{m}{V}$$

式中　ρ——材料的密度（g/cm^3）；

　　　m——材料在干燥状态下的质量（g）；

　　　V——材料在绝对密实状态下的体积（cm^3）。

材料在绝对密实状态下的体积是指不包括材料内部孔隙的固体实体积。按材料内部孔隙的多少可分为密实材料、多孔材料和微孔材料。除钢材、玻璃等少数密实材料外，绝大多数材料内部都有一定数量的孔隙。在测定材料的密度时，应先将试样磨细，烘干至恒质量，称取规定质量试样，然后将其装入李氏瓶用排液法测得固体实体积，再由上式计算得到密度。

在试验过程中将材料磨得越细，所测得的固体实体积就越精确。

（二）材料的视密度（ρ'）

工程中使用的某些材料，如混凝土用砂、石骨料等均属比较密实的材料，其视密度值和密度值或表观密度值相差很小，为应用方便，对这类材料可以用视密度代替密度或表观密度。材料的视密度按下式计算：

$$\rho' = \frac{m}{V'}$$

式中　ρ'——材料的视密度（g/cm^3）；
　　　m——材料在干燥状态下的质量（g）；
　　　V'——材料的视体积（cm^3）。

材料的视体积用排液法进行测定，其值为材料的固体体积与材料内孔（常压下水或其他液体不能够进入的孔）体积之和。

（三）材料的表观密度（ρ_0）

材料的表观密度是指块体材料在自然状态下单位体积的干质量。材料的表观密度按下式计算：

$$\rho_0 = \frac{m}{V_0}$$

式中　ρ_0——块体材料的表观密度（g/cm^3 或 kg/m^3）；
　　　m——块体材料在干燥状态下的质量（g 或 kg）；
　　　V_0——块体材料在自然状态下的体积或表观体积（cm^3 或 m^3）。

在测定材料的表观体积时，先用蜡或其他材料封闭材料的外孔（常压下水或其他液体能够进入的孔），然后用排液法测定，其值为材料的固体体积和材料的内、外孔体积三者之和。

在实际工程中，有时需要测定含有水分的材料的表观密度。当材料含水时，其质量和体积均发生改变，此时测定的表观密度应注明含水情况。

（四）材料的堆积密度（ρ_0'）

材料的堆积密度是粉状或粒状材料在堆积状态下单位体积的干质量。材料的堆积密度按下式计算：

$$\rho_0' = \frac{m}{V_0'}$$

式中　ρ_0'——材料的堆积密度（kg/m^3）；
　　　m——材料在干燥状态下的堆积质量（kg）；
　　　V_0'——材料在堆积状态下的体积（m^3）。

材料的堆积体积用容积升来测定，当散粒材料将容积升填满时，该容积升的体积则为堆积体积。该体积数值为所填材料的固体体积、孔隙体积以及粒料之间的空隙体积三者之和。材料的堆积方法对堆积密度的测定结果有很大的影响，因此，对不同材料应按相应的试验规程进行堆积体积测定。工程中需要测定含水材料的堆积密度时，应对其含水情况加以注明。

（五）材料的密实度和孔隙率

1. 材料的密实度（D）

材料的密实度是指材料自然状态体积内被固体物质充实的程度，即固体体积占表观体积的比例。材料的密实度按下式计算：

$$D = \frac{V}{V_0} \times 100\%$$

或

$$D = \frac{\rho_0}{\rho} \times 100\%$$

2. 材料的孔隙率（P）

孔隙率是指材料的孔隙体积占表观体积的比例。材料的孔隙率按下式计算：

$$P = \frac{V_0 - V}{V_0} \times 100\% = \left(1 - \frac{V}{V_0}\right) \times 100\% = \left(1 - \frac{\rho_0}{\rho}\right) \times 100\%$$

材料的密实度和孔隙率的关系为

$$D + P = 1$$

3. 开口孔隙率（P_k）和闭口孔隙率（P_b）

开口孔隙率是指材料在实验室（常温和 100 kPa 真空抽气）条件下能被水（或其他液体）进入的孔隙体积与材料的自然状态体积之比的百分数。材料的开口孔隙率按下式计算：

$$P_k = \frac{m_1 - m}{V_0} \times \frac{1}{\rho_{H_2O}} \times 100\%$$

式中　P_k——材料的开口孔隙率（%）；
　　　m_1——材料在真空条件下吸水达饱和面干状态时的质量（g）；
　　　m——材料在干燥状态下的质量（g）；
　　　ρ_{H_2O}——水的密度（g/cm³）。

材料的闭口孔隙率按下式计算：

$$P_b = P - P_k$$

式中　P_b——材料的闭口孔隙率（%）；
　　　P——材料的（总）孔隙率（%）。

材料的密实度与孔隙率反映了材料的致密程度。通常情况下，对同种材料而言，孔隙率越小，开口孔隙越少，则材料的强度越高，吸水性越小，抗渗性和抗冻性也越好。

几种材料的密度、表观密度、堆积密度的数据见表 1.1。

表 1.1　几种常用建筑材料的密度、表观密度及堆积密度

材　料	密度（视密度）/g·cm^{-3}	表观密度/kg·m^{-3}	堆积密度/kg·m^{-3}
石灰岩	2.65	1 800~2 600	—
砂	2.65	—	1 400~1 700
钢、铸钢	7.85	7 850	—
铝	2.80	2 800	—
水　泥	3.10	—	1 200~1 300
普通混凝土	—	1 950~2 500	—
沥青混凝土	—	2 300	—
水泥砂浆	—	2 100~2 200	—
木　材	1.55	400~800	—
泡沫塑料	—	20~50	—

（六）材料的填充率和空隙率

1. 材料的填充率（D'）

材料的填充率是指散粒材料在堆积体积中，被颗粒自然状态体积填充的程度。材料的填充率按下式计算：

$$D' = \frac{V_0}{V_0'} \times 100\%$$

或

$$D' = \frac{\rho_0'}{\rho_0} \times 100\%$$

2. 材料的空隙率（P'）

材料的空隙率是指散粒材料在堆积体积中，颗粒之间的空隙体积占堆积体积的百分率。材料的空隙率按下式计算：

$$P' = \frac{V_0' - V_0}{V_0'} \times 100\% = \left(1 - \frac{V_0}{V_0'}\right) \times 100\% = \left(1 - \frac{\rho_0'}{\rho_0}\right) \times 100\%$$

在建筑工程中，用作填充材料的散粒材料的空隙率具有重要的实际意义。如混凝土施工中采用空隙率较小的砂、石材料可以达到节约水泥的目的，并且可以提高混凝土的密实度，从而提高混凝土的强度和耐久性。

二、材料与水有关的性质

处于地下、水中以及地面的建筑物会与水或大气中的水汽接触，水介质会对建筑物形成侵蚀，严重时还会降低建筑物的使用功能。因此，了解建筑材料与水有关的性质是十分必要的。

（一）材料的亲水性和憎水性

在材料-水-空气三相体系的三相点（A 点）上存在三种界面张力：材料与水的界面张力（$\sigma_{1,2}$），材料与空气的界面张力（$\sigma_{1,3}$），水与空气的界面张力（$\sigma_{2,3}$）。材料的亲水性和憎水性如图 1.1 所示。两相界面张力实质上是两相单位接触面上的界面自由能，界面能越小，则体系处于越稳定的状态，这就是能量最低原则。

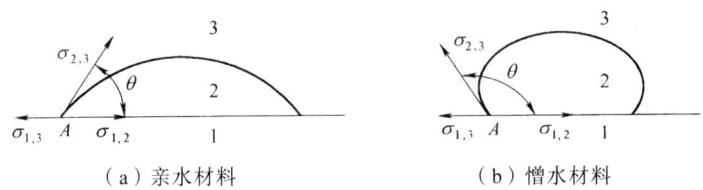

（a）亲水材料　　　　　　（b）憎水材料

图 1.1　材料的亲水性和憎水性

将三种界面张力投影到水平面上可得下面的方程式：

$$\sigma_{1,3} - \sigma_{1,2} - \sigma_{2,3}\cos\theta = 0$$

则

$$\cos\theta = \frac{\sigma_{1,3} - \sigma_{1,2}}{\sigma_{2,3}}$$

式中，θ 称为润湿角。当 θ 为零时，材料完全被水润湿；当 $0 < \theta \leq 90°$ 时，材料表面可润湿，即当材料与水的界面张力小于材料与空气的界面张力时，材料为亲水性材料；当 $90° < \theta \leq 180°$ 时，材料为憎水性材料。

上述概念也可应用到其他液体对固体材料的浸润情况，相应地称为亲液性材料和憎液性材料。

（二）材料的吸水性和吸湿性

1. 材料的吸水性

材料的吸水性是指材料在水中吸水的性质，用吸水率定量表示。

材料在没有压力的水中吸水达到饱和面干状态时的含水率，称为吸水率。吸水率有两种表示方法：

质量吸水率　　$\beta = \dfrac{m_1 - m}{m} \times 100\%$

体积吸水率　　$\beta' = \dfrac{m_1 - m}{V_0} \times \dfrac{1}{\rho_{H_2O}} \times 100\% = \beta \times \dfrac{\rho_0}{\rho_{H_2O}}$

其中　　$V_0 = \dfrac{m}{\rho_0}$

式中　　m ——材料在干燥状态下的质量（g）；

　　　　m_1 ——常压下材料吸水达到饱和面干状态时的质量（g）；

　　　　V_0 ——材料在自然状态下的体积（cm³）；

　　　　ρ_{H_2O} ——水的密度（g/cm³）；

　　　　ρ_0 ——块体材料的表观密度（g/cm³）。

影响材料吸水性的因素除材料本身与水的亲和能力外，更重要的是材料的孔隙构造。当孔隙率较大且连通孔较多时，材料的吸水率大。材料吸水后其性能有所变化，如体积膨胀、表观密度增加、强度降低、导热性能提高、耐久性降低等。

材料在常温和真空抽气（100 kPa）条件下，在水中吸水至饱和面干时的含水率称为材料的饱水率。材料的饱水率可分为质量饱水率 $\beta_{饱}$ 和体积饱水率 $\beta'_{饱}$。

常压下的材料体积吸水率相当于开口宽孔隙的孔隙率，而体积饱水率则相当于全部开口孔隙的孔隙率。显然，体积吸水率值小于体积饱水率值，两者之差相当于在常压条件下水不能进入的窄小开口孔隙的孔隙率，两者之比称为材料的饱水系数，即

$$K_{饱} = \frac{\beta'}{\beta'_{饱}}$$

饱水系数越大，说明材料的开口宽孔隙越多，一般岩石的饱水系数为 0.50~0.80。饱水系数可用以间接说明材料的抗冻性：在常压条件下工作的材料吸水饱和并结冰后，孔隙中水结冰体积膨胀约 9%。当饱水系数小于 91% 时，即在开口孔隙中开口宽孔隙小于 91%，此时由于尚有未被水填充的窄开口孔隙，因而水体有膨胀的余地；反之，如饱水系数大于 91%，水结冰时没有足够多的窄开口孔隙来容纳由于结冰而膨胀的水体积，从而使材料破坏。

2. 材料的吸湿性

材料的吸湿性是指材料在潮湿空气中吸水的性质，用含水率定量表示。

材料所含水的质量与干燥状态下材料的质量之比称为含水率。材料的含水率按下式计算：

$$\omega = \frac{m_1 - m}{m} \times 100\%$$

式中　ω ——材料的含水率（%）；

　　　m_1 ——材料在含水状态下的质量（g 或 kg）；

　　　m ——材料在干燥状态下的质量（g 或 kg）。

影响材料含水率的因素有：材料的亲水性、孔隙构造以及环境的温度和湿度等。材料在潮湿空气中吸水时，对于开口大孔，水虽容易进入但难以充满；而若开口孔多、细小且连通时，材料的吸湿量增大。当环境的温度和湿度恒定时，材料中的含水率也会趋于稳定，即材料的吸水速度和水分蒸发速度达到相对平衡，此时材料的含水率称为平衡含水率。在木材加工和使用之前，应将木材干燥至使用时周围环境的平衡含水率，以避免由于含水率的变化而引起木材各项性能的改变。在混凝土施工中，应随时测定砂、石的含水率，作为混凝土施工配合比的计算依据，否则会由于实际用水量增大而使水灰比增大，从而降低混凝土的强度和耐久性。

（三）材料的耐水性

材料在水作用下不发生破坏，强度也不显著降低的性质称为耐水性。材料的耐水性用软化系数表示，即

$$K_{软} = \frac{f_{饱}}{f_{干}}$$

式中 $K_软$ ——材料的软化系数;

$f_饱$ ——材料在吸水饱和状态下的抗压强度(MPa);

$f_干$ ——材料在干燥状态下的抗压强度(MPa)。

$K_软$ 值的大小表明材料浸水饱和后强度降低的程度,$K_软$ 值越小,材料的耐水性越差。一般情况下,材料含有水分时,强度都有所降低,原因可能是水分在组成材料微粒的表面形成水膜,削弱了微粒间的结合力。不同材料其 $K_软$ 值相差很大,如黏土 $K_软=0$,金属 $K_软=1$。软化系数是受水作用的结构物的重要指标。经常位于水中或潮湿环境中的重要结构物的主要结构材料,要求其软化系数不应小于 0.85~0.95;受潮较轻或次要结构物的材料,软化系数不应小于 0.75~0.85。

(四)材料的抗渗性

材料抵抗压力水渗透的性质称为抗渗性。根据达西定律,透过材料的水量与透水面积、透水时间和静水压力水头成正比,与材料厚度成反比,即

$$Q = K \cdot F \cdot t \cdot \frac{H}{d}$$

或

$$K = \frac{Q}{F \cdot t} \cdot \frac{d}{H}$$

式中 Q ——透水量(cm^3);

K ——渗透系数[$cm^3/(cm^2 \cdot h)$或 cm/h];

F ——透水面积(cm^2);

t ——透水时间(h);

H ——静水压力水头(cm);

d ——试件厚度(cm)。

渗透系数越小,材料的抗渗性就越好。

材料的抗渗性还可以用抗渗等级来表示。抗渗等级是以标准试件在标准试验方法下材料不透水时所能承受的最大水压力来确定。抗渗等级越高,材料的抗渗性能就越好。

材料抗渗性的高低与材料的孔隙率和孔隙特征有关。密实度大且具有较多封闭孔或极小孔隙的材料不易被水渗透。

(五)材料的抗冻性

抗冻性是指材料在吸水饱和的状态下,经历多次冻融循环,保持其原有性质或不显著降低原有性质的能力。工程上材料的抗冻性用抗冻等级来评定。抗冻等级是指浸水饱和的试件经历冻融循环,当其强度降低或质量损失达到规定值时的冻融循环次数。对于寒冷地区的建筑结构物,尤其是桥梁、道路、水工结构物所用的材料,其抗冻等级是非常重要的技术指标。

冻融破坏作用主要是由于材料孔隙中的水分结冰产生膨胀压力而引起的。当材料孔隙充满水时,膨胀压力在孔壁形成拉应力,当应力值超过材料的抵抗极限时,内部将产生局部开裂破坏。有时材料孔隙中并未充满水仍然发生了冻融破坏,这是由于材料内外部存在温度差,

材料内部温度较高而具有较高的蒸汽压力，此时水蒸气由内向外迁移并在材料外表面孔隙中凝结而达到饱和状态，从而引起材料表面的冻融破坏。

同种材料的抗冻性主要取决于材料的含水状态、孔隙构造和强度等。孔隙含水未达饱和状态时，冰冻压力可由于空气的压缩而受到抑制；粗大孔隙水分不易充满其中；闭口孔隙不易进水；极细孔隙虽然能吸水饱和，但孔壁对水的吸附力很大，因此具有较低的冰点。一般认为毛细孔既易充满水分又易结冰，所以毛细孔多的材料的抗冻性差；强度高、变形能力大、耐水性好的材料抗冻性好。

恶劣的环境常使材料更易遭受冻融破坏，因此，处于低温、温差变化大、干湿交替和冻融循环频繁的环境中的结构物所用的材料，应要求具有较好的抗冻性。

三、材料与热有关的性质

（一）材料的导热性

当材料两侧面存在温度差时，热量会从温度较高的一侧向温度较低的一侧传导，这个性质称为材料的导热性。在单向稳定热量传导的情况下，通过材料厚度方向传导的热量与两侧温度差、传热时间、传热面积成正比，与材料厚度成反比，即

$$Q = \lambda \cdot \frac{\Delta t \cdot T \cdot A}{D}$$

或

$$\lambda = \frac{Q \cdot D}{\Delta t \cdot T \cdot A}$$

式中　Q——通过材料传递的热量（J）；

　　　λ——导热系数[W/(m·K)]；

　　　Δt——材料两侧温度差（K）；

　　　T——传热时间（s）；

　　　A——传热面积（m²）；

　　　D——材料厚度（m）。

材料的导热系数越小，其保温隔热性能就越好。

影响材料导热性的最主要因素是材料的组成、结构和构造。一般情况下，无机材料导热性较有机材料好；晶体材料的导热系数大于玻璃体材料；金属材料导热量大于非金属材料。同种材料中，孔隙率较大且具有较多细小而封闭的孔隙的，保温隔热性较好；当具有粗大开口且连通的孔隙时，由于空气对流作用，其导热系数较大。（导热系数以固态物质最大、液态次之、气态最小）

材料的含水状态影响其保温隔热性能，尤其是在材料内部孔隙所含水分结冰以后。水的导热系数是空气导热系数的25倍，冰导热系数是水导热系数的4倍，因此，当材料的含水率较高或孔隙中水分结冰时，材料的绝热性将显著降低。

（二）材料的热容

材料在受热或冷却时会吸收或放出热量，同时伴随有材料内部温度的改变，这种性质称

为材料的热容。材料吸收或放出的热量按下式计算：

$$Q = c \cdot m \cdot \Delta t$$

或

$$c = \frac{Q}{m \cdot \Delta t}$$

式中　Q ——材料吸收或放出的热量（J）；

　　　c ——材料的比热容［J/(g·K)］；

　　　m ——材料的质量（g）；

　　　Δt ——材料的温度变化（K）。

材料的热容量为比热容与材料质量的乘积。墙体、屋面等围护结构的热容量越大，其保温隔热性能就越好。采用热容量较大的材料，对于保持室内温度稳定具有很重要的意义。在炎热的夏季，白天室外温度很高，如果建筑物围护结构材料的热容量较大，升高温度所需吸收的热量就较多，因此室内温度升高较慢。在冬季，房屋采暖后，热容量较大的建筑物，其围护材料本身储存的热量较多，停止采暖后短时间内室内温度降低不会很快。

材料的比热容和导热系数是建筑物热工计算的重要依据。表 1.2 为几种常见物质的比热容和导热系数。

表 1.2　几种常见物质的比热容与导热系数

物　质	比热容 c /［kJ/(kg·K)］	导热系数 λ /［W/(m·K)］	物　质	比热容 c /［kJ/(kg·K)］	导热系数 λ /［W/(m·K)］
水（4℃）	4.19	0.58	混凝土	约 0.84	1.28～1.51
铁、钢	0.48	58.15	木　材	约 2.51	0.17～0.41
砖	0.80～0.88	0.70～0.87	密闭空气	1.00	0.023

（三）材料的线膨胀系数

材料温度上升 1 ℃（或下降 1 ℃）时，所引起的线度改变值与材料在 0 ℃时的线度值之比，称为线膨胀系数。

线膨胀系数是计算因温度变化而引起的结构变形和内部温度应力等的重要参数。复合材料中各组成单元应具有大致相同的热膨胀性，否则会因温度的变化而导致各组成单元间联结的破坏。

钢筋、混凝土及骨料岩石的线膨胀系数如下：钢筋为 $(10\sim 12)\times 10^{-6}$ 1/℃，混凝土为 $(5.8\sim 12.6)\times 10^{-6}$ 1/℃，骨料岩石为 $(6.3\sim 12.4)\times 10^{-6}$ 1/℃。

第三节　材料的力学性质

材料的力学性质是指材料在外力作用下有关强度和变形的性质。材料的力学性质决定了建筑物的安全性，因此是建筑结构设计最重要的依据。

一、材料的理论强度

固体材料的理论强度可用双原子模型理论、表面能理论进行研究。

材料是由无数的质点（原子、离子、分子等）组成的，材料的宏观力学行为与材料内部质点位置及质点间相互作用密切相关。为便于研究，只讨论两个原子的相互作用与宏观力学行为的关系。两原子之间的作用力包括吸引力和排斥力，当无外力作用时，两质点的排斥力与吸引力相等，合力为零，两质点间距离（r_0）为平衡距离，此时原子处于最低能量状态；当外力作用于材料时，原子间相互作用力及距离均会发生改变。材料受压力作用时，两原子间距离变小（$r < r_0$），原子间排斥力急剧增大；材料受拉力作用时，两原子间距离变大（$r > r_0$），原子间吸引力占优势。当原子间距离达到 r_m 时，材料抵抗拉伸的能力达到极限；当原子间距离超过 r_m 时，材料的抵抗力逐渐降低直至被拉断（见图 1.2）。由于原子间的排斥力是非常大的，所以固体材料在外力作用下的破坏基本上是由内部拉应力造成的。

下面利用双原子模型理论（见图 1.2）和表面能理论推导出材料的理论强度。

先做出下面三点假定：① 假定与原子间拉力垂直的单位面积上的拉应力为 σ；② 假定合力线 $r \geq r_0$ 的部分为正弦曲线 $\sigma = \sigma_{max} \cdot \sin\frac{\pi}{a}(r - r_0)$；③ 假定材料拉断时外力做功等于两个新断面上的表面能。

上述①、②假定如图 1.3 所示。

 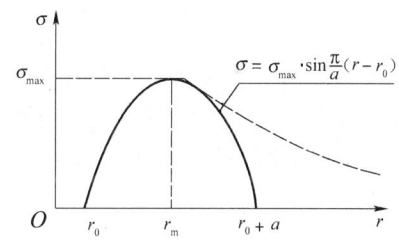

图 1.2　两原子间相互作用力曲线　　图 1.3　材料理论强度推导示意图

将材料在曲线 r_0 处的弹性变形性质定义为材料的弹性模量 E，则

$$E = \lim_{r \to r_0}\left(r_0 \cdot \frac{d\sigma}{dr}\right) = \lim_{r \to r_0}\left[r_0 \cdot \frac{\sigma_{max}\pi}{a}\cos\frac{\pi}{a}(r - r_0)\right] = \sigma_{max} \cdot \pi \cdot \left(\frac{r_0}{a}\right) \quad (1.1)$$

拉力使原子距离从 r_0 变到 $r_0 + a$ 时在单位面积上所做的功为

$$W = \int_{r_0}^{r_0+a} \sigma(r)dr = \int_{r_0}^{r_0+a} \sigma_{max}\sin\frac{\pi}{a}(r - r_0)dr = \left[-\frac{a \cdot \sigma_{max}}{\pi}\cos\frac{\pi}{a}(r - r_0)\right]\Bigg|_{r_0}^{r_0+a}$$

$$= \frac{2a\sigma_{max}}{\pi} \quad (1.2)$$

设材料单位表面能为 γ，则拉断时两个单位新表面的表面能为 2γ，根据假定③，有

$$W = \frac{2a\sigma_{max}}{\pi} = 2\gamma$$

即

$$a = \frac{\pi\gamma}{\sigma_{max}} \tag{1.3}$$

将式（1.3）代入式（1.1），得

$$E = \sigma_{max} \cdot \pi \frac{r_0}{\frac{\pi\gamma}{\sigma_{max}}} = \sigma_{max}^2 \cdot \frac{r_0}{\gamma}$$

整理后，得

$$\sigma_{max} = \sqrt{\frac{E\gamma}{r_0}} \tag{1.4}$$

式（1.4）即为固体材料的理论强度公式。该公式表明：材料的弹性模量（E）和比表面能（γ）越大，原子间平衡距离（r_0）越小，则材料的理论抗拉强度（σ_{max}）就越大。

例 已知某岩石有关数据为 $E = 7 \times 10^4$ MPa，$r_0 = 3 \times 10^{-7}$ mm，$\gamma = 2 \times 10^{-4}$ N·mm/mm²。试计算该岩石的理论抗拉强度。

解

$$\sigma_{max} = \sqrt{\frac{E\gamma}{r_0}} = \sqrt{\frac{7 \times 10^4 \times 2 \times 10^{-4}}{3 \times 10^{-7}}} = 6.8 \times 10^3 \quad (\text{MPa})$$

即该岩石的理论强度为 6.8×10^3 MPa。

实际中，坚固的岩石抗压强度约为 100 MPa，与理论强度相比有巨大的差距，这是由于实际材料内部存在许多缺陷。根据格利菲斯脆性材料的断裂理论，当材料受外力作用时微裂缝尖端处会产生高度应力集中现象，当缺陷处的应力超过材料的理论断裂强度时，材料即发生破坏。对于人工结构材料，如何减少其内部缺陷以提高材料的力学性能，在工程实践中具有非常重要的意义。

二、材料的强度和比强度

这里所讲的强度是材料的试验强度。材料的试验强度是模拟实际结构或构件的形状、承受荷载的类型等在实验室条件下测得的材料强度。经过长期的实践和研究，以现行的国家材料试验规范和标准方法测得的各种材料的强度与实际结构或构件的情况具有较好的一致性。

材料的强度试验通常是破坏性试验，即以在荷载作用下材料丧失抵抗能力的极限状态作为试验强度的评定依据。而试验强度值作为评定材料强度等级的依据，材料强度等级是结构设计的依据。

根据荷载种类的不同，材料的强度主要有抗压强度、抗拉强度、抗弯（折）强度及抗剪强度。试验强度分类见表 1.3。

表 1.3 试验强度分类

强度类别	试验装置举例	计算式	备注
抗压强度 (f_y)	混凝土	$f_y = \dfrac{P}{A}$	P—破坏荷载（N） A—受荷面积（mm²） L—试验标距（mm） b—断面宽度（mm） d—断面高度（mm）
抗拉强度 (f_l)	钢	$f_l = \dfrac{P}{A}$	
抗剪强度 (f_z)	木材	$f_z = \dfrac{P}{A}$	
抗弯强度 (f_w)	木材	$f_w = \dfrac{3}{2} \cdot \dfrac{PL}{bd^2}$	

影响材料强度的因素可分为内部因素和外部因素两种。

材料的组成、结构和构造是影响强度的内部因素。例如，建筑钢材的含碳量增多或加入某些合金元素时其强度明显提高；结晶程度高、晶粒小且均匀分布的花岗石具有很高的强度。不同结构和构造的材料对不同种类荷载的抵抗能力有较大的差异：脆性材料（如砖、石材、混凝土和铸铁等）抗压强度较高，而抗拉强度和抗折强度却很低；纤维类材料（如木材等）顺纤维方向的抗拉强度和抗弯强度很高，而抗压强度却较低；金属材料（如钢材等）则具有基本相等的、较高的抗压强度和抗拉强度。对同种材料来说，孔隙构造是影响强度的重要因素，一般情况下，孔隙率较小、孔径较小且接近球形的孔较多时，材料强度较高。在工程实践中应对不同材料的强度加以合理利用，如石材、混凝土、砖等常用于基础、墙、柱等受压结构；木材常用于梁、桁架等受拉及受弯构件；钢筋混凝土、预应力混凝土既可以用于受拉和受弯的梁、板结构，也可以用于受压结构；型钢用于钢结构建筑物。

试验条件及方法对材料强度测定结果也有重要的影响。其中主要影响因素有：试件的形状和尺寸、试件表面平整度、试验机加荷速度、试验时的温度与湿度、试件的含水率等。为了使强度试验值有较高的准确性、可重复性和可比较性，在强度试验中必须严格按照国家现行有关试验规范和标准进行。

现代建筑有向更大空间、更大跨度和超高层建筑发展的趋势。采用轻质高强的结构材料可以减轻建筑物自重，增加建筑物使用空间和使用面积，节约原材料资源和能源，降低建筑物造价，提高建筑物抗震性能，并能增加建筑物的跨度和高度。

比强度数值上等于材料的强度与表观密度的比值，它是衡量材料轻质高强性能的主要指标。表 1.4 列出了钢材、木材和混凝土的比强度值。由表 1.4 可知，混凝土的比强度较低，由于混凝土是现代建筑中最主要的结构材料，预计在未来很长时期内也没有其他材料能取代混凝土的地位，因此，研制轻质高强的混凝土是一项十分迫切的任务。

表1.4　钢材、木材和混凝土的强度比较

材　　料	表观密度 /kg·m^{-3}	抗压强度 /MPa	比强度 /MPa·m^3·kg^{-1}
低碳钢	7 850	420	0.054
松　木	500	35（顺纹）	0.070
普通混凝土	2 400	30	0.012

三、材料在荷载作用下的变形

材料在荷载作用下会产生变形，其变形的特征表现为材料的弹性和塑性。

材料的弹性是指在外力取消后能完全恢复到原来形状和尺寸的性质，这种变形称为弹性变形。材料的弹性变形可分为线弹性变形和非线弹性变形，在应力-应变图上分别表现为直线和曲线。材料的塑性是指外力取消后材料仍保持变形后的形状与尺寸，并不产生裂缝的性质，这种不能恢复的变形称为塑性变形或永久变形。理想塑性在应力-应变图上表现为在屈服应力水平时的水平直线。

实际上，完全弹性的材料是不存在的，可以用材料的应力-应变曲线来研究材料的弹性性质。应力-应变曲线上各点的切线斜率称为材料的切线弹性模量，它的数值大小代表了材料在外力作用下抵抗弹性变形的能力。大多数材料受外力作用超过某应力水平时，其应力-应变曲线将发生趋向水平方向的弯曲，即随应力水平的增加，材料的切线弹性模量将逐渐降低，当应力水平达到强度极限时，切线模量为零，即材料完全丧失了抵抗弹性变形的能力。实际材料在外力作用下若变形过大会使建筑物丧失使用功能，所以工程上对材料弹性模量的定义是在较低应力水平下材料抵抗弹性变形的能力。不同材料的弹性变形性质不同，其工程弹性模量定义的方法也不同，如钢材以应力-应变曲线上直线段的斜率作为弹性模量，混凝土则以割线模量表示其弹性性质。

图1.4列举了三类典型材料的应力-应变曲线，其中阴影部分表示弹性变形。

（a）晶体材料　　　（b）弹性体材料　　　（c）细胞质材料

图1.4　各类材料的弹性变形

晶体材料在低应力水平下通常呈现很好的线弹性，金属晶体材料的弹性模量很高，这是由于其主价键（金属键、离子键和共价键）对外力有很强抵抗能力的缘故。

弹性体材料是具有卷曲的长分子链结构的高分子聚合物，主链之间只有少量的次链或无次链联结，如橡胶等。在拉应力作用下，卷曲的主链很容易被拉直，因此在较低拉应力水平时就产生较大的弹性变形；在压应力作用下，主链进一步卷曲填充在内部间隙中，此时主价键的抵抗力增强，抵抗弹性变形的能力反而增大。

细胞质材料主要是由管状细胞顺纵向排列组合而成。木材的纤维细胞无卷曲现象，因此在顺纤维方向的拉应力作用下一开始就呈现较好的线弹性；在压应力作用下，细长的木纤维细胞容易失稳并发生横向的弯曲，所以在很小的压应力水平时即产生较大的弹性变形。

同样完全塑性的材料也是不存在的，大多数材料的变形性质呈弹塑性。有的材料在应力水平较低时，其变形特征主要表现为弹性，而在应力水平较高时，则主要表现为塑性，建筑钢材就是这样的材料（见图1.5）。有的材料在受力后，弹性变形和塑性变形同时产生，如果取消外力，则弹性变形可以恢复，而塑性变形则不能恢复，混凝土材料受力后的变形就属于这种类型（见图1.6）。

图1.5 建筑钢材的应力-应变曲线

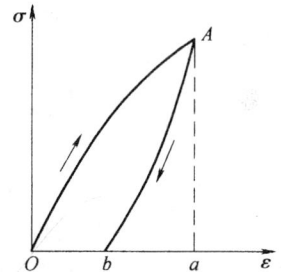

图1.6 混凝土的应力-应变曲线

四、材料的韧性和脆性

材料的韧性是在动荷载（冲击、震动荷载等）作用下，能吸收较多的能量，并能产生较大的塑性变形而不致破坏的性能。材料的韧性可以用冲击韧性值来表示，其值为材料在冲击荷载作用下单位冲断截面上所消耗的冲击功。韧性好的材料，如建筑钢材（软钢）、木材可用于桥梁、吊车梁、塔吊等承受冲击或震动荷载的结构。多数材料在低温条件下的韧性会急剧降低，所以在寒冷地区还应考虑材料在低温下的冷脆性。

脆性指材料在外力作用下不产生明显的塑性变形而突然破坏的性质。脆性材料的特点是破坏时的变形值非常小，脆性材料的抗拉强度很低，仅为抗压强度的几分之一甚至几十分之一，在震动力或冲击荷载作用下极易破坏。砖、石材、陶瓷、玻璃、混凝土、铸铁等均属于脆性材料。

五、材料的硬度和耐磨性

材料的硬度是指材料抵抗其他较硬物体压入或刻划的能力。材料的硬度按试验方法可分为压痕硬度、冲击硬度、回弹硬度、刻痕硬度等。金属材料通常采用金刚钻或淬火钢球在一定荷载下压入金属材料表面，用压痕的深度或单位压痕面积上的应力值来表示其硬度值；岩石矿物材料则多用刻痕硬度。天然矿物的硬度按莫氏硬度分为十级，其硬度递增的顺序为：滑石、石膏、方解石、萤石、磷灰石、正长石、石英、黄玉、刚玉、金刚石。

材料的硬度又表示其局部表面在外力作用下抵抗弹性变形和塑性变形的能力。多数材料的强度和硬度之间有一定的联系，一般情况下，材料的硬度值较高其抗压强度也较高。因此，可以通过测定材料的硬度值来大致推测强度值等其他力学性质。例如，建筑钢材可以通过测定其布氏硬度或洛氏硬度来推测钢材的极限强度。由于材料的硬度试验只是局限在表面很小的区域内，因此属于非破损性试验。在工程实践中，对混凝土结构采用的回弹值检测，就是通过混凝土的回弹硬度来推算混凝土的强度，并借此评定结构的质量。另外，还可通过材料的显微硬度测定来研究在亚微观结构中复合材料各材料单元之间的联结性能。

材料的耐磨性是指材料表面在摩擦力、边缘剪切力和冲击力的作用下抵抗磨损的能力。一般情况下，硬度较高的材料具有较好的耐磨性。公路路面、地面、大坝的溢流面、机场跑道、钢轨等都应采用耐磨性较好的材料。

材料的耐磨性通常用耐磨硬度或磨耗率来表示，按下式计算：

块体材料 $\quad Q = \dfrac{G_1 - G_2}{A}$

散粒材料 $\quad Q = \dfrac{G_1 - G_2}{G_1} \times 100\%$

式中 Q ——材料的耐磨硬度（g/cm²）或磨耗率（%）；

G_1、G_2 ——材料耐磨性试验前后的质量（g）；

A ——试件受磨面积（cm²）。

第四节　材料的耐久性、装饰性和环保性

一、材料的耐久性

材料的耐久性是指材料在长期使用过程中，抵抗其自身及外界环境因素的破坏作用，保持其原有性能且不变质、不破坏的能力。材料耐久性的对立面即材料的劣化。

影响材料耐久性的因素有材料的组成、结构与构造的内部影响因素和外界环境对材料的破坏作用。材料使用环境的破坏作用是错综复杂的，通常可分为物理作用、化学作用、生物作用三个方面。

（1）物理作用，是指材料使用环境中的温度变化、湿度变化和冻融循环、风力、浪力等破坏作用。这些破坏作用会使材料内部产生体积膨胀和收缩，使材料内部的裂缝逐渐发展，最后导致材料发生破坏。例如，因波浪、潮流等引起的物理侵蚀和机械侵蚀，因干湿循环引起的具有物理作用的湿胀干缩和盐的结晶与积累的膨胀破坏等。

（2）化学作用，是指环境中各种酸、碱、盐等物质的溶液及有害气体的侵蚀作用。这些

物质会和材料之间产生化学反应，而引起材料质的改变，从而导致破坏。如海水、沼泽水、工业废水、工业废气、酸雨、空气中二氧化碳和二氧化硫等对建筑物的有害作用。

（3）生物作用，是指各种昆虫或菌类对材料的破坏作用。如真菌对木材的腐蚀作用，白蚁对建筑物的破坏等。

材料在使用环境中受到的破坏作用可以不止一种，如同时受到多种不利因素的联合破坏，将使建筑物的寿命大大降低。

材料的耐久性直接影响建筑物的安全性和经济性。现代社会基础设施的建设日趋大型化、综合化，如超高层建筑、大型水利设施、海底隧道、人工岛等，且耗资巨大、建设周期长、维修困难。此外，随着人类对地下、海洋等苛刻环境的开发，也要求高耐久性的材料。造成结构物破坏的原因是多方面的，一般仅仅由于荷载的作用而遭破坏的实例并不多，而由于耐久性原因产生的破坏却日益增多，尤其是处于特殊环境下的结构物，如水工结构物、海洋工程结构物、盐碱结晶环境中的工程结构物等对耐久性的要求比对强度的要求更为重要。工程设计中按耐久性进行设计的比例越来越大，将来很多的大型建筑会由按耐久性设计取代目前使用的按强度进行的设计。

在目前的工程实践中，合理地选择材料并正确地设计、施工、使用、维护，可以显著地提高材料的耐久性，延长建筑物的寿命，降低使用过程中的运行费用和维修费用，从而获得较佳的社会效益和经济效益。

对材料耐久性的评定，可根据某些指标将材料划分为若干等级，如材料的抗渗等级、抗冻等级、抗老化等级、抗腐蚀等级等。

提高材料耐久性的有效途径是提高材料在使用环境中的化学稳定性，并改善内部孔的构造。

二、材料的装饰性

随着社会经济水平的提高，人们越来越追求舒适、美观、整洁、健康的居住、工作和各种室外活动的环境。建筑装饰材料是指能够美化环境、协调人工环境与自然环境之间关系、增加环境情趣的一类材料，它是目前发展和变化最快的建筑材料。

装饰材料对环境的美化效果主要取决于材料的光学性质、表面性质和几何性质。

1. 材料的光学性质

材料的光学性质包括颜色、光泽和透明性，其主要取决于材料的组成和结构。不同的颜色给人的感受不同：白色或浅色常给人以明快、清新的感觉；深色则显端庄、稳重；红色、橙色、黄色等属暖色，使人感到热烈、兴奋、温暖；绿色、蓝色、紫罗兰色等属冷色，使人感到宁静、优雅、清凉。光泽是材料对光线的反射（镜面反射和漫反射）效果，而镜面反射是产生光泽的主要因素，金属等晶体材料具有较好的光泽。透明性是光线对材料的透射效果，玻璃等非晶体材料具有较好的透明性。用具有较好光泽和透明性的材料进行装饰的环境，使人产生轻快感、豪华感和大空间感。

2. 材料的表面性质

材料的表面性质是指材料表面的粗细程度、软硬程度、凹凸现象、纹理构造、花纹图案等构造特征和材料表面的导热性质与化学性质等。人通过触觉、视觉、嗅觉从材料表面性质得到的综合感受称为材料的质感。例如，导热系数大的金属材料具有冷的触觉感受；天然石材、木材的晶斑和纹理给人以回归自然的感觉；混凝土给人以笨重、粗犷和脆硬的感觉；铝合金玻璃幕墙具有现代派的效果，使人感觉轻快、活跃、积极向上；材料表面的艺术图案、花纹、雕刻给人以优雅、柔和、轻松的感觉；天然木材装饰具有良好的触觉和视觉效果。

3. 材料的几何性质

材料的几何性质是指建筑装饰材料的几何形状与尺寸以及装饰物的空间造型形式。装饰制品有板状、块状、波浪片状、筒状、薄片状、异型等形状和不同的尺寸与规格，使用时可拼成各种图案和花纹。现场施工的地面、内外墙面和柱面等，通过适当的造型，如对水磨石、水刷石、干粘石、喷刷涂料进行分格形成各种图形，可获得一定的装饰效果。各种景观材料和园林造型材料，如绿化混凝土、彩色地砖、仿石、仿木材和仿古混凝土装饰制品等可增加环境的美观、整洁和趣味。

三、材料的环保性

材料的环保性主要涉及以下几个方面的内容：

（1）材料在原材料开采、生产、运输、储存等过程中对地球资源、能源和环境的影响。

（2）材料在建筑施工中对能源的消耗以及产生的粉尘、污水、垃圾、噪声等对环境的影响。

（3）材料在使用过程中对人体健康、安全的危害问题以及能源的消耗问题。

（4）建筑物在解体时形成的垃圾、粉尘等对环境的影响以及垃圾的回收利用问题。

建筑材料的大量生产和使用，一方面为人类带来了越来越多的物质享受，另一方面也给地球的环境和生态平衡造成了不良的影响。我国每年要开采 50 多亿吨的黏土、石灰石和砂、石等材料用于生产水泥和混凝土，并砍伐了大量树木，从而造成自然景观的破坏、河床变形和改道，水土流失，耕地减少等。在消耗大量能源的同时，排出二氧化碳和二氧化硫等有害气体和粉尘。此外，城市噪声的 1/3 来自建筑施工。混凝土路面材料的不透水性、不透气性造成城市洪水泛滥、地下水位下降，严重影响植物生长，产生"热岛"现象。无机矿物质材料含有放射性物质，如放射性元素含量高的花岗石、大理石、煤矸石砖等，会使人患放射病、癌症或遗传性疾病；有机材料中，含高挥发性有机物质的涂料，含甲醛等过敏性化学物质较多的胶合板、纤维板、胶粘剂，以及含微细纤维物质的石棉纤维水泥制品等，都会对人体健康产生严重的危害。另外，有些装饰材料在温度较高时会放出有害气体。因此，研究材料的环保性，开发环保型材料，是 21 世纪建筑材料发展的重要课题。例如，利用工业废481、建筑垃圾等生产各种材料，研制新型保温隔热材料、吸声材料、绿色装饰装修材料、新型墙体材料、自密实混凝土、透水透气性混凝土、绿化混凝土、水中生物适应型混凝土，以及高强度、高性能、高耐久性材料等。

环保型材料是指既能减轻对地球环境造成的负荷，又能与自然生态环境友好协调共生、可持续发展，并能为人类构造更安全、更舒适、更健康环境的材料。

复习思考题

1. 什么叫作材料的组成？举例说明组成与材料性质的联系。
2. 不同微观结构的材料性能特点如何？并利用其结构特点加以解释。
3. 材料的孔隙构造包括哪些内容？孔隙构造的改变如何影响材料的各种性质？
4. 什么叫作材料的绝对密实体积、视体积、表观体积和堆积体积？如何进行测定？
5. 什么是材料的孔隙率、密实度、开口孔隙率和闭口孔隙率？如何进行计算？
6. 什么是材料的空隙率和填充率？如何进行计算？其值大小在工程中有何实际意义？
7. 如何根据能量最低原则来说明材料的亲水性和憎水性？
8. 什么是材料的吸水性？用什么技术指标表示？如何计算？它与材料的孔隙构造有何联系？
9. 什么叫作材料的饱水率和饱水系数？有何实用意义？
10. 什么是材料的含水率？在工程中有何实用意义？
11. 什么是材料的抗渗性、抗冻性和耐水性？各用什么指标表示？如何通过改善材料孔隙的构造来提高这些性能？
12. 材料的导热系数、比热容和热容量与建筑物的使用功能有何联系？
13. 材料理论强度公式的物理意义是什么？材料实际强度为什么与理论强度存在巨大差异？
14. 影响材料强度的因素有哪些？
15. 在工程实践中如何对不同材料的强度进行合理利用？
16. 什么是材料的比强度？采用轻质高强材料对现代建筑有何意义？
17. 材料的弹性、塑性、韧性、脆性、硬度、耐磨性的定义是什么？相应的技术指标有哪些？
18. 简述材料塑性、韧性、耐磨性的工程实用意义。
19. 什么叫作材料的耐久性？影响材料耐久性的因素有哪些？
20. 高耐久性材料的应用对现代建筑有何意义？
21. 建筑装饰材料对环境的美化效果主要取决于哪些因素？
22. 什么叫作环保型建筑材料？材料的环保性主要涉及哪些方面的问题？
23. 某材料的干燥质量为 m，表面涂以密度为 $\rho_{蜡}$ 的石蜡后质量为 m_1，将涂有石蜡的材料放入水中称得质量为 m_2，试求该材料的表观密度（水的密度为 $\rho_{水}$）。
24. 已知密度为 2.80 g/cm³、视密度为 2.66 g/cm³ 的某材料干燥质量为 812 g，常压下吸水至饱和面干时质量为 820 g，该材料的饱水系数为 0.70。试求该材料的表观密度、质量吸水率、体积吸水率、开口孔隙率和闭口孔隙率（水的密度为 1 g/cm³）。

第二章 气硬性胶凝材料

建筑材料中，凡是材料自身或与其他物质（如水等）混合后，经过一系列化学变化、物理变化或物理化学变化，能逐渐硬化形成人造石，并且能将散粒材料（如砂、石子等）和块、片状材料（如砖、石块等）胶结成具有强度的整体，这一类材料称为建筑用胶凝材料。

胶凝材料按其化学组成，可分为有机胶凝材料、无机胶凝材料和复合胶凝材料；按其获得方式可分为天然胶凝材料和人工胶凝材料。目前在建筑工程中使用量最大的是人工的无机胶凝材料。

无机胶凝材料通常是一些粉状的矿物质材料，其加水后可进行水化、凝结硬化而具有胶凝性能。无机胶凝材料按其硬化时的条件可分为气硬性胶凝材料和水硬性胶凝材料。

气硬性胶凝材料只能在空气中进行硬化，并且只能在空气中保持或发展其强度，如石灰、石膏、水玻璃等；水硬性胶凝材料不仅能在空气中，而且能更好地在水中硬化并保持、发展其强度，如各种水泥。

第一节 建筑石膏

石膏是一种古老的建筑胶凝材料，公元前2500年建造的古埃及胡夫金字塔就采用了石膏砂浆作为胶凝材料来黏结和砌筑石块。现代建筑中，石膏作为胶凝材料仍有着广泛的应用。石膏原料丰富，生产工艺简单，生产能耗低，价格低廉，不污染环境。石膏具有许多优良的性能，特别适用于现代建筑的室内隔断、装饰、装修工程。另外，石膏作为原材料还可应用于混凝土工程、硅酸盐制品和水泥工业等方面。总之，石膏作为一种环保型建筑材料已引起人们越来越多的重视。

一、石膏的原料和生产

生产石膏的原料有天然二水石膏（$CaSO_4 \cdot 2H_2O$）、天然无水石膏（$CaSO_4$）和化工石膏。

天然二水石膏质地较软，故又称为软石膏，是生产石膏胶凝材料的最主要原料。纯净的二水石膏呈透明无色或白色状，但天然二水石膏矿物常含有砂、黏土、碳酸盐矿物以及氧化铁等各种杂质而呈灰色、褐色、赤色、淡黄色等各种颜色。天然二水石膏矿物晶形常呈板状、叶片状、针状和纤维状，有时也可见柱状晶形和燕尾形的双生连晶。天然二水石膏的密度介于 2.20~2.40 g/cm^3，莫氏硬度为 2。

天然无水石膏质地较硬，故又称为硬石膏，其密度为 2.90~3.00 g/cm^3，莫氏硬度为 3~4。硬石膏一般为白色或透明无色，如含有杂质，则呈浅蓝、浅灰或浅红色。

化工石膏是化学工业生产中得到的副产品或废料，其主要化学成分是硫酸钙，也常用作生产石膏的原料，如磷石膏、氟石膏、芒硝石膏等。

石膏胶凝材料的主要生产工序是原料破碎、加热和熟料磨细。

在较低加热温度（120~180 ℃）条件下，天然二水石膏脱去 $1\frac{1}{2}$ 个结晶水而成为半水石膏，这种半水石膏通常称为低温煅烧石膏。

低温煅烧的半水石膏因加热时环境压力不同而得到的品种也不同：当二水石膏在蒸压条件下加热时脱出的结晶水为液体，得到的产品为 α 型半水石膏；当二水石膏在缺少水蒸气的干燥（常压）条件下加热时脱出的结晶水为水蒸气，得到的产品为 β 型半水石膏。加热化学反应式如下：

$$CaSO_4 \cdot 2H_2O \xrightarrow{125\ ℃\quad 0.13\ MPa} \alpha\text{-}CaSO_4 \cdot \frac{1}{2}H_2O + 1\frac{1}{2}H_2O$$

$$CaSO_4 \cdot 2H_2O \xrightarrow{107\sim170\ ℃} \beta\text{-}CaSO_4 \cdot \frac{1}{2}H_2O + 1\frac{1}{2}H_2O$$

α 型半水石膏又称为高强石膏，它的原材料为杂质含量较少的天然二水石膏。由于 α 型半水石膏晶粒较粗大，在水中的分散度较小，用其制备成标准稠度的净浆时需水量较小，故其浆体硬化后孔隙率较低，从而强度较高。

β 型半水石膏又称为普通建筑石膏，是建筑上应用最多的石膏品种。β 型半水石膏的晶粒较细小，在水中的分散度较大，需水量较大，硬化时水化产物不能充分地占据浆体的原充水空间。因此，其硬化浆体孔隙率较大，强度较低。

二、煅烧温度和石膏变种

随着煅烧温度的增高，石膏成品的组成、结构将发生改变，从而形成不同的石膏变种。在石膏胶凝材料生产中，可以通过控制煅烧温度来得到更多的石膏品种。

在不同的煅烧温度下，石膏的变种可分为可溶性硬石膏（$CaSO_4\ \text{Ⅲ}$）、不溶性硬石膏（$CaSO_4\ \text{Ⅱ}$）和高温煅烧石膏（$CaSO_4\ \text{Ⅰ} + CaO$）三种。

当煅烧温度升至 230~360 ℃ 时，形成可溶性硬石膏。该石膏变种已无结晶水，但此时石膏晶体仍基本保持了原来半水石膏的结晶格子形式。由于水分子的失去使可溶性硬石膏的结构比较疏松，它的标准稠度需水量比半水石膏高 25%~30%，所以硬化后强度较低。在石膏生产中应尽量避免出现可溶性硬石膏这一石膏变种。

当煅烧温度升至 500~750 ℃ 时，可得到不溶性硬石膏变种。此时石膏晶体已不再是原半水石膏的结晶格子形式，结构比较致密，因而难溶于水。由于溶解度较小，不溶性硬石膏水化反应能力降低很多，在没有激发剂存在的情况下，不溶性硬石膏几乎不能发生水化反应。生产中常将不溶性硬石膏磨成细粉并加入石灰等激发剂，使其具备一定的水硬胶凝性能，这种掺有激发剂的不溶性硬石膏磨细物称为硬石膏水泥或无水石膏水泥。

当煅烧温度达到 800～1 100 ℃ 时，形成高温煅烧石膏变种。高温煅烧石膏中除了完全脱水的无水石膏外，还有因部分 $CaSO_4$ 发生分解而得到的游离 CaO。此石膏变种仍较好地保持了硬石膏的结晶格子形式，由于分解出部分三氧化硫而导致其结构较疏松，因而不加激发剂，也具有水化、硬化的能力。这一石膏变种凝结较缓慢，但耐水性、耐磨性较好，适用于制作地板，故又称地板石膏。

三、建筑石膏的水化、凝结与硬化

（一）建筑石膏的水化

建筑石膏加水后会立即与水进行化学反应生成二水石膏。其反应式为

$$CaSO_4 \cdot \frac{1}{2}H_2O + 1\frac{1}{2}H_2O \longrightarrow CaSO_4 \cdot 2H_2O$$

化学反应研究的主要对象是反应方向和反应速度，用溶解—结晶理论可以解释石膏化学反应的方向问题。

半水石膏加水后迅速溶解，很快形成半水石膏的饱和溶液，由于二水石膏具有比半水石膏小得多的溶解度。因此，该溶液对二水石膏来说是高度过饱和的，所以很快析出二水石膏晶体。由于二水石膏晶体的析出使溶液的浓度降低，破坏了原有的溶解平衡，此时半水石膏会进一步溶解以补偿由于二水石膏析晶而在液相中减少的离子浓度。如此不断地进行半水石膏的溶解和二水石膏的析晶，直到半水石膏完全水化为止。

半水石膏的溶解度与同条件下二水石膏的平衡溶解度之比称为石膏溶液的过饱和度。石膏的反应速度实质上取决于溶液的过饱和度，过饱和度越大，水化反应速度越快。工程上常采用掺外加剂的方法来改变半水石膏的溶解度，以此来控制石膏溶液的过饱和度和水化速度，从而满足施工需要。

（二）建筑石膏的凝结与硬化

石膏的凝结硬化过程是物理或物理化学变化的过程，通常可采用一些重要的物理量参数，如流动性、放热量、强度等和时间参数的关系来进行研究。

研究结果表明石膏浆体在不同的龄期具有不同的结构特征，根据这些结构特征可以将石膏浆体的凝结硬化过程分为下述三个阶段：

第一阶段，相应于石膏浆体的悬浮体结构形成。石膏加水后由于水的溶解作用和分散作用，使细微的固体粒子悬浮在水中，此时水为连续相，固体为分散相。过饱和溶液中有晶体析出但数量较少，浆体由于快速溶解而有显著的放热现象，此时浆体具有良好的流动性和可塑性。此阶段持续时间较短。

第二阶段，相应于凝聚结构的形成。在这一阶段，随着水化的进行，虽然水化产物在半水石膏固体粒子表面不断析出，固相尺寸和比例不断增大，但因固体粒子之间仍未直接接触，彼此之间存在一层水膜，粒子通过水膜以分子力相互作用，故这种结构无实质性的强度并具有触变复原的特性。在此阶段中，浆体的流动性和可塑性随时间的增加而逐渐降低。

第三阶段，相应于结晶结构网的形成和发展。在这个阶段，由于晶核的大量形成、长大以及晶体之间互相接触连生，逐渐在整个浆体中形成结晶结构网。固相成为连续相，水成为分散相，此时浆体已具有强度并随时间的增长而增长，直至水化条件终结时，强度才停止发展，并不再具有触变复原性。此阶段持续时间较长。

建筑石膏的凝结硬化过程如图 2.1 所示。

（a）悬浮体结构　　　　（b）凝聚体结构　　　　（c）结晶结构网

图 2.1　建筑石膏凝结硬化示意图

1—半水石膏；2—二水石膏胶体微粒；3—二水石膏晶体；4—交错的晶体

四、建筑石膏的性质

通常所指的建筑石膏为 β 型半水石膏磨细而成的白色粉末材料，密度为 2.50~2.70 g/cm^3，堆积密度为 800~1 450 kg/m^3。

国家建筑石膏标准规定：建筑石膏的基本技术要求包括强度、细度和凝结时间，并根据这些技术要求将其划分为优等品、一等品、合格品三个等级，见表 2.1。

表 2.1　建筑石膏技术要求（GB 9776—1988）

技术指标		优等品	一等品	合格品
强度 /MPa	抗折强度	≥2.5	≥2.1	≥1.8
	抗压强度	≥4.9	≥3.9	≥2.9
细度	0.2 mm 方孔筛筛余/%	≤5.0	≤10.0	≤15.0
凝结时间 /min	初凝时间	≥6		
	终凝时间	≤30		

建筑石膏的强度是用标准稠度的石膏强度试件按规定的方法测定，包括抗压强度和抗折强度；建筑石膏的凝结时间是用标准稠度的石膏浆体在凝结时间测定仪上测定，包括初凝时间和终凝时间；建筑石膏的细度用筛分法测定。

建筑石膏的凝结硬化速度较快，通常石膏加水拌和后几分钟浆体就开始失去塑性达到初凝，20~30 min 内浆体即完全失去塑性达到终凝。初凝时间较短导致施工成型困难，为延缓初凝时间可掺入缓凝剂（如 1% 亚硫酸盐酒精废液、0.1%~0.5% 硼砂、0.1%~0.2% 的动物胶等），来降低半水石膏溶解度或溶解速度，使水化速度减慢。

建筑石膏在硬化过程中体积略有膨胀，线膨胀率为 1% 左右，这一性质与其他多数胶凝材料有显著不同。由于无收缩裂缝产生，石膏可以单独使用。尤其在装饰、装修工程中，利用其微膨胀性能塑造的各种建筑装饰制品形体饱满密实，表面光滑细腻，具有很好的装饰效果。

半水石膏的理论水化需水量约为其质量的 18.6%，施工中为使石膏浆体具有一定的流动性和可塑性，通常要加入 60%~80% 的水。这些多余的自由水在石膏浆体硬化以后蒸发而留下大量的孔隙，其孔隙率可达 40%~60%，因此，石膏硬化体具有多孔构造的特征。由于具有多孔构造，石膏制品的表观密度较小、质量较轻、隔热保温性好、吸声性强、强度低、吸湿性大。

气硬性胶凝材料的硬化体所共有的性能特点是强度低、耐水性差。强度低主要是因为水化产物本身强度较低和具有多孔构造的特征。石膏硬化浆体在干燥环境下的抗压强度为 3~10 MPa，而在吸水饱和状态时其强度降低可达 70% 以上，软化系数为 0.20~0.30。石膏硬化浆体耐水性差的原因主要是其水化产物的溶解度较大和其多孔构造。二水石膏的溶解度是水泥石中水化硅酸钙的 30 倍左右。另外，石膏硬化体中的结晶接触点区段由于晶格的变形和扭曲而具有更高的溶解度，在潮湿条件下易产生溶解和再结晶成较大晶体，从而导致石膏硬化浆体的强度降低。

建筑石膏硬化后的主要成分是带有结晶水的二水石膏，遇火时二水石膏可分解出结晶水并吸收热量，脱出的水分在制品表面形成蒸汽幕层，在结晶水完全分解以前，温度的上升十分缓慢，生成的无水石膏为良好的绝热体，所以石膏制品具有较好的防火性能。但石膏制品不宜长期在高温环境中使用，否则会因为二水石膏脱水过多而降低强度。

石膏硬化浆体孔隙率大、孔径细小且呈均匀分布，因此石膏制品具有较高的吸湿透气性能，对室内湿度调节起到一定的作用。此外，二水石膏质地较软，故石膏硬化体的加工性好，可锯、可钉而不开裂。

五、石膏的应用

建筑石膏原料丰富、分布广泛、生产工艺简单、价格便宜、无污染并具有上述许多优良的性能，是现代建筑中一种非常重要的材料。建筑石膏主要应用于室内装修、装饰、隔断、吊顶、保温隔热、吸声及防火等方面，一般做成石膏抹面灰浆、石膏装饰制品、石膏板制品后进行施工和安装。另外，在建筑工程的其他方面也有广泛的用途。

1. 制作石膏抹面灰浆

建筑石膏中加入水、细骨料和外加剂等可制成石膏抹面灰浆，石膏抹灰墙面和顶棚具有不开裂、保温、调湿、隔音、美观等特点。抹灰后的墙面和顶棚还可以直接涂刷油漆、涂料及粘贴墙纸。建筑石膏中加入水和石灰可用作室内粉刷涂料，粉刷后的墙面和顶棚表面光滑、细腻、美观。

2. 制作石膏装饰制品

在建筑石膏中加入水、少量的纤维增强材料和胶料后，拌和均匀制成石膏浆体，利用石膏硬化时体积膨胀的性质，可成型制成各种石膏雕塑、饰面板及各种建筑装饰零件，如石膏角线、线板、角花、灯圈、罗马柱、雕塑等艺术装饰石膏制品。

3. 制作各种石膏板制品

建筑石膏是制作各种石膏板材的主要原料，石膏板是一种质量轻、强度较高、绝热、吸声、防火、可锯可钉的建筑板材，是当前着重发展的新型轻质板材。石膏板广泛地应用于各种建筑物的内隔墙、墙体覆面板、天花板和各种装饰板。

在石膏板的生产制作过程中，为了获得更多优良的性能，通常加入一些其他材料和外加剂。制造石膏板时加入锯末、膨胀珍珠岩、膨胀蛭石、陶粒、膨胀矿渣等轻质多孔材料，或加入泡沫剂、加气剂等可减小其表观密度并提高保温性、隔音性；在石膏板中加入纸筋、麻刀、石棉、玻璃纤维等增强材料，或在石膏板表面粘贴纸板，可以提高其抗裂性、抗弯强度并减小脆性；在石膏板中加入水泥、粉煤灰、粒化矿渣以及各种有机防水剂可以提高其耐水性。加入沥青质防水剂并在板面包覆防水纸或乙烯树脂的石膏板，不仅可以用于室内，也可以用于室外，甚至可以用于浴室的墙板。

我国目前生产的石膏板，主要有纸面石膏板、空心石膏条板、石膏装饰板和纤维石膏板等。

纸面石膏板以建筑石膏作芯材，两面用纸护面而成，主要用于内墙、隔墙和天花板处，安装时需先架设龙骨。

石膏空心条板以建筑石膏为主要原料，加入纤维等材料以类似于混凝土空心板生产工艺制成。石膏空心条板孔数为 7～9 个，孔洞率为 30%～40%，不需设置龙骨，施工方便，主要用于内墙和隔墙。

石膏装饰板的主要原料为建筑石膏、少量的矿物短纤维和胶料。石膏装饰板是具有多种图案和花饰的正方形板材，边长为 300～900 mm，有平板、多孔板、印花板、压花板、浮雕板等，造型美观多样，主要用于公共建筑的墙面装饰和天花板等。

纤维石膏板是以建筑石膏、纸浆、玻璃或矿棉短纤维为原料制成的无纸面石膏板。这种石膏板的抗弯强度和弹性模量都高于纸面石膏板，可用于内墙和隔墙，也可用来代替木材制作家具。

另外，还有石膏蜂窝板、穿孔石膏板、防潮石膏板、石膏矿棉复合板等，可分别用作绝热板、吸声板，以及墙面、顶棚、地面基层板材料。

4. 石膏的其他用途

石膏除了广泛地应用于建筑装修、装饰工程外，还大量地应用于建筑工程中的其他方面。例如，加入泡沫剂或加气剂可制成多孔石膏砌块制品，用作建筑物的填充墙材料，能改善绝热、隔音等性能，并能降低建筑物自重。

在硅酸盐水泥生产中必须加入石膏作为缓凝剂；石膏可生产无熟料水泥，如石膏矿渣无熟料水泥等；石膏可制造硫铝酸盐膨胀水泥和自应力水泥；石膏可生产各种硅酸盐制品和用作混凝土的早强剂等。高温煅烧石膏可做成无缝地板、人造大理石、地面砖以及墙板和代替白水泥用于建筑装修。

建筑石膏在运输和储存过程中应防止受潮，储存期一般不宜超过三个月，超过三个月后，其强度可降低 30%。

第二节 建筑石灰

石灰也是一种古老的建筑胶凝材料。在西周时期的陕西凤雏遗址中，其土坯墙就采用了三合土（石灰、黄沙、黏土）抹面，距今已有 3 000 多年的历史。由于石灰原材料分布广、储量大、生产工艺简单、成本低廉、性能优良，所以至今仍被广泛地应用于建筑工程和建筑材料工业生产中。

一、石灰的原料与生产

制造石灰的原料是以碳酸钙为主要成分的天然岩石，如石灰石、白云石、白垩、大理石碎块等，另外还可利用电石渣（主要成分为氢氧化钙）等工业废渣来生产石灰。

将主要成分为碳酸钙的原料，在适当的温度下进行煅烧，分解出二氧化碳，得到以氧化钙为主要成分的气硬性胶凝材料——生石灰。其反应式为

$$CaCO_3 \xrightarrow{1\ 000 \sim 1\ 200\ ^\circ C} CaO + CO_2 \uparrow$$

碳酸钙的分解过程是可逆的，为了使反应向正方向进行，在石灰煅烧过程中必须适当提高煅烧温度并及时排出二氧化碳气体。

天然石灰原料中常含有黏土等杂质，当黏土杂质含量超过 8% 时，由于固相反应生成较多的水硬性矿物，如 β 型硅酸二钙等，会使石灰性质发生变化，即由气硬性石灰转向水硬性石灰，因此在石灰生产中应控制黏土杂质的含量。

另外，石灰原料中还常含有碳酸镁成分，在石灰煅烧时会形成氧化镁。根据生石灰中氧化镁的含量可分为钙质生石灰（氧化镁含量不大于 5%）和镁质生石灰（氧化镁含量大于 5%）。

碳酸钙分解时，失去原质量 44% 的二氧化碳气体，而煅烧石灰的表观体积仅比石灰石表观体积减小 10%～15%，因此生石灰具有多孔结构。

常压下，碳酸钙的理论分解温度为 898 ℃，实际生产中煅烧温度受到原材料种类、结构、致密程度、料块尺寸、杂质含量以及窑体热损失等诸多因素的影响，实际煅烧温度应显著高于理论温度，一般控制在 1 000～1 200 ℃ 或者更高一些。

控制适宜的煅烧温度和煅烧时间是获得优质生石灰的必要条件。

在煅烧温度过低、煅烧时间不充分的情况下，碳酸钙不能完全分解，将生成欠火石灰。欠火石灰会降低生石灰的产浆量，使生石灰的胶凝性能变差。在煅烧温度过高、煅烧时间过长的情况下，则生成过火石灰。过火石灰结构致密，具有较小的内比表面积、晶粒粗大，此时氧化钙处于烧结状态，其表面常被原料中易熔黏土杂质熔化时所形成的玻璃釉状物包覆，因此过火石灰的消解很慢。过火石灰用于工程中时会发生质量事故，在正常煅烧石灰硬化以后过火石灰才缓慢地吸湿消解，放出热量并产生体积膨胀，引起石灰硬化浆体的隆起和开裂。

石灰原料中所含的菱镁矿杂质，其分解温度比碳酸钙低很多，在煅烧过程中氧化镁处于过烧状态，从而影响石灰的质量。故当原料中菱镁矿含量较多时，应在保证碳酸钙充分分解的前提下尽量降低煅烧温度。对于硅酸盐制品，为避免引起体积安定性不良，应限制原料中菱镁矿的含量。

二、石灰的消解

建筑工地上使用石灰时，通常将生石灰加水，使之消解为氢氧化钙，即熟石灰后，再进行施工，这个过程称为石灰的消解或熟化。其反应式为

$$CaO + H_2O \longrightarrow Ca(OH)_2 + 64.9 \text{ kJ/mol}$$

生石灰熟化时放出大量的热量，其最初 1 h 的放热量是半水石膏的 10 倍和普通硅酸盐水泥的 9 倍；生石灰熟化时体积膨胀 1~2.5 倍。石灰水化时的上述特征，在使用过程中必须予以特别的重视。

在生石灰的消解过程中应注意温度的控制：温度过低时消解速度较慢，温度过高时又会引起可逆反应，使氢氧化钙重新分解，从而影响消解质量。生石灰在消解过程中的体积膨胀会产生 14 MPa 以上的膨胀压力，当使用生石灰来制作石灰制品和硅酸盐制品时，如果不设法抑制或消除生石灰的这种有害膨胀，它就会使制品发生破坏性的体积变形。因此，在建筑工程中采用熟石灰进行施工不失为一种安全可靠的方法。

生石灰消解的理论用水量为其质量的 32%，由于石灰消解时温度较高，水分蒸发较多，为了保证氧化钙的充分水化，实际的用水量明显地多于理论用水量。

根据用水量的不同，可将生石灰消解成消石灰粉和石灰膏两种熟石灰。

加入适量的水（一般为生石灰质量的 60%~80%）可得到消石灰粉，具体的加水量按实际情况以经验确定，加入的水分应保证生石灰充分消解又不致过湿成团。消解过程在密闭的容器中进行较佳，此时既可减少热量损失和水分蒸发，又能防止碳化。工地上常采用分层喷淋法生产消石灰粉。将生石灰碎块平铺于不能吸水的平地上，每层厚约 20 cm，用水喷淋一次，然后上面再铺一层生石灰，接着再喷淋一次，直至 5~7 层为止，最后用砂或土予以覆盖，以保持温度、防止水分蒸发，使石灰充分消解，同时又可阻止产生碳化作用。在此条件下静置 14 d 以上即可取出使用。消石灰粉用于拌制石灰土（石灰、黏土）和三合土（石灰、黏土、碎砖或砂石、炉渣等骨料），应用于道路基层、建筑物基础、地面等工程。

加入大量的水可制得消石灰膏。石灰膏是将生石灰在化灰池或熟化机中加水搅拌，先消解成稀薄乳状的石灰浆，然后经滤网过滤去除未消解颗粒或杂质后流入储灰池，石灰浆的表面应覆盖一层水，以隔绝空气防止石灰浆碳化。在此条件下静置 14 d 以上后，除去上层水分取出储灰池中沉淀物即石灰膏进行施工。石灰膏用于调制石灰砂浆或水泥石灰混合砂浆，应用于工业与民用建筑的砌筑工程和抹灰工程。

上述两种熟石灰消解时静置 14 d 以上的过程称为石灰的陈伏。石灰陈伏的目的是为了消除过火石灰的危害，得到质地较软、可塑性较好的熟石灰。在陈伏过程中应注意防止石灰的碳化。

建筑工程中采用熟石灰进行施工主要是为了避免生石灰由于水化时的放热和体积膨胀所带来的破坏。但熟石灰的硬化速度较慢，强度较低。用球磨机将块状生石灰磨细而得到的粉末状产品称为磨细生石灰粉，磨细生石灰水化时放热均匀且无明显的体积膨胀，因此磨细生石灰可不经消解，加入适量的水（一般占石灰质量的 100%~150%）拌匀后即可使用。这时熟化和硬化成为一个连续的过程，由于磨得很细，过火石灰的体积膨胀危害得到了很好的抑制，因此磨细生石灰使用时不需陈伏。与一般使用方法相比，磨细生石灰制品具有较快的

硬化速度和较高的强度。目前，磨细生石灰工艺不仅大量地应用于建筑材料工业生产，而且也越来越多地直接应用于建筑工程中。

三、石灰的硬化

气硬性石灰在空气中的硬化是通过结晶和碳化两个同时进行的过程来完成的。

1. 结晶过程

石灰浆体在干燥环境中，其自由水逐渐蒸发或被基层材料所吸收，将引起氢氧化钙溶液的过饱和，从而产生结晶过程。氢氧化钙晶粒随结晶的进行不断长大并彼此靠近，最后交错结合在一起，形成一个整体。另外，石灰浆体由于失水收缩产生毛细管压力，使石灰粒子互相紧密靠拢而获得强度。

2. 碳化过程

石灰浆体表面的氢氧化钙与空气中的二氧化碳进行反应，生成实际上不溶于水的碳酸钙晶体，释放出的水分则被逐渐蒸发。其反应式为

$$Ca(OH)_2 + CO_2 + nH_2O \longrightarrow CaCO_3 + (n+1)H_2O$$

上述反应只是在有水存在的情况下才能进行。

由于生成碳酸钙时体积有所膨胀且碳酸钙的强度明显高于氢氧化钙，因此碳化后石灰浆体的密实度和强度均有明显的提高。由于空气中二氧化碳的浓度很小，按体积计算仅占整个空气的 0.03%，并且石灰浆体表面已形成的致密的碳化层，使二氧化碳很难再深入其内部，因此碳化的过程更加缓慢；同时，已形成的碳化层也阻止了浆体内部水分的蒸发，使氢氧化钙的结晶速度减缓。因而石灰浆体的硬化是非常缓慢的。

四、建筑石灰的技术要求与性质

建筑石灰根据成品加工方法的不同可分为块状的建筑生石灰、磨细的建筑生石灰粉、建筑消石灰粉和建筑消石灰膏。根据氧化镁含量的多少可分为钙质石灰、镁质石灰和白云质石灰。根据有关的技术要求及指标划分为优等品、一等品和合格品三个等级。建筑石灰的主要技术要求和指标见表 2.2~2.4。

表 2.2 建筑生石灰技术要求（JC/T 479—1992）

项 目	钙质生石灰			镁质生石灰		
	优等品	一等品	合格品	优等品	一等品	合格品
(CaO + MgO)含量/%	≥90	≥85	≥80	≥85	≥80	≥75
CO_2 含量/%	≤5	≤7	≤9	≤5	≤8	≤10
未消化残渣含量（5 mm 圆孔筛筛余）/%	≤5	≤10	≤15	≤5	≤10	≤15
产浆量/L·kg^{-1}	≥2.8	≥2.3	≥2.0	≥2.8	≥2.3	≥2.0

表 2.3　建筑生石灰粉技术要求（JC/T 480—1992）

项　目		钙质生石灰			镁质生石灰		
		优等品	一等品	合格品	优等品	一等品	合格品
(CaO + MgO)含量/%		≥85	≥80	≥75	≥80	≥75	≥70
CO_2 含量/%		≤7	≤9	≤11	≤8	≤10	≤12
细度	0.90 mm 筛筛余/%	≤0.2	≤0.5	≤1.5	≤0.2	≤0.5	≤1.5
	0.125 mm 筛筛余/%	≤7.0	≤12.0	≤18.0	≤7.0	≤12.0	≤18.0

表 2.4　建筑消石灰粉技术要求（JC/T 481—1992）

项　目		钙质石灰			镁质石灰			白云质石灰		
		优等品	一等品	合格品	优等品	一等品	合格品	优等品	一等品	合格品
(CaO + MgO)含量/%		≥70	≥65	≥60	≥65	≥60	≥55	≥65	≥60	≥55
游离水/%		0.4~2	0.4~2	0.4~2	0.4~2	0.4~2	0.4~2	0.4~2	0.4~2	0.4~2
体积安定性		合格	合格	—	合格	合格	—	合格	合格	—
细度	0.90 mm 筛筛余/%	≤0	≤0	≤0.5	≤0	≤0	≤0.5	≤0	≤0	≤0.5
	0.125 mm 筛筛余/%	≤3	≤10	≤15	≤3	≤10	≤15	≤3	≤10	≤15

　　建筑生石灰为块状和磨细粉状，其颜色随成分不同而异。纯净的为白色，含杂质时呈灰色、浅黄色等。过火石灰色泽暗淡呈灰黑色，欠火石灰其断面中部色彩深于边缘色彩。

　　生石灰的密度取决于原料成分和煅烧条件，通常为 3.10~3.40 g/cm³；堆积密度取决于原料成分、煅烧品质、装料紧密程度及粒块尺寸等，通常为 600~1 100 kg/m³。消石灰粉的密度约为 2.10 g/cm³，堆积密度为 400~700 kg/m³。

　　建筑石灰的质量好坏主要取决于有效物质（CaO + MgO）的含量和杂质的含量。有效物质是石灰中能够和水发生水化反应的物质，它的含量反映了石灰的胶凝能力，有效物质越多产浆量越高，欠火石灰和各种杂质则无胶凝能力。过火石灰的存在会影响体积安定性。石灰粉的细度越大，施工性能越好，硬化速度越快，质量也越好。块状生石灰中细颗粒含量越多质量越差。建筑消石灰粉还有游离水含量的限制和体积安定性合格的要求。

　　生石灰放置太久，会吸收空气中的水分而自动熟化成氢氧化钙，再与空气中二氧化碳作用而还原为碳酸钙，失去胶凝能力。所以在储存时应注意防潮并尽量缩短储存时间。最好先消解成石灰浆，将储存期变为陈伏期。由于生石灰受潮时会放出大量的热和产生体积膨胀，因此在储存和运输生石灰时应采取相应的安全措施。

　　建筑石灰加水拌和形成石灰浆体，由于水的物理分散作用和化学分散作用，能自动形成尺寸细小（直径约为 1 μm）的石灰微粒，这些微粒表面吸附一层厚的水膜，均匀、稳定地分散在水中，形成胶体结构。石灰浆胶体具有很大的内比表面积，能吸附大量游离水，故石灰浆体具有较好的保水性。另外，石灰微粒之间由一层厚厚的水膜隔开，彼此间摩擦力较小，因此，石灰浆体还具有较好的流动性和可塑性。利用上述性质，可配制石灰水泥混合砂浆，目的是改善水泥砂浆的施工和易性。

石灰浆体的凝结硬化是通过干燥环境中的水分蒸发和结晶作用以及氢氧化钙的碳化来完成的。由于空气中二氧化碳含量很低，碳化速度较慢，且碳化后形成的碳酸钙硬壳阻止二氧化碳向浆体内部渗透，同时也阻止了水分向外的蒸发，结果使内部氢氧化钙结晶数量少、结晶速度缓慢，因此石灰浆体的凝结硬化速度较慢，这和石膏浆体的性质截然不同。石灰硬化浆体的主要水化产物是氢氧化钙和表面少量的碳酸钙，由于氢氧化钙强度较低，故硬化浆体的强度也很低。例如，砂灰比为3的石灰砂浆，28 d 抗压强度通常只有 0.2~0.5 MPa。

强度低和耐水性差是无机气硬性胶凝材料的共性。耐水性差的原因主要是气硬性胶凝材料的水化产物溶解度较大，加上结晶接触点由于晶格变形、扭曲而具有热力学不稳定性和更大的溶解度。在潮湿空气环境下，石灰硬化浆体内部产生溶解和再结晶，使硬化浆体的强度发生显著的不可逆的降低。在水中，由于水的破坏作用，硬化强度较低的石灰浆体将发生溃散破坏。所以，石灰不宜在潮湿的环境中使用，石灰砂浆不能用于砌筑建筑物的基础和外墙抹面等工程。

石灰浆体在干燥硬化过程中蒸发出大量的游离水，由于毛细水的失去产生毛细管压力，使毛细孔孔径缩小，从而引起硬化浆体体积收缩。石灰浆体的硬化收缩变形较大，会导致已硬化的浆体局部开裂破坏。因此，石灰不宜单独使用，通常在其中掺入砂、纸筋、草秸、麻刀等来减少体积收缩变形。

五、建筑石灰的应用

石灰作为一种传统的建筑材料，其几千年的使用历史足以印证人类对这种材料的信任和依赖，至今石灰仍然作为重要的建筑材料广泛地应用于各类建筑工程和建筑材料工业生产中。

1. 配制石灰砂浆和灰浆

采用石灰膏作为原材料可配制石灰砂浆和石灰水泥混合砂浆，其施工和易性较好，广泛地被应用于工业与民用建筑的砌筑和抹灰工程中。石灰砂浆应用于吸水性较大的基层（如普通黏土砖）时，应事先将基底润湿，以免石灰砂浆脱水过速而成为干粉，丧失胶凝能力。

在建筑工程中，常用石灰膏或消石灰粉与其他不同材料加水拌和均匀而获得各种灰浆，如石灰麻刀灰浆、石灰纸筋灰浆等，用于建筑抹面工程。

用石灰膏或消石灰粉掺入大量水可配制成石灰乳涂料。可在涂料中加入碱性颜料，以获得各种色彩；加入少量水泥、粒化高炉矿渣或粉煤灰可提高耐水性；调入干酪素、氯化钙或明矾，可减少涂层的粉化现象。石灰乳涂料可用于装饰要求不高的室内粉刷。

2. 配制石灰土和三合土

消石灰粉在建筑工程中广泛用于配制石灰土和三合土。石灰土为消石灰粉与细粒黏土均匀拌和而成，质量比为 1:2~1:4；三合土为消石灰粉、黏土、砂和石子或炉渣等混合而成，质量比为 1:2:3。石灰土和三合土的施工方法是加入适量的水，通过分层击打、夯实或碾压密实使结构层具有较高的密实度。石灰土和三合土结构层具有一定的水硬胶凝性能，石灰稳定土的作用机理尚待继续研究。其原因可能是在强力夯打和振动碾压的作用下，黏土微粒表面被部分活化，此时黏土表面少量的活性氧化硅和氧化铝与石灰进行化学反应，生成了水硬性的水化硅酸钙和水化铝酸钙，将黏土颗粒胶结起来。另外，石灰中的少量黏土杂质经煅烧后也具有一定的活性，炉渣等中也存在一些活性成分，因此，石灰土结构层的强度和耐水性得以提高。石灰土和三合土广泛地应用于建筑物基础、垫层、堤坝、公路基层和各种地面工程中。

3. 生产硅酸盐制品

硅酸盐制品是以石灰和硅质材料（如石英砂、煤矸石、粉煤灰、矿渣等）为主要原料，加水拌和成型后，经蒸汽养护或蒸压养护得到的成品。钙质材料与硅质材料经水热合成后，其胶凝物质主要是水化硅酸钙盐类，故统称为硅酸盐制品。常用的有各种粉煤灰砖及砌块、炉渣砖和矿渣砖及砌块、蒸压灰砂砖及砌块、蒸压灰砂混凝土空心板、加气混凝土等。

4. 制造碳化制品

用磨细生石灰与砂子、尾矿粉或石粉配料，加入少量石膏经加水拌和压制成型制得碳化砖坯体；用磨细生石灰、纤维填料（如玻璃纤维）和轻质骨料（如矿渣）经成型后得到碳化板坯体。上述两种坯体利用石灰窑所产生的二氧化碳废气进行人工碳化后，即得到轻质的碳化砖和碳化板制品。石灰制品经碳化后强度将大幅提高，如灰砂制品经碳化后强度可提高 4~5 倍。碳化石灰空心板的表观密度为 700~800 kg/m^3（当孔洞率为 34%~39% 时），抗弯强度为 3~5 MPa，抗压强度为 5~15 MPa，导热系数小于 0.2 W/(m·K)，可锯、可刨、可钉，所以这种材料适宜用作非承重的内墙隔板、天花板等。

5. 生产无熟料水泥

将石灰和活性的玻璃体矿物质材料（活性的天然硅质材料或工业废料），按适当比例混合磨细或分别磨细后再均匀混合，制得的非煅烧水硬性胶凝材料称为无熟料水泥。如石灰矿渣水泥、石灰粉煤灰水泥、石灰烧黏土水泥、石灰烧煤矸石水泥、石灰沸石岩水泥、石灰页岩灰水泥等。

无熟料水泥的共同特性是强度较低，特别是早期强度较低、水化热较低，对于软水、矿物水等有较强的抵抗能力。适用于大体积混凝土工程，蒸汽养护的各种混凝土制品，水中混凝土和地下混凝土工程；不宜用于强度要求高，特别是早期强度要求高的工程，不宜低温条件下施工。

第三节 水 玻 璃

水玻璃俗称泡花碱，是一种能溶于水的硅酸盐，由不同比例的碱金属氧化物和二氧化硅所组成。建筑上常用的水玻璃为硅酸钠的水溶液，它是无色或淡黄色、灰白色的黏稠液体。

一、水玻璃的生产

水玻璃的生产可采用湿法或干法。湿法生产硅酸钠水玻璃时,将石英砂和苛性钠溶液置于压蒸锅(0.2~0.3 MPa)内,用蒸汽加热,并加以搅拌,使之直接反应生成液体水玻璃。干法是将石英砂和碳酸钠磨细拌匀,在1 300~1 400℃温度下熔化,经冷却后得到固体水玻璃,然后在水中加热溶解而得到液体水玻璃。其反应式为

$$2NaOH + nSiO_2 \xrightarrow{\text{湿法}} Na_2O \cdot nSiO_2 + H_2O$$

$$Na_2CO_3 + nSiO_2 \xrightarrow{\text{干法}} Na_2O \cdot nSiO_2 + CO_2\uparrow$$

氧化硅与氧化钠的分子数比 n 称为水玻璃模数,一般为1.5~3.5。n 值越大,则水玻璃的黏度越大,黏结力、强度、耐酸性、耐热性也较好,但其在水中的溶解能力降低。同一模数的液体水玻璃,其浓度越高,溶液的密度越大,黏结力越强。

水玻璃模数的大小可根据要求配制,加入氢氧化钠或硅胶可改变水玻璃的模数。工程中也可将两种不同模数的水玻璃掺配使用,以满足施工需要。当液体水玻璃的浓度太小或太大时,可用加热浓缩或加水稀释的方法来调整。

建筑上常用水玻璃的模数为2.6~3.0,溶液密度为1.30~1.50 g/cm³。

二、水玻璃的硬化

液体水玻璃在空气中与二氧化碳反应,生成无定型的硅酸凝胶,在干燥环境中,硅酸凝胶逐渐脱水产生质点凝聚而硬化。其反应式如下:

$$Na_2O \cdot nSiO_2 + CO_2 + mH_2O \longrightarrow Na_2CO_3 + nSiO_2 \cdot mH_2O$$

$$nSiO_2 \cdot mH_2O \longrightarrow nSiO_2 + mH_2O$$

由于空气中二氧化碳含量有限,液体水玻璃的碳化速度很慢。为加速硬化,在施工中常使用促硬剂,常用的促硬剂为氟硅酸钠。水玻璃加入氟硅酸钠后发生下面反应,促使硅酸凝胶加速析出。

$$2(Na_2O \cdot nSiO_2) + Na_2SiF_6 + mH_2O \longrightarrow (2n+1)SiO_2 \cdot mH_2O + 6NaF$$

氟硅酸钠的用量为水玻璃质量的12%~15%,用量太少不能达到促硬效果,用量过多则水玻璃凝结过快,使施工困难,强度也不高。

三、水玻璃的性质与应用

水玻璃是一种气硬性胶凝材料,其最终强度取决于无定型硅酸胶体物质在干燥环境中脱水凝聚形成凝胶的过程。硬化后的水玻璃中仍含有少量氟化钠、氟硅酸钠和硅酸钠等可溶性盐,因此水玻璃的硬化速度较慢,耐水性较差。

水玻璃为胶体物质,具有良好的黏结能力;液体水玻璃对其他多孔材料的渗透性较好,其硬化时析出的硅酸凝胶有堵塞毛细孔隙防止水渗透的作用;水玻璃的高温稳定性较好,温

度较高时，无定型硅酸更易脱水凝聚，强度无降低甚至有所提高；水玻璃是一种酸性材料，具有较高的耐酸性能，能抵抗大多数无机酸和有机酸的侵蚀作用。根据上述水玻璃的性质，它在建筑工程中的应用很广。

1. 表面浸渍涂料

水玻璃涂刷于其他材料表面，可提高抗风化能力。用浸渍法处理后的多孔材料其密实度、强度、抗渗性、抗冻性和耐腐蚀性均有不同程度的提高。工程上常采用密度为 1.35 g/cm³ 的水玻璃溶液对黏土砖、硅酸盐制品、水泥混凝土和石灰石等的表面多次涂刷和浸渍，均可获得良好的效果。特别是对于含有氢氧化钙的材料，如水泥混凝土和硅酸盐制品等，由于水玻璃与石灰产生化学反应，生成水化硅酸钙凝胶，浸渍效果更佳。但水玻璃不能用于涂刷和浸渍石膏等制品，否则会产生化学反应，在制品孔隙中形成大量硫酸钠结晶，产生膨胀压力，从而导致制品的破坏。

2. 配制建筑涂料和防水剂

将水玻璃与聚乙烯按比例配合，加入填料、助剂、色浆及稳定剂，可配制成内墙涂料；水玻璃可以用作水泥的快凝剂，用于抢修、堵漏；以水玻璃为基料，加入两种、三种、四种或五种矾配制成的防水剂，分别称为二矾、三矾、四矾或五矾防水剂。

3. 配制耐酸混凝土和砂浆

采用模数为 3.3~4.0、密度为 1.30~1.45 g/cm³ 的水玻璃，12%~15% 的氟硅酸钠促硬剂和磨细的耐酸矿物粉末填充剂（如石英砂、辉绿岩粉、铸石粉等）可配制水玻璃耐酸胶泥，在其中加入耐酸粗、细骨料即可配制成耐酸砂浆和耐酸混凝土。水玻璃耐酸材料广泛地应用于防腐工程中。

4. 配制耐热混凝土和砂浆

水玻璃硬化后形成二氧化硅空间网状骨架，具有良好的耐热性。以水玻璃为胶凝材料，氟硅酸钠为促硬剂，掺入磨细的填料（如黏土熟料粉、石英砂粉、砖瓦粉末等）及耐热粗、细骨料（如耐火砖碎块、铬铁矿、玄武岩等）可配制成水玻璃耐热混凝土或砂浆，其极限使用温度在 1 200 ℃ 以下。

5. 灌浆材料

将模数为 2.5~3.0 的液体水玻璃和氯化钙溶液加压注入土层中，两种溶液发生化学反应，析出硅酸胶体包裹土颗粒并填充其空隙。硅酸凝胶因吸附地下水而产生体积膨胀，可加固土地基并提高地基的承载力。

第四节 镁氧水泥

镁氧水泥又称镁质胶凝材料、氯氧镁水泥或镁质水泥，它是将轻烧氧化镁胶凝材料和工业氯化镁的水溶液调制而成的一种气硬性胶凝材料。

轻烧氧化镁通常采用菱苦土。菱苦土是以天然菱镁矿（主要成分为 $MgCO_3$）为主要原料，经煅烧后再磨细而得到的以氧化镁为主要成分的白色或浅黄色粉末材料。我国菱镁矿蕴藏量丰富，矿藏分布较广，辽宁、吉林、内蒙古、宁夏、山东、湖北等为主要产地。菱苦土与工业氯化镁的质量应符合《镁质胶凝材料用原料》（JC/T 449—2000）的规定。

碳酸镁一般在 400 ℃ 开始分解，600~650 ℃ 时分解反应剧烈进行，实际煅烧温度为 750~850 ℃。其反应式如下：

$$MgCO_3 \xrightarrow{煅烧} MgO + CO_2 \uparrow$$

煅烧适度的菱苦土密度为 3.10~3.40 g/cm^3，堆积密度为 800~900 kg/m^3。

用水拌和菱苦土时，浆体凝结缓慢，生成的氢氧化镁是一种松散的、胶凝能力较差的物质，因此浆体硬化后强度很低。通常采用氯化镁（$MgCl_2 \cdot 6H_2O$）水溶液代替水进行调拌，此时的主要水化产物是氧氯化镁（$x MgO \cdot y MgCl_2 \cdot z H_2O$）复盐和氢氧化镁。用氯化镁水溶液（卤水）拌和比用水拌和时硬化快、强度高，拌和时氯化镁和菱苦土的适宜质量比为 0.50~0.60。

镁氧水泥的技术要求主要有：有效氧化镁含量、体积安定性、凝结时间、抗压和抗折强度等，另外对菱苦土还有细度要求。根据这些指标将镁氧水泥分为优等品、一等品和合格品三个质量等级。其中，镁氧水泥胶砂试件硬化 1 d 和 3 d 的抗压和抗折强度应符合表 2.5 中的规定。

表 2.5 镁氧水泥的强度要求（JC/T 449—2008）

水　泥　级　别		优等品(A)	一等品(B)	合格品(C)
抗折强度/MPa	1 d	≥5.0	≥4.0	≥3.0
	3 d	≥7.0	≥6.0	≥5.0
抗压强度/MPa	1 d	≥25.0	≥20.0	≥15.0
	3 d	≥30.0	≥25.0	≥20.0

镁氧水泥与木材及其他植物纤维有较强的黏结力，而且碱性较弱，不会腐蚀分解纤维。建筑工程中常用其制作菱苦土木屑地面、木屑板和木丝板等代替木材。菱苦土板材可用于室内地面、内墙、隔墙、天花板，还可用于窗台、门窗框和楼梯扶手等。

镁氧水泥吸湿性大，耐水性差，易泛霜、变形，故其制品不宜用于潮湿环境。另外，含有氯离子且碱性较低，钢筋易锈蚀，故其制品中不宜配置钢筋。

为提高镁氧水泥制品的耐水性，可掺加适量的活性混合材料（如磨细碎砖或粉煤灰等）和改性剂；在制品中掺加适量的滑石粉、石英砂、石屑等可提高强度和耐磨性，但会降低隔热性和增大表观密度；加入泡沫剂可制成轻质多孔的镁氧水泥保温隔热制品；在生产时加入碱性颜料可得不同色彩的制品。

菱苦土在运输储存时应避免受潮和碳化，存期不宜过长，否则将失去胶凝性能。

将白云石（$MgCO_3 \cdot CaCO_3$）经过煅烧并磨细可生产出苛性白云石，又名白云灰，其主要成分为氧化镁和碳酸钙。

$$MgCO_3 \cdot CaCO_3 \xrightarrow{650\sim750\,°C} MgO + CaCO_3 + CO_2 \uparrow$$

苛性白云石为白色粉末，其性质与菱苦土相似，但凝结较慢，强度较低。强度较高的白云灰其用途与菱苦土相似，低强度的白云灰可用作建筑灰浆。

复习思考题

1. 什么叫作建筑胶凝材料和气硬性胶凝材料？
2. 不同煅烧条件下石膏的品种有哪些？不同的石膏品种的组成和结构如何？各自性能如何？
3. 简述半水石膏的水化、凝结硬化过程。
4. 什么叫作石膏浆体的悬浮体结构、凝聚结构和结晶结构？
5. 建筑石膏的性能有哪些特点？与其应用的关系如何？
6. 为什么说石膏是一种很好的室内装饰材料？
7. 煅烧温度和煅烧时间对生石灰的质量有何影响？
8. 工地上熟化石灰的方法有哪些？为何要采用熟石灰进行施工？
9. 什么叫作石灰的陈伏？有何目的？
10. 用磨细生石灰代替熟石灰进行施工有何优点？为何要将生石灰磨细？
11. 建筑石灰有哪些用途？与其性能有何联系？
12. 水玻璃的模数、溶液密度对其性能有何影响？
13. 水玻璃在建筑工程中的应用主要有哪些？与其性质有何联系？
14. 为什么菱苦土在使用时不能用水拌和？
15. 镁氧水泥在建筑上的应用主要有哪些？
16. 无机气硬性胶凝材料共同的缺点是什么？其原因有哪些？如何进行改善？

第三章 水 泥

凡磨成细粉末状，加入适量水后成为塑性浆体，既能在水中硬化，又能将砂、石等散状材料或纤维材料胶结在一起的水硬性胶凝材料，通称为水泥。

水泥是最重要的建筑材料，广泛用于工业、农业、水利、交通、城市建设、海港和国防建设中，水泥已成为任何建筑工程都不可缺少的建筑材料。

水泥的发展历史可以追溯到 18 世纪，当时人们开始利用天然的水泥岩（黏土含量为 20%~25% 的石灰石）煅烧、磨细生产天然水泥，后来利用石灰石和一定量的黏土磨细、煅烧生产水硬性的石灰。直到 1824 年，英国建筑工人阿斯普丁（Aspdin）申请了生产波特兰水泥（Portland Cement，我国称为硅酸盐水泥）的专利，并于 1825—1843 年大规模地用于修建泰晤士河的隧道工程中，水泥才得到日益普遍的应用和发展。我国从 1876 年开始生产水泥，1985 年我国水泥产量达到 1.5 亿吨，跃居世界第一，至今仍一直保持总产量第一的地位。2005 年，我国水泥年总产量达到 10 亿吨，2010—2012 年在 19 亿吨左右，占世界水泥总产量的 1/2 以上。水泥在生产过程中对环境会产生气、水及噪声等污染，其中主要的还是对大气排放的粉尘及有害气体的污染。近些年，我国在结构性调整和减少烟尘排放方面取得了重要进展，不少新型干法生产线的粉尘治理已达到国际先进水平，部分先进立窑也基本做到了无烟无尘。但是，当前我国水泥工业的结构性矛盾仍十分突出，从总体上看，环境污染依然比较严重。

水泥的发展很快，为满足各种土木工程的需要，水泥的品种已发展到 200 余种。按照组成水泥的矿物成分，可分为硅酸盐类水泥、铝酸盐类水泥、硫铝酸盐类水泥等；按照其用途和性能，可分为通用水泥、专用水泥、特性水泥三大类。通用水泥是以硅酸盐水泥熟料和适量的石膏，以及规定的混合材料制成的水硬性胶凝材料。按照通用硅酸盐水泥的组分（混合材料的品种和掺量等）分为硅酸盐水泥、普通硅酸盐水泥、矿渣硅酸盐水泥、火山灰硅酸盐水泥、粉煤灰硅酸盐水泥和复合硅酸盐水泥。专用水泥是指专门用途的水泥，如道路硅酸盐水泥、砌筑水泥、油井水泥等。特性水泥是指某种性能比较突出的水泥，如快硬硅酸盐水泥、低热水泥、抗硫酸盐水泥等。

水泥的品种虽然很多，但是在常用的水泥中，硅酸盐水泥是最基本的。因此，本章以硅酸盐水泥为主要内容，在其基础上对其他几种常用水泥作一般性介绍。

第一节 硅酸盐水泥

凡由硅酸盐水泥熟料、0%~5% 石灰石或粒化高炉矿渣、适量石膏磨细制成的水硬性胶凝材料，称为硅酸盐水泥。硅酸盐水泥分为两种类型，不掺加混合材料的称为Ⅰ型硅酸盐水泥,代号 P.Ⅰ。在硅酸盐水泥粉磨时掺加不超过水泥质量 5% 的石灰石或粒化高炉矿渣混合材料的称为Ⅱ型硅酸盐水泥,代号 P.Ⅱ。

一、生产简介和矿物组成

硅酸盐水泥的原材料主要是石灰质原料和黏土质原料。石灰质原材料主要提供 CaO,可以采用石灰石、白垩、石灰质凝灰岩和泥灰岩等。黏土质原料主要提供 SiO_2 和 Al_2O_3 及少量的 Fe_2O_3,当 Fe_2O_3 不能满足配合料的成分要求时,需要校正原料铁粉或铁矿石来提供。有时也需要硅质校正原料,如砂岩、粉砂岩等补充 SiO_2。

硅酸盐水泥是以几种原材料按一定比例混合后磨细制成生料,然后将生料送入回转窑或立窑煅烧,煅烧后得到以硅酸钙为主要成分的水泥熟料,再与适量石膏共同磨细,最后得到硅酸盐水泥成品。概括地讲,硅酸盐水泥的主要生产工艺过程为"两磨"(磨细生料、磨细水泥)、"一烧"(生料煅烧成熟料)。

硅酸盐水泥的生产工艺流程如图 3.1 所示。

图 3.1 硅酸盐水泥生产的工艺流程

煅烧是水泥生产的主要过程,生料要经历干燥(100~200 ℃)、预热(300~500 ℃)、分解(500~900 ℃ 黏土脱水分解成为 SiO_2 和 Al_2O_3,后期石灰石分解为 CaO 和 CO_2)、烧成(1 000~1 200 ℃ 生成铝酸三钙、铁铝酸四钙和硅酸二钙,1 300~1 450 ℃ 生成硅酸三钙)和冷却几个阶段。

水泥熟料中的主要矿物成分为硅酸三钙($3CaO \cdot SiO_2$,简写式为 C_3S)、硅酸二钙($2CaO \cdot SiO_2$,简写式为 C_2S)、铝酸三钙($3CaO \cdot Al_2O_3$,简写式为 C_3A)和铁铝酸四钙($4CaO \cdot Al_2O_3 \cdot Fe_2O_3$,简写式为 C_4AF),以及少量有害的游离氧化钙(CaO)、氧化镁(MgO)、氧化钾(K_2O)、氧化钠(Na_2O)与三氧化硫(SO_3)等成分。

不同矿物成分具有不同的性质,硅酸盐水泥熟料中主要矿物成分特性见表 3.1。

表 3.1 硅酸盐水泥熟料中主要矿物成分特性

矿物组成	$3CaO \cdot SiO_2$ (C_3S)	$2CaO \cdot SiO_2$ (C_2S)	$3CaO \cdot Al_2O_3$ (C_3A)	$4CaO \cdot Al_2O_3 \cdot Fe_2O_3$ (C_4AF)
水化速度	快	慢	最快	快
水化热	多	少	最多	中
强度	高	早期低 后期高	低	低*
收缩	中	中	大	小
抗硫酸盐 腐蚀性	中	最好	差	好
含量范围/%	37~60	15~37	7~15	10~18

* 有资料显示 $4CaO \cdot Al_2O_3 \cdot Fe_2O_3$ 的强度为中等。

水泥熟料中各种矿物成分的相对含量变化时，水泥的性质也随之改变。由此可以生产出不同性质的水泥。例如，提高 C_3S 的含量，可制成高强度水泥；提高 C_3S 和 C_3A 的总含量，可制得快硬早强水泥；降低 C_3A 和 C_3S 的含量，则可制得低水化热的水泥（如中热水泥等）。

二、硅酸盐水泥的水化、凝结与硬化

水泥加水拌和后形成具有可塑性的水泥浆，经过一定的时间，水泥浆体逐渐变稠失去塑性，但还不具备强度，这一过程称为水泥的凝结。凝结过程又分为初凝和终凝两个阶段。随着时间的延续，强度逐渐增加，形成坚硬的水泥石，这个过程称为水泥的硬化。凝结与硬化，是人为划分的两个阶段，实际上它们是水泥浆体中发生的一种连续而复杂的物理化学变化过程。

（一）硅酸盐水泥的水化

熟料矿物与水进行的化学反应简称为水化反应。当水泥颗粒与水接触后，其表面的熟料矿物成分开始发生水化反应，生成水化产物并放出一定热量。

1. 硅酸三钙

在常温下，C_3S 水化反应可大致用下列方程式表示：

$$2(3CaO \cdot SiO_2) + 6H_2O \longrightarrow 3CaO \cdot 2SiO_2 \cdot 3H_2O + 3Ca(OH)_2$$

生成的产物水化硅酸钙（$3CaO \cdot 2SiO_2 \cdot 3H_2O$）中 CaO/SiO_2（称为钙硅比）的真实比例和结合水量与水化条件及水化龄期等有关。水化硅酸钙几乎不溶于水，而以胶体微粒析出，并逐渐凝聚成为凝胶，通常将这些成分不固定的水化硅酸钙称为 C-S-H 凝胶。

C-S-H 凝胶尺寸很小，具有巨大的内比表面积，凝胶粒子间存在范德华力和化学结合键，由它构成的网状结构具有很高的强度，所以硅酸盐水泥的强度主要是由 C-S-H 凝胶提供的。

水化生成的 $Ca(OH)_2$，在溶液中的浓度很快达到过饱和，以六方晶体析出。$Ca(OH)_2$ 的强度、耐水性和耐久性都很差。

2. 硅酸二钙

C_2S 水化反应速度慢，放热量小，虽然水化产物与硅酸三钙相同，但数量不同，因此硅酸二钙早期强度低，但后期强度高。其水化反应方程式为

$$2(2CaO \cdot SiO_2) + 4H_2O \longrightarrow 3CaO \cdot 2SiO_2 \cdot 3H_2O + Ca(OH)_2$$

3. 铝酸三钙

C_3A 水化反应迅速，水化放热量很大，生成水化铝酸三钙。其水化反应方程式为

$$3CaO \cdot Al_2O_3 + 6H_2O \longrightarrow 3CaO \cdot Al_2O_3 \cdot 6H_2O$$

水化铝酸三钙为立方晶体。

在液相中氢氧化钙浓度达到饱和时，铝酸三钙还发生如下水化反应：

$$3CaO \cdot Al_2O_3 + Ca(OH)_2 + 12H_2O \longrightarrow 4CaO \cdot Al_2O_3 \cdot 13H_2O$$

水化铝酸四钙为六方片状晶体。在氢氧化钙浓度达到饱和时，其数量迅速增加，使得水泥浆体加水后迅速凝结，来不及施工。因此，在硅酸盐水泥生产中，通常加入 2%~3% 的石膏，调节水泥的凝结时间。水泥中的石膏迅速溶解，与水化铝酸钙发生反应，生成针状晶体的高硫型水化硫铝酸钙（$3CaO \cdot Al_2O_3 \cdot 3CaSO_4 \cdot 31H_2O$，又称钙矾石），沉积在水泥颗粒表面，形成了保护膜，延缓了水泥的凝结时间。当石膏耗尽时，铝酸三钙还会与钙矾石反应生成单硫型水化硫铝酸钙（$3CaO \cdot Al_2O_3 \cdot CaSO_4 \cdot 12H_2O$）。

4. 铁铝酸四钙

C_4AF 与水反应，生成立方晶体的水化铝酸三钙和胶体状的水化铁酸一钙。

$$4CaO \cdot Al_2O_3 \cdot Fe_2O_3 + 7H_2O \longrightarrow 3CaO \cdot Al_2O_3 \cdot 6H_2O + CaO \cdot Fe_2O_3 \cdot H_2O$$

在有氢氧化钙或石膏存在时，C_4AF 将进一步水化生成水化铝酸钙和水化铁酸钙的固溶体或水化硫铝酸钙和水化硫铁酸钙的固溶体。

5. 石膏

硅酸盐水泥熟料加水拌和，由于铝酸三钙的迅速水化，使水泥浆产生速凝，导致无法正常施工。在水泥生产中，加入适量石膏作为调凝剂，使水泥浆凝结时间满足施工要求。石膏参与的水化反应如下：

$$3CaO \cdot Al_2O_3 \cdot 6H_2O + 3(CaSO_4 \cdot 2H_2O) + 19H_2O \longrightarrow 3CaO \cdot Al_2O_3 \cdot 3CaSO_4 \cdot 31H_2O$$
高硫型水化硫铝酸钙晶体（钙矾石）

石膏消耗完后，进一步发生下列反应：

$$3CaO \cdot Al_2O_3 \cdot 3CaSO_4 \cdot 31H_2O + 2(3CaO \cdot Al_2O_3 \cdot 6H_2O) + H_2O \longrightarrow 3(3CaO \cdot Al_2O_3) \cdot CaSO_4 \cdot 12H_2O$$
低硫型水化硫铝酸钙晶体

高硫型水化硫铝钙是难溶于水的针状晶体，它沉淀在熟料颗粒的周围，阻碍了水分的渗入，对水泥凝结起延缓作用。

水化物中 CaO 与酸性氧化物（如 SiO_2 或 Al_2O_3）的比值称为碱度，一般情况下硅酸盐水泥水化产生的水化物为高碱性水化物。如果忽略一些次要的和少量的成分，硅酸盐水泥与水作用后，生成的主要水化产物是：水化硅酸钙和水化铁酸钙凝胶，氢氧化钙、水化铝酸钙和水化硫铝酸钙晶体。在完全水化的水泥石中，水化硅酸钙约占 50%，氢氧化钙约占 25%。

（二）硅酸盐水泥的凝结与硬化

硅酸盐水泥的凝结硬化过程，按照水化放热曲线（或水化反应速度）和水泥浆体结构的变化特征分为四个阶段。

1. 初始反应期

硅酸盐水泥加水拌和后，水泥颗粒分散于水中，形成水泥浆，水泥颗粒表面的熟料，特

别是 C_3A 迅速水化，在石膏条件下形成钙矾石，并伴随有显著的放热现象，此为水化初始反应期，时间只有 5~10 min。此时，水化产物不是很多，它们相互之间的引力比较小，水泥浆体具有可塑性。由于各种水化产物的溶解度都很小，不断地沉淀析出，初始阶段水化速度很快，来不及扩散，于是在水泥颗粒周围析出胶体和晶体（水化硫铝酸钙、水化硅酸钙和氢氧化钙等），逐渐围绕着水泥颗粒形成一水化物膜层。

2. 潜伏期

水泥颗粒的水化不断进行，使包裹水泥颗粒表面的水化物膜层逐渐增厚。膜层的存在减缓了外部水分向内渗入和水化产物向外扩散的速度，因而减缓了水泥的水化，水化反应和放热速度减慢。在潜伏期，水泥颗粒间的水分可渗入膜层与内部水泥颗粒进行反应，所产生的水化产物使膜层向内增厚，同时水分渗入膜层内部的速度大于水化产物透过膜层向外扩散的速度，造成膜层内外浓度差，形成了渗透压，最终会导致膜层破裂，水化反应加速，潜伏期结束。因为此段时间水化产物不够多，水泥颗粒仍是分散的，水泥的流动性基本不变。此段时间一般持续 30~60 min。

3. 凝结期

从硅酸盐水泥的水化放热曲线看，放热速度加快，经过一定的时间后，达到最大放热峰值。膜层破裂以后，周围饱和程度较低的溶液与尚未水化的水泥颗粒内核接触，再次使反应速度加快，直至形成新的膜层。

水泥凝胶体膜层的向外增厚以及随后的破裂、扩展，使水泥颗粒之间原来被水所占的空隙逐渐减小，而包有凝胶体的颗粒，则通过凝胶体的扩展而逐渐接近，以至在某些点相接触，并以分子键相连接，构成比较疏松的空间网状的凝聚结构。有外界扰动时（如振动），凝聚结构破坏，撤去外界扰动，结构又能够恢复，这种性质称为水泥的触变性。触变性随水泥的凝聚结构的发展将丧失。凝聚结构的形成使得水泥开始失去塑性，此时为水泥的初凝。初凝时间一般为 1~3 h。

随着水化的进行和凝聚结构的发展，固态的水化物不断增加，颗粒间的空间逐渐减少，水化物之间相互接触点数量增加，形成结晶体和凝胶体互相贯穿的凝聚——结晶结构，使得水泥完全失去塑性，同时又是强度开始发展的起点，此时为水泥的终凝。终凝时间一般为 3~6 h。

4. 硬化期

随着水化的不断进行，水泥颗粒之间的空隙逐渐缩小为毛细孔，由于水泥内核的水化，使水化产物的数量逐渐增多，并向外扩展填充于毛细孔中，凝胶体间的空隙越来越小，浆体进入硬化阶段而逐渐产生强度。在适宜的温度和湿度条件下，水泥强度可以持续地增长（6 h 至若干年）。

水泥颗粒的水化和凝结硬化是从水泥颗粒表面开始的，随着水化的进行，水泥颗粒内部的水化越来越困难，经过长时间水化后（几年、甚至几十年），多数水泥颗粒仍剩余尚未水化的内核。所以，硬化后的水泥石结构是由水泥凝胶体（胶体与晶体）、未水化的水泥内核以及孔隙组成的，它们在不同时期相对数量的变化，决定着水泥石的性质。

水泥石强度发展的规律是：3~7 d 内强度增长最快，28 d 内强度增长较快，超过 28 d 后强度将继续发展，但非常缓慢。因此，一般把 3 d、28 d 作为其强度等级评定的标准龄期。

（三）水泥石的结构

在水泥水化过程中形成的以水化硅酸钙凝胶为主体,其中分布着氢氧化钙等晶体的结构,通常称为水泥凝胶体。在常温下硬化的水泥石,是由水泥凝胶体、未水化的水泥内核与孔隙所组成。

T·C·鲍威尔认为,凝胶是由尺寸很小（$1\times10^{-7}\sim1\times10^{-5}$ cm）的凝胶微粒（胶粒）与位于胶粒之间（$1\times10^{-7}\sim3\times10^{-7}$ cm）的凝胶孔（胶孔）所组成的。

胶孔尺寸仅比水分子尺寸大一个数量级,这个尺寸太小以致不能在胶孔中形成晶核和长成微晶体,因而就不能为水化产物所填充,所以胶孔的孔隙率基本上是个常数,其体积约占凝胶体本身体积的 28%,不随水灰比与水化程度的变化而变化。

水泥水化物,特别是 C-S-H 凝胶具有高度分散性,且其中又包含大量的微细孔隙,所以水泥石有很大的内比表面积,采用水蒸气吸附法测定的内比表面积约 2.1×10^{5} m^2/kg,与未水化的水泥相比提高 3 个数量级。这样使水泥具有较高的黏结强度,同时胶粒表面可强烈地吸附一部分水分,此水分与填充胶孔的水分,合称为凝胶水。凝胶水的数量随着凝胶的增多而增大。

毛细孔的孔径大小不一,一般大于 2×10^{-5} cm。毛细孔中的水分称为毛细水。毛细水的结合力较弱,脱水温度较低,脱水后形成毛细孔。

在水泥浆体硬化过程中,随着水泥水化的进行,水泥石中的水泥凝胶体体积将不断增加,并填充于毛细孔内,使毛细孔体积不断减小,水泥石的结构越来越密实,因而使水泥石的强度不断提高。

拌和水泥浆体时,水与水泥的质量之比称为水灰比。水灰比是影响水泥石结构性质的重要因素。水灰比大时,水化生成的水泥凝胶体不足以堵塞毛细孔,这样不仅会降低水泥石的强度,而且还会降低它的抗渗性和耐久性。如水灰比为 0.4 时,完全水化时水泥石的孔隙率为 29.3%;而水灰比为 0.7 时,则为 50.3%。但对于毛细孔前者为 2.2%,后者为 31.0%。因此,后者的强度和耐久性均很低。

（四）影响水泥水化和凝结硬化的主要因素

影响水泥水化和凝结硬化的直接因素是矿物组成。此外,水泥的水化和凝结硬化还与水泥的细度、拌和用水量、养护温湿度和养护龄期等有关。

1. 水泥细度

水泥颗粒的粗细直接影响到水泥的水化和凝结硬化。因为水化是从水泥颗粒表面开始,逐渐深入到内部的。水泥颗粒越细,与水的接触表面积越大,整体水化反应越快,凝结硬化也快。

2. 用水量

为使水泥制品能够成型,水泥浆体应具有一定的塑性和流动性,所加入的水一般要远远超过水化的理论需水量。多余的水在水泥石中形成较多的毛细孔和缺陷,影响水泥的凝结硬化和水泥石的强度。

3. 养护条件

保持适宜的环境温度和湿度,促使水泥性能发展的措施,称为养护。提高环境温度,可以促进水泥水化,加速凝结硬化,早期强度发展比较快;但温度太高(超过 40℃),将对后期强度产生不利的影响。温度降低时,水化反应减慢,当日平均温度低于 5℃ 时,硬化速度严重降低,必须按照冬季施工进行蓄热养护,才能保证水泥制品强度的正常发展。当水结冰时,水化停止,而且由于体积膨胀,还会破坏水泥石的结构。

潮湿环境下的水泥石能够保持足够的水分进行水化和凝结硬化,使水泥石强度不断增长。环境干燥时,水分将很快地蒸发,水泥浆体中缺乏水泥水化所需要的水分,水化不能正常进行,强度也不能正常发展。同时,水泥制品失水过快,可能导致其出现收缩裂缝。

4. 养护龄期

水泥的水化和凝结硬化在一个较长时间内是一个不断进行的过程。早期水化速度快,强度发展也比较快,以后逐渐减慢。

5. 其他因素

在水泥中添加少量物质,能使水泥的某些性质发生显著改变,称为水泥的外加剂。其中一些外加剂能显著改变水泥的凝结硬化性能,如缓凝剂可延缓水泥的凝结时间,速凝剂可加速水泥的凝结,早强剂可提高水泥混凝土的早期强度。一般来说,混合材料的加入使得水泥的早期强度降低,但后期强度提高,凝结时间稍微延长。不同品种水泥的强度发展速度不同。

三、硅酸盐水泥的技术性质

(一)细 度

细度是指粉体材料的粗细程度。通常用筛分析的方法或比表面积的方法来测定。筛分析法以 80 μm 方孔筛的筛余率表示,比表面积法是以 1 kg 质量材料所具有的总表面积(m^2/kg)来表示。

一般认为,粒径小于 40 μm 的水泥颗粒才具有较高的活性,大于 100 μm 时,则几乎接近惰性。水泥颗粒越细,其比表面积越大,与水的接触面越多,水化反应进行得越快、越充分,凝结硬化越快,早期强度越高;成本也较高,越易吸收空气中水分而受潮,不利于储存;特别是在空气中硬化收缩性加大,降低了水泥制品的抗裂性能。现行铁路标准规定硅酸盐水泥、普通硅酸盐水泥比表面积应在 300~350 m^2/kg,超出范围则不合格。

国家标准(GB 175—2007)规定:硅酸盐水泥比表面积应大于 300 m^2/kg。

(二)凝结时间

水泥的凝结时间分为初凝和终凝。初凝时间是指从水泥加水拌和起到水泥浆开始失去塑性所需的时间;终凝时间是指从水泥加水拌和时起到水泥浆完全失去可塑性,并开始具有强度(但还没有强度)的时间。水泥初凝时,凝聚结构形成,水泥浆开始失去塑性,若在水泥初凝后还进行施工,不但由于水泥浆体塑性降低不利于施工成型,而且还将影响水泥内部结构的形成,降低强度。所以,为使混凝土和砂浆有足够的时间进行搅拌、运输、浇注、振捣、成型或砌筑,水泥的初凝时间不能太短;当施工结束以后,则要求混凝土尽快硬化,并具有强度,因此水泥的终凝时间不能太长。

水泥凝结时间的测定,是以标准稠度的水泥净浆,在规定的温度和湿度条件下,用凝结时间测定仪来测定。

国家标准规定：硅酸盐水泥的初凝时间不得早于 45 min，终凝时间不得迟于 390 min。

（三）体积安定性

水泥体积安定性是指水泥在凝结硬化过程中体积变化是否均匀。如果水泥在硬化过程中产生不均匀的体积变化，即安定性不良。使用安定性不良的水泥，水泥制品表面将鼓包、起层、产生膨胀性的龟裂等，强度降低，甚至引起严重的工程质量事故。

水泥体积安定性不良是由于熟料中含有过多的游离氧化钙、游离氧化镁或掺入的石膏过量等原因所造成的。

熟料中所含的游离 CaO 和 MgO 均属过烧，水化速度很慢，在已硬化的水泥石中继续与水反应，体积膨胀，引起不均匀的体积变化，在水泥石中产生膨胀应力，降低了水泥石强度，造成水泥石龟裂、弯曲、崩溃等现象。其反应式为

$$CaO + H_2O = Ca(OH)_2$$
$$MgO + H_2O = Mg(OH)_2$$

若水泥生产中掺入的石膏过多，在水泥硬化以后，石膏还会继续与水化铝酸钙起反应，生成水化硫铝酸钙，体积约增大 1.5 倍，同样引起水泥石开裂。

国家标准规定用沸煮法来检验水泥的体积安定性。测试方法为雷氏法，也可以用试饼法检验。当有争议时以雷氏法为准。试饼法是用标准稠度的水泥净浆做成试饼，经恒沸 3 h 以后，用肉眼观察未发现裂纹，用直尺检查没有弯曲，则安定性合格；反之，为不合格。雷氏法是通过测定雷氏夹中的水泥浆经沸煮 3 h 后的膨胀值来判断的，当两个试件沸煮后的膨胀值的平均值不大于 5.0 mm 时，该水泥安定性合格；反之，为不合格。沸煮法起加速氧化钙水化的作用，所以只能检验游离的 CaO 过多引起的水泥体积安定性不良。

游离 MgO 的水化作用比游离 CaO 更加缓慢，必须用压蒸方法才能检验出它是否有危害作用。

石膏的危害则需长期浸在常温水中才能发现。

因为 MgO 和石膏的危害作用不便于快速检验。国家标准规定：水泥出厂时，硅酸盐水泥中 MgO 的含量不得超过 5.0%，如经压蒸安定性检验合格，允许放宽到 6.0%。硅酸盐水泥中 SO_3 的含量不得超过 3.5%。

体积安定性不合格的水泥不得在工程中使用。但某些体积安定性不良的水泥在放置一段时间后，由于水泥中游离 CaO 吸收空气中的水分而水化，变得合格。

（四）强　度

水泥的强度主要取决于水泥熟料矿物组成和相对含量以及水泥的细度，另外还与用水量、试验方法、养护条件、养护时间有关。

水泥强度一般是指水泥胶砂试件单位面积上所能承受的最大外力，根据外力作用方式的不同，把水泥的强度分为抗压强度、抗折强度、抗拉强度等，这些强度之间既有内在的联系，又有很大的区别。水泥的抗压强度最高，一般是抗拉强度的 8~20 倍，实际建筑结构中主要是利用水泥的抗压强度。

国家标准（GB/T 17671—1999）规定：水泥的强度用胶砂试件检验。将水泥和中国 ISO 标

准砂按 1∶3，水灰比为 0.5 的比例，以规定的方法搅拌制成标准试件（尺寸为 40 mm × 40 mm × 160 mm），在标准条件下 [(20 ± 1) ℃ 的水中] 养护至 3 d 和 28 d，测定两个龄期的抗折强度和抗压强度。根据测定的结果，将硅酸盐水泥分为 42.5、42.5R、52.5、52.5R、62.5、62.5R 六个强度等级，其中带 R 的为早强型水泥。各强度等级的水泥，各龄期的强度不得低于表 3.2 中的数值。

表 3.2　各强度等级硅酸盐水泥各龄期的强度值（GB 175—2007）

强度等级	抗压强度/MPa		抗折强度/MPa	
	3 d	28 d	3 d	28 d
42.5	≥17.0	≥42.5	≥3.5	≥6.5
42.5R	≥22.0		≥4.0	
52.5	≥23.0	≥52.5	≥4.0	≥7.0
52.5R	≥27.0		≥5.0	
62.5	≥28.0	≥62.5	≥5.0	≥8.0
62.5R	≥32.0		≥5.5	

（五）其他技术性质

1. 水化热

水泥的水化是放热反应，放出的热量称为水化热。水泥的放热过程可以持续很长时间，但大部分热量是在早期放出，放热对混凝土结构影响最大的也是在早期，特别是在最初 3 d 或 7 d 内。硅酸盐水泥水化热很大，当用硅酸盐水泥来浇注大型基础、桥梁墩台、水利工程等大体积混凝土构筑物时，由于混凝土本身是热的不良导体，水化热积蓄在混凝土内部不易发散，使混凝土内部温度急剧上升，内外温差可达到 50～60 ℃，产生很大的温度应力，导致混凝土开裂，严重影响了混凝土结构的完整性和耐久性。因此，大体积混凝土中一般要严格控制水泥的水化热，有时还应对混凝土结构物采用相应的温控施工措施，如原材料降温、使用冰水、埋冷凝水管及测温和特殊的养护等。

水化热和放热速率与水泥矿物成分及水泥细度有关。各熟料矿物在不同龄期放出的水化热可参见表 3.3。由表中可看出，C_3A 和 C_3S 的水化热最大，放热速率也快，C_4AF 水化热中等，C_2S 水化热最小，放热速度也最慢。由于硅酸盐水泥的水化热很大，因此不能用于大体积混凝土中。

表 3.3　各主要矿物成分不同龄期放出的水化热　　　　　单位：J/g

矿物名称	凝结硬化时间					完全水化
	3 d	7 d	28 d	90 d	180 d	
C_3S	406	460	485	519	565	669
C_2S	63	105	167	184	209	331
C_3A	590	661	874	929	1 025	1 063
C_4AF	92	251	377	414	—	569

2. 标准稠度用水量

在测定水泥的凝结时间、体积安定性等时，为避免出现误差并使结果具有可比性，必须在规定的水泥标准稠度下进行试验。所谓标准稠度，是采用按规定的方法拌制的水泥净浆，在水泥标准稠度测定仪上,当标准试杆沉入净浆并能稳定在距底板(6±1) mm 时。其拌和用水量为水泥的标准稠度用水量,按照此时水与水泥质量的百分比计。

水泥的标准调度用水量主要与水泥的细度及其矿物成分等有关。硅酸盐水泥的标准稠度用水量一般在 21%~28%。

3. 不溶物和烧失量

不溶物是指水泥经酸和碱处理后,不能被溶解的残余物。它是水泥中非活性组分的反映,主要由生料、混合材和石膏中的杂质产生。国家标准规定:Ⅰ型硅酸盐水泥中的不溶物不得超过 0.75%,Ⅱ型不得超过 1.50%。

烧失量是指水泥经高温灼烧以后的质量损失率。Ⅰ型硅酸盐水泥中的烧失量不得大于 3.0%;Ⅱ型不得大于 3.5%。

4. 碱含量

硅酸盐水泥除含主要矿物成分以外,还含有少量 Na_2O、K_2O 等。水泥中的碱含量按 Na_2O + $0.658K_2O$ 的计算值来表示。当用于混凝土中的水泥碱含量过高,同时骨料具有一定的碱活性时,会发生有害的碱-骨料反应。因此,国家标准规定:若使用活性骨料,用户要求提供低碱水泥时,水泥中碱含量不得大于 0.6% 或由供需双方商定。

国家标准规定:通用性水泥的化学指标、凝结时间、安定性、强度均合格,则为合格品,其中任意一项不合格的则为不合格品。

四、水泥石耐腐蚀性

硅酸盐水泥硬化以后在通常的使用条件下,其强度在几年甚至几十年中仍有提高,并且有较好的耐久性。但在某些腐蚀性介质作用下,强度下降,起层剥落,严重时会引起整个工程结构的破坏。

引起水泥石腐蚀的原因有很多,下面介绍几种典型的腐蚀。

(一) 软水腐蚀(溶出性侵蚀)

软水是不含或仅含少量钙、镁可溶性盐的水。如雨水、雪水、蒸馏水以及含重碳酸盐很少的河水和湖水等。当水泥石长期与软水接触时,水泥石中的某些水化物按照溶解度的大小,依次缓慢地被溶解。在静止的和无压力的水中,水泥石周围的水很快被溶出的 $Ca(OH)_2$ 所饱和,溶出停止,影响的部位仅限于水泥石的表面部位,对水泥石性能基本无不良的影响。但在流动水、压力水中,水流不断地将溶出的 $Ca(OH)_2$ 带走,降低周围 $Ca(OH)_2$ 浓度。水泥石中水化产物都必须在一定的石灰浓度的液相中才能稳定存在,低于此极限石灰浓度时,水化产物将会发生逐步分解。各主要水化产物稳定存在时所必需的极限石灰(CaO)浓度是:氢氧化钙约为 1.3 g/L,水化硅酸三钙稍大于 1.2 g/L,水化铁铝酸四钙约为 1.06 g/L,水化硫铝酸钙约为 0.045 g/L。

各种水化产物与水作用时,$Ca(OH)_2$ 由于溶解度最大,首先被溶出。在水量不多或无水压的情况下,由于周围的水被溶出的 $Ca(OH)_2$ 所饱和,溶出作用很快中止。但在大量水或流动水中,$Ca(OH)_2$ 会不断溶出,特别是当水泥石渗透性较大而又受压力水作用时,水不仅能渗入内部，而且还能产生渗流作用，将 $Ca(OH)_2$ 溶解并摄滤出来。因此，不仅减小了水泥石的密实度，影响其强度，而且由于液相中 $Ca(OH)_2$ 的浓度降低，还会使一些高碱性水化产物向低碱性转变或溶解。于是水泥石的结构会相继受到破坏，强度不断降低，裂隙不断扩展，渗漏更加严重，最后可能导致整体破坏。

当环境水的水质较硬，环境水中重碳酸盐能与水泥石中的 $Ca(OH)_2$ 起作用，生成几乎不溶于水的 $CaCO_3$。其反应式为

$$Ca(OH)_2 + Ca(HCO_3)_2 = 2CaCO_3 + 2H_2O$$

生成的碳酸钙积聚在已硬化水泥石的孔隙内，可阻滞外界水的浸入和内部的氢氧化钙向外扩散，所以硬水不会对水泥石产生腐蚀。

（二）硫酸盐腐蚀

在一些湖水、海水、沼泽水、地下水以及某些工业污水中，常含钠、钾、铵等的硫酸盐，水泥石将发生硫酸盐腐蚀。以硫酸钠为例，硫酸钠（如 10 个结晶水的芒硝）与氢氧化钙反应生成二水石膏，即

$$Na_2SO_4 \cdot 10H_2O + Ca(OH)_2 = CaSO_4 \cdot 2H_2O + 2NaOH + 8H_2O$$

然后二水石膏与水化铝酸钙反应生成高硫型的水化硫铝酸钙，即

$$3CaO \cdot Al_2O_3 \cdot 6H_2O + 3(CaSO_4 \cdot 2H_2O) + 19H_2O = 3CaO \cdot Al_2O_3 \cdot 3CaSO_4 \cdot 31H_2O$$

生成的高硫型水化硫铝酸钙含有大量结晶水，体积增加到 1.5 倍，由于是在已经硬化的水泥石中发生上述反应，因此，对水泥石的破坏作用很大。高硫型水化硫铝酸钙呈针状晶体，俗称"水泥杆菌"。

当水中硫酸盐浓度较高时，硫酸钙会在毛细孔中直接结晶成二水石膏，体积增大，同样会引起水泥石的破坏。

（三）镁盐的腐蚀

在海水及地下水中，含有大量的镁盐，主要是硫酸镁和氯化镁。它们与水泥石中的氢氧化钙发生如下反应：

$$MgCl_2 + Ca(OH)_2 = CaCl_2 + Mg(OH)_2$$
$$MgSO_4 + Ca(OH)_2 + 2H_2O = CaSO_4 \cdot 2H_2O + Mg(OH)_2$$

生成的氢氧化镁松软而无胶凝能力，氯化钙易溶于水；生成的二水石膏则引起硫酸盐腐蚀。因此，硫酸镁对水泥石起着镁盐和硫酸盐双重腐蚀的作用。

（四）碳酸腐蚀

在工业污水、地下水中，常溶解有一定量的二氧化碳，它对水泥石的腐蚀作用如下：

首先弱碳酸与水泥石中的氢氧化钙反应生成碳酸钙：

$$Ca(OH)_2 + CO_2 + H_2O = CaCO_3 + 2H_2O$$

然后再与弱碳酸作用生成碳酸氢钙（这是一个可逆反应）：

$$CaCO_3 + CO_2 + H_2O \rightleftharpoons Ca(HCO_3)_2$$

生成的碳酸氢钙易溶于水。当水中含有较多的碳酸，并超过平衡浓度时，反应向右进行。因此，水泥石中固体的氢氧化钙不断地转变为易溶的重碳酸钙而溶失。氢氧化钙浓度的降低还会导致水泥石中其他水泥水化物的分解，使腐蚀作用进一步加剧。

（五）一般酸类腐蚀

工业废水、地下水、沼泽水中常含有无机酸和有机酸，工业窑炉的烟气中常含有二氧化硫，遇水后生成亚硫酸。各种酸类对水泥石有不同程度的腐蚀作用，它们与水泥石中的氢氧化钙起中和反应，生成的化合物或者易溶于水，或者体积膨胀，在水泥石中形成孔洞或膨胀压力。腐蚀作用较强的无机酸有盐酸、氢氟酸、硝酸、硫酸，有机酸有醋酸、蚁酸和乳酸。

例如，盐酸与水泥石中的氢氧化钙起反应：

$$2HCl + Ca(OH)_2 = CaCl_2 + 2H_2O$$

生成的氯化钙易溶于水。硫酸与水泥石中的氢氧化钙起反应：

$$H_2SO_4 + Ca(OH)_2 = CaSO_4 \cdot 2H_2O$$

生成的二水石膏能与水泥石中的水化铝酸钙作用，生成高硫型的水化硫铝酸钙或直接在水泥石孔隙中结晶产生膨胀压力。

（六）盐类循环结晶腐蚀

海水及某些土壤中含有较多的无机盐，水泥制品将产生由干湿循环引起的循环结晶腐蚀作用。在反复的干湿循环作用下，即使不发生明显的化学反应，渗入水泥制品孔隙中的盐类不断地溶解结晶同样会导致严重的破坏。表3.4给出温格雷（E.M.Winkler）计算的常见盐类的结晶压力。

表 3.4 盐类的结晶压力

盐的化学式	密度 /g·cm^{-3}	摩尔体积 /cm^3·mol^{-1}	压力/atm* 过饱和度为2	
			0°C	50°C
$CaSO_4 \cdot 2H_2O$	2.32	55	282	334
$MgSO_4 \cdot 12H_2O$	1.45	232	67	80
$MgSO_4 \cdot 7H_2O$	1.68	147	105	125
$Na_2SO_4 \cdot 10H_2O$	1.46	220	72	83
NaCl	2.17	28	554	654

* 1 atm = 101 325 Pa。

海水中含有大量的无机盐，而长期处于海水浪溅区中的混凝土结构，最易发生破坏，破坏的原因之一就是海水中的混凝土在干湿循环条件下受到海盐的循环结晶腐蚀。无机盐含量大的盐碱土壤中的混凝土结构，如电线杆等，受腐蚀最严重的部位均在地表附近，此处同样是干湿循环下盐类循环结晶最严重的部位。

(七)水泥石腐蚀的基本原因和防止措施

1. 引起水泥石腐蚀的根本原因

(1)水泥石中含有氢氧化钙、水化铝酸钙等不耐腐蚀的水化产物。

(2)水泥石本身不密实,有很多毛细孔,腐蚀性介质容易通过毛细孔深入水泥石内部,加速腐蚀的进程或引起盐类的循环结晶腐蚀。

实际的腐蚀往往是一个极为复杂的过程,可能是几种类型作用同时存在,互相影响。促使腐蚀发展的因素还有较高的温度、较快的水流速、干湿循环等。

2. 防止水泥石腐蚀的措施

(1)根据工程所处的环境特点,选择适宜的水泥品种。硅酸盐水泥的水化产物中氢氧化钙和水化铝酸钙含量都较高,因此耐腐蚀性差。在有腐蚀性介质的环境中应优先考虑采用掺混合材料的硅酸盐水泥或特种水泥。

(2)提高水泥石的密实程度。水泥石密实度越高,抗渗能力越强,腐蚀介质难于进入。有些工程因为混凝土不够密实,在腐蚀的环境中过早的破坏。提高水泥石的密实度,可以有效地延缓各类腐蚀作用。降低水灰比、掺加减水剂、改进施工方法等可提高水泥石的密实程度。

3. 表面防护处理

在腐蚀作用较强时,可采用表面涂层或表面加保护层的方法。如采用各种防腐涂料、玻璃、陶瓷、塑料、沥青防腐层等。

五、硅酸盐水泥的特性和应用

(1)硅酸盐水泥凝结正常,硬化快,早期强度与后期强度均高。适用于重要结构的高强混凝土和预应力混凝土工程。

(2)耐冻性、耐磨性好。适用于冬季施工以及严寒地区遭受反复冻融的工程。

(3)水化过程放热量大。不宜用于大体积混凝土工程。

(4)耐腐蚀差。硅酸盐水泥水化产物中,$Ca(OH)_2$ 的含量较多,耐软水腐蚀和耐化学腐蚀性较差,不适用于受流动的或有水压的软水作用的工程,也不适用于受海水及其他腐蚀介质作用的工程。

(5)耐热性差。硅酸盐水泥石受热达 200~300 ℃ 时,水化物开始脱水,强度开始下降。当温度达到 500~600 ℃ 时,氢氧化钙分解,强度明显下降;当温度达到 700~1 000 ℃ 时,强度降低更多,甚至完全破坏。因此,硅酸盐水泥不适用于耐热要求较高的工程。

(6)抗碳化性好,干缩小。水泥中的 $Ca(OH)_2$ 与空气中的 CO_2 的作用称为碳化。由于水泥石中的 $Ca(OH)_2$ 含量多,抗碳化性好,因此,用硅酸盐水泥配制的混凝土对钢筋避免生锈的保护作用强。硅酸盐水泥的干燥收缩小,不易产生干缩裂纹,适用于干燥的环境中。

水泥储运方式主要有散装和袋装。散装水泥从出厂、运输、储存到使用,直接通过专用工具进行。散装水泥污染少,节约人力物力,具有较好的经济和社会效益。我国水泥目前多采用 50 kg 包装袋的形式,但正大力提倡和发展散装水泥。

水泥在运输和保管时,不得混入杂物。不同品种、标号及出厂日期的水泥,应分别储存,并加以标志,不得混杂。散装水泥应分库存放。袋装水泥堆放时应考虑防水防潮,堆置高度一般不超过 10 袋,每平方米可堆放 1 t 左右。使用时应考虑先存先用的原则,水泥在存放过程中会吸收空气中的水蒸气和二氧化碳,发生水化和碳化,使水泥结块,强度降低。一般情况下,袋装水泥储存 3 个月后,强度降低 10%~20%;6 个月后降低 15%~30%;一年后降低 25%~40%。因此,水泥的存放期为 3 个月,超过 3 个月应重新试验,确定其强度。

第二节 掺混合材的硅酸盐水泥

掺混合材的硅酸盐水泥是由硅酸盐熟料,掺入适量的混合材料和石膏共同磨细制成的水硬性胶凝材料。掺混合材的硅酸盐水泥种类较多,主要有普通硅酸盐水泥、矿渣硅酸盐水泥、火山灰质硅酸盐水泥、粉煤灰硅酸盐水泥、复合硅酸盐水泥等。

一、混合材料

在水泥生产过程中,掺入的天然或人工矿物材料,称为水泥混合材料。

加入混合材料,可以在水泥生产过程中节约能源,综合利用工业废料,降低成本,同时能够改善水泥的某些性能。

混合材料按其性能可分为活性混合材料和非活性混合材料两大类。

(一)非活性混合材料

常温下不能与氢氧化钙和水发生水化反应或反应很弱,也不能产生凝结硬化的混合材料称为非活性混合材料。非活性混合材料在水泥中主要起填充作用,掺入硅酸盐水泥中主要起调节水泥标号、降低水化热等作用。属于这类的混合材料有磨细石英砂、石灰石、黏土、慢冷矿渣及其他与水泥矿物成分不起反应的工业废渣等。

(二)活性混合材料

常温下能与氢氧化钙和水发生水化反应,生成水硬性的水化物,并能够逐渐凝结硬化产生强度的混合材料称为活性混合材料。常用的活性混合材料有粒化高炉矿渣、火山灰质混合材料和粉煤灰等。

1. 粒化高炉矿渣

高炉炼铁时,浮在铁水表面的熔融矿渣,经过水淬急冷成粒后即为粒化高炉矿渣。淬冷的目的在于阻止结晶,形成化学不稳定的玻璃体,具有潜在化学能,即潜在活性。如果熔融的矿渣自然缓慢冷却,凝固后成为完全结晶的块状矿渣,活性很低,属于非活性混合材料。

粒化高炉矿渣的主要化学成分为 CaO(38%~46%)、SiO_2(26%~42%)和 Al_2O_3(7%~20%),另外还有少量的 MgO、FeO、MnO、TiO_2 等。可见,矿渣的主要成分与硅酸盐水泥中的氧化物基本相同,只是氧化物之间的比例不同而已。影响矿渣活性的因素主要有两个:

一是化学成分，活性组分主要指氧化钙、氧化铝、氧化镁；二是玻璃体的含量，矿渣是结晶和玻璃相的聚合体。前者是惰性组分，而后者是活性组分，矿渣中玻璃体占90%左右，而且玻璃相的组分越多，矿渣的潜在活性就越大。

国家标准《用于水泥中的粒化高炉矿渣》GB/T 203—2008 规定：矿渣玻璃体含量应不低于80%。

2. 火山灰质混合材料

火山喷发时，随同熔岩一起喷发的大量的碎屑沉积在地面或水中的松软物质，称为火山灰。由于火山喷出物在空气中急冷，火山灰含有一定量的玻璃体，它的主要成分为 SiO_2 和 Al_2O_3。火山灰质的混合材料是泛指以活性 SiO_2 和活性 Al_2O_3 为主要成分的活性混合材料。它的应用是从火山灰开始的，故而得名，其实并不仅限于火山灰。火山灰质混合材料按照其成因，分为天然的和人工的两大类。天然的有火山灰、凝灰岩、浮石、沸石岩、硅藻土、硅藻石和蛋白石等；人工的有烧页岩、烧黏土、煤渣、煤矸石、硅灰等。

火山灰质混合材料结构上的特点是疏松多孔，内比表面积大，易吸水，但由于品种多，其活性也有较大的差别。

3. 粉煤灰

粉煤灰是从燃煤火力发电厂的烟道气体中收集的粉尘，又称为飞灰（fly ash）。主要成分为 SiO_2（40%~65%）和 Al_2O_3（15%~40%）。从火山灰质混合材料泛指的定义讲，粉煤灰属于火山灰质混合材，但粉煤灰一般为呈玻璃态的实心或空心的球状颗粒，表面结构致密，性质与其他的火山灰质混合材有所不同，它是一种产量很大的工业废料，所以单独列出。

粉煤灰的颗粒大小与形状对其活性有很大的影响，颗粒越细，密实球体形玻璃体含量越高，活性越高，标准稠度需水量越低。

（三）活性混合材料的水化

粒化高炉矿渣、火山灰质混合材料和粉煤灰属于活性混合材料，它们与水拌和后，不发生水化及凝结硬化（仅粒化高炉矿渣有微弱的水化反应）。但在氢氧化钙饱和溶液中，常温下会发生显著的水化反应：

$$x\,Ca(OH)_2 + SiO_2 + m\,H_2O \longrightarrow x\,CaO \cdot SiO_2 \cdot (x+m)H_2O$$

$$y\,Ca(OH)_2 + Al_2O_3 + n\,H_2O \longrightarrow y\,CaO \cdot Al_2O_3 \cdot (y+n)H_2O$$

生成的水化硅酸钙和水化铝酸钙是具有水硬性的水化物。式中，x、y 值取决于混合材料的种类、石灰和活性 SiO_2 及活性 Al_2O_3 之间的比例、环境温度以及作用的时间等。对于掺常用混合材料的硅酸盐水泥，x、y 值一般为1或稍大于1，即生成的水化物的碱度降低（与硅酸盐水泥水化物相比），为低碱性的水化物。

活性 SiO_2 和 $Ca(OH)_2$ 相互作用形成无定形水化硅酸钙，再经过较长一段时间后，逐渐地转变为凝胶或微晶体。

活性 Al_2O_3 与 $Ca(OH)_2$ 作用形成水化铝酸钙。当液相中有石膏存在时，水化铝酸钙与石膏反应生成水化硫铝酸钙。

可以看出，氢氧化钙和石膏的存在使活性混合材料的潜在活性得以发挥。它们起着激发水化、促进凝结硬化的作用，故称为活性混合材料的激发剂。常用的激发剂有碱性激发剂（如石灰）和硫酸盐激发剂（如石膏）两类。

掺活性混合材料的水泥与水拌和后，首先是水泥熟料水化，然后是水泥熟料的水化物$Ca(OH)_2$与活性混合材料中的SiO_2及Al_2O_3进行水化反应（一般称为二次水化反应）。因此，掺混合材料的硅酸盐水泥水化速度减慢，水化热降低，早期强度降低。

二、普通硅酸盐水泥

（一）定义及组成

凡由硅酸盐水泥熟料、>5%且≤20%混合材料、适量石膏磨细制成的水硬性胶凝材料，称为普通硅酸盐水泥（简称普通水泥，Ordinary Portland cement），代号 P.O。

掺活性混合材料时，最大掺量不得超过 20%，其中允许用不超过水泥质量 5% 的窑灰或不超过水泥质量 10% 的非活性混合材料。

掺非活性混合材料时，最大掺量不得超过水泥质量的 10%。

（二）技术要求

国家标准（GB 175—2007）对普通水泥的技术要求如下：

（1）细度。比表面积不小于 300 m^2/kg。

（2）凝结时间。初凝时间不得早于 45 min，终凝时间不得迟于 10 h。

（3）强度。强度等级按照 3 d 和 28 d 龄期的抗压强度和抗折强度来划分，共分为 42.5、42.5R、52.5、52.5R 四个强度等级。各等级水泥的强度要求见表 3.5 中的数值。

表 3.5　普通水泥各强度等级的强度要求（GB 175—2007）

强度等级	抗压强度/MPa		抗折强度/MPa	
	3 d	28 d	3 d	28 d
42.5	≥17.0	≥42.5	≥3.5	≥6.5
42.5R	≥22.0		≥4.0	
52.5	≥23.0	≥52.5	≥4.0	≥7.0
52.5R	≥27.0		≥5.0	

（4）体积安定性。氧化镁含量、三氧化硫含量、碱含量要求等同硅酸盐水泥，烧失量不得大于 5.0%。

（三）性能与使用

普通水泥是在硅酸盐水泥熟料的基础上掺入 20% 以内的混合材料，虽然掺入的数量不多，但扩大了强度等级范围，对硅酸盐水泥的性能有一定的改善，更利于工程的选用。与硅酸盐水泥相比，早期硬化稍慢，水化热略有降低，强度稍有下降；抗冻性、耐磨性、抗碳化性能略有降低；耐腐蚀性能稍好。普通水泥比硅酸盐水泥应用范围更广，目前是我国最常用的一种水泥，广泛用于各种工程建设中。

三、矿渣硅酸盐水泥、火山灰质硅酸盐水泥、粉煤灰硅酸盐水泥及复合硅酸盐水泥

(一) 定义及组成

凡由硅酸盐水泥熟料和粒化高炉矿渣、适量石膏磨细制成的水硬性胶凝材料称为矿渣硅酸盐水泥 (简称矿渣水泥, Portland blastfurnace-slag cement), 代号 P.S。水泥中的粒化高炉矿渣掺加量按照质量百分比计为 20%~70%。矿渣硅酸盐水泥分为混合材料掺量为>20%且≤50% (P.S.A) 和掺量为>50%且≤70% (P.S.B) 两种。

凡由硅酸盐水泥熟料和火山灰质混合材料、适量石膏磨细制成的水硬性胶凝材料称为火山灰质硅酸盐水泥 (简称火山灰水泥, Portland pozzolana cement), 代号 P.P。水泥中火山灰质混合材料掺量按质量百分比计为>20%且≤40%。

凡由硅酸盐水泥熟料和粉煤灰、适量石膏磨细制成的水硬性胶凝材料称为粉煤灰硅酸盐水泥 (简称粉煤灰水泥, Portland fly-ash cement), 代号 P.F。水泥中粉煤灰的掺量按质量百分比计为>20%且≤40%。

复合硅酸盐水泥是由两种及两种以上混合材料共同掺入水泥中,其混合材料掺量为>20%且≤50%。

(二) 技术要求

(1) 氧化镁。熟料中的氧化镁的含量不得超过 5.0%。如果水泥经过压蒸安定性试验合格,则熟料中氧化镁的含量允许放宽到 6.0%。熟料中氧化镁的含量为 5.0%~6.0% 时, 如矿渣水泥中的混合材料总量不大于 40% 或火山灰水泥和粉煤灰水泥混合材料掺加量大于 30%, 制成的水泥可不做压蒸试验。

(2) 三氧化硫。矿渣水泥的三氧化硫的含量不得超过 4.0%;火山灰水泥和粉煤灰水泥的三氧化硫的含量不得超过 3.5%。

(3) 细度、凝结时间、体积安定性、碱含量要求等同普通硅酸盐水泥。

(4) 强度。强度等级按规定龄期的抗压强度和抗折强度来划分,共分为 32.5, 32.5R, 42.5, 42.5R, 52.5, 52.5R 六个强度等级,各强度等级水泥的各龄期抗压强度和抗折强度不得低于表 3.6 中的数值。

表 3.6 矿渣水泥、火山灰水泥、粉煤灰水泥、复合硅酸盐水泥各强度等级的强度要求 (GB 175—2007)

强度等级	抗压强度/MPa		抗折强度/MPa	
	3 d	28 d	3 d	28 d
32.5	≥10.0	≥32.5	≥2.5	≥5.5
32.5R	≥15.0		≥3.5	
42.5	≥15.0	≥42.5	≥3.5	≥6.5
42.5R	≥19.0		≥4.0	
52.5	≥21.0	≥52.5	≥4.0	≥7.0
52.5R	≥23.0		≥4.5	

(三) 性能与应用

矿渣水泥、火山灰水泥、粉煤灰水泥及复合硅酸盐水泥都是在硅酸盐水泥熟料基础上掺入较多的活性混合材料，再加上适量石膏共同磨细制成的。由于活性混合材料的掺量较多，且活性混合材料的化学成分基本相同（主要是活性氧化硅和活性氧化铝），因此它们的大多数性质和应用相同或相近，即这三种水泥在许多情况下可替代使用。但与硅酸盐水泥或普通水泥相比，有明显的不同。又由于不同混合材料结构上的不同，它们相互之间又具有各自的特性，这些性质决定了它们使用上的特点和应用。下面我们从这四种掺混合材料的水泥的共性和个性两个方面来阐述它们的性质。

1. 掺活性混合材料的硅酸盐水泥的共性

（1）强度早期低，后期发展快。由于水泥中掺入了大量活性混合材料，水泥中矿物 C_3S 和 C_3A 的含量降低，水化速度慢，早期强度低；但随着水化的进行，混合材料中的活性 SiO_2 与 $Ca(OH)_2$ 不断地作用，生成比硅酸盐水泥更多的水化硅酸钙，使得后期强度发展较快，其强度甚至超过同强度等级的硅酸盐水泥。

（2）水化热小。水泥熟料含量少，早期水化热小且放热缓慢。因此，四种掺活性混合材料的硅酸盐水泥适合于大体积混凝土施工。

（3）对养护温度敏感，适合蒸汽养护。四种掺活性混合材料水泥环境温度降低时，水化速度明显减弱，强度发展慢，因此，不适合冬季施工现浇的工程。提高养护温度能够有效地促进活性混合材料的二次水化，提高早期强度，且对后期强度发展无不利的影响。而硅酸盐水泥或普通水泥，蒸汽养护可提高早期强度，但后期强度发展要受到一定影响。通常 28 d 强度要比常温养护条件下的低。

（4）耐腐蚀性较好。由于大量的混合材料的掺入和熟料含量少，水化物中的氢氧化钙少，而且二次水化还要进一步消耗氢氧化钙，使水泥石结构中氢氧化钙的含量进一步降低，因此抗腐蚀性好。适合用于有硫酸盐、镁盐、软水等腐蚀作用的环境，如水利、海港、码头、隧道等混凝土工程。但当腐蚀介质的浓度较高或耐腐蚀要求高时，还应采取其他相应的防腐蚀的措施或选用其他特种水泥。

（5）抗冻性、耐磨性差。矿渣和粉煤灰保水性差，泌水后形成连通的孔隙，火山灰需水量大，硬化后内部孔隙率大，因此，它们的抗冻性、耐磨性差。

（6）抗碳化性差。水化后氢氧化钙的含量很低，故抗碳化性差。因此，不适合用于二氧化碳含量高的工业厂房等。

2. 掺较多活性混合材料的硅酸盐水泥的个性

（1）矿渣水泥。矿渣为玻璃态的物质，难于磨细，对水的吸附能力差，故矿渣水泥保水性差，泌水性大。在混凝土施工中由于泌水而形成毛细管通道及水囊，水分的蒸发又容易引起干缩，影响混凝土的抗渗性、抗冻性及耐磨性等。由于矿渣本身耐热性好，矿渣水泥硬化后氢氧化钙的含量又比较低，因此，矿渣水泥的耐热性比较好。

（2）火山灰水泥。火山灰质混合材料的结构特点是疏松多孔，内比表面积大，火山灰水泥的特点是易吸水、泌水性小。在潮湿的条件下养护，可以形成较多的水化产物，水泥石结构比较致密，从而具有较高的抗渗性和耐水性。如处于干燥环境中，由于保水性高，所吸收的水分大量地蒸发，体积收缩大，易产生裂缝，因此，火山灰水泥不宜用于长期处于干燥环境和水位变化区的混凝土工程。

（3）粉煤灰水泥。粉煤灰与其他天然火山灰相比，结构比较致密，内比表面积小，有很多球形颗粒，吸水能力弱，所以粉煤灰水泥需水量较低，干缩性较小，抗裂性较好。尤其适用于大体积水工混凝土以及地下和海港工程等。

（4）复合水泥的特性还与混合材料的品种与掺量有关。复合水泥的性能在以矿渣为主要混合材时，其性能与矿渣水泥接近；而当以火山灰质材料为主要混合材时，则接近火山灰水泥的性能。因此，在复合水泥包装袋上应标明主要混合材的名称。

为了便于识别，硅酸盐水泥和普通水泥包装袋上要求用红字印刷，矿渣水泥包装袋上要求采用绿字印刷，火山灰水泥、粉煤灰水泥和复合水泥则要求采用黑字印刷。

硅酸盐水泥、普通水泥、矿渣水泥、火山灰水泥、粉煤灰水泥和复合水泥是建设工程中的通用水泥，它们的主要性质与应用见表3.7。

表3.7　六种常用水泥的性质及应用

项　目		硅酸盐水泥	普通水泥	矿渣水泥	火山灰水泥	粉煤灰水泥	复合水泥
主要成分		硅酸盐水泥熟料，0~5%混合材料，适量石膏	硅酸盐水泥熟料，6%~20%混合材料，适量石膏	硅酸盐水泥熟料，20%~70%粒化高炉矿渣，适量石膏	硅酸盐水泥熟料，20%~40%火山灰质混合材料，适量石膏	硅酸盐水泥熟料，20%~40%粉煤灰，适量石膏	硅酸盐水泥熟料，20%~50%两种及两种以上混合材料，适量石膏
性质		1. 早期、后期强度高 2. 抗冻性、耐磨性好 3. 水化热大 4. 耐腐蚀性差 5. 耐热性差 6. 抗碳化性好	1. 早期强度较高 2. 抗冻性、耐磨性较好 3. 水化热较大 4. 耐腐蚀性较差 5. 耐热性较差 6. 抗碳化性好	1. 水化热小 2. 对温度敏感，适合蒸汽养护 3. 耐腐蚀性好 4. 抗碳化性较差 1. 早期强度低，后期强度高 2. 抗冻性较差 1. 泌水性大、抗渗性差 2. 耐热性较好 3. 干缩较大	1. 保水性好、抗渗性好 2. 干缩大 3. 耐磨性差	1. 干缩小、抗裂性好 2. 耐磨性差	与混合材料的品种及掺量有关
应用	优先使用	早期强度要求高的混凝土，有耐磨要求的混凝土，严寒地区反复遭受冻融作用的混凝土，抗碳化性能要求高的混凝土，掺混合材料的混凝土		水下混凝土，海港混凝土，大体积混凝土，耐腐蚀性要求较高的混凝土，高温下养护的混凝土			
		高强度混凝土	普通气候和干燥环境中的混凝土，有抗渗要求的混凝土，受干湿循环作用的混凝土	有耐热要求的混凝土	有抗渗要求的混凝土	—	—
	可以使用		高强度混凝土，水下混凝土，高温养护混凝土，耐热混凝土。在就地取材困难时，是多数工程最后的备选水泥	普通气候环境中的混凝土			
		一般工程		抗冻性要求较高的混凝土，有耐磨性要求的混凝土	—	—	
	不宜或不得使用	大体积混凝土，易受腐蚀的混凝土		掺混合材料的混凝土，低温或冬季施工的混凝土，抗碳化性要求高的混凝土			
				早期强度要求高的混凝土，抗冻性要求高的混凝土			
		耐热混凝土，高温养护混凝土	—	抗渗性要求高的混凝土	干燥环境中的混凝土，有耐磨要求的混凝土	—	

第三节 专用水泥和特性水泥

专用水泥是以其主要用途来命名的，特性水泥是以其主要性能来命名的。这两类水泥的品种比较多，本节仅介绍工程中常用的品种。

一、道路硅酸盐水泥

在各种公路路面建筑中，以水泥混凝土路面最为优良。水泥混凝土路面不易损坏，使用年限长，是沥青路面的好几倍。并且具有路面阻力小，抗油类腐蚀性强，雨天不打滑等优点。道路硅酸盐水泥是为适应我国水泥混凝土路面的需要而发展起来的。随着我国公路建设的迅速发展，道路水泥的需要量与日俱增。

由道路硅酸盐水泥熟料、0~10%活性混合材料和适量石膏磨细制成的水硬性胶凝材料，称为道路硅酸盐水泥（简称道路水泥，Portland cement for road）。它是在硅酸盐水泥的基础上，通过合理的配制生料、煅烧等来调整水泥熟料的矿物组成比例，以达到增加抗折强度、抗冲击性能、耐磨性能、抗冻性和疲劳性能等。

国家标准《道路硅酸盐水泥》（GB 13693—2005）有如下要求：

1. 化学成分

（1）氧化镁。水泥中氧化镁的含量不得超过5.0%。

（2）三氧化硫。水泥中三氧化硫的含量不得超过3.5%。

（3）烧失量。水泥中的烧失量不得大于3.0%。

（4）游离氧化钙。熟料中游离氧化钙的含量，旋窑生产时不得大于1.0%，立窑生产时不得大于1.8%。

（5）碱含量。用户提出要求时，由供需双方商定。用户要求提供低碱水泥时，水泥中的碱含量不得大于0.6%。

2. 矿物组成

（1）铝酸三钙。熟料中的铝酸三钙含量不得大于5.0%。

（2）铁铝酸四钙。熟料中铁铝酸四钙的含量不得小于16.0%。

3. 物理力学性质

（1）细度。比表面积为300~450 m^2/kg。

（2）凝结时间。初凝时间不得早于1.5 h，终凝时间不得迟于10 h。

（3）安定性。沸煮法必须合格。

（4）干缩性。干缩率不得大于0.10%。

（5）耐磨性。28 d磨耗量应不大于3.00 kg/m^2。

（6）强度。道路水泥按3 d、28 d抗折强度和抗压强度分为42.5、52.5、62.5三个标号，各标号各龄期强度不得低于表3.8中的规定数值。

表 3.8 道路水泥的等级与各龄期的强度要求（GB 13693—2005）

强度等级	抗压强度/MPa		抗折强度/MPa	
	3 d	28 d	3 d	28 d
32.5	16.0	32.5	3.5	6.5
42.5	21.0	42.5	4.0	7.0
52.5	26.0	52.5	5.0	7.5

道路水泥具有早强和高抗折强度的特性，这对保证道路混凝土达到设计强度提供了一定的条件。另外，道路水泥还具有耐磨性好、干缩小、抗冲击性和抗冻性好，有一定的抗硫酸盐腐蚀性能等优点，适用于道路路面、机场跑道、城市广场等工程。

二、白色硅酸盐水泥

一般硅酸盐水泥呈灰或灰褐色，这主要是由于水泥熟料中的氧化铁和其他着色物质（如氧化锰、氧化钛等）所引起的，普通硅酸盐水泥的氧化铁含量为 3%～4%。白色硅酸盐水泥则要严格控制氧化铁的含量，一般应低于水泥质量的 0.5%。此外，其他有色金属氧化物，如氧化锰、氧化钛、氧化铝的含量也要加以控制。

白色硅酸盐水泥（简称白水泥，white Portland cement）的生产与硅酸盐水泥基本相同。由于原料中氧化铁的含量少，使得生成硅酸三钙的温度提高，煅烧的温度要提高到 1 550℃ 左右。为了保证白度，煅烧时应采用天然气、煤气或重油作为燃料。粉磨时不能直接用锈钢板和钢球，而应采用白色花岗岩或高强陶瓷衬板，用烧结瓷球等作为研磨体。因此，白水泥的生产成本较高，价格较贵。

白水泥按照 3 d 和 28 d 的抗折强度和抗压强度分为 32.5、42.5、52.5 三个标号，见表 3.9。白度是白色水泥的主要技术指标之一，白度通常以与氧化镁标准版的反射率的比值（%）来表示。白色水泥的白度值不低于 87。其他技术要求与普通水泥接近。

表 3.9 白水泥强度要求（GB/T 2015—2005）

强度等级	抗压强度/MPa		抗折强度/MPa	
	3 d	28 d	3 d	28 d
32.5	12.0	32.5	3.0	6.0
42.5	17.0	42.5	3.5	6.5
52.5	22.0	52.5	4.0	7.0

白色硅酸盐水泥熟料与适量的石膏和耐碱矿物颜料共同磨细，可制成彩色硅酸盐水泥，简称为彩色水泥（coloured Portland cement）。常用的颜料有氧化铁（红、黄、褐、黑色）、二氧化锰（黑、褐色）、氧化铬（绿色）、赭石（褐色）和炭黑（黑色）等。也可将颜料直接与白水泥粉末混合拌匀，配制彩色水泥砂浆和混凝土。后种方法简便易行，颜色可以调节，但有时色彩不匀，有差异。

白色和彩色水泥与其他天然的和人造的装饰材料相比，具有耐久性好、价格较低和能够使装饰工程机械化等优点。主要用于建筑内外装饰的砂浆和混凝土，如水磨石、水刷石、斩假石、人造大理石等。

三、快硬硅酸盐水泥

凡以硅酸盐水泥熟料和适量石膏磨细制成的，以 3 d 抗压强度表示标号的水硬性胶凝材料，称为快硬硅酸盐水泥（简称快硬水泥，rapid hardening Portland cement）。

快硬硅酸盐水泥与硅酸盐水泥的主要区别在于提高了熟料中 C_3A 和 C_3S 的含量，同时适当增加了石膏的掺量，并提高了水泥的粉磨细度。

快硬水泥的标号以 3 d 的抗压强度表示，分为 325、375、425 三个标号，28 d 强度作为供需双方参考指标。

快硬硅酸盐水泥的技术性质应满足国家标准《快硬硅酸盐水泥》(GB 199—1990)的规定，细度为 0.080 mm 方孔筛筛余不得超过 10%；凝结时间中初凝不得早于 45 min，终凝不得迟于 10 h；用沸煮法检验水泥的安定性合格；水泥中 SO_3 含量不得超过 4.0%；熟料中 MgO 的含量不得超过 5.0%，如水泥压蒸安定性检验合格，则熟料中氧化镁的含量允许放宽到 6.0%；各标号强度要求不小于表 3.10 中的数值。

表 3.10 快硬水泥标号强度要求（GB 199—1990）

标号[①]	抗压强度/MPa			抗折强度/MPa		
	1 d	3 d	28 d[②]	1 d	3 d	28 d[②]
325	15.0	32.5	52.5	3.5	5.0	7.2
375	17.0	37.5	57.5	4.0	6.0	7.6
425	19.0	42.5	62.5	4.5	6.4	8.0

注：① 1999 年以前制定的标准中，强度等级称为标号，而标号中数字无小数点，如 425、525 等，它们性能的测定方法也有所不同。一般来说，425 标号相当于 32.5 强度等级，525 标号相当于 42.5 强度等级，依此类推。

② 供需双方参考指标。

快硬水泥的特点是凝结硬化快，早期强度发展快，可用来配制早强、高强度等级的混凝土，适用于紧急抢修工程、低温施工工程和高等级混凝土预制构件等。

快硬水泥易受潮变质，在运输和储存时，必须注意防潮，存放期一般不超过一个月。

四、中热硅酸盐水泥、低热硅酸盐水泥和低热矿渣硅酸盐水泥

硅酸盐水泥水化时放出大量的热，不适合大体积混凝土工程的施工。掺活性混合材料的硅酸盐水泥，水化热减小，但没有明确的定量规定，而且掺入较多的活性混合材以后，有些性能（如抗冻性、耐磨性）变差。

《中热硅酸盐水泥、低热硅酸盐水泥和低热矿渣硅酸盐水泥》(GB 200—2003) 对三种水泥的定义如下：

以适当成分的硅酸盐水泥熟料,加入适量的石膏,磨细制成的具有中等水化热的水硬性胶凝材料,称为中热硅酸盐水泥(简称中热水泥,moderate Heat Portland cement),代号为 P.MH。

以适当成分的硅酸盐水泥熟料,加入适量的石膏,磨细制成的具有低水化热的水硬性胶凝材料,称为低热硅酸盐水泥(简称低热水泥,low heat Portland cement),代号为 P.LH。

以适当成分的硅酸盐水泥熟料,加入 20%~60% 粒化高炉矿渣、适量的石膏,磨细制成的具有低水化热的水硬性胶凝材料,称为低热矿渣硅酸盐水泥(简称为低热矿渣水泥,low heat Portland slag cement),代号为 P.SLH。

为了降低水泥的水化热和放热速度,必须降低熟料中 C_3A 和 C_3S 的含量,相应地提高 C_4AF 和 C_2S 的含量。但是,C_3S 也不宜过少,否则水泥强度的发展过慢。因此,应着重减少 C_3A 的含量,相应地提高 C_4AF 的含量。国家标准对三种水泥熟料的矿物组成的规定见表 3.11。

表 3.11 中热水泥、低热水泥、低热矿渣水泥品质要求(GB 200—2003)

品 种		中热水泥	低热水泥	低热矿渣水泥	
C_3S 含量		≤55%	—	—	
C_3A 含量		≤6%	≤6%	≤8%	
C_2S 含量		—	≥40%	—	
水化热 /kJ·kg^{-1}	32.5	—	—	≤197(3 d)	≤230(7 d)
	42.5	≤251(3 d)	≤293(7 d)	≤230(3 d)	≤260(7 d)	—

三种水泥的氧化镁、三氧化硫、安定性、碱含量要求同普通水泥。细度用比表面积表示,其值应不小于 250 m²/kg。凝结时间中初凝不得早于 60 min,终凝应不迟于 12 h。中热水泥和低热水泥的强度等级为 42.5,低热矿渣水泥强度等级为 32.5。水泥各龄期的抗压强度和抗折强度应不低于表 3.12 中的数值。

表 3.12 中热水泥、低热水泥、低热矿渣水泥强度要求(GB 200—2003)

品 种	强度等级	抗压强度/MPa			抗折强度/MPa		
		3 d	7 d	28 d	3 d	7 d	28 d
中热水泥	42.5	12.0	22.0	42.5	3.0	4.5	6.5
低热水泥	42.5	—	13.0	42.5	—	3.5	6.5
低热矿渣水泥	32.5	—	12.0	32.5	—	3.0	5.5

中热水泥水化热较低,抗冻性与耐磨性较高;低热矿渣水泥水化热更低,早期强度低,抗冻性差;低热水泥性能处于两者之间。中热水泥和低热水泥适用于大体积水工建筑物水位变动区的覆面层及大坝溢流面,以及其他要求低水化热、高抗冻性和耐磨性的工程。低热矿渣水泥适用于大体积建筑物或大坝内部要求更低水化热的部位。此外,它们具有一定的抗硫酸盐侵蚀能力,可用于低硫酸盐侵蚀的工程。

五、抗硫酸盐水泥

抗硫酸盐硅酸盐水泥,主要用于受硫酸盐侵蚀的海港、水利、地下、隧道、引水、道路和桥梁基础等工程。按其抗硫酸盐侵蚀的程度分为中抗硫酸盐硅酸盐水泥和高抗硫酸盐硅酸盐水泥两类。

以适当成分的硅酸盐水泥熟料,加入适量石膏,磨细制成的具有抵抗中等浓度硫酸根离子侵蚀的水硬性胶凝材料,称为中抗硫酸盐硅酸盐水泥(简称中抗硫酸盐水泥,moderate sulfate resistance Portland cement),代号 P.MSR。

以适当成分的硅酸盐水泥熟料,加入适量石膏,磨细制成的具有抵抗较高浓度硫酸根离子侵蚀的水硬性胶凝材料,称为高抗硫酸盐硅酸盐水泥(简称高抗硫酸盐水泥,high sulfate resistance Portland cement),代号 P.HSR。

硅酸盐水泥熟料中最易受硫酸盐腐蚀的成分是 C_3A,其次是 C_3S,因此应控制抗硫酸盐水泥的 C_3A 和 C_3S 的含量,但 C_3S 的含量不能太低,否则会影响水泥强度的发展速度。C_3A 和 C_3S 的含量限制见表 3.13。

表 3.13 抗硫酸盐水泥矿物成分要求(GB 748—2005)

名 称	中抗硫酸盐水泥	高抗硫酸盐水泥
C_3S/%	< 55.0	< 50.0
C_3A/%	< 5.0	< 3.0

抗硫酸盐水泥的氧化镁含量、安定性、凝结时间、碱含量要求等同普通水泥。同时规定三氧化硫含量不大于 2.5%,比表面积不小于 280 m^2/kg,烧失量不大于 3.0%,不溶物不大于 1.50%。水泥的标号按照规定龄期的抗压强度和抗折强度划分为 32.5、42.5 两个强度等级,水泥各龄期的抗压强度和抗折强度应不低于表 3.14 中的数值。

表 3.14 抗硫酸盐水泥强度要求(GB 748—2005)

水泥标号	抗压强度/MPa		抗折强度/MPa	
	3 d	28 d	3 d	28 d
32.5	10.0	32.5	2.5	6.0
42.5	15.0	42.5	3.0	6.5

抗硫酸盐水泥应对其抗蚀能力进行评定。在硫酸盐溶液中,中抗硫酸盐水泥 14 d 线性膨胀率应不大于 0.060%;高抗硫酸盐水泥 14 d 线性膨胀率应不大于 0.040%。

六、膨胀水泥和自应力水泥

一般硅酸盐水泥在空气中凝结和硬化时,体积发生收缩。收缩使水泥石结构产生微裂缝(龟裂)或裂缝,降低水泥制品的密实性,影响结构的抗渗、抗冻、耐腐蚀性和耐久性。

膨胀水泥按照膨胀值的大小分为膨胀水泥和自应力水泥。膨胀水泥的线膨胀率在 1% 以下，抵消或补偿了水泥的收缩，这种水泥又称为无收缩水泥或补偿收缩水泥。当水泥膨胀率较大时（1%～3%），混凝土受到钢筋的约束压应力，这种压力是水泥水化产生的体积变化所引起的，所以称为自应力。在凝结硬化过程中，有约束的条件下能够产生一定自应力的水泥，称为自应力水泥。

（一）膨胀机理

使水泥石体积产生膨胀的水化反应有：① 在水泥中掺入特定的氧化钙；② 在水泥中掺入特定的氧化镁；③ 在水泥浆体中形成钙矾石，产生体积膨胀。前两种方法影响因素较多，膨胀性能不够稳定。实际工程中得到广泛应用的是以钙矾石为膨胀源的各种膨胀水泥。

（二）膨胀水泥的种类

膨胀水泥按照水泥的主要矿物成分可分为硅酸盐型、铝酸盐型、硫铝酸盐型等。主要有下面几种：

1. 自应力硅酸盐水泥

以适当比例的硅酸盐水泥或普通硅酸盐水泥、铝酸盐水泥和石膏磨制而成的膨胀性的水硬性胶凝材料，称为自应力硅酸盐水泥。如以69%～73%普通水泥、12%～15%铝酸盐水泥、15%～18%二水石膏可配制成较高自应力硅酸盐水泥。

自应力硅酸盐水泥水化时产生膨胀的原因，主要是铝酸盐水泥中铝酸盐和石膏遇水化合，生成钙矾石。由于生成的钙矾石较多，膨胀对水泥石结构有影响，强度降低，因此还应控制其后期的膨胀量，膨胀稳定期不得迟于28 d。同时，28 d 的自由膨胀率不得大于3%。

由于自应力硅酸盐水泥中含有硅酸盐水泥熟料与铝酸盐水泥，凝结时间加快。因此，要求初凝时间不早于30 min，终凝不迟于390 min。并且规定脱模抗压强度为 (12±3) MPa，28 d 抗压强度不得低于10 MPa。水泥比表面积大于340 m^2/kg。

2. 明矾石膨胀水泥

凡以硅酸盐水泥熟料为主，天然明矾石、石膏和粒化高炉矿渣（或粉煤灰），按照适当的比例磨细制成的，具有膨胀性能的水硬性胶凝材料称为明矾石膨胀水泥（Alunite expansive cement）。明矾石的化学式为 $K_2SO_4 \cdot Al(SO_4)_3 \cdot 2Al_2O_3 \cdot 6H_2O$。明矾石膨胀水泥是用明矾石代替铝酸盐水泥作为含铝相的硅酸盐水泥型膨胀水泥。

调节明矾石和石膏的掺量，可制得不同膨胀性能的水泥。

根据《明矾石膨胀水泥》(JC/T 311—1997)，明矾石膨胀水泥按照3 d、7 d 和28 d 的抗压强度、抗折强度分为425、525、625 三个标号。水泥的比表面积不得低于420 m^2/kg；初凝时间不得早于45 min，终凝时间不得迟于6 h。水泥净浆试体在水中的养护至各龄期的自由膨胀率应符合以下要求：1 d 不得小于0.15%；28 d 不得小于0.35%，但不得大于1.2%。三氧化硫含量不得超过8.0%；其1∶3软练胶砂试体水中养护3 d 后，在1.0 MPa水压下恒压8 h 应不透水。

3. 铝酸盐自应力水泥

铝酸盐自应力水泥是以一定量的铝酸盐水泥熟料和石膏粉磨而成的大膨胀率的胶凝材料。根据《自应力铝酸盐水泥》(JC 214—1991)，按照 1∶2 标准胶砂 28 d 自应力值分为

3.0 MPa、4.5 MPa 和 6.0 MPa 三个级别。水泥的细度为 80 μm 筛的筛余率不得大于 10%；初凝时间不早于 30 min，终凝时间不迟于 4 h。同时，对水泥的自由膨胀率、抗压强度、自应力、三氧化硫含量等作了具体的规定。

4. 膨胀硫铝酸盐水泥和自应力硫铝酸盐水泥

以适当成分的生料经煅烧所得的，以无水硫铝酸盐和硅酸二钙为主要矿物成分的熟料，加入适量的石膏，磨细可以制成膨胀硫铝酸盐水泥或自应力硫铝酸盐水泥。

膨胀硫铝酸盐水泥要求：水泥净浆 1 d 自由膨胀率不得小于 0.10%，28 d 不得大于 1.00%；初凝时间不得早于 30 min，终凝时间不得迟于 3 h；比表面积不得低于 400 m²/kg；强度等级为 52.5，应满足 1 d、3 d 和 28 d 的抗压强度、抗折强度的要求。

自应力硫铝酸盐水泥要求：按照 1∶2 标准胶砂自由膨胀率 7 d 不大于 1.30%，28 d 不大于 1.75%，28 d 自应力增进率不大于 0.007 0 MPa/d。按照 28 d 的自应力值分为 30 级、40 级、50 级三个级别，三个级别的自应力应满足表 3.15 中的要求。水泥的初凝时间不得早于 40 min，终凝时间不得迟于 240 min；比表面积不得低于 370 m²/kg；抗压强度 7 d 不小于 32.5 MPa，28 d 不小于 42.5 MPa。

表 3.15　自应力硫铝酸盐水泥各级别各龄期自应力值（JC 715—1996）

级　别	7 d 不小于/MPa	28 d	
		不小于/MPa	不大于/MPa
30	2.3	3.0	4.0
40	3.1	4.0	5.0
50	3.7	5.0	6.0

（三）膨胀水泥的应用

膨胀水泥在约束条件下所形成的水泥制品结构致密，所以具有良好的抗渗性和抗冻性。

膨胀水泥可用于配制防水砂浆和防水混凝土，浇灌构件的接缝及管道的接头，堵塞与修补漏洞与裂缝等。自应力水泥主要用于自应力钢筋混凝土结构工程和制造自应力压力管等。

第四节　铝酸盐水泥

凡以铝酸钙为主的铝酸盐水泥熟料，磨细制成的水硬性胶凝材料称为铝酸盐水泥（Aluminate cements），代号 CA。

一、铝酸盐水泥的分类和矿物组成

铝酸盐水泥生产原材料为铝矾土和石灰石，通过调整原材料的比例，改变水泥的矿物组成和比例，得到不同性质的铝酸盐水泥。铝酸盐水泥按照 Al_2O_3 的含量百分数分为四类：CA-50，

$50\% \leq Al_2O_3 < 60\%$；CA-60，$60\% \leq Al_2O_3 < 68\%$；CA-70，$68\% \leq Al_2O_3 < 77\%$；CA-80，$77\% \leq Al_2O_3$。

铝酸盐水泥主要熟料矿物成分为铝酸一钙（简写为 CA），二铝酸一钙（简写为 CA_2）和少量的七铝酸十二钙（简写为 $C_{12}A_7$）、硅酸二钙（C_2S）及硅铝酸二钙（C_2AS）等。在铝酸盐水泥中随着 Al_2O_3 含量的提高，即 CaO/Al_2O_3 降低，矿物成分 CA 逐渐降低，CA_2 逐渐提高。CA-50 中 Al_2O_3 含量最低，主要矿物成分为 CA，CA 含量约占水泥质量的 70%；CA-80 中 Al_2O_3 含量最高，主要矿物成分为 CA_2，其含量占水泥质量的 60%~70%。

铝酸一钙（CA）。低 Al_2O_3 含量的铝酸盐水泥，如 CA-50（原为高铝水泥）的最主要矿物成分，具有很高的水硬活性，特性是凝结正常，硬化速度快，是铝酸盐水泥主要的强度来源。但 CA 含量过高的水泥，强度发展主要在早期，后期强度提高不显著。因此，CA-50 是一种快硬、早强和高强的水泥。

二铝酸一钙（CA_2）。在 Al_2O_3 含量高的水泥中，CA_2 的含量高。CA_2 水化硬化慢，早期强度低，但后期强度不断提高。品质优良的铝酸盐水泥一般以 CA 和 CA_2 为主。铝酸盐水泥随着 CA_2 的提高，耐火性能提高。CA-80 是一种高耐火性的水泥。

二、铝酸盐水泥的水化和硬化

铝酸盐水泥的水化和硬化主要是铝酸一钙 CA 和二铝酸一钙 CA_2 的水化和水化物结晶。其水化产物随温度的不同而不同。

1. 铝酸一钙的水化

当温度低于 20 ℃时，其主要的反应式为

$$CaO \cdot Al_2O_3 + 10H_2O \longrightarrow CaO \cdot Al_2O_3 \cdot 10H_2O$$

生成物为水化铝酸一钙（简写为 CAH_{10}）。

当温度为 20~30 ℃时，其主要的反应式为

$$2(CaO \cdot Al_2O_3) + 11H_2O \longrightarrow 2CaO \cdot Al_2O_3 \cdot 8H_2O + Al_2O_3 \cdot 3H_2O$$

生成物为水化铝酸二钙（简写为 C_2AH_8）和氢氧化铝。

当温度高于 30 ℃时，其主要的反应式为

$$3(CaO \cdot Al_2O_3) + 12H_2O \longrightarrow 3CaO \cdot Al_2O_3 \cdot 6H_2O + 2(Al_2O_3 \cdot 3H_2O)$$

生成物为水化铝酸三钙（简写为 C_3AH_6）和氢氧化铝。

2. 二铝酸一钙的水化

当温度低于 20 ℃时，其主要的反应式为

$$2(CaO \cdot 2Al_2O_3) + 26H_2O \longrightarrow 2(CaO \cdot Al_2O_3 \cdot 10H_2O) + 2(Al_2O_3 \cdot 3H_2O)$$

当温度为 20~30 ℃时，其主要的反应式为

$$2(CaO \cdot 2Al_2O_3) + 17H_2O \longrightarrow 2CaO \cdot Al_2O_3 \cdot 8H_2O + 3(Al_2O_3 \cdot 3H_2O)$$

当温度高于 30 ℃时，其主要的反应式为

$$3(CaO \cdot 2Al_2O_3) + 21H_2O \longrightarrow 3CaO \cdot Al_2O_3 \cdot 6H_2O + 5(Al_2O_3 \cdot 3H_2O)$$

水化产物 CAH_{10} 和 C_2AH_8 为针状或板状结晶,能相互交织成坚固的结晶合成体,析出的氢氧化铝凝胶难溶于水,填充于晶体骨架的空隙中,形成致密的结构,使水泥石获得很高的强度。铝酸一钙(CA)水化反应集中在早期,5~7 d 后水化物的数量很少增加;二铝酸一钙(CA_2)水化反应集中在后期,使得后期的强度能够增长。

CAH_{10} 和 C_2AH_8 是亚稳定相,随时间增长,会逐渐转化为比较稳定的 C_3AH_6,转化过程随着温度的升高而加快。转化结果使水泥石内析出大量的游离水,增大了孔隙体积,使强度降低。在长期的湿热环境中,水泥石强度明显降低,甚至引起结构的破坏。

三、铝酸盐水泥的技术要求

1. 化学成分

水泥的化学成分按照水泥的质量百分比计应符合表 3.16 的要求。

表 3.16 铝酸盐水泥的化学成分要求(GB 201—2000)

类 型	Al_2O_3	SiO_2	Fe_2O_3	R_2O($Na_2O + 0.658K_2O$)	S^*(全硫)	Cl^*
CA-50	≥50,<60	≤8.0	≤2.5	≤0.40	≤0.1	≤0.1
CA-60	≥60,<68	≤5.0	≤2.0			
CA-70	≥68,<77	≤1.0	≤0.7			
CA-80	≥77	≤0.5	≤0.5			

* 当用户需要时,生产厂应提供结果和测定方法。

2. 物理性能

(1)细度。比表面积不小于 300 m^2/kg 或 0.045 mm 筛上的筛余不大于 20%,由供需双方商定。

(2)凝结时间。对于不同类型的铝酸盐水泥,初凝时间不得早于 30 min 或 60 min,终凝时间不得迟于 6 h 或 18 h。

(3)强度。各类型的铝酸盐水泥各龄期的抗压强度和抗折强度不得低于表 3.17 中的数值。

表 3.17 铝酸盐水泥胶砂强度要求(GB 201—2000)

水泥类型	抗压强度/MPa				抗折强度/MPa			
	6 h	1 d	3 d	28 d	6 h	1 d	3 d	28 d
CA-50	20*	40	50	—	3.0*	5.5	6.5	—
CA-60	—	20	45	85	—	2.5	5.0	10.0
CA-70	—	30	40	—	—	5.0	6.0	—
CA-80	—	25	30	—	—	4.0	5.0	—

* 当用户需要时,生产厂应提供结果和测定方法。

四、铝酸盐水泥的性能特点与应用

(1)CA-50 快硬早强,早期强度增长快,24 h 即可达到极限强度的 80% 左右。故宜用于紧急抢修工程和早期强度要求高的工程。水化热大,且集中在早期放出。因此,适合于冬季施工，不适合于最小断面尺寸超过 45 cm 的构件及大体积混凝土的施工。另外，常用于配制膨胀水泥、自应力水泥和化学建材的添加剂等。

但 CA-50 铝酸盐水泥后期强度可能会下降，尤其是在高于 30 ℃ 的湿热环境下，强度下降更快，甚至会引起结构的破坏。因此，结构工程中使用铝酸盐水泥应慎重。

（2）CA-60 水泥熟料一般以 CA 和 CA_2 为主，CA 能够迅速提高早期强度，CA_2 在后期能够保证强度的发展，因此具有较高的早期强度和后期强度。水化热较高，适合于冬季施工和紧急抢修工程以及早期强度要求高的工程。由于含有一定的 CA_2，有较高的耐火性能，也常用于配制耐火混凝土。同样，不能用于湿热环境下的工程。

（3）CA-70 和 CA-80 属于低钙铝酸盐水泥，主要成分为二铝酸一钙，具有良好的耐高温性能，可以用来配制耐火混凝土，广泛地用作各种高温炉衬的内衬，特别是用于耐火砖砌筑比较困难的结构炉体。由于游离的 α-Al_2O_3 晶体熔点高（2 040 ℃），因此，规范允许在磨制 Al_2O_3 含量大于 68% 的水泥（即 CA-70 和 CA-80 水泥）中掺入适量的 α-Al_2O_3 粉，以提高水泥的耐火性。

另外，铝酸盐水泥具有较好的抗硫酸盐侵蚀能力。这是因为其主要成分为低钙铝酸盐，游离的氧化钙极少，水泥石结构比较致密，故适合于有抗硫酸盐侵蚀要求的工程。

在高温下（1 200～1 300 ℃），铝酸盐水泥石中脱水产物与磨细耐火骨料发生化学反应，逐渐转变成"陶瓷胶结料"，使得耐火混凝土强度提高，甚至超过加热前所具有的水硬性胶结强度。因此，铝酸盐水泥具有一定的耐高温性能，并且随着 Al_2O_3 含量的提高，这性能越来越突出。

铝酸盐水泥不耐碱，铝酸盐水泥与碱性溶液接触，甚至混凝土骨料内含有少量碱性化合物时，都会引起不断地侵蚀，故不能用于接触碱溶液的工程。

铝酸盐水泥最适宜的硬化温度为 15 ℃ 左右，一般施工时环境温度不得超过 25 ℃，否则会产生晶型转变，强度降低。铝酸盐水泥水化热集中于早期释放，从硬化开始应立即浇水养护，一般不宜浇筑大体积混凝土。

铝酸盐水泥使用时还应注意：

（1）在施工过程中，不得与硅酸盐水泥、石灰等能析出氢氧化钙的胶凝物质混合，否则将产生瞬凝，以至无法施工，且强度降低。

（2）铝酸盐水泥混凝土后期强度下降较大，应以最低稳定强度设计。最低稳定强度值以试体脱模后放入(50 ± 2) ℃ 水中养护，取龄期为 7 d 和 14 d 的强度值低者来确定。

（3）若采用蒸汽养护加速混凝土的硬化，养护温度不高于 50 ℃。

（4）不能与未硬化的硅酸盐水泥混凝土接触使用；可以与具有脱模强度的硅酸盐水泥混凝土接触使用，但在接茬处不应长期处于潮湿状态。

复 习 思 考 题

1. 生产硅酸盐水泥的主要原料有哪些？
2. 试述硅酸盐水泥的主要矿物成分及其对水泥性能的影响。
3. 简述硅酸盐水泥的水化过程和它的主要水化产物。水泥石的结构如何？
4. 现有甲、乙两种硅酸盐水泥熟料，其矿物组成及百分比含量见表 3.18。如用来配制硅酸盐水泥，试比较两种水泥在性能上、应用上有何差异？

表 3.18　矿物组成及百分比含量

组　别	C_3S	C_2S	C_3A	C_4AF
甲	53	21	10	13
乙	45	30	7	15

5. 硅酸盐水泥有哪些主要技术指标？这些技术指标在工程应用上有何意义？

6. 硅酸盐水泥检验中，哪些性能不符合要求时，该水泥属于不合格品？哪些性能不符合要求时，该水泥属于废品？怎样处理不合格品和废品？

7. 在下列工程中选择适宜的水泥品种：

（1）现浇混凝土梁、板、柱，冬季施工；

（2）高层建筑基础底板（具有大体积混凝土特性和抗渗要求）；

（3）南方受海水侵蚀的钢筋混凝土工程；

（4）炼铁炉基础；

（5）高强度预应力混凝土梁；

（6）东北某大桥的沉井基础及桥梁墩台。

8. 硅酸盐水泥石腐蚀的类型主要有哪几种？产生腐蚀的主要原因是什么？防止腐蚀的措施有哪些？

9. 什么是活性混合材料和非活性混合材料？掺入硅酸盐水泥中能起到什么作用？

10. 为什么掺较多活性混合材的硅酸盐水泥早期强度比较低，后期强度发展比较快，长期强度甚至超过同等级的硅酸盐水泥？

11. 与普通水泥相比较，矿渣水泥、火山灰水泥和粉煤灰水泥在性能上有哪些不同？并分析这四种水泥的适用和禁用范围。

12. 试述道路硅酸盐水泥、白色硅酸盐水泥、快硬硅酸盐水泥、中热硅酸盐水泥、抗硫酸盐水泥的熟料成分、特性和应用。

13. 硅酸盐水泥水化过程、硅酸盐膨胀水泥的膨胀过程、水泥石硫酸盐腐蚀过程中都有水化硫铝酸钙生成，其作用在三种条件下有何不同？

14. 铝酸盐水泥有何特点？应用时需要注意哪些问题？

15. 水泥强度检验为什么要用标准砂和规定的水灰比？试件为什么要在标准条件下养护？

第四章 混 凝 土

混凝土是由胶结材将骨料胶结硬化而成的人造石材。按胶结材种类可分为水泥混凝土、沥青混凝土、硅酸盐混凝土、聚合物混凝土、水玻璃混凝土、石灰混凝土、石膏混凝土、硫黄混凝土等多种;按表观密度则可分为重混凝土($\rho_0 > 2\,600\ kg/m^3$)、普通混凝土($\rho_0 = 2\,000 \sim 2\,500\ kg/m^3$)和轻混凝土($\rho_0 < 1\,950\ kg/m^3$);按用途可分为防水混凝土、普通混凝土、防辐射混凝土、耐酸混凝土、装饰混凝土、耐火混凝土、膨胀混凝土、大体积混凝土等;按施工工艺可分为普通混凝土、泵送混凝土、喷射混凝土、真空脱水混凝土、碾压混凝土、压力灌浆混凝土、离心混凝土、挤压成型混凝土等;按性能可分为普通混凝土、高性能混凝土、高耐久混凝土、多功能混凝土和智能化混凝土等。

混凝土自问世 100 多年来,世界许多研究者经过不懈的努力,使得混凝土基本理论及性能改进发生了多次飞跃。1916 年 D.A.Abrams 提出的混凝土强度水灰比理论及 1925 年 Lyse 发表的恒用水量法则,直到现在仍然在指导我们的施工;20 世纪中叶出现的引气剂、减水剂等外加剂在改善混凝土性能方面做出了突出贡献;20 世纪末,在以耐久性设计为主的结构设计理念促进下出现的高性能混凝土和高耐久性混凝土使得混凝土材料发生了根本性的质变。

第一节 普通混凝土组成材料及其作用

对普通混凝土而言,工程对其基本要求是:结构承载所要求的强度;施工所要求的和易性;长期使用所要求的耐久性。而混凝土质量好坏在很大程度上取决于原材料质量及其施工工艺。

普通混凝土是由水泥与水作为胶结材,砂、石作为骨料,有时还加入适量的掺和料和外加剂,经硬化而成的人造石,硬化后的宏观组织构造如图 4.1 所示。

硬化前后水泥浆分别起流动、增塑、保水、胶结、强度等作用;砂、石起填充和减少收缩变形,降低成本的作用。从硬化后的混凝土构造可以看出,水泥浆填充砂的空隙,而水泥砂浆又填充了石子的空隙,最终形成均匀、密实、坚固的整体。

图 4.1 混凝土的宏观组织构造

一、水泥及拌和用水

水泥在混凝土结构中起了很重要的作用,其技术要求在前面有关章节中已有详细叙述,但在选用上应遵循以下几个原则:

在选用品种类型时,应根据工程性质、耐久性等级、部位、施工工艺、环境等级(温度、湿度、有害物、有害离子浓度、干湿交替性等)等合理选用。

水泥强度选用应根据混凝土强度设计等级选用,应避免用低强度等级水泥配制高强度等级混凝土;同样,避免用高强度水泥配制低强度等级混凝土。若只考虑强度要求,会使水泥用量偏小,而影响耐久性。因此,一般选择水泥强度等级值为混凝土强度等级值的 1.0~1.5 倍为宜,高强混凝土可降低到 0.8~1.0 倍。

混凝土用水的基本要求是:不影响混凝土的凝结硬化和耐久性,不会引发钢筋锈蚀。根据 JGJ 63—2006 规定的混凝土用水中的有害物(离子)含量(限值)见表 4.1。

表 4.1 混凝土用水中有害物质含量限值(JGJ 63—2006)

项 目	预应力混凝土	钢筋混凝土	素混凝土
pH 值	$\geqslant 5.0$	$\geqslant 4.5$	$\geqslant 4.5$
不溶物/mg·L^{-1}	$\leqslant 2\,000$	$\leqslant 2\,000$	$\leqslant 5\,000$
可溶物/mg·L^{-1}	$\leqslant 2\,000$	$\leqslant 5\,000$	$\leqslant 10\,000$
氯化物(以 Cl$^-$ 计)/mg·L^{-1}	$\leqslant 500$	$\leqslant 1\,200$	$\leqslant 3\,500$
硫酸盐(以 SO_4^{2-} 计)/mg·L^{-1}	$\leqslant 600$	$\leqslant 2\,700$	$\leqslant 2\,700$
碱含量($Na_2O + 0.658K_2O$)/mg·L^{-1}	$\leqslant 1\,500$	$\leqslant 1\,500$	$\leqslant 1\,500$

凡是饮用水和清洁的天然水,都可用作混凝土拌和用水,海水、工业污水不得直接用作拌和用水,必须经过适当处理后符合规范要求方可使用。

二、骨 料

普通混凝土用骨料按粒径大小分为两类。一类是粗骨料,粒径大于 4.75 mm;另一类是细骨料,粒径小于 4.75 mm。

1. 细骨料的级配和粗细程度

细骨料既有天然砂(河沙、山砂),也有人工砂(机制砂)。河沙分布最广,用量也最大,它的质量稳定,含泥量相对较少;而山砂含泥量较高,资源分布少。人工砂采用机械破碎岩石获取,颗粒不规则,石粉含量较高,成本也相对较高。

为了保证砂浆流动性好,便于振捣密实,降低填充砂子空隙的水泥浆用量,要让不同粒径的砂颗粒按一定比例搭配,使得砂子堆积密度大,空隙率小,所需填充的水泥浆用量就较少,又能将它们胶结成密实的整体。因此,研究砂、石颗粒级配和粗细程度是很重要的。

（1）砂子颗粒级配。它是指不同粒径砂粒数量搭配的比例关系。级配好的砂子理论上的特征是：空隙率小，比表面积小。有的研究者还提出砂中还应含有一定数量的细颗粒。空隙率小可使得填充其间的水泥浆少；要求比表面积小是因为水泥浆必须包裹住每个骨料，而且要有一定厚度的水泥浆（混凝土施工需要一定的流动性），比表面积大则所需水泥浆量大。

在实用上，砂的级配采用筛分方法测定。现行规范（GB/T 14684—2011）采用方孔筛。筛孔尺寸为 4.75 mm，2.36 mm，1.18 mm，600 μm，300 μm，150 μm，将取样材料按照四分法缩取 500 g 干砂，由粗到细依次过筛，称得各筛上残留质量 g_i，并计算各筛上的分计筛余百分率 a_1, a_2, …, a_6（$a_i = g_i/500$）及累计筛余率 A_1, A_2, …, A_6（$A_n = a_1 + a_2 + … + a_n$）。累计筛余率与分计筛余率的关系见表 4.2。

表 4.2 分计筛余率与累计筛余率的关系

方筛孔	分计筛余率/%	累计筛余率/%
4.75 mm	a_1	$A_1 = a_1$
2.36 mm	a_2	$A_2 = a_1 + a_2$
1.18 mm	a_3	$A_3 = a_1 + a_2 + a_3$
600 μm	a_4	$A_4 = a_1 + a_2 + a_3 + a_4$
300 μm	a_5	$A_5 = a_1 + a_2 + a_3 + a_4 + a_5$
150 μm	a_6	$A_6 = a_1 + a_2 + a_3 + a_4 + a_5 + a_6$

标准规定，根据累计筛余率结果，砂可分为三个级配区，见表 4.3。砂的实际颗粒级配与表中所列数据相比，除 4.75 mm 和 600 μm 筛孔外，可以略有超出，但超出总量应小于 5%。若以累计筛余百分率为纵坐标，以筛孔尺寸为横坐标，根据表 4.3 的规定数值可以画出砂的 1、2、3 三个级配区上下限的筛分曲线（见图 4.2）。砂根据级配质量分为Ⅰ、Ⅱ、Ⅲ三类，只有 2 区砂为Ⅰ类，其余均为Ⅱ、Ⅲ类。

表 4.3 砂的颗粒级配区

砂的分类	天然砂			机制砂		
级配区	1 区	2 区	3 区	1 区	2 区	3 区
方筛孔	累计筛余/%					
4.75 mm	10~0	10~0	10~0	10~0	10~0	10~0
2.36 mm	35~5	25~0	15~0	35~5	25~0	15~0
1.18 mm	65~35	50~10	25~0	65~35	50~10	25~0
600 μm	85~71	70~41	40~16	85~71	70~41	40~16
300 μm	95~80	92~70	85~55	95~80	92~70	85~55
150 μm	100~90	100~90	100~90	97~85	94~80	94~75

配制混凝土时宜优先选用 2 区砂；当采用 1 区砂时，应适当提高砂率；当采用 3 区砂时，宜适当降低砂率。一般来说，1 区砂适宜配制高强度等级混凝土（水泥用量较大），2 区砂适宜配制中等强度等级混凝土，3 区砂适宜配制较低强度等级混凝土。

（2）砂的粗细程度。砂的粗细程度采用细度模数表示，细度模数按下式计算：

$$M_x = \frac{(A_2 + A_3 + A_4 + A_5 + A_6) - 5A_1}{100 - A_1}$$

图 4.2　天然砂的级配区曲线

细度模数越大，表示砂越粗。砂按细度模数分为粗、中、细三种规格，粗为 3.7～3.1，中为 3.0～2.3，细为 2.2～1.6。配制混凝土时宜优先选用中砂。应当注意的是级配区间与细度模数是从两个不同方面反映了砂子的颗粒大小情况，但不能把它们等同起来。细度模数并不能反映其级配的优劣，细度模数相同的砂，级配可能很不相同。

2. 粗骨料级配和最大粒径

石子级配分为连续级配和间断级配，连续粒级和单粒粒级的级配累计筛余率应满足表 4.4 的要求。

表 4.4　粗　骨　料　级　配

累计筛余率/% 公称粒径/mm	方筛孔/mm											
	2.36	4.75	9.5	16.0	19.0	26.5	31.5	37.5	53.0	63.0	75.0	90
连续粒级	5～16	95～100	85～100	30～60	0～10	0						
	5～20	95～100	90～100	40～80	—	0～10	0					
	5～25	95～100	90～100	—	30～70	—	0～5	0				
	5～31.5	95～100	90～100	70～90	—	15～45	—	0～5	0			
	5～40	—	95～100	70～90	—	30～65	—	—	0～5	0		
单粒粒级	5～10	95～100	80～100	0～15	0							
	10～16		95～100	80～100	0～15	0						
	10～20		95～100		85～100	0～15	0					
	16～31.5		95～100		85～100			0～10	0			
	20～40			95～100		80～100			0～10	0		
	31.5～63				95～100		75～100	45～75		0～10	0	
	40～80					95～100		70～100		30～60	0～10	0

粗骨料最大粒径指满足级配要求的筛分上限筛孔尺寸。因此，粗骨料最大粒径分别有 9.5 mm，16.0 mm，19.0 mm，26.5 mm，31.5 mm，37.5 mm，53.0 mm，63.0 mm，75.0 mm，95.0 mm。公称粒径为 5～10 mm，5～16 mm，5～20 mm，5～25 mm，5～31.5 mm，5～40 mm 等。一般来说，连续级配适宜配制大流动性和塑性混凝土；由单粒级配组合成间断级配适宜配制干硬性混凝土，不宜配制流动性混凝土。

粗骨料最大粒径增大时,其空隙率减少,比表面积减少,需填充的水泥砂浆少,可节约水泥,所以在条件许可情况下可适当增大最大粒径。《混凝土结构工程施工及验收规范》规定:混凝土用粗骨料最大粒径不得超过结构截面最小尺寸的 1/4;同时不得大于钢筋间最小净间距的 3/4;对于混凝土实心板,粗骨料最大粒径不宜超过板厚的 1/2,且不得超过 53 mm;对泵送混凝土,粗骨料最大粒径与输送管内径之比,碎石不宜大于 1∶3,卵石不宜大于 1∶2.5。混凝土在搅拌时,大于 63 mm 的骨料也不宜直接搅拌。在高强及高性能混凝土中,粗骨料最大粒径也不宜大于 26 mm。

3. 骨料形状、表面特征与强度

骨料形状接近球状且表面光滑时,其表面积较小,配制的混凝土流动性较好,但与水泥浆黏结力较差。而形状不规则,表面粗糙者,则黏结强度高,但影响混凝土流动性。当粗骨料形状呈针状(指长度大于该颗粒所属粒级平均粒径的 2.4 倍)或片状(指其厚度小于平均粒径 0.4 倍)时,不仅不会增加混凝土力学性能,反而会降低,因针状导致其受力不均产生应力集中,而片状除产生应力集中外,还会在混凝土成型时产生水囊或水膜,导致耐久性和强度显著降低。国家标准(GB/T 14685—2011)中规定的混凝土用粗骨料中针状、片状颗粒含量限值见表 4.5,分为 Ⅰ、Ⅱ、Ⅲ 类。

表 4.5 针、片状颗粒含量

项 目	指 标		
	Ⅰ 类	Ⅱ 类	Ⅲ 类
针、片状颗粒(按质量计)	< 8%	< 15%	< 25%

骨料的强度是为了确保混凝土的强度不致因骨料的强度低而显著降低。骨料抗压强度是将母岩制成边长为 50 mm 立方体(或直径与高度均为 50 mm 的圆柱体)在水饱和状态下测定其抗压强度值。在水饱和状态下,其抗压强度火成岩应不小于 80 MPa,变质岩应不小于 600 MPa,水成岩应不小于 30 MPa。碎石强度可用抗压强度或压碎指标表示,卵石的强度常用压碎指标表示。压碎指标是将一定量气干状态的 9.5~19.0 mm 石子装入标准筒内,按规定的加荷速度,加荷至 200 kN,卸荷后称取试样质量 M_0,再用 2.36 mm 孔径的筛子筛除被压碎的细粒,称出残留在筛上的余量 M_1,按下式计算压碎指标:

$$\delta_a = \left(1 - \frac{M_1}{M_0}\right) \times 100\%$$

压碎指标越大,说明骨料抵抗破坏能力越低。国家标准(GB/T 14685—2011)根据其高低分为 Ⅰ、Ⅱ、Ⅲ 类,见表 4.6。

表 4.6 碎石、卵石的压碎值指标

类 别	Ⅰ	Ⅱ	Ⅲ
碎石压碎指标/%	≤10	≤20	≤30
卵石压碎指标/%	≤12	≤14	≤16

4. 骨料的其他技术要求

混凝土用骨料除了级配、细度模数、最大粒径、强度、针片状颗粒含量等技术要求外，还有下述几项技术指标：

1）含泥量和泥块含量

含泥量是指粒径小于 75 μm 的颗粒含量，而泥块含量是指原状颗粒大于 4.75 mm，但用手捏后小于 2.36 mm 的颗粒含量。砂中泥块是指原粒径大于 1.18 mm，经水浸洗，手捏后小于 600 μm 的颗粒含量。国家标准根据其含量高低将砂、石分为Ⅰ、Ⅱ、Ⅲ类，见表 4.7。砂、石中含较多的泥及泥块，将降低水泥与骨料黏结力，也会增大混凝土的干燥收缩。

表 4.7 砂、石中泥和泥块含量限值（GB/T 14685—2011）

项 目		指 标		
		Ⅰ类	Ⅱ类	Ⅲ类
砂*	含泥量（按质量计）/%	≤1.0	≤3.0	≤5.0
	泥块含量（按质量计）/%	≤0	≤1.0	≤2.0
石	含泥量（按质量计）/%	≤0.5	≤1.0	≤1.5
	泥块含量（按质量计）/%	≤0	≤0.2	≤0.5

*注：机制砂还应满足石粉含量指标和 MB 值（亚甲蓝值）。

2）有害物含量及其坚固性指标

当骨料中含有机物、硫化物或硫酸盐时，可能导致混凝土耐久性降低，因此必须限制其含量。表 4.8 列出了其含量限值。此外，一些骨料由于密实度较小，在盐析（干湿交替）或冻结、风化作用下容易剥蚀，引起混凝土耐久性降低。国家规范中对粗骨料还提出了坚固性指标。它采用饱和硫酸钠溶液浸泡法，经 5 次干湿循环后，以其质量损失来评定，见表 4.9。

表 4.8 砂、石中有害物质含量限值（GB/T 14684—2011）

项 目		指 标		
		Ⅰ类	Ⅱ类	Ⅲ类
砂	云母（按质量计）	≤1.0%	≤2.0%	≤2.0%
	轻物质（按质量计）	≤1.0%	≤1.0%	≤1.0%
	有机物（比色法）	合格	合格	合格
	硫化物及硫酸盐（按 SO_3 质量计）	≤0.5%	≤0.5%	≤0.5%
	氯化物（以氯离子质量计）（GB）	<0.01%	<0.02%	<0.06%
石	有机物（比色法）	合格	合格	合格
	硫化物及硫酸盐（按 SO_3 质量计）	≤0.5%	≤1.0%	≤1.0%

表 4.9　骨料的坚固性指标

类　别	Ⅰ	Ⅱ	Ⅲ
粗骨料质量损失/%	≤5	≤8	≤12
细骨料质量损失/%	≤8	≤8	≤10

国家行业规范中对砂、石材料技术质量要求分为Ⅰ、Ⅱ、Ⅲ类。Ⅰ类宜用于混凝土强度等级大于等于 C60 的；Ⅱ类宜用于混凝土强度等级为 C30～C55 的；Ⅲ类宜用于混凝土强度等级小于等于 C25 的。

三、混凝土外加剂

混凝土外加剂是指掺入水泥砂浆或混凝土中能改善其性能的物质，其掺量不大于水泥质量的 5%（特殊情况除外）。大于 5% 的一般称为掺和料。

掺入不同特性的外加剂可以改善混凝土的性能，如和易性、强度、抗渗性、抗冻性、凝结时间、早期或后期强度、黏性、防锈性、气密性等。许多发达国家已将外加剂列为混凝土的第五种成分，因为它可以满足人们对混凝土不同性能的需求。外加剂按其功能可分为以下几类：

（1）能改善新拌混凝土流动性能的外加剂，如减水剂、泵送剂、引气剂。
（2）能改变混凝土凝结时间和硬化速度的外加剂，如早强剂、速凝剂、缓凝剂等。
（3）能改善混凝土耐久性的外加剂，如防水剂、抗冻剂、阻锈剂、引气剂、减水剂、密实剂等。
（4）提供某些特殊性能的外加剂，如膨胀剂、着色剂、黏稠剂、保坍剂等。

目前工程上常用的外加剂有减水剂、引气剂、缓凝剂和早强剂。

1. 减水剂

减水剂是指在新拌混凝土坍落度相同的条件下能减少拌和用水，或在不改变混凝土配合比条件下能增加其坍落度（和易性）的外加剂。

减水剂大都是表面活性物质，其结构是由亲水基团和憎水基团构成，如图 4.3 所示。当表面活性物质溶解于水泥浆体，亲水基指向水，而憎水基指向空气、油性液体或固体，并在表面作定向排列，降低了水与其他相（固体、油、气）的界面张力。

图 4.3　表面活性剂分子结构示意图

水与水泥拌和成浆状体时，由于水泥颗粒间分子引力和静电引力的作用，使水泥浆形成絮凝结构，有 10%～20% 的拌和水被包裹在絮凝状水泥浆结构中，如图 4.4（a）所示。当加入适量减水剂后，其憎水基团定向吸附在水泥颗粒表面，并使之带有相同电荷，在静电斥力作用下，水泥颗粒彼此分开。一方面，絮凝状水泥中的水被释放出来［见图 4.4(b)］，使水泥浆在不增加用水量的情况下增加了流动性；另一方面，减水剂亲水基团指向水作定向排列，由于极性较强易与水分子以氢键形成一层稳定的溶剂化水膜［见图 4.4 (c)］，有利于水泥颗粒润滑分散。

图 4.4　水泥浆的絮凝结构和减水剂作用示意图

由于减水剂有湿润、分散、润滑、塑化等作用，其结果是水泥浆变稀，新拌混凝土流动性增大，并使水泥浆硬化后形成较均匀密实的微晶结构。

常用减水剂按化学成分可分为木质素系、萘系、树脂系等；按其对混凝土作用效果分为普通减水剂（减水率<15%）和高效减水剂（减水率为 18%～25%）；按凝结时间可分为标准型、早强型和缓凝型；根据是否引气可分为引气型和非引气型。

在混凝土中掺入减水剂可获得如下技术经济效果：

（1）在保持用水量不变时，可使混凝土拌和物坍落度增大。

（2）在保持坍落度不变时，可使混凝土拌和物用水量减少，强度增加。

（3）在保持坍落度和强度不变时，可节约水泥。

（4）用水量减少，泌水、离析减少，可提高混凝土抗渗性、抗冻性、耐久性。

工程上常用的减水剂有木钙（M 剂），减水率为 5%～10%，具有引气、缓凝作用（掺量为 0.1%～0.25%）；FDN、AF、UNF（萘系）高效减水剂，减水率为 15%～25%，具有早强作用（掺量为 0.5%～1.2%）；聚羧酸高效减水剂、三聚氰胺、密胺树脂类，属高效减水剂，减水率可达 25%～30%，用于高强和流态混凝土。

上述减水剂中，萘系减水剂在我国应用最多，但萘系减水剂最大的弱点是导致混凝土坍落度损失大。为了减少损失常常采取与缓凝剂复合使用或采取二次掺入法。而接枝型有机树脂类高效减水剂具有良好的保坍作用，但成本较高。另外选用含 C_3A 较少的水泥或大掺量粉煤灰均有保持坍落度的作用。

2. 引气剂

引气剂是一种掺入混凝土中能引入一定量均匀分布的细小封闭气泡的外加剂。这类气泡具有增加拌和物流动性（滚珠作用），阻断泌水通道，抑制膨胀等作用。常用于提高混凝土或砂浆的保水性、抗渗性、抗冻性和综合耐久性。

引气剂也是一种表面活性物质，它与减水剂的最大区别是：引气剂非极性基团吸附力很强，而减水剂是亲水基很强，掺入到水泥砂浆后，搅拌时混入的气体在引气剂的吸附作用下形成气泡胶束，如图 4.5 所示。

常用的引气剂有松香酸钠皂、烷基磺酸钠、烷基苯磺酸钠、

图 4.5　引气剂吸附作用

脂肪醇磺酸钠等。其掺入量为水泥质量的 0.005%~0.012%。在混凝土中引入气体量在 3%~6% 为宜,当混凝土每增加 1% 的含气量,其强度损失可达 3%~5%,预应力混凝土和蒸养混凝土应慎用。混凝土含气量达到 4%~6% 时,其抗冻性明显提高,一般可达到 F250~F300。

3. 缓凝剂和早强剂

缓凝剂是指能延缓水泥混凝土凝结时间的外加剂。对大体积混凝土、泵送混凝土、长距离运输施工的混凝土,都需要掺入缓凝剂来改善施工性能。

我国工程上应用较多的缓凝剂有木质素磺酸钙、糖钙,它们的掺量一般为水泥质量的 0.1%~0.3%。可延缓混凝土的凝结时间为 2~4 h。应特别注意的是:当掺量过多或拌和不均匀时,可使混凝土不凝,引发工程质量事故。

此外,酒石酸、磷酸盐、柠檬酸、硼酸盐也可作为缓凝剂来使用,但其掺量和缓凝时间应通过试验来确定。

早强剂是指掺入到混凝土中可显著提高其早期强度的外加剂。可促进早强的物质有盐类(如硫酸盐、氯盐、硝酸盐)和某些碱(如碳酸钠)。表面活性物质三乙醇胺也常用作早强剂。

由于早强剂产地广,成本不高,又可加快施工速度,缩短施工周期,从而降低成本,在 20 世纪 80 年代被广泛采用。但工程调查表明,由于许多盐类对混凝土会产生不同程度的腐蚀,目前规范中已作了严格规定,应尽可能少加或不掺盐类早强剂。

三乙醇胺早强剂与盐类早强机理不同,它主要是通过分散水泥,提高早期水泥水化程度来获得高强,同时它还具有密实水泥石的作用,当它与其他盐类早强剂复合使用时可起到事半功倍的作用。常见的复合配方有:三乙醇胺 0.05% + 亚硝酸钠 1% + 二水石膏 2%,三乙醇胺 0.05% + 亚硝酸钠 0.5% + 氯化钠 0.5%。它们可用于一般混凝土结构,但在预应力混凝土中严禁用含氯盐类。

4. 速凝剂及其他外加剂

速凝剂是一种能使混凝土快速凝结硬化的外加剂。其初凝时间为 3~5 min,终凝时间为 10 min。1 h 即可产生相当高的强度,常用于边坡、隧道喷射混凝土和堵漏工程。

速凝剂是由石灰石、铝矾土和纯碱按一定比例混合粉磨,在 1 200~1 350 ℃温度下烧结成铝氧熟料,再将熟料和适量石灰、纯碱混合均匀,磨细而成。主要成分是铝酸钠、钠及氧化钙（CaO）,其速凝机理是:

(1) 使水泥中起缓凝作用的石膏分解(与碳酸钠或氢氧化钠作用,生成硫酸钠),使 C_3A 迅速水化。

(2) 速凝剂成分与硫酸钙反应,生成氢氧化钠或硫酸钠,对水泥起促凝作用。

(3) 铝酸钠在液相中产生的铝离子也能促进水泥浆的凝结硬化。

除上述外加剂外,工程上为满足不同性能和功能的要求,常常还掺入水下混凝土所需的黏稠剂,防水所需的防水剂,阻锈所需的阻锈剂,防冻所需的防冻剂等。

四、混凝土掺和料

混凝土掺和料是在混凝土拌和时直接掺入到混凝土中的矿物材料。其掺量一般在 5%~30%(也有超过 30% 的)。掺和料主要有以下作用:

(1) 降低水泥用量,水化热也随之降低。
(2) 改善混凝土保水性(和易性)。
(3) 降低能耗,保护环境和资源再利用。
(4) 提高混凝土耐久性(抗冻、抗渗、抑制碱-骨料反应和硫酸盐腐蚀等)。

常用的活性掺和料的化学成分见表 4.10,其物理性质见表 4.11。

表 4.10 活性掺和料的化学成分

氧化物	粉煤灰/%		磨细矿渣/%	硅粉/%	水泥/%
	低钙	高钙			
SiO_2	48	40	36	97	20
Al_2O_3	27	18	9	2	5
Fe_2O_3	9	8	1	0.1	4
MgO	2	4	11	0.1	1
CaO	3	20	40		64
Na_2O	1				0.2
K_2O	4				0.5

表 4.11 活性掺和料的物理性质

物理性质	粉煤灰	磨细矿渣	硅 粉	水 泥
密度/$g \cdot cm^{-3}$	2.10	2.90	2.20	3.15
粒径范围/μm	10~150	3~100	0.01~0.5	0.5~100
比表面积/$m^2 \cdot kg^{-1}$	350	400	15 000	350

掺和料中以粉煤灰在工程中应用最多,这是因为粉煤灰有较大活性(火山灰效应),球状颗粒使得混凝土和易性增大(泵送混凝土中尤为显著),微骨料效应使得混凝土更加密实。它们在商品混凝土、大体积混凝土、高耐久性混凝土中被广泛应用。

虽然粉煤灰有好的性能,但如果细度不合格,碳含量、需水量比、三氧化硫含量过多都会影响其质量。《粉煤灰混凝土应用技术规范》(GBJ 146—1990)根据上述指标将粉煤灰分为Ⅰ、Ⅱ、Ⅲ三个等级。Ⅰ级最好,适用于重要工程;Ⅱ级次之,适用于一般工程;Ⅲ级只能用于次要或维护工程。

除粉煤灰外,硅灰(硅粉)应用也较多,硅灰是冶炼硅铁合金或硅钢过程中,排烟道中收集的一种极细的玻璃珠。在掺和料中,硅灰细度最高,比表面积最大,活性也最高,其改善混凝土性能的能力最优,掺量一般为5%~10%。由于硅灰比表面积大,需水量也很大,在掺入的同时必须掺入高效减水剂。

此外,沸石粉、稻壳灰、人工磨细的超细矿粉的应用也越来越多,它们对混凝土的作用机理与前述粉煤灰、硅灰是一致的,所不同的是,它们的细度、成分、颗粒表面特征不同,其效果可能会有差别,最好通过试验来确定。

应用于高性能混凝土的掺和料还必须满足《高强高性能混凝土用矿物外加剂》

（GB/T 18736—2002）的技术要求，它主要包括化学性能、物理性能和胶砂性能，见表4.12。

表 4.12　矿物外加剂的技术要求（GB/T 18736—2002）

试验项目		指标						
		磨细矿渣			磨细粉煤灰		磨细天然沸石		硅灰
		Ⅰ	Ⅱ	Ⅲ	Ⅰ	Ⅱ	Ⅰ	Ⅱ	
化学性能	MgO/%	≤14			—	—	—	—	—
	SO_3/%	≤4			≤3		—	—	—
	烧失量/%	≤3			≤5	≤8	—	—	≤6
	Cl/%	≤0.02			≤0.02		≤0.02		≤0.02
	SiO_2/%	—			—		—		≥85
	吸铵值/mmol·100 g^{-1}	—			—		≥130	≥100	—
物理性能	比表面积/$m^2·kg^{-1}$	≥750	≥550	≥350	≥600	≥400	≥700	≥500	≥15 000
	含水率/%	≤1.0			≤1.0		—		≤3.0
胶砂性能	需水量比/%	≤100			≤95	≤105	≤110	≤115	≤125
	活性指数 3 d/%	≥85	≥70	≥55	—	—	—	—	—
	活性指数 7 d/%	≥100	≥85	≥75	≥80	≥75	—	—	—
	活性指数 28 d/%	≥115	≥105	≥100	≥90	≥85	≥90	≥85	≥85

第二节　新拌混凝土和易性

混凝土及钢筋混凝土构件制作，首先需要将拌和均匀的混合物灌注在模型中成型，其最关键的问题就是如何保证混凝土均匀密实，而混凝土和易性就是其主要的指标。

一、和易性的意义

和易性是指新拌混凝土在施工工艺中，即拌和、运输、灌注、振捣过程中不易分层离析，灌注时容易捣实，成型后混凝土均匀密实这样一种综合工艺特性。它包括三个方面的含义：

（1）流动性，指混凝土拌和物在自身重力作用下或机械振动作用下易于流满（充满）模型的性能。水泥浆稀、多，则拌和物在自身重力作用下或机械振动作用下易于密实成型。

（2）黏聚性，指新拌混凝土在运输、灌注、捣实过程中的抗离析性。黏聚性的大小主要取决于水泥浆多少和配合比是否合理。拌和物在施工过程中，由于各组分密度不同，表面特征、惯性大小不同，运动阻力不同，当各组分配合不当时就可能导致粗骨料在振动、流动过程中，从水泥砂浆中分离出来，即离析现象。增加水泥浆用量和合理的组分比例可以增大其内聚力，阻止离析产生。否则可能导致硬化后混凝土出现蜂窝、麻面等缺陷。

（3）保水性，指新拌混凝土在运输、灌注、捣实过程中抗泌水的性能。泌水过程则是混凝土中的水由内向外迁移的过程，这使得混凝土抗渗性、抗冻性降低。泌水还会在构件表面形成表面疏松层,如果间断灌注,就会在结构中形成浮浆夹层。另外,在粗骨料和钢筋(水平筋)下面易形成水囊或水膜,使水泥与骨料、钢筋黏结力降低。影响保水性的主要因素是混凝土中细颗粒的含量,如水泥用量、砂率、砂的粗细、矿粉掺和料用量等。

二、和易性的测定方法

由于和易性是一项综合工艺性能,如果仅用一种简单方法来评价其优劣是很困难的。人们通过大量工程实践,研制出了多种检测方法。到目前为止,还没有一种方法能够比较全面地反映和易性的三项指标。但仔细分析后我们不难发现,流动性是三项指标中最关键的指标。因此,工程上采用的方法主要反映的是这项指标。另外,流动性指标在一个大的范围内变化,也不可能用一种方法测出来。我国现行的《普通混凝土拌和物性能试验方法》中规定:塑性混凝土的流动性(稠度)用坍落度表示;干硬性混凝土的流动性用维勃稠度表示。

1. 坍落度法

将拌好的混凝土分三层装入标准圆锥筒中,并按规定的方式插捣,待装满刮平后,垂直提起坍落筒,量测筒高与坍落后混凝土试体最高点之间的高度差(mm),即为该混凝土拌和物的坍落度值(见图4.6)。

这一方法是目前大多数国家在施工现场广泛采用的方法,它简单快捷。该方法适用于最大粒径≤37.5 mm,坍落度值≥10 mm 的混凝土和易性测定。如果最大粒径超过37.5 mm,可用筛将37.5 mm 以上的粗骨料去掉后再测定。

坍落度值反映了混凝土流动性的数值大小。定性观测黏聚性时,可用捣棒在已坍落的混凝土侧面轻轻敲打,若锥体均匀下沉,则表示黏聚性良好,若锥体坍塌或部分崩裂,则表明黏聚性不好。此外,要观察锥体底部是否有大量水析出,并由此判断保水性好坏。综合上述三个方面的因素,可判定其和易性是否合格。

图 4.6 坍落度测定法(单位:mm)

坍落度大小可分为五个等级:大流动性(坍落度≥160 mm),流动性(坍落度为 100~150 mm),塑性(坍落度为 50~90 mm),低塑性(坍落度为 10~40 mm),干硬性(坍落度<10 mm)。

2. 维勃稠度法

它采用如图 4.7 所示的稠度仪,将坍落筒置于容器 A 内,上部有喂料斗 B 并扣紧。将拌和均匀的混凝土按坍落度方法分层装入筒内,捣实抹平后提起坍落筒,把透明圆盘 C 转到混凝土上面,开启振动台和秒表,至透明圆盘底面与混凝土完全接触时的瞬间停下秒表并关闭振动台。由秒表读出的时间(s)即为维勃稠度值。

事实上,维勃稠度是模拟混凝土在捣实过程中所消耗的能量大小来判定其流动性大小的。试验时还应观察振动台上的混凝土,如果表面渗出的砂浆层很厚,即表明含砂量过多;如果在中央部分出现石子堆积并在容器周边渗出水泥浆,则表明砂量不足或水泥浆过多。

图 4.7 维勃稠度仪

这一方法特别适用于干硬性混凝土,维勃稠度在 5~30 s 时最为敏感。

三、影响和易性的主要因素

1. 水泥浆稠度（W/B）

水泥浆的稠度直接影响混凝土流动性。因为增大 W/B 比,可减小混合料内摩擦力;但 W/B 过大,可能使水泥浆黏聚性降低,保水性降低,还会出现泌水现象。因此,W/B 应存在一个合理范围值,不宜过大。

2. 水泥浆用量

增加水泥浆可使得包裹颗粒的水泥浆厚度增加,拌和物中颗粒润滑增大,流动性增加。对于较稀的水泥浆,过多增加水泥浆可能会导致泌水和浮浆现象。因此,水泥浆用量应达到所要求的和易性,不宜多加,以免造成其他不利因素和浪费。

3. 用水量

前述的两个因素中增加 W/B 和增大水泥浆用量,实质都是增加了混凝土中的用水量。所以,用水量的增减才是影响混凝土流动性最关键的因素。工程实践证明,当混凝土中最大粒径不改变,水泥品种不变,砂石比也不变时,即使水泥用量有适当变化,只要用水量（1 m³ 混凝土中）不变,则混凝土拌和物坍落度基本保持不变。这就是说,一定的用水量对应一定的坍落度,即恒定用水法则。这样就给混凝土配合比设计带来了诸多方便,即固定了混凝土拌和物中的单位用水量,它的坍落度基本上可以保持（某一范围）不变。表 4.13 为塑性和干硬性混凝土单位用水量。

表 4.13 干硬性和塑性混凝土的用水量   单位:kg/m³

拌和物稠度		卵石最大公称粒径/mm				碎石最大公称粒径/mm			
项 目	指 标	10	20	31.5	40	16	20	31.5	40
维勃稠度/s	16~20	175	160	—	145	180	170	—	155
	11~15	180	165		150	185	175		160
	5~10	185	170		155	190	180	—	165
坍落度/mm	10~30	190	170	160	150	200	185	175	165
	35~50	200	180	170	160	210	195	185	175
	55~70	210	190	180	170	220	205	195	185
	75~90	215	195	185	175	230	215	205	195

注:① 表中用水量系采用中砂时的平均取值;采用细砂时,每立方米混凝土用水量可增加 5~10 kg;采用粗砂时,则可减少 5~10 kg。
② 掺用各种外加剂或掺和料时,用水量应相应调整。
③ 水灰比小于 0.4 或大于 0.8 的混凝土以及采用特殊成型工艺的混凝土用水量应通过试验确定。
④ 本表摘自《普通混凝土配合比设计规程》（JGJ 55—2011）。

4. 水泥品种

一方面,由于水泥成分上的差异,早期化学结合水不同,故对水泥浆稠度（W/B 相同）

有影响;另一方面,在掺混合材的水泥中,由于混合材颗粒表面形状不同,也会影响混凝土的和易性。例如,粉煤灰水泥,由于粉煤灰是一种球状颗粒,这种球状珠有滚珠作用,使其拌制的混凝土有较高的流动性;而矿渣水泥中的矿渣混合材,由于其吸附水能力较差,容易产生泌水,致使混凝土拌和物保水性不好。另外,水泥细度不同对混凝土保水性、黏聚性也有影响。一般而言,细度增加,黏聚性增加。当比表面在 280 m²/kg 以下时,则混凝土拌和物易产生泌水。

5. 含砂率

砂率是指砂量与骨料总量之比。当砂率增大时,单位混凝土中固体表面积增加,则水泥浆变稠(固体吸附水增加,自由水减少),反之亦然。当砂率小到砂不足以填充粗骨料空隙时,混凝土拌和物摩阻力增加。故砂率存在一个合理值,该值使得混凝土拌和物流动性达到最大(见图 4.8)。如果保持流动性不变,则可使水泥浆用量达到最小。我们把该砂率称之为合理砂率(最佳砂率)。工程上估算合理砂率时,可认为砂填充粗骨料空隙后,再把粗骨料拨开一定距离(让砂起滚珠作用),其拨开系数一般取 1.1~1.4,此时的砂率即为合理砂率。合理砂率也可根据以往试验数据查取(如规范中的推荐值)。在选取合理砂率时应注意两个关键问题:

图 4.8 合理砂率

(1)合理砂率实际上是混凝土为了获得最好的和易性,它的细颗粒总量存在一个合理的固体总表面积。固体总表面积过大(表现为砂率过大),则水泥砂浆由于自由水减少,变得干稠,流动性减小,过小则保水性不好。因此,当砂变粗时,合理砂率应增大;水泥用量大时,砂率应减小;W/B 增大时,砂率应增大。

(2)水泥砂浆总量必须确保在填充粗骨料空隙后要有一定富余,以保持砂浆的润滑和滚珠作用。当粗骨料最大粒径增大时,由于空隙率减小,则砂率应减小。

6. 骨 料

骨料对和易性的影响主要表现在表面形状(如碎石和卵石)、级配、最大粒径、砂的粗细。一般来说,表面光滑、球状的颗粒和级配好的骨料和易性好。最大粒径增大时,其空隙减少,在不改变水泥砂浆用量时,包裹粗骨料的砂浆厚度增厚,流动性增加。砂子较粗时,混凝土易发生泌水(保水性不好);较细时,砂浆变得干稠,流动性不好。

7. 外加剂

如前所述,外加剂中对和易性有影响的有减水剂、引气剂、泵送剂、速凝剂、黏稠剂等。另外,混凝土掺和料也会对和易性产生影响。

此外,环境温度、湿度也会对和易性产生影响。温度高时,水分蒸发快,和易性降低;湿度较大时,对保持坍落度有利。

四、坍落度经时损失

坍落度随时间延长而减小的现象称为坍落度损失。这是大多数混凝土普遍存在的现象,主要是因为水化过程中消耗水，固体产物增加以及水分蒸发使混凝土变稠。当掺入萘系减水剂后，坍落度损失明显增大。图4.9是典型的混凝土坍落度随时间变化曲线。目前解决的方法是：① 二次加入减水剂，以维持混凝土中减水剂浓度；② 载体缓释减水剂，其作用是让减水剂缓慢释放溶解；③ 接枝型树脂高效减水剂，此类减水剂在一般溶液中溶解很少，只有在碱溶液中才缓慢溶解；④ 高掺量粉煤灰，以减少早期水化消耗的水分。

图4.9 坍落度与拌和物存放时间的关系

五、坍落度选择

为了合理选择混凝土和易性，国家有关规范根据在长期工程中积累的经验，给出了塑性混凝土在不同截面尺寸、钢筋疏密和捣实方法条件下的建议选用值，见表4.14。选择原则是：在保证混凝土均匀密实成型的前提下，选用较小的坍落度以节约水泥。

表4.14 混凝土浇筑时的坍落度 单位：mm

结 构 种 类	坍落度
基础或地面等的垫层、无配筋的大体积结构（挡土墙、基础等）或配筋稀疏结构	10～30
板、梁和大型及中型截面的柱子等	35～50
配筋密列的结构（薄壁、斗仓、筒仓、细柱等）	55～70
配筋特密结构	75～90
配筋特密不便捣实的结构	100～140

注：① 本表系采用机械振捣混凝土时的坍落度，当采用人工捣实混凝土时其值可适当增大。
② 当需要配制大坍落度混凝土时，应掺用外加剂。
③ 曲面或斜面结构混凝土的坍落度应根据实际需要另行选定。

第三节 混凝土硬化特性及强度

硬化混凝土作为土建结构主体材料，最重要的功能就是承受各种荷载而不发生破坏。故其力学性能好坏是评价其质量的重要指标之一。

一、混凝土的抗压强度

混凝土的抗压强度一般采用圆柱体、棱柱体和立方体抗压强度来评定。我国国家标准

（GB/T 50081—2002）采用：边长为 150 mm 的立方体试件，在标准养护条件［温度(20±2)°C，相对湿度 95% 以上］，养护到 28 d 龄期测得的抗压强度（平均）值称为混凝土立方体抗压强度，并以"f_{cu}"表示。

混凝土抗压强度等级（用 C 表示）是根据混凝土抗压强度标准值（$f_{cu,k}$）划分的。混凝土抗压强度标准值是指立方体抗压强度总体分布（一般为正态分布）中的某个值，使得低于该值的百分率不大于 5%（见图 4.10）。

根据混凝土抗压强度标准值大小划分为 C7.5，C10，C15，C20，C25，C30，C35，C40，C45，C50，C55，C60 共 12 个等级。大于 C60 为高强混凝土，有 C70，C80，C90，C100 等，其中数字为抗压强度标准值（单位：MPa）。

混凝土强度等级评定时采用标准试件，标准养护条件和 28 d 龄期，主要目的是为了使检验结果具有可比性，检验材料配比是否合格，虽然标准养护与实际构件混凝土养护条件不一致；但在一定条件下（严格按《施工规范》施工养护），构件强度与试件强度最终会趋于一致。而在早期评估构件实际强度时，应以与构件同条件养护的试样抗压强度值为准。

图 4.10 抗压强度分布及标准值

二、混凝土受压破坏机理

由于混凝土是由水泥浆、砂、石经混合后凝结硬化而成，故其结构是多相体、不均匀体。水泥石内部存在毛细孔（多余水形成的），水泥与骨料界面薄弱环节处 CH 作定向排列，泌水形成水囊、干缩裂纹、内部不均匀温度差裂纹等（见图 4.11）。混凝土在压应力作用下，上述薄弱环节会进一步发展，又由于混凝土中骨料（特别是粗骨料）与水泥浆的弹性模量不同，在压应力作用下，砂浆与粗骨料界面会产生剪切滑移（见图 4.12）。结果粗骨料像楔子似的对砂浆产生劈拉作用。由于水泥砂浆抗拉强度很低，当拉应力和剪切应力超过其极限应力时，则内部开裂破坏就会引发，并逐步扩展，最终导致混凝土破坏。

图 4.11 混凝土的界面裂缝

图 4.12 混凝土受压时的内部应力传递

有人对混凝土单轴（类似棱柱体单向）受压下混凝土的破坏过程进行试验，研究分析后提出荷载作用下混凝土内部裂缝发展可分为四个阶段：压应力小于极限应力的30%（称为比例极限）为第Ⅰ阶段，这一阶段，未受荷前就存在的界面裂缝无明显变化，宏观上显示出应力-应变成直线关系，为弹性变化阶段；随着荷载进一步增加，超过比例极限，压应力增加时界面裂缝的长度、宽度和数量也随之增加，界面借助于摩阻力的作用承担荷载，而水泥砂浆的开裂小得可忽略不计，此时变形增加的速率大于应力增加的速率，曲线偏离直线开始弯向水平方向，相当于70%～90%极限应力以下时为第Ⅱ阶段；在界面裂缝继续发展的同时，开始出现贯穿砂浆的裂缝，应力-应变曲线明显趋向水平方向，相当于70%～100%极限应力为第Ⅲ阶段；超过极限荷载后连续裂缝急速地发展，随着荷载增加界面裂缝进一步增加，贯穿砂浆的裂缝逐渐增生，并将邻近的界面裂缝连接起来成为连续裂缝而破损，为第Ⅳ阶段。混凝土不同受力阶段裂缝如图4.13所示。

图4.13　混凝土不同受力阶段裂缝示意图

Ⅰ—界面裂缝无明显变化；Ⅱ—界面裂缝增长；
Ⅲ—出现砂浆裂缝和连续裂缝；Ⅳ—连续裂缝迅速发展

根据上述分析可知：混凝土受压破坏主要是由微裂缝的引发、扩展、贯通，最终破坏。因此，混凝土安全使用范围应是在第二阶段，即稳定阶段。材料强度利用率不要超过棱柱体强度的70%，因为在此之下裂缝是稳定的，实际上在钢筋混凝土结构设计规范中混凝土单轴抗压强度设计值一般为标准值的71%～72%（GB 50010—2002），而且标准值还有95%的保证率，因此，结构是安全的。

三、影响混凝土强度的因素

根据上述对单轴受压混凝土破坏过程的分析，我们可以将混凝土破坏的形式归纳为这样几类：一是由于界面薄弱环节引起裂缝开裂（黏结力破坏）；二是水泥浆在粗骨料劈裂作用下开裂破坏（水泥砂浆破坏）；三是骨料受力被劈开进而引起砂浆破坏（骨料破坏），此种情况仅仅发生在骨料强度低于砂浆或混凝土整体强度时。第三种情况一般很少发生，因为现行规范要求骨料强度一般大于混凝土强度，故界面黏结强度和水泥石强度是决定普通混凝土强度的最重要因素。

1. 水泥强度和水灰比

大量试验结果表明：在原材料保持一定的条件下，混凝土在标准条件下养护 28 d 的立方体抗压强度（f_{cu}）与水泥实测强度（f_{ce}）及水灰比（W/B）之间存在如下关系：

$$f_{cu} = \alpha_a \times f_b \left(\frac{B}{W} - \alpha_b \right)$$

式中　α_a、α_b——与骨料种类等有关的系数（JGJ T55—2000）：

采用卵石时　　　　$\alpha_a = 0.49$，$\alpha_b = 0.13$
采用碎石时　　　　$\alpha_a = 0.53$，$\alpha_b = 0.20$
仅砂浆时　　　　　$\alpha_a = 0.29$，$\alpha_b = 0.40$

$$f_b = \gamma_f \gamma_s f_{ce}$$

f_b——胶砂强度；

γ_f、γ_s——粉煤灰和粒化高炉矿渣粉影响系数，按表 4.15 选用。

f_{ce} 可以用水泥强度等级 $f_{ce}^b \times \gamma_c$ 来估算。γ_c 为水泥强度等级值的富余系数，取 1.1 ~ 1.16。系数 α_a、α_b 主要与骨料种类、水泥品种、工艺方法有关，当本地区已有大量统计资料时，最好选用当地统计回归系数值进行计算。

表 4.15　粉煤灰影响系数（γ_f）和粒化高炉矿渣粉影响系数（γ_s）

掺量/%	种类	粉煤灰影响系数 γ_f	粒化高炉矿渣粉影响系数 γ_s
0		1.00	1.00
10		0.85 ~ 0.95	1.00
20		0.75 ~ 085	0.95 ~ 1.00
30		0.65 ~ 0.75	0.90 ~ 1.00
40		0.55 ~ 0.65	0.80 ~ 0.90
50		—	0.70 ~ 0.85

2. 混凝土龄期与强度的关系

由于混凝土强度主要受水泥石强度影响，而水泥石密实度是随龄期增大逐渐增大，密实度提高，强度也随之提高。试验表明，混凝土抗压强度的发展大致与龄期成对数关系，即

$$\frac{f_{28}}{f_n} = \frac{\lg 28}{\lg n}$$

式中　f_{28}——28 d 龄期的混凝土抗压强度；

　　　f_n——n d 龄期的混凝土抗压强度，$n \geq 3$。

上式仅适用于在标准条件下养护的混凝土,自然养护时仅作参考。图 4.14、图 4.15 是典型的混凝土强度随龄期增长过程示意图。

图 4.14　混凝土强度与保湿养护时间的关系

图 4.15　混凝土强度随龄期的增长过程

3. 养护条件对混凝土强度的影响

由于水泥水化过程必须在一定的温度、湿度(毛细孔中含水)条件下才能正常水化凝结硬化,为了获得质量优良的混凝土,在混凝土成型后,必须保持一定的温度和湿度,以保证混凝土强度正常发展。若过早失水干燥,则混凝土就会停止水化,并且还会发生严重的干缩开裂现象,最终使混凝土的耐久性和强度显著降低。国家规范规定:混凝土覆盖洒水养护不得少于 7 d,有抗渗要求的和使用火山灰水泥、粉煤灰水泥及掺缓凝型外加剂的混凝土不得少于 14 d。图 4.16 是在不同温度条件下混凝土强度随龄期发展而发生的变化。

图 4.16　养护温度对混凝土强度的影响

试验表明:混凝土早期强度一般随养护温度提高而提高,这是由于在较高温度条件下,加速了水泥水化过程;但在过高的养护温度(如大于 40 ℃)下,混凝土最终强度并不一定高,可能还会低于 20 ℃ 养护的试件强度。这是由于过早地形成网状结构对后期强度发展不利。有资料表明,混凝土养护温度大约在 13 ℃ 时可获得最终的最高强度,但在掺入活性混合材时,采用压蒸养护可获得更多结晶网状结构,从而增加混凝土最终强度。

另外,应尽可能避免混凝土早期受冻。这是因为早期强度低,冻结会导致大量结构膨胀破坏,而且是不可恢复的。当混凝土产生足够强度,毛细孔减少,即便是在 -5 ℃ 条件下,混凝土中仍有部分水不会结冰而继续水化。因此，冬季施工（规范规定为平均气温连续 5 d 稳定低于 5 °C 时）对混凝土适当保温是必要的。

4. 骨料的影响

当骨料的强度远高于混凝土（规范中的要求）时，骨料强度对混凝土强度影响不大，但骨料表面粗糙程度则影响界面黏结力。当配合比相同时，碎石混凝土强度较高就是这个道理。但在相同和易性条件下，水泥用量也相同时，由于卵石混凝土需水量较小，故可降低水灰比，因此强度也不会低于碎石混凝土。但在高强混凝土中由于水泥用量较大，碎石则表现出了较高的综合优势。

5. 其他影响因素

（1）外加剂。减水剂、早强剂、缓凝剂、速凝剂、引气剂等对混凝土强度都有不同程度的影响，但它们的影响机理是不一样的。一般来说，减水剂本身对强度并无多大影响，它是通过降低水灰比对强度产生较大影响的；早强剂、速凝剂则是通过改变水泥水化进程，并参与水化反应来改变早期强度。通常可以获得较高早期强度的外加剂，对后期强度增长则不利；缓凝剂对早期强度发展不利，但有利于后期强度；引气剂则由于引入气泡而降低了强度。

（2）搅拌和捣实方法。机械搅拌比人工搅拌效率高，而且使得混凝土更加均匀，特别是对低流动性及干硬性混凝土更为显著。搅拌不均的混凝土不但硬化后强度低（孔隙多），而且强度变异性大。采用机械搅拌和振捣时，可以选用较小的坍落度、砂率，使混凝土成本降低，还可以使混凝土其他综合性能（抗裂性、抗离析性、徐变收缩等）得到改善。如采用高频或多频振动器来振捣，则可进一步排除混凝土拌和物中的气泡，使之更密实，从而获得更高的强度。水灰比逐渐增大或流动性逐渐增大时，机械振动捣实效果就不明显了。

（3）试验条件。试验条件是指当混凝土原材料配合比、养护条件、龄期均一致的条件下，由于试件尺寸、表面平整度、加荷速度等的不同引起混凝土强度的变化。

试件尺寸的影响。几乎所有材料都有这样的共性：小试件强度高，而大试件强度低。这是由于大试件容易形成大孔隙，而小试件形成大孔隙的概率相对较低（假定材料或多或少都存在一定量的孔隙或缺陷），而这些孔隙或缺陷往往是导致材料提前破坏的因素。还有环箍作用（见图 4.17），受压试件与承压板之间存在摩擦力，混凝土与钢制承压板的横向变形（泊松比 μ）不同，且承压板是局部受压，不受压部分的压板对受压部分会产生约束变形作用，因此上下承压板对试件横向变形起了约束作用。愈接近承压板，这种约束作用愈明显。在距离端面大约 $\frac{\sqrt{3}}{2}a$（a 为试件横向尺寸）的范围以外约束作用才会消失。所以，试件在破坏后，其上下部分各有一个较完整的棱锥体，这就是约束作用的结果。环箍效应主要影响立方体试件，它提高立方体试件的承压强度。由于试件尺寸大小对混凝土抗压强度有影响，当使用非标准试件时应乘以一个换算系数。我国规范规定：标准抗压试件为 150 mm ×

（a）立方体试件　　（b）棱柱体试件

图 4.17　混凝土试件的破坏状态

150 mm × 150 mm 的立方体，如采用其他尺寸时，所测得的抗压强度应乘以换算系数：边长 200 mm 立方体，系数 1.05；边长 150 mm 立方体，系数 1.00；边长 100 mm 立方体，系数 0.95。

当圆柱体的直径等于棱柱体的边长，且两者高度相等时，圆柱体抗压强度比棱柱体的大（由于受棱柱体转角应力集中的影响）。

加荷速度的影响。混凝土受压破坏是由于混凝土裂缝引发、扩展、连通的结果，这是一个时间、空间的积累过程。当加载速度过快，超过了它们发展的进程，则试件承载力会明显增大。显然这是一个虚假示值。我国规范对混凝土抗压强度的加荷速度规定为 0.3 ~ 0.8 MPa/s。当混凝土强度等级低于 C30 时，取 0.3 ~ 0.5 MPa/s；高于或等于 C30 时，取 0.5 ~ 0.8 MPa/s。如果将加荷速度减至 0.01 MPa/s，或加至 5 MPa/s 时，抗压强度将降低或增高 10% 左右。

试件受压面平整度的影响。试件上下两个承压面必须平整光滑，并与中轴垂直，借以保证试件均匀受力。试件承压面上的凸起、凹陷、掉角等，都将引起应力集中，从而降低试件强度。

四、混凝土的其他力学性能

1. 轴心抗压强度

混凝土在结构中作为受压构件时，常常是以柱状受压，故在构件设计规范中，棱柱体抗压强度（f_{cp}）是非常重要的指标。规范中规定的标准试件为 150 mm × 150 mm × 300 mm。在规定的成型方法及标准条件下养护 28 d，测得的抗压强度值即为轴心抗压强度值。根据大量试验统计，$f_{cp} = (0.7 ~ 0.8)f_{cu}$（规范取值为 0.67 ~ 0.63）。

2. 抗拉强度

混凝土的抗拉强度很低，一般只有抗压强度的 1/10 ~ 1/20，混凝土强度等级愈高，其拉压比就愈小。因此，在普通钢筋混凝土结构设计中，通常不考虑混凝土承受的拉应力。但在抗拉强度要求较高的结构，如油库、水塔、路面以及预应力混凝土构件设计中，抗拉强度则是确定混凝土抗裂性的主要指标。随着对钢筋混凝土耐久性研究的日益迫切，对混凝土抗拉强度重要性的认识也在不断提高。因为确保钢筋混凝土不裂是提高混凝土耐久性很重要的措施之一。

测定混凝土轴心抗拉强度难度较大，一是要使荷载作用力线与受拉试件几何轴线尽可能重合；二是要保证试件在均匀受拉区破坏。这两大难题至今仍未很好解决，致使测试值波动很大。目前，国内外采用劈裂抗拉法来测定混凝土的抗拉强度。该法是基于弹性力学原理，当在试件的两个相对表面上作用着均匀分布的线荷载，就能够在外力作用的竖向平面产生均匀分布的拉应力（见图 4.18）。这个均布拉应力按弹性力学计算为

$$f_{ts} = \frac{2P}{\pi a^2} = 0.637 \frac{P}{a^2}$$

式中 P ——破坏荷载（N）；

a ——立方体试件边长（mm）。

我国规范中规定：劈拉标准试件为 150 mm × 150 mm × 150 mm 的立方体，采用 ϕ150 mm 的弧形钢垫条，并加柔性纤维垫片进行加荷。

图 4.18 劈拉试验时劈裂面上的应力分布

3. 抗折强度

普通路面或机场跑道用混凝土以抗折强度作为主要强度指标,抗压强度作为参考强度指标。抗折强度以标准方法制备成 150 mm × 150 mm × 550 mm 的梁式试件,在标准条件下养护至 28 d,按三分点加荷方式测定抗折强度。

4. 与钢筋的黏结强度(握裹强度)

混凝土与钢筋之间必须有足够的黏结强度,以保证钢筋与混凝土能够充分地黏结在一起共同受力。黏结强度通常采用将钢筋埋置在立方体试件中,通过拔出试验来测定。

第四节 混凝土在硬化过程中及硬化后的变形性能

混凝土的变形性能可分为:荷载下的变形,如弹性变形、塑性变形、徐变等;非荷载下的变形,如化学减缩、湿胀干缩、热胀冷缩等。

一、混凝土在荷载下的变形

混凝土在荷载下的变形分为在短期荷载和长期荷载下的变形,典型的短期荷载下的应力-应变曲线如图 4.19 所示。由于混凝土是一种多相(水泥砂石)体,受压时,初期(应力约为极限强度的 30%)变形为弹性,表现为材料被弹性压缩,当压应力超过一定值后,则塑性和弹性共存。

在重复荷载作用下的应力-应变曲线,因作用力的大小有不同的形式。当应力小于 $(0.3 \sim 0.5)f_{cp}$ 时,每一次卸荷都残留一部分塑性变形($\varepsilon_{塑}$),但随着重复次数的增加,$\varepsilon_{塑}$ 的增量逐渐减少,最后曲线稳定于 $A'C'$ 线,它与初始切线大致平行,如图 4.19 所示。若重复应力高于 $(0.5 \sim 0.7)f_{cp}$,将最终产生疲劳破坏。

1. 混凝土的弹性模量

正如前述,混凝土应力-应变曲线并不是直线,因此混凝土是一种弹塑性并存的材料,在短期荷载作用下,混凝土的应力 σ 与应变 ε 的比值随着应力的增加而减小,并不完全遵循虎克定律。这种特性不仅表现在加载时的应力-应变曲线上,也表现在卸荷时的应力-应变曲线上,如图 4.19 所示。

工程上为了应用弹性理论进行计算,常对该曲线的初始阶段作近似的直线处理。

图 4.20 为混凝土短期静力受压时的应力-应变曲线。图 4.20 中表示出以三种直线处理后的混凝土弹性模量:① 原点切线弹性模量 $E_0 = \tan\alpha_1$;② 割线弹性模量 $E_c = \tan\alpha_2 = \dfrac{\sigma_1}{\varepsilon_1}$;③ 切线弹

图 4.19 低应力下重复载荷的应力-应变曲线

图 4.20 混凝土变形模量

性模量 $E_t = \tan\alpha_3$。

应力-应变曲线原点的切线斜率不易测准,同时由于初始应力很小,故而测得的原点弹性模量 E_0 实用意义不大。切线弹性模量 E_t 是应力-应变曲线上任一点的切线斜率,它只适用于切点处荷载变化很小的范围内。应用最多的是割线弹性模量,割线弹性模量是人为地将加载期间测得的变形定为弹性变形。我国现行规范指定应力 $\sigma = \frac{1}{3}f_{cp}$ 时,加荷割线弹性模量定义为混凝土的弹性模量 E_c。由于施加的荷载是静荷载,故又称为静力弹性模量。

混凝土弹性模量一般随混凝土强度等级提高而提高,影响因素也与强度基本一致,但骨料含量和骨料弹性模量大小对其影响大于对强度的影响。

试验表明:混凝土受拉弹性模量略小于受压弹性模量,实用上常采用同一数值。表 4.16 是目前规范给出的不同强度等级混凝土弹性模量取值标准。

表 4.16 混凝土弹性模量 E_c($\times 10^4$ MPa)

强度等级	C15	C20	C25	C30	C35	C40	C45	C50	C55	C60	C65	C70	C75	C80
E_c	2.20	2.55	2.80	3.00	3.15	3.25	3.35	3.45	3.55	3.60	3.65	3.70	3.75	3.80

2. 混凝土的徐变

徐变是指在持续荷载作用下,混凝土产生随时间增加而增长的变形。

当混凝土龄期为 t 时,加上恒定荷载,混凝土立即产生瞬时应变,这种应变以弹性应变为主。随时间增长,变形会继续增加,其变化规律如图 4.21 所示。早期增加快,后期逐步减缓。若在其后某一时间卸荷,则一部分变形以稍小于弹性应变的值立即产生弹性恢复,而后将有一个随时间而减小的应变恢复(称为徐变恢复),最后残留下的应变称为不可逆徐变。一般徐变要比弹性应变大 2~4 倍(见图 4.21)。在工程上,一方面,徐变可引起预应力损失,增加大跨度梁挠度;另一方面,徐变也可消除内部不均匀应力(如温度应力、收缩应力等),减小应力集中。

混凝土产生徐变的机理,目前比较一致的看法有两点:一是硬化水泥凝胶体之间产生了黏性流动或滑动;二是吸附在凝胶颗粒上的吸附水在压力作用下向压力较小的毛细孔渗出(或迁移)。影响混凝土徐变大小的因素有:① W/B 愈大,徐变愈大,混凝土强度愈低;② 水泥浆用量愈大,徐变愈大,而骨料增加,徐变减少;③ 环境湿度降低,混凝土失水徐变增大;④ 温度升高,徐变增大;⑤ 与水泥品种有关,早强快硬水泥徐变减小(早期徐变减小,开裂可能性增加),结晶型产物增加,徐变减少;⑥ 应力增大,徐变增加;⑦ 延迟加载时,徐变减小,加载持续时间愈长,徐变愈大。

图 4.21 混凝土徐变与徐变恢复曲线

二、混凝土体积变形

引起混凝土体积变化的因素主要有温度、化学反应、湿胀干缩。这些变化若是均匀变化,则对混凝土结构影响较小；若是非均匀（大多数为非均匀性）变化，则可能引起混凝土由于抗裂强度不足而开裂。

1. 化学收缩

混凝土是由于水泥水化产生凝结硬化作用而将砂、石胶结成人造石的。但水泥加上水的体积并不完全等于水泥石的体积，而是略有减小，我们把这种收缩称为化学减缩。当然，这种化学减缩是比较小的，一般不会引起混凝土开裂。混凝土的化学减缩在成型后 40 d 内收缩增长较快，以后逐渐趋于稳定。化学减缩是不能恢复的。

2. 干湿变形

与大多数多孔材料一样，混凝土在干燥过程中会产生收缩，其干缩量的大小取决于混凝土孔隙率、水泥浆用量以及细颗粒含量，甚至砂、石料质量。其机理是：由于水分蒸发，引起凝胶体失水，失去水膜的胶粒在范德华引力作用下，颗粒间距离减小，产生收缩；毛细水减少时，会引起毛细管压力增大，管壁受到的压力随湿度的减小而增大，宏观上表现为"干缩"。当湿度增大时，会引起胶粒间距离变大以及毛细管压力降低，凭借管壁材料的弹性，混凝土的体积又逐渐胀大，宏观上表现为"湿胀"。混凝土的干燥收缩值比吸湿膨胀值大。试验表明，混凝土在相对湿度为 70% 的空气中的收缩值约为水中膨胀值的 6 倍，相对湿度 50% 时，则为 8 倍。混凝土吸水膨胀对混凝土结构一般没有不利影响，而干燥收缩由于大多数情况是从表面开始，为一不均匀变化过程，当干燥在表面引起的收缩产生的拉应力超过混凝土抗拉强度时，混凝土就会产生表面裂纹，裂后的钢筋混凝土结构耐久性将显著降低，应引起人们足够的重视。

混凝土干缩大小主要与下述因素有关：

（1）水泥品种，当采用矿渣水泥和火山灰水泥时，干燥收缩较普通水泥收缩大；当采用高等级水泥时，由于水泥颗粒较细，其收缩值也较大。

（2）混凝土中细颗粒成分较多时，收缩较大，如水泥用量大，砂率大，采用细砂，砂石含泥量较多时都会显著增大干燥收缩。水泥浆、砂浆、混凝土三者的收缩值比大致为 5∶2∶1。

（3）养护条件是导致混凝土早期干燥收缩的主要原因之一，存放在相对湿度 70% 环境中的卵石混凝土收缩率仅为 800×10^{-6}，而相对湿度为 50% 时则为 $1\,100 \times 10^{-6}$，在水中或潮湿条件下养护，可大大减小混凝土收缩；蒸压养护对抑制收缩最为显著。

（4）骨料品种，若以 20 年的收缩量作为最终的收缩值，试验表明，以石英岩为骨料的混凝土，收缩率最小（约为 500×10^{-6}）；最大的是以砂岩为骨料的混凝土，其极限值可达到 $1\,200 \times 10^{-6}$；卵石混凝土的收缩值也相当大，可达 $1\,100 \times 10^{-6}$。

（5）各龄期收缩值，在正常养护条件下，2 周之内的收缩为 20 年收缩值的 14%~34%；3 个月为 40%~80%；1 年为 66%~85%。虽然有试验证实，延长潮湿养护期可推迟收缩开始，但并不能减少收缩总量。过早干燥是导致混凝土早期干燥收缩而开裂的主要原因，因为快速的干燥来不及产生因徐变引起的应力松弛，开裂就已经发生了。

3. 温度变形

与其他材料相同，混凝土也存在热胀冷缩现象。混凝土的热膨胀系数为 0.000 01/℃，即温度每升高 1 ℃，每米膨胀 0.01 mm。温度变形对长大型结构、大体积混凝土极为不利。

水泥水化是放热过程，不同的熟料矿物，放热量不同。其中 C_3A 和 C_3S 放热量最大。另外，水泥细度越细,则早期放热量越大。早期放热对大体积混凝土最为不利。因为混凝土是热的不良导体,水化热使得大体积混凝土内部温度快速升高,而表面温度则受大气影响降低,这样内外温差逐渐扩大,当超过25~30 ℃时,内外温差产生的温度应力就足以使混凝土产生开裂。我国规范规定:若最小尺寸大于1 m,即为大体积混凝土,施工时必须采取措施,使内外混凝土温差小于25 ℃。试验表明,厚度在2 m左右时,采用C30级混凝土,环境温度为20 ℃时,混凝土中心温度在3~5 d即可达到50~70 ℃,若不采取适当措施,内外温差很容易超过25 ℃。

对于地下连续墙、公路路面、桥面板这样一些长大构件,当气温发生变化时,由于升降温使得混凝土结构发生伸缩变形。在混凝土本身约束或其他约束作用下,结构就会因温度应力(内外温差大于15 ℃)作用而发生拉伸开裂。因此,对上述长大结构,规范中都要求设置相应的温度伸缩缝,也可以在混凝土中设置钢丝网、钢纤维来增强混凝土的抗裂性,此时可增大伸缩缝间距。

第五节 钢筋混凝土的耐久性

由于在使用过程中,90%的混凝土以钢筋混凝土的形式出现,而耐久性往往与钢筋有关,故本节内容以钢筋混凝土的形式来讨论。

耐久性是指混凝土在使用过程中,由于环境作用和内部原因引起混凝土材料发生的劣化作用下能长期维持其应有性能的能力。也可定义为,混凝土在预定作用和预期的维修与使用条件下,在预定的期限内维持其所需的最低性能要求的能力。这里涉及的环境作用是指能引起结构材料性能劣化或腐蚀的环境因素,如温度、湿度及各种有害物质等施加于混凝土的作用。

目前的研究表明,引起钢筋混凝土耐久性降低的主要因素有:① 混凝土的冻融破坏;② 氯离子渗透及扩散引起的钢筋锈蚀;③ 盐的侵蚀;④ 碱-骨料反应;⑤ 混凝土的碳化(中性化);⑥ 混凝土抗裂性;⑦ 混凝土抗腐蚀性。

一、混凝土抗冻性能

混凝土的冻融破坏是指硬化混凝土受到大气降温(低于-5 ℃),致使毛细孔中水结冰而体积膨胀(或渗透压增大),引起孔壁破坏的过程。水结冰时,其体积约可膨胀9%,对孔壁产生相当大的内压力,由于混凝土内孔隙或毛细孔形状、尺寸、分布和饱水程度不同,混凝土的冻害程度也不同。另外,大气降温速率和干湿循环频率不同,对混凝土的冻害程度也不同。

容易发生冻害的结构物有:处于严寒地区的铁路、公路桥墩(与水接触部位);结冰的海港工程、码头;民用建筑低层、屋面层、公路路面等。应特别注意的是水位变化范围,与地面接触部位,当白昼气温在正负温度之间变化时(春秋两季),每天就会发生一次冻融循环。

混凝土抗冻性以抗冻等级(F)表示,它用28 d龄期的水饱和状态下的试件进行快速冻融循环试验,以混凝土相对动弹性模量(动弹性模量可采用振动法、敲击法测定)不低于60%、质量损失率不超过5%、强度损失率不大于25%时所能承受的最大冻融循环次数来确定。抗冻等级分为：F50、F100、F150、F200、F300、F400、F500、F600、F800、F1000 共 10 个等级。也可用耐久性指数 K_n 表示：

$$K_n = \frac{PN}{300}$$

式中　K_n——耐久性指数；

　　　P——经 N 次冻融循环后试件的相对动弹性模量；

　　　N——已达到 300 次循环，或试件相对动弹性模量已降低到 60% 以下或质量损失率已达到 5% 时的冻融循环次数。

一般要求结构的混凝土材料耐久性指数不低于 0.50~0.80。

影响抗冻性的主要因素有：① W/B 愈小，则孔隙率小，抗冻性好；② 含气量试验表明，当含气量大于 4.5%~5% 时，混凝土抗冻性明显提高；③ 外加剂、减水剂、引气剂等均能提高混凝土均匀性，降低 W/B，增加含气量，抗冻性明显提高；④ 饱和水程度，高度饱水构件容易发生冻结破坏，而低度饱水则不易冻坏；⑤ 其他因素，如水泥品种、骨料品种、冻结速度等也会影响抗冻性。

二、氯离子引起的钢筋锈蚀

在饱和氢氧化钙溶液条件下，钢筋的表面会形成一层坚硬的保护膜（氢氧化亚铁钝化膜），使得钢筋在混凝土中长期保持稳定而不锈蚀，但当它受到 Cl^- 侵蚀后钝化膜会发生分解，钢筋就会锈蚀。Cl^- 还可以形成"腐蚀电池"，Cl^- 破坏钝化膜后，钢筋表面部位露出铁基体，与尚完好的钝化膜区域之间构成电位差（作为电解质），混凝土内一般有水或潮气存在，腐蚀往往由局部开始，逐渐在钢筋表面扩展。当水泥中 C_3A 含量高时有利于抵御 Cl^- 的侵蚀。

试验表明，混凝土中 Cl^- 浓度在 0.3~0.6 kg/m³ 范围内有引起钢筋锈蚀的可能。钢筋表面的 Cl^- 浓度在 0.6~0.9 kg/m³ 时，为钢筋锈蚀发展期；当达到 1 kg/m³ 时，钢筋锈蚀发展可将混凝土胀裂。

氯离子由外部向混凝土内部浸入有两种方式：一是通过溶液渗透作用；二是通过扩散作用。究竟哪一种占主导地位，则由混凝土的密实性所决定，当孔隙（贯通开口孔）较多时，以渗透为主，否则以扩散为主。当然，孔隙率较大时扩散速率也会加大，若环境存在杂散电流时扩散加速。

一般采用快速电迁移法作为评价混凝土抵抗氯离子扩散渗透性的方法，测定通过试件的电量（库仑，C），当电量小于 1 000 C 时，认为混凝土抵抗氯离子扩散渗透性能优良。

影响氯离子扩散（渗透）因素有：① W/B 大时，孔隙率大，渗透和扩散都容易产生；② 环境中氯离子浓度愈大，则扩散梯度增大，扩散速度也随之增大；③ 环境中存在杂散电流会加大氯离子扩散；④ 亚硝酸盐、C_3A 有降低 Cl^- 浸入的作用。

三、混凝土抗渗透性

混凝土结构在使用过程中会受到各种环境作用，其中通过溶液渗透作用是最主要的途径。例如，混凝土饱水性（与抗冻有关）、Cl^-渗透、CO_2扩散、硫酸盐侵蚀等。因此，混凝土抗渗性的好坏直接反映了混凝土耐久性的优劣。目前该项指标仍然是评估混凝土耐久性的一个重要指标（强度大于C30的混凝土不敏感）。

混凝土抗渗性是以抗渗等级（P）来表示。它是以28 d龄期试件，按标准方法进行抗渗试验，以每组6个试件中4个试件未出现渗水时的最大水压力来确定。抗渗等级可分为P2，P4，P6，P8，P10，P12六个等级，其计算公式为

$$P = 10H - 1$$

式中　　P——抗渗等级；

　　　　H——6个试件中3个渗水时的最大水压力（MPa）。

混凝土抗渗性的影响因素与抗冻性基本一致，所不同的是孔隙率相同时，大孔不利于抗渗（因为大孔中水不易充满孔隙），而有利于抗冻。另外，抗渗等级就混凝土材料而言是比较容易达到要求。试验表明，当W/B低于0.45时，其抗渗性就非常高。Cl^-扩散和CO_2扩散就很难用水渗透性来评价其耐久性的好坏。

四、盐的侵蚀

盐类对混凝土的侵蚀主要表现为对水泥石的侵蚀，如硫酸盐、镁盐等；盐类除了对混凝土产生化学侵蚀外，还会产生盐析（结晶）膨胀破坏，特别是在干湿交替部位，如海港码头、防波堤、海中桥墩、石油平台、盐湖中的各种土建结构、穿过盐层的隧道衬砌等。最新研究表明，单一的硫酸盐、镁盐对水泥的化学侵蚀并不能有效地破坏混凝土结构（特别是W/B小于一定值后），而盐析结晶由表及里的过程才是导致混凝土破坏的主要原因。

因此，国内已有学者提出采用盐溶液浸泡试件后的干湿循环法来评价盐析对混凝土的破坏作用，而不再用水泥条"盐浸泡法"。

五、碱-骨料反应

碱-骨料反应（AAR）于1940年由美国学者T.E.Sfantom正式提出，现已被许多国家认为是造成混凝土工程破坏的主要原因之一。

碱-骨料反应大致可分为两种类型：碱—硅酸反应（ASR）和碱-碳酸反应（ACR）。其中，碱—硅酸反应最为普遍。参与碱-骨料反应的活性骨料主要有：蛋白石、黑硅石、燧石、鳞石英、方石英、玻璃质火山岩、玉髓及微晶或变质应变石英和白云质石灰岩。其反应主要发生在碱与微晶氧化硅之间，生成物为硅胶体。这种硅胶体吸水后膨胀，引起混凝土开裂。另外，通过扫描电镜可以在水泥与骨料界面上观察到白色反应环（硅胶体），其化学反应式可简写为

$$2NaOH + SiO_2 \longrightarrow NaO \cdot SiO_2 + H_2O$$

NaOH和KOH浓度较低时，不足以引起膨胀破坏。一般认为水泥含碱量小于0.6%时，可不

考虑碱-骨料反应。也有研究表明，当单方混凝土碱含量低于 2.1~3 kg/m³ 时，也不会发生破坏作用（碱-碳酸反应例外）。

碱-碳酸反应，主要由白云质石灰岩脱白云石化引起体积膨胀，白云质石灰岩骨料在碱性溶液中发生脱白云石反应式如下：

$$CaMg(CO_3)_2 + 2NaOH \longrightarrow Mg(OH)_2 + CaCO_3 + Na_2CO_3$$

这一反应不是在水泥与骨料界面上，而是在骨料内部。

碱-骨料反应一般认为需要有三个条件：一是空气湿度较大（80%以上）；二是骨料中存在足够多的活性成分；三是混凝土中有足够多的碱（或者环境能补充碱）。碱-骨料反应一般发生在混凝土龄期几年后甚至更长时间。其外部表现为：裂纹从网节点分成三条放射状裂纹，夹角约120°，初期对结构承载力无影响，但在后期会显著降低混凝土抗拉强度，并在裂缝处流出白色胶体。

目前，防止碱-骨料反应的措施主要是：掺入活性混合材（如硅灰、粉煤灰），降低 W/B，掺锂盐，降低混凝土总碱含量等。另外，加入引气剂、减水剂以提高抗渗性，也可间接提高抑制效果。

六、混凝土抗碳化性

混凝土的碳化是指环境中的 CO_2 与混凝土中的 $Ca(OH)_2$ 作用生成 $CaCO_3$ 的过程。由于失去了氢氧化钙的保护，钢筋表面钝化层会发生分解，钢筋锈蚀膨胀，进而引起保护层脱落。除碳化引起混凝土中性化外，酸也会导致中性化产生。

一般认为碳化速度与空气中的 CO_2 浓度、相对湿度、混凝土的密实度及水泥品种有关。常置于水中或处于干燥环境的混凝土碳化会停止，这是由于孔中充满水时，CO_2 扩散极为缓慢，而处于干燥环境时，孔隙中的水分不足以使 CO_2 形成碳酸。当相对湿度在 50%~60% 时，碳化速度最快。通常情况下混凝土的碳化方程可用下式表示：

$$X_c = K \cdot \sqrt{t}$$

式中　X_c ——碳化深度（mm）；

　　　K ——碳化系数（mm/$\sqrt{a}$，a 是时间量纲）；

　　　t ——碳化时间。

影响碳化速度的因素主要有：① 环境中的 CO_2 浓度愈高，碳化速度愈快；② 环境温度；③ 水泥石碱度［$Ca(OH)_2$ 浓度］高，抗碳化性好；④ W/B 小，抗碳化性好。

七、混凝土抗裂性

混凝土配比适当，形成的均匀材料其抗裂性是足够好的，这一点已被众多试验所证实。然而由于环境作用，出现开裂，结构物因此丧失了运行时的水密性。

导致混凝土开裂的原因是：宽度在 0.1~1 mm 的裂缝，其主要是包括冰冻、温度梯度、湿度梯度、结构过载和化学原因而形成，化学原因如钢筋锈蚀和碱-骨料反应。早期开裂通常是由于冷却和干燥时产生的收缩应变所引起。当混凝土刚开始硬化时，由于暴露在环境中，它要产生温度收缩、干缩变形，以哪种收缩为主，取决于环境的温度和湿度。

收缩受约束产生的拉应力和由于徐变释放的应力的相互影响，是硬化混凝土出现早期开裂的核心（见图4.22）。由图4.22可以清楚地知道混凝土由于收缩受到约束而开裂，出现开裂的时间在抗拉强度高、收缩应变小、弹性模量低和高徐变应变的情况下可延迟。

图4.22 收缩和徐变对混凝土开裂的影响

由于混凝土开裂，加速混凝土劣化过程，缩短了混凝土使用寿命。由于裂缝对混凝土耐久性很重要，我国相关标准（GB/T 50476—2008）制定了表面裂缝计算宽度的允许值（见表4.17）。

表4.17 表面裂缝计算宽度的允许值

环境作用等级	钢筋混凝土构件	有黏结预应力混凝土构件
A	0.40	0.20
B	0.30	0.20（0.15）
C	0.20	0.10
D	0.20	按二级裂缝控制或按部分预应力A类构件控制
E，F	0.15	第一级裂缝控制或按全预应力类构件控制

注：① 括号中的宽度适用于采用钢丝或钢绞线的先张预应力构件。
② 裂缝控制等级为二级或一级时，按现行国家标准《混凝土结构设计规范》GB 50010 计算裂缝宽度；部分预应力 A 类构件或全预应力构件按现行行业标准《公路钢筋混凝土及预应力混凝土桥涵设计规范》JTG D62 计算裂缝宽度。
③ 有自防水要求的混凝土构件，其横向弯曲的表面裂缝计算宽度不应超过 0.20 mm。

防止混凝土早期开裂的措施有：① 选用含 C_4AF 较高的水泥；② 水泥细度不宜过细（减少干缩）；③ 降低水泥用量和砂率；④ 减少内部与外部温度梯度；⑤ 采用缓凝剂和活性掺和料（降低水化热）；⑥ 掺入纤维材料等。

八、钢筋混凝土耐久性设计要点

混凝土（包括钢筋混凝土）耐久性问题早已引起人们的重视，欧洲、美国、日本先后出台了有关钢筋混凝土结构以耐久性为主的设计规范。鉴于工程安全性与耐久性对我国大规模土建工程建设的重要意义，中国工程院土木、水利与建筑工程学部于 2000 年提出了一个名为"工程结构安全性与耐久性研究"的咨询项目。并于 2003 年经两次编审通过了《混凝土结构耐久性设计与施工指南》（中国土木工程学会标准 CCES 01—2004）。2008 年又编制了国家标准 GB/T 50476—2008，在该标准中根据结构的重要性，按耐久性划分为 100 年、50 年和 30 年三个级别。

按环境作用对配筋混凝土结构的侵蚀程度分为六级（见表4.18）。由表4.18可知，对混凝土结构侵蚀最严重的主要是：海洋环境中的水位变化区和浪溅区，盐结晶环境，以及与除冰盐接触的构件。而对室内干燥环境的结构或长期潮湿的水下结构，侵蚀性是最小的。

表 4.18 对配筋混凝土结构的环境类别及作用等级

环境类别	环境作用等级	环境条件	结构构件示例
一般环境 I	I-A	室内干燥环境	常年干燥、低湿度环境中的室内构件；所有表面均永久处于静水下的构件
		永久的静水浸没环境	
	I-B	非干湿交替的室内潮湿环境	中、高湿度环境中的室内构件；不接触或偶尔接触雨水的室外构件；长期与水或湿润土体接触的构件
		非干湿交替的露天环境	
		长期湿润环境	
	I-C	干湿交替环境	与冷凝水、露水或与蒸汽频繁接触的室内构件；地下室顶板构件；表面频繁淋雨或频繁与水接触的室外构件；处于水位变动区的构件
冻融环境 II	II-C	微冻地区的无盐环境 混凝土高度饱水	微冻地区的水位变动区构件和频繁受雨淋的构件水平表面
		严寒和寒冷地区的无盐环境 混凝土中度饱水	严寒和寒冷地区受雨淋构件的竖向表面
	II-D	严寒和寒冷地区的无盐环境 混凝土高度饱水	严寒和寒冷地区的水位变动区构件和频繁受雨淋的构件水平表面
		微冻地区的有盐环境 混凝土高度饱水	有氯盐微冻地区的水位变动区构件和频繁受雨淋的构件水平表面
		严寒和寒冷地区的有盐环境 混凝土高度饱水	有氯盐严寒和寒冷地区受雨淋构件的竖向表面
	II-E	严寒和寒冷地区的有盐环境 混凝土高度饱水	有氯盐严寒和寒冷地区的水位变动区构件和频繁受雨淋的构件水平表面
氯化物环境 III	III-C	水下区和土中区；周边永久浸没于海水或埋于土中	桥墩，基础
	III-D	大气区（轻度盐雾）距平均水位 15 m 高度以上的海上大气区；涨潮岸线以外 100～300 m 内的陆上室外环境	桥墩，桥梁上部结构构件；靠海的陆上建筑外墙及室外构件
	III-E	大气区（重度盐雾）距平均水位上方 15 m 高度以内的海上大气区；离涨潮岸线 100 m 以内、低于水平面以上 15 m 的陆上室外环境	桥梁上部结构构件；靠海的陆上建筑外墙及室外构件
		潮汐区和浪溅区，非炎热地区	桥墩，码头
	III-F	潮汐区和浪溅区，非炎热地区	桥墩，码头

续表 4.18

环境类别	环境作用等级	环境条件	结构构件示例
除冰盐氯化物环境Ⅳ	Ⅳ-C	受除冰盐盐雾轻度作用	离开行车道 10 m 以外接触盐雾的构件
		四周浸没于含氯化物水中	地下水中构件
		接触较低浓度氯离子水体，且有干湿交替	处于水位变动区，或部分暴露于大气、部分在地下水土中的构件
	Ⅳ-D	受除冰盐水溶液轻度溅射作用	桥梁护墙、立交桥桥墩
		接触较高浓度氯离子水体，且有干湿交替	海水游泳池壁；处于水位变动区，或部分暴露于大气、部分在地下水土中的构件
	Ⅳ-E	直接接触除冰盐溶液	路面，桥面板，与含盐渗漏水接触的桥梁帽梁、墩柱顶面
		受除冰盐水溶液重度溅射或重度盐雾作用	桥梁护栏、护墙，立交桥桥墩；车道两侧 10 m 以内的构件
		接触高浓度氯离子水体，有干湿交替	处于水位变动区，或部分暴露于大气、部分在地下水土中的构件
化学腐蚀环境Ⅴ	Ⅴ-C	汽车或机车废气	受废气直射的结构构件，处于封闭空间内受废气作用的车库或隧道构件
	Ⅴ-D	酸雨（雾、露）pH 值≥4.5	遭酸雨频繁作用的构件
	Ⅴ-E	酸雨 pH 值<4.5	遭酸雨频繁作用的构件

注：① 环境条件系指混凝土表面的局部环境。
② 干燥、低湿度环境指年平均湿度低于 60%，中、高湿度环境指年平均湿度高于 60%。
③ 干湿交替指混凝土表面经常交替接触到大气和水的环境条件。
④ 冻融环境按当地最冷月平均气温划分为微冻地区、寒冷地区和严寒地区，其平均气温分别为 $-3 \sim 2.5\ ℃$，$-8 \sim -3\ ℃$ 和 $-8\ ℃$ 以下。
⑤ 中度饱水指冰冻前偶受水或受潮，混凝土内饱水程度不高；高度饱水指冰冻前长期或频繁接触水或湿润土体，混凝土内高度水饱和。
⑥ 无盐或有盐指冰结的水中是否含有盐类，包括海水中的氯盐、除冰盐或其他盐类。
⑦ 近海或海洋环境中的水下区、潮汐区、浪溅区和大气区的划分，按国家现行标准《海港工程混凝土结构防腐蚀技术规范》JTJ 275 的规定确定；近海或海洋环境的土中区指海底以下或近海的陆区地下，其地下水中的盐类成分与海水相近。
⑧ 海水激流中构件的作用等级宜提高一级。
⑨ 轻度盐雾区与重度盐雾区界限的划分，宜根据当地的具体环境和既有工程调查确定；靠近海岸的陆上建筑物，盐雾对室外混凝土构件的作用尚应考虑风向、地貌等因素；密集建筑群，除直接面海和迎风的建筑物外，其他建筑物可适当降低作用等级。
⑩ 炎热地区指年平均温度高于 $20\ ℃$ 的地区。
⑪ 内陆盐湖中氯化物的环境作用等级可比照上表规定确定。
⑫ 水中氯离子浓度（mg/L）的高低划分为：较低 10~500；较高 500~5 000；高>5 000；土中氯离子浓度（mg/kg）的高低划分为：较低 150~750；较高 750~7 500；高>7 500。
⑬ 除冰盐环境的作用等级与冬季喷洒除冰盐的具体用量和频度有关，可根据具体情况作出调整。
⑭ 水、土中环境作用等级可根据其有害离子浓度划分等级。

为了满足钢筋混凝土耐久性（寿命）要求，可通过下述途径选择混凝土原材料和配制耐久性混凝土：

（1）选用低水化热和含碱量偏低的水泥，尽可能避免使用早强水泥。
（2）选用坚固耐久、级配合理、粒形良好的洁净骨料。

（3）使用优质粉煤灰、矿渣等矿物掺和料，除特殊情况外，矿物掺和料应作为耐久混凝土的必需组分。

（4）使用优质引气剂，将适量引气剂作为配制耐久混凝土的常规手段。

（5）尽量降低拌和用水量，为此应外加高效减水剂。

（6）限制单方混凝土中胶凝材料的最高用量。

（7）尽可能减少混凝土中硅酸盐水泥用量。

配筋混凝土的最低强度等级、最大水胶比和单方混凝土胶凝材料的最低用量宜满足表 4.19 的规定。在满足最大水胶比限制和结构强度设计所要求的混凝土最低强度的前提下，不宜追求混凝土的高强。大掺量矿物掺和料的混凝土水胶比不宜大于 0.42。对于环境条件为 E、F 时，其用水量不宜高于 150 kg/m³，单方混凝土的胶凝材料总量不宜高于 400 kg/m³（C30 以下）、450 kg/m³（C40～C50）和 500 kg/m³（C60 以上）。不同行业，上述要求可能有差异，可参考行业标准。

混凝土养护：浇筑后立即覆盖并加湿养护，养护至现场混凝土强度不低于 28 d 标准强度的 50%，且不少于 7 d。

表 4.19（a） 满足耐久性要求的混凝土最低强度等级

环境类别与作用等级	设计使用年限		
	100 年	50 年	30 年
Ⅰ-A	C30	C25	C25
Ⅰ-B	C35	C30	C25
Ⅰ-C	C40	C35	C30
Ⅱ-C	C_a35，C45	C_a30，C45	C_a30，C40
Ⅱ-D	C_a40	C_a35	C_a35
Ⅱ-E	C_a45	C_a40	C_a40
Ⅲ-C、Ⅳ-C、Ⅴ-C、Ⅲ-D、Ⅳ-D	C45	C40	C40
Ⅴ-D、Ⅲ-E、Ⅳ-E	C50	C45	C45
Ⅴ-E、Ⅲ-F	C55	C50	C50

表 4.19（b） 单位体积混凝土的胶凝材料用量和最大水胶比

最低强度等级	最大水胶比	最小用量/（kg/m³）	最大用量/（kg/m³）
C25	0.60	260（280）	400
C30	0.55	280（300）	
C35	0.50	300（320）	
C40	0.45	320（330）	450
C45	0.40	340	
C50	0.36	360	480
≥C55	0.36	380	500

注：① 表中数据适用于最大骨料粒径为 20 mm 的情况，骨料粒径较大时宜适当降低胶凝材料用量，骨料粒径较小时可适当增加。
② 引气混凝土的胶凝材料用量与非引气混凝土要求相同。
③ 对于强度等级达到 C60 的泵送混凝土，胶凝材料最大用量可增大至 530 kg/m³。
④ 预应力混凝土构件的混凝土最低强度等级不应低于 C40。
⑤ 如能增大钢筋的保护层厚度，大截面受压墩、柱的混凝土强度等级可以低于表中规定的数值。
⑥ （ ）中数据为 JGJ 55—2011 规定值。

第六节　混凝土质量控制与强度评定

一、混凝土质量波动与控制

混凝土质量是指混凝土为满足工程要求的各种功能或性能，如强度、和易性、耐久性等。

导致混凝土质量波动的原因主要在原材料与施工方面：① W/B 比波动（用水量和骨料含水率测不准）；② 单方用水波动（骨料级配变化，材料质量不均匀）；③ 原材料计量波动；④ 运输、灌注和振捣条件变异；⑤ 养护条件的波动。在试验条件方面的因素有：① 取样方法的差异；② 成型技术的差异；③ 养护条件的波动；④ 试验方法的误差等。

在混凝土的施工过程中，为了对某一性能指标进行评定，需要采取抽样检验，按数理统计法来分析和评价试验结果，进而对整体混凝土作评价。由于混凝土的抗压强度与其他性能有较强的相关性，能较好地反映混凝土质量情况，工程中常以混凝土抗压强度作为评定和控制其质量的主要指标。质量控制主要包括以下三个过程：

（1）混凝土生产前的初步控制，主要包括人员配备、设备调试、组成材料检验及配合比确定与调整等内容。

（2）混凝土生产过程中的控制，它包括称量、搅拌、运输、浇筑、振捣及养护等内容。

（3）混凝土生产后的合格控制，包括批量划分，确定每批取样数，确定检测方法和验收期限等内容。

二、混凝土强度质量评定

对相同配比的混凝土强度进行抽样的试验表明，其强度波动规律符合统计学中的"正态分布"，该分布规律如图 4.23 所示，可用两个特征统计量，即强度平均值（$\bar{f}_{cu}$）和强度标准差（σ）作出描述。平均强度值按下式计算：

$$\bar{f}_{cu} = \frac{1}{n}\sum_{i=1}^{n} f_{cu,i}$$

强度标准差按下式计算：

$$\sigma = \sqrt{\frac{\sum_{i=1}^{n}(f_{cu,i}-\bar{f}_{cu})^2}{n-1}} = \sqrt{\frac{\sum_{i=1}^{n} f_{cu,i}^2 - n\bar{f}_{cu}^2}{n-1}}$$

式中　n ——试验组数（$n \geq 25$）；

　　　$f_{cu,i}$ ——第 i 组试件的抗压强度（MPa）；

　　　$\bar{f}_{cu}$ —— n 组抗压强度的算术平均值（MPa）；

　　　σ —— n 组抗压强度的标准差（MPa）。

平均强度反映了混凝土总体强度水平，但不能反映混凝土强度的波动情况，而标准差是正态分布曲线上两侧的拐点离开强度平均值处对称轴的距离，它反映了强度的波动，即离散性，如图 4.23 所示。σ 值越大，说明强度离散性越大，强度质量越不稳定。

图 4.23 离散程度不同的两条强度分布曲线

由于在相同条件和生产管理水平下，混凝土的强度标准差会随平均强度水平的提高而增大，故平均强度不同的混凝土质量的波动性比较，可用变异系数 C_v 值来评定，其计算式为

$$C_v = \frac{\sigma}{\bar{f}_{cu}}$$

三、混凝土强度保证率

混凝土强度保证率是指混凝土强度不小于设计要求的强度等级（标准值 $f_{cu,k}$）的概率 P（%），它等于大于 $f_{cu,k}$ 以上的阴影面积 A 和强度正态分布曲线与 x 轴所包围的总面积 Ω 之比（见图 4.24），即

$$P = \frac{A}{\Omega} = \frac{n_0}{n}$$

式中 n_0——不低于要求强度等级标准值的组数；
　　n——试件总组数（$n \geq 25$）。

实用上可采用统计数学中的积分表来求，首先计算出概率度（也称保证率系数），即

$$t = \frac{\bar{f}_{cu} - f_{cu,k}}{\sigma}$$

再根据 t 值（见表 4.20）查积分表，查得保证率 P(%)。

图 4.24 混凝土强度保证率

表 4.20 不同 t 值的保证率 P

t	0.00	0.50	0.84	1.00	1.20	1.28	1.40	1.60
P/%	50.0	69.2	80.0	84.1	88.5	90.0	91.9	94.5
t	1.645	1.70	1.81	1.88	2.00	2.05	2.33	3.00
P/%	95.0	95.5	96.5	97.0	97.7	99.0	99.4	99.87

我国规范中规定，根据统计周期内混凝土的 σ 值和保证率 $P(\%)$，可将施工单位生产管理水平划分为优良、一般和差三个等级，见表 4.21。

表 4.21 混凝土生产管理水平

评定指标	生产管理水平 生产单位	优良		一般		差	
	混凝土强度等级	<C20	≥C20	<C20	≥C20	<C20	≥C20
混凝土强度标准差/MPa	预拌混凝土和预制混凝土构件厂	≤3.0	≤3.5	≤4.0	≤5.0	>5.0	>5.0
	集中搅拌混凝土的施工现场	≤3.5	≤4.0	≤4.5	≤5.5	>4.5	>5.5
强度等于和高于要求强度等级的保证率 P/%	预拌混凝土厂和预制混凝土构件厂及集中搅拌混凝土的施工现场	≥95		>85		≤85	

四、混凝土强度的验收评定

混凝土强度应分批进行检验评定。一个验收批的混凝土应由强度等级相同、龄期相同以及生产工艺条件和配合比基本相同的混凝土组成。

1. 按统计方法

当混凝土的生产条件在较长时间内能保持一致，且同一品种混凝土的强度变异性能保持稳定时，应由连续的三组试件组成一个验收批，其强度应同时满足下列要求：

$$\bar{f}_{cu} \geq f_{cu,k} + 0.7\sigma_0$$
$$f_{cu,min} \geq f_{cu,k} - 0.7\sigma_0$$

当混凝土强度等级不高于 C20 时，其强度的最小值应满足下式要求：

$$f_{cu,min} \geq 0.85 f_{cu,k}$$

当混凝土强度等级高于 C20 时，其强度的最小值尚应满足下式要求：

$$f_{cu,min} \geq 0.90 f_{cu,k}$$

式中 $\bar{f}_{cu}$ ——同一验收批混凝土立方体抗压强度的平均值（MPa）；

$f_{cu,min}$ ——同一验收批混凝土立方体抗压强度的最小值（MPa）；

σ_0 ——验收批混凝土立方体抗压强度的标准差（MPa）。

验收批混凝土立方体抗压强度的标准差 σ_0，应根据前一个检验期内同一品种混凝土试件的强度数据，按如下公式确定：

$$\sigma_0 = \frac{0.59}{m} \sum_{i=1}^{m} \Delta f_{cu,i}$$

式中 $\Delta f_{cu,i}$ ——第 i 批试件立方体抗压强度中最大值与最小值之差；

m ——用以确定验收批混凝土立方体抗压强度标准差的数据总批数。

上述检验期不应超过三个月,且在该期间内强度数据的总批数不得少于15。

当混凝土的生产条件在较长时间内不能保持一致,且混凝土强度变异性不能保持稳定时,或在前一个检验期内的同一品种混凝土没有足够的数据用以确定验收批混凝土立方体抗压强度的标准差时,应由不少于10组的试件组成一个验收批,其强度应同时满足下列公式的要求:

$$\bar{f}_{cu} - \lambda_1 S_{f_{cu}} \geq 0.90 f_{cu,k}$$

$$f_{cu,min} \geq \lambda_2 f_{cu,k}$$

式中 λ_1、λ_2 ——合格判定系数,按表4.22取用;

$S_{f_{cu}}$ ——同一验收批混凝土立方体抗压强度的标准差(MPa),当 $S_{f_{cu}}$ 的计算值小于 $0.06 f_{cu,k}$ 时,取 $S_{f_{cu}} = 0.06 f_{cu,k}$。

表4.22　混凝土强度的合格判定系数

试件组数	10~14	15~24	≥25
λ_1	1.70	1.65	1.60
λ_2	0.90	0.85	0.85

混凝土立方体抗压强度的标准差 $S_{f_{cu}}$ 可按下式计算:

$$S_{f_{cu}} = \sqrt{\frac{\sum_{i=1}^{n} f_{cu,i}^2 - n\bar{f}_{cu}^2}{n-1}}$$

式中 $f_{cu,i}$ ——第 i 组混凝土试件的立方体抗压强度值(MPa);

n ——一个验收批混凝土试件的组数。

2. 按非统计方法

若按非统计方法评定混凝土强度时,其强度应同时满足下列要求:

$$\bar{f}_{cu} \geq 1.15 f_{cu,k}$$

$$f_{cu,min} \geq 0.95 f_{cu,k}$$

当检验结果不能满足上述规定时,该批混凝土强度判为不合格。由不合格批混凝土制成的结构或构件,应进行鉴定。对不合格的结构或构件必须及时处理。当对混凝土试件强度的代表性有怀疑时,要采用从结构或构件中钻取芯样的方法或采用非破损检验的方法,按有关标准的规定对结构或构件中混凝土的强度进行推定。

第七节　普通混凝土配合比设计

混凝土配合比设计通常指混凝土中各组成材料数量之间的比例关系。常用的表示方法为1 m³混凝土中各种材料的质量,如水泥340 kg、水160 kg、砂720 kg、石子1 250 kg;或将上述配合比用质量比表示为水泥:砂:石 = 1:2.12:3.68,水胶比(W/B) = 0.47,水泥用量(B) = 340 kg/m³。

一、混凝土配合比设计原理

按强度为主的配合比设计,应满足以下基本要求:① 结构承载所要求的强度;② 施工所要求的和易性;③ 长期使用所要求的耐久性;④ 满足上述条件下,符合经济性原则。

按耐久性为主的配合比设计,应满足以下基本要求:① 结构使用寿命;② 施工所要求的和易性;③ 结构承载要求的强度;④ 符合综合经济性原则(含寿命期维修加固费)。

配合比设计的基本原理如下:

(1)恒用水量原则,即混凝土和易性主要由单方混凝土中用水量确定(见表4.13)。

(2)水灰比定则,即在组成材料不变的情况下混凝土强度是由强度公式中 W/B 确定。

(3)混凝土体积不变原则,即水泥、砂、石、水等原材料体积之和等于硬化混凝土的体积($V_c + V_f + V_s + V_g + V_w + V_\alpha = V_h$)。

为此,要合理地确定用水量(W)、水灰比(W/B)、砂率(S_p)之间的关系,从而计算出混凝土各材料的用量。由于影响混凝土性能的因素颇为复杂,计算出的配合比与实际情况往往有出入,常常需要经实验室试配调整方能最终确定混凝土的配合比。

二、混凝土配合比设计的步骤

首先按以下四个基本步骤进行:① 原材料选择(重点是根据耐久性要求选择);② 初步配合比计算 $B_0 : S_0 : G_0 : W_0$;③ 实验室调整,得出满足和易性要求的"基准配合比",经强度和耐久性复核确定出"实验室配合比";④ 根据现场砂、石含水率将实验室配合比换算为"施工配合比"。

(一)以耐久性为主的初步配合比计算

初步配合比计算的主要依据是混凝土施工要求的坍落度,设计要求的强度以及结构长期使用所要求的耐久性。选择坍落度的原则应是在适合现场施工作业的条件下,尽可能选取小的坍落度;强度等级是由结构承受的荷载以及结构耐久性(寿命等级)来确定的;配制强度要结合施工水平和保证率来考虑。耐久性在混凝土配合比设计中是一项很重要的指标。目前主要是通过控制水泥用量、W/B、掺和料、含气量来加以控制。初步配合比计算的具体方法如下:

1. 配制强度计算

根据结构承载力设计要求的混凝土强度等级(强度标准值 $f_{cu,k}$)和强度保证率为95%的要求,则可将配制强度($f_{cu,0}$)作为强度正态分布中的平均值(见图4.25),由统计学原理可知:

$$f_{cu,0} = f_{cu,k} + t \cdot \sigma$$

式中 σ——强度标准差(MPa);

t——保证率系数,由表4.20,当 $P=95\%$ 时,$t=1.645$;

$f_{cu,0}$——混凝土配制强度(MPa);

$f_{cu,k}$——设计的混凝土抗压强度标准值,即强度等级值(MPa)。

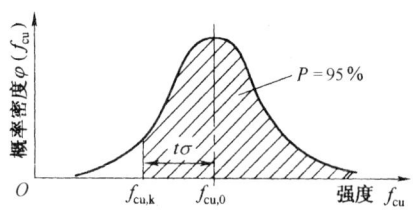

图4.25 配制强度与强度等级的关系

σ 可按本章第六节混凝土强度质量评定中"强度标准差公式"用试验数据统计计算。若施工单位无历史统计资料，σ 值可参照表 4.23 取用。（当混凝土强度>C60 时，$f_{cu,0} \geq 1.15 f_{cu,k}$）

表 4.23　强度标准差选用表

混凝土等级 $f_{cu,k}$	低于 C20	C20～C35	C35～C60
标准差 σ/MPa	4.0	5.0	6.0

在选用混凝土强度等级时，还应根据结构耐用寿命等确定强度等级是否符合耐久性对强度等级的要求（见表 4.19）。结构的设计使用年限分级见表 4.24。

表 4.24　结构的设计使用年限分级

级别	设计使用年限	名　　称	示　　例
一	约 100 年	重要建筑物	标志性、纪念性建筑物，大型公共建筑物（如大型博物馆、会议大厦和文体卫生建筑、政府重要办公楼、大型电视塔等）
一	约 100 年	重要土木基础设施	大型桥梁、隧道，高速和一级公路上的桥涵，城市干线上的大型桥梁、大型立交桥，城市地铁轻轨系统等
二	约 50 年	一般建筑物和构筑物	一般民用建筑（如公寓、住宅）以及中小型商业和文体卫生建筑、大型工业建筑
二	约 50 年	次要的土木设施工程	二级和二级以下公路以及城市一般道路上的桥涵
三	约 30 年	不需较长寿命的建筑物，可替换的易损构件	某些工业厂房

2. 计算水灰比 W/B

试配强度确定后，即可将它作为 $f_{cu,0}$，代入混凝土强度公式中求出 W/B，例如：

$$f_{cu,0} = \alpha_a \cdot f_b \left(\frac{B}{W} - \alpha_b \right)$$

即

$$\frac{W}{B} = \frac{\alpha_a \cdot f_b}{f_{cu,0} + \alpha_a \cdot \alpha_b \cdot f_b}$$

式中　f_{ce}——水泥实测强度，可用 $f_{ce} = 1.13 \times f_{ce}^b$ 近似计算。

根据混凝土强度经验公式求得的水灰比，并不能准确地保证使用工地的材料制成的混凝土的平均强度就能符合所要求的试配强度。为了比较准确地测定水灰比，宜先利用实际施工用的材料，选几种不同水灰比，制成多组试件，经养护到规定龄期后进行强度试验，然后采用线性回归统计方法建立强度经验式，并依此计算所需要的水灰比。

3. 选择用水量（W_0）

根据恒用水量原则，当原材料一定时，混凝土用水量是由混凝土坍落度大小决定的，而坍落度取值是由结构所处的状态和施工工艺所决定的。坍落度大小可通过表 4.14 求得，用水量则可由表 4.13 查得。

当掺减水剂时，每立方米混凝土的用水量可按下式计算

$$W_0' = W_0(1-\beta)$$

式中 W_0'——掺减水剂的混凝土实际用水量（kg/m³）；

W_0——未掺减水剂的混凝土用水量（kg/m³）；

β——减水剂减水率，应经试验确定。

4. 计算胶凝材料用量（B_0）

胶凝材料用量可依据用水量（W_0）和水胶比（W/B）用下式计算：

$$B_0 = \frac{W_0}{W/B}$$

矿物掺和料按下式计算：

$$F_0 = B_0 \cdot \beta_f$$

式中 F_0——每立方米矿物掺和料（kg）；

β_f——掺和料（%）。

矿物掺和料用量一般应通过试验确定。当采用硅酸盐水泥或普通硅酸盐水泥时，钢筋混凝土中矿物掺和料最大掺量宜符合表4.25的规定，当用于预应力混凝土时，除硅灰外其余应减少约10%（见规范）。

表4.25 混凝土中矿物掺和料最大掺量（β_f）

矿物掺和料种类	水胶比	最大掺量/%	
		采用硅酸盐水泥时	采用普通硅酸盐水泥时
粉煤灰	≤0.40	45	35
	>0.40	40	30
粒化高炉矿渣粉	≤0.40	65	55
	>0.40	55	45
钢渣粉	—	30	20
磷渣粉	—	30	20
硅灰	—	10	10
复合掺和料	≤0.40	65	55
	>0.40	55	45

注：① 采用其他通用硅酸盐水泥时，宜将水泥混合材掺量20%以上的混合材量计入矿物掺和料。
② 复合掺和料各组分的掺量不宜超过单掺时的最大掺量。
③ 在混合使用两种或两种以上矿物掺和料时，矿物掺和料总掺量应符合表中复合掺和料的规定。

每立方米水泥用量（C_0）按下式计算：

$$C_0 = B_0 - F_0$$

5. 耐久性检验

上述计算过程主要是依据混凝土配制强度（$f_{cu,0}$）计算出 W/B 和 B，由于结构的设计使用寿命和环境条件不同，W/B 和 B 用量还直接影响到结构耐久性，故必须按耐久性要求进行检验。我国《混凝土结构耐久性设计规范》（GB/T 50476—2008）中对不同使用年限（见表 4.24）和环境条件等级（见表 4.18）以及混凝土最低强度等级、最大水灰比和胶凝材料最小用量（见表 4.19）所作的规定，可查表求得。当不满足耐久性相关规定时，必须以耐久性取值为准，并重新计算各项比值和材料用量。此外，钢筋保护层厚度对耐久性影响也很大，在选取 W/B 时还需考虑与保护层厚度相匹配（见表 4.26）。

表 4.26 不同环境中混凝土材料与钢筋的保护层最小厚度 c 单位：mm

环境类别	环境作用等级		设计使用年限 100 年			50 年			30 年		
			混凝土强度等级	最大水胶比	c	混凝土强度等级	最大水胶比	c	混凝土强度等级	最大水胶比	c
一般环境 Ⅰ	板、墙等面形构件	Ⅰ-A	≥C30	0.55	20	≥C25	0.60	20	≥C25	0.60	20
		Ⅰ-B	C35	0.50	30	C30	0.55	25	C25	0.60	25
			≥40	0.45	25	≥C35	0.50	20	≥C30	0.55	20
		Ⅰ-C	C40	0.45	40	C35	0.50	35	C30	0.55	30
			C45	0.40	35	C40	0.45	30	C35	050	25
			≥C50	0.36	30	≥C45	0.40	25	≥C40	0.45	20
	梁、柱等条形构件	Ⅰ-A	C30	0.55	25	C25	0.60	25	≥25	0.60	20
			≥C35	0.50	20	≥C30	0.55	20			
		Ⅰ-B	C35	0.50	35	C30	0.55	30	C25	0.60	30
			≥C40	0.45	30	≥C35	0.50	25	≥C30	0.55	25
	梁、柱等条形构件	Ⅰ-C	C40	0.45	45	C35	0.50	40	C30	0.55	35
			C45	0.40	40	C40	0.45	35	C35	0.50	30
			≥C50	0.36	35	≥C45	0.40	30	≥C40	0.45	25
冻融环境 Ⅱ	板、墙等面形构件	Ⅱ-C 无盐	C45	0.40	35	C45	0.40	30	C40	0.45	30
			≥C50	0.36	30	≥C50	0.36	25	≥C45	0.40	25
			C_a35	0.50	35	C_a30	0.55	35	C_a30	0.55	25
		Ⅱ-D 无盐	C_a40	0.45	35	C_a35	0.50	35	C_a35	0.50	30
		Ⅱ-D 有盐									
		Ⅱ-E 有盐	C_a45	0.40		C_a40	0.45		C_a40	0.45	
	梁、柱等条形构件	Ⅱ-C 无盐	C45	0.40	40	C45	0.40	35	C40	0.45	35
			≥C50	0.36	35	≥C50	0.36	30	≥C45	0.40	30
			C_a35	0.50	35	C_a35	0.55	35	C_a30	0.55	30
		Ⅱ-D 无盐	C_a40	0.45	40	C_a35	0.50	40	C_a35	0.50	35
		Ⅱ-D 有盐									
		Ⅱ-E 有盐	C_a45	0.40		C_a40	0.45		C_a40	0.45	

续表 4.26 单位：mm

环境类别	环境作用等级		设计使用年限 100 年			50 年			30 年		
			混凝土强度等级	最大水胶比	c	混凝土强度等级	最大水胶比	c	混凝土强度等级	最大水胶比	c
氯化物环境Ⅲ Ⅳ（除冰盐）	板、墙等面形构件	Ⅲ-C Ⅳ-C	C45	0.40	45	C40	0.42	40	C40	0.42	35
		Ⅲ-D	C45	0.40	55	C40	0.42	50	C40	0.42	45
		Ⅳ-D	≥C50	0.36	50	≥C45	0.40	45	≥C45	0.40	40
		Ⅲ-E	C50	0.36	60	C45	0.40	55	C45	0.40	45
		Ⅳ-E	≥C55	0.36	55	≥C50	0.36	50	≥C50	0.36	40
		Ⅲ-F	≥C55	0.36	65	C50 ≥C55	0.36 0.36	60 55	C50	0.36	55
	梁、柱等条形构件	Ⅲ-C Ⅳ-C	C45	0.40	50	C40	0.42	45	C40	0.42	40
		Ⅲ-D	C45	0.40	60	C40	0.42	55	C40	0.42	50
		Ⅳ-D	≥C50	0.36	55	≥C45	0.40	50	≥C45	0.40	40
		Ⅲ-E	C50	0.36	65	C45	0.40	60	C45	0.40	50
		Ⅳ-E	≥C55	0.36	60	≥C50	0.36	55	≥C50	0.36	45
		Ⅲ-F	C55	0.36	70	C50 ≥C55	0.36 0.36	65 60	C50	0.36	55
化学腐蚀环境Ⅴ	板、墙等面形构件	Ⅴ-C	C45	0.40	40	C40	0.45	35	C40	0.45	35
		Ⅴ-D	C50 ≥C55	0.36 0.36	45 40	C45 ≥C50	0.40 0.36	40 35	C45 ≥C50	0.40 0.36	40 35
		Ⅴ-E	C55	0.36	45	C50	0.36	40	C50	0.36	40
	梁、柱等条形构件	Ⅴ-C	C45 ≥C50	0.40 0.36	45 40	C40 ≥C45	0.45 0.40	40 35	C40 ≥C45	0.45 0.40	40 35
		Ⅴ-D	C50 ≥C55	0.36 0.36	50 45	C45 ≥C50	0.40 0.36	45 40	C45 ≥C50	0.40 0.36	45 40
		Ⅴ-E	C55 ≥C60	0.36 0.33	50 45	C50 ≥C55	0.36 0.36	45 40	C50 ≥C55	0.36 0.36	45 40

注：① Ⅰ-A 环境中使用年限低于 100 年的板、墙，当混凝土骨料最大公称粒径不大于 15 mm 时，保护层最小厚度可降为 15 mm，但最大水胶比不应大于 0.55。
② 年平均气温大于 20 ℃ 且年平均湿度大于 75% 的环境，除 Ⅰ-A 环境中的板、墙构件外，混凝土最低强度等级应比表中规定提高一级，或将保护层最小厚度增大 5 mm。
③ 直接接触土体浇筑的构件，其混凝土保护层厚度不应小于 70 mm；有混凝土垫层时，可按上表确定。
④ 处于流动水中或同时受水中泥沙冲刷的构件，其保护层厚度宜增加 10~20 mm。
⑤ 预制构件的保护层厚度可比表中减少 5 mm。
⑥ 当胶凝材料中粉煤灰和矿渣等掺量小于 20% 时，表中水胶比低于 0.45 的，可适当增加。
⑦ 如采取表面防水处理的附加措施，可降低大体积混凝土对最低强度等级和最大水胶比的抗冻要求。
⑧ 预制构件的保护层厚度可比表中规定减少 5 mm。
⑨ 可能出现海水冰冻环境与除冰盐环境时，宜采用引气混凝土；当采用引气混凝土时，表中混凝土强度等级可降低一个等级，相应的最大水胶比可提高 0.05。C_a 为引气混凝土。
⑩ 处于流动海水中或同时受水中泥沙冲刷腐蚀的混凝土构件，其钢筋的混凝土保护层厚度应增加 10~20 mm。
⑪ 预制构件的保护层厚度可比表中规定减少 5 mm。

6. 确定砂率（S_p）

砂率可以根据下列假定来做近似计算。假定混凝土中的砂用量除能填满石子颗粒之间空隙之外还稍有富余，借以拨开石子颗粒，使加了水泥浆后的混凝土拌和物有一定的流动性。根据此原则可列出砂率计算公式为

$$S_p = \frac{S}{S+G} , \quad V'_{0s} = V'_{0g} \cdot P'$$

$$S_p = K \cdot \frac{\rho'_{0s} \cdot V'_{0s}}{\rho'_{0s} \cdot V'_{0s} + \rho'_{0g} \cdot V'_{0g}}$$

$$= K \cdot \frac{\rho'_{0s} \cdot V'_{0g} \cdot P'}{\rho'_{0s} \cdot V'_{0g} \cdot P' + \rho'_{0g} \cdot V'_{0g}}$$

$$= K \cdot \frac{\rho'_{0s} \cdot P'}{\rho'_{0s} \cdot P' + \rho'_{0g}}$$

式中 S_p——砂率（%）；

S、G——1 m³ 混凝土中砂、石子用量（kg/m³）；

V'_{0s}、V'_{0g}——1 m³ 混凝土中砂、石子堆积体积（m³）；

ρ'_{0s}、ρ'_{0g}——砂、石子堆积表观密度（kg/m³）；

P'——石子空隙率（%）；

K——砂浆剩余系数，又称拨开系数，一般取 1.1~1.4。

在配合比设计中，混凝土应采用最佳砂率，所用计算结果需经试验最终确定，因其工作量较大，实用上大多采用已有经验数据或采用规范推荐值（见表 4.27），然后再经试拌调整予以修正。

表 4.27 混凝土砂率选用表（%）

水灰比 (W/B)	碎石最大公称粒径/mm			卵石最大公称粒径/mm		
	16	20	40	10	20	40
0.40	30~35	29~34	27~32	26~32	25~31	24~30
0.50	33~38	32~37	30~35	30~35	29~34	28~33
0.60	36~41	35~40	33~38	33~38	32~37	31~36
0.70	39~44	38~43	36~41	36~41	35~40	34~39

注：① 摘自《普通混凝土配合比设计规程》（JGJ 55—2000）。
② 表中数值系中砂的选用砂率。对细砂或粗砂，可相应地减少或增加砂率。
③ 本砂率适用于坍落度为 10~60 mm 的混凝土。坍落度大于 60 mm 或小于 10 mm 时，应相应增加或减少砂率。
④ 只用一种单粒级粗骨料配制混凝土时，砂率值应适当增加。
⑤ 掺有各种外加剂或掺和料时，其合理砂率应经试验或参照其他有关规定选用。
⑥ 对薄壁构件砂率取较大值。

7. 砂、石用量的确定

初步确定了用水量和水泥用量后，就可进一步确定砂、石的用量。确定砂、石用量一般有两种方法：

（1）假定体积不变法，即水泥、砂、石、水的体积和等于混凝土体积。

$$\frac{C_0}{\rho_c}+\frac{F_0}{\rho_f}+\frac{S_0}{\rho_{0s}}+\frac{G_0}{\rho_{0g}}+\frac{W_0}{\rho_w}+10\alpha=1\,000$$

式中 α——混凝土的含气量百分数，在不使用引气型外加剂时，α 取 1。

（2）假定混凝土表观密度法，即假定混凝土在捣实后的表观密度为已知。一般假定 ρ_{0h} 为 $2\,350\sim2\,450\ kg/m^3$，则

$$C_0+F_0+S_0+G_0+W_0=\rho_{0h}$$

采用上述两种方法之一与砂率公式结合，可分别建立联立方程式：

$$\begin{cases}\dfrac{S_0}{S_0+G_0}=S_p\\[6pt]\dfrac{S_0}{\rho_{0s}}+\dfrac{G_0}{\rho_{0g}}=1\,000-\left(\dfrac{C_0}{\rho_c}+\dfrac{F_0}{\rho_f}+\dfrac{W_0}{\rho_w}\right)-10\alpha\end{cases}$$

或

$$\begin{cases}\dfrac{S_0}{S_0+G_0}=S_p\\[6pt]S_0+G_0=\rho_{0h}-W_0-C_0-F_0\end{cases}$$

在上述两组联立方程式中，S_p，ρ_{0h}，ρ_c，ρ_{0s}，ρ_{0g}，ρ_w，ρ_f 以及 C_0，W_0，B_0 均为已知数，需要求解的是 S_0 和 G_0。

【例 4.1】 在我国西南地区，冬季最低月平均温度为 +3.5℃，新建一级公路特大桥桥墩，环境无盐侵蚀，据承载力计算仅采用 C25 级普通混凝土已足够。钢筋最小净距为 160 mm，用机械进行搅拌和振捣，强度保证率为 95%，经统计，施工单位强度标准差为 4 MPa（C25）和 6 MPa（C40）。要求掺入 30% Ⅱ 级粉煤灰（视密度 2.1）、高效减水剂，减水率 20%。试计算该混凝土的初步配合比。

原材料情况：水泥为 42.5 级普通水泥，密度为 3.15 g/cm³。细骨料为当地出产的河沙，级配合格，细度模数为 2.75，视密度为 2.60 g/cm³，堆积密度为 1 450 kg/m³。粗骨料为当地出产碎石，最大粒径为 40 mm，级配合格，视密度为 2.65 g/cm³，堆积密度为 1 500 kg/m³，空隙率为 40%，拌和水为清洁水。

解 根据题意，该土建工程使用年限为 100 年（查表 4.24），环境作用等级为 C 级（查表 4.18），对应混凝土强度等级、最大水灰比和最小水泥用量为 C40、0.45、320（查表 4.19）。根据构件尺寸和钢筋最小净距的规定，粗骨料最大粒径 40 mm 是适宜的。根据题意查表 4.14，选定坍落度为 35~50 mm。

（1）根据耐久性最终确定混凝土配制强度等级为 C40，则

$$f_{cu,0}=40+1.645\times6=49.9\ (MPa)$$

（2）水胶比 W/B，先根据试配强度计算，再根据耐久性校核

$$49.9=\alpha_a\cdot f_b\left(\frac{B}{W}-\alpha_b\right)$$

碎石 $\quad\alpha_a=0.53,\ \alpha_b=0.20$

$$f_b=f_{ce}\cdot\gamma_f$$

$$f_{ce} = f_{ce}^b \times 1.13 = 42.5 \times 1.13 = 48 \quad (\text{MPa})$$

查表 4.15，$\gamma_f = 0.7$，则

$$f_b = 48 \times 0.7 = 33.6 \quad (\text{MPa})$$

计算得 $B/W = 3.0$，即 $W/B = 0.333$。

（3）查表 4.13，得 $W_0 = 175 \text{ kg/m}^3$，掺入减水剂后

$$W_0' = 175 \times (1 - 0.20) = 140 \quad (\text{kg/m}^3)$$

（4）胶凝材料用量

$$B_0 = \frac{140}{0.333} = 420 \quad (\text{kg/m}^3)$$

矿粉掺和料（粉煤灰）用量

$$F_0 = B_0 \cdot \beta_f = 420 \times 30\% = 126 \quad (\text{kg/m}^3)$$

水泥用量 $\quad C_0 = B_0 - F_0 = 420 - 126 = 294 \quad (\text{kg/m}^3)$

（5）耐久性检验：计算所得 $W/B = 0.333$ 及 $B_0 = 420 \text{ kg/m}^3$ 均满足耐久性要求。

（6）查表 4.27 求砂率，取 28%。

（7）砂、石材料用量计算：按体积法，得

$$\begin{cases} \dfrac{S_0}{S_0 + G_0} = 0.28 \\ \dfrac{S_0}{2.60} + \dfrac{G_0}{2.65} = 1\,000 - \dfrac{294}{3.15} - \dfrac{126}{2.10} - 140 - 10 \end{cases}$$

解得 $\quad S_0 = 514 \text{ kg/m}^3$；$G_0 = 1\,322 \text{ kg/m}^3$

【例 4.2】 在例 4.1 中，为进一步提高混凝土抗冻性，取消粉煤灰及高效减水剂，改为在混凝土中掺减水型引气剂，其减水率为 10%，混凝土含气量 α 为 5%。求混凝土初步配合比。

解 根据经验，混凝土含气量每增加 1% 则强度降低约 4%，掺入引气剂后的配制强度（$f_{cu,0}'$）可按下式计算：

$$f_{cu,0} = f_{cu,0}' - f_{cu,0}'(5-1) \times 4\%$$

$$f_{cu,0}' = \frac{f_{cu,0}}{1 - 4 \times 4\%} = \frac{49.9}{1 - 4 \times 4\%} = 59.4 \quad (\text{MPa})$$

计算 W/B：

$$f_{cu,0}' = f_{ce} \times 0.53 \left(\frac{B}{W} - 0.20\right)$$

得 $W/B = 0.39$。

用水量为

$$W_0 = 175 - 175 \times 10\% = 157 \quad (\text{kg/m}^3)$$

水泥用量为

$$B_0 = C_0 = 157 \times \frac{1}{0.39} = 403 \quad (\text{kg/m}^3)$$

由于掺入减水型引气剂，取 $S_p = 28\%$。

砂石用量由下列方程组求解：

$$\begin{cases} \dfrac{S_0}{S_0 + G_0} = 0.28 \\ \dfrac{157}{1} + \dfrac{403}{3.15} + \dfrac{S_0}{2.60} + \dfrac{G_0}{2.65} + 10 \times 5 = 1\,000 \end{cases}$$

解得　　　　　　　$S_0 = 491 \text{ kg/m}^3$；$G_0 = 1\,262 \text{ kg/m}^3$

（二）基准配合比试配调整

算出的初步配合比是否能够满足和易性要求，含砂率是否合理等，都需要经过试拌来进行检验。如果试拌结果不符合要求，可视具体情况加以调整。一般做法是按初步计算得出的配合比试拌 15 升，拌和后做坍落度试验，观察和易性好坏。如果坍落度太小，则应保持水灰比不变，适当增加水泥浆；如果坍落度太大，则应保持砂率不变，适当增加砂、石用量。如果黏聚性不好，泌水性太大，可适当增加砂率。

经过试拌调整，在满足和易性的条件下，根据所用材料的变化算出调整后的基准配合比。

【**例 4.3**】已知 15 升混凝土各组成材料用量为 $B : S : G : W = 6.12 : 8.13 : 18.98 : 2.63$（单位：kg）。经试拌发现坍落度仅 20 mm，不符合坍落度要求。砂率、保水性、黏聚性尚可。于是增加 10% 水泥浆再做试验，坍落度为 50 mm，满足要求。经实测，混凝土的表观密度为 $\rho_0 = 2\,430 \text{ kg/m}^3$。试求该混凝土的基准配合比。

解

（1）先求最终拌和用量，即 $B_{拌} = 6.12 \times 1.1 = 6.73 \text{ kg}$，$S_{拌} = 8.13 \text{ kg}$，$G_{拌} = 18.98 \text{ kg}$，$W_{拌} = 2.63 \times 1.1 = 2.89 \text{ kg}$。

（2）求基准配合比。根据最终拌和物配合比与基准配合比成正比的关系可得

$$\dfrac{B_{拌}}{B_{拌} + S_{拌} + G_{拌} + W_{拌}} = \dfrac{B_{基}}{B_{基} + S_{基} + G_{基} + W_{基}}$$

而　　　　　$B_{基} + S_{基} + G_{基} + W_{基} = \rho_0 = 2\,430$（kg/m³）

$B_{拌} + S_{拌} + G_{拌} + W_{拌} = 36.73$（kg）

故　　　　　$B_{基} = \dfrac{2\,430 \times 6.73}{36.73} = 445$（kg/m³）

$$G_{基} = \dfrac{2\,430 \times 18.98}{36.73} = 1\,256 \text{（kg/m}^3\text{）}$$

同理　　　　$S_{基} = \dfrac{2\,430 \times 8.13}{36.73} = 538$（kg/m³）

$$W_{基} = \dfrac{2\,430 \times 2.89}{36.73} = 191 \text{（kg/m}^3\text{）}$$

（三）实验室配合比确定

基准配合比的强度、耐久性不一定符合要求。由于强度 28 d 后才能知道结果，实验室常使用三种不同的水灰比同时进行强度试验，其水灰比的变化是以基准配合比的 W/B 增减 0.05

作为另外两组混凝土的水灰比。此时砂率应作相应的调整（±0.01）。试件在标准条件下养护 28 d，然后测抗压强度，必要时也可同时多作几组试件，供快速检验或测定早期抗压强度，以便提前定出配合比或供施工拆模时参考。

水灰比的最终确定。不同水灰比的混凝土强度测定后，可用作图法或计算法求出与 $f_{cu,0}$ 相对应的水灰比值。若比值落在三组配比中任意两组之间，就可根据内插法求出对应的混凝土的实验室配合比中的各种材料用量（$B_试$，$W_试$，$S_试$，$G_试$，其中单位用水量不变）。

（四）施工配合比的确定

实验室配合比（或基准配合比）是以干燥状态的骨料为基准。所谓干燥状态，一般指含水率小于 0.5% 的细骨料或含水率小于 0.2% 的粗骨料。但是现场的施工用骨料都含有一定的水分，必须设法测出砂、石实际含水率，在用水量中扣除，而在量取砂、石时，则应增加这部分质量。

假定细骨料的含水率为 $a\%$，粗骨料的含水率为 $b\%$。由下列公式可以算出粗细骨料以及水的校正称料值。

细骨料校正后，
$$S' = S_试(1 + a\%)$$

粗骨料校正后，
$$G' = G_试(1 + b\%)$$

水校正后，
$$W' = W_试 - S_试 \times a\% - G_试 \times b\%$$

$S' : G' : W' : B' = B_试$，即为施工配合比。

第八节 其他混凝土

一、轻混凝土

凡干表观密度小于 1 950 kg/m³ 的混凝土称为轻混凝土。轻混凝土按其所用材料及配制方法的不同可分为三类：采用轻质骨料配制的水泥混凝土为轻骨料混凝土；采用加气剂等，不用粗骨料配制的多孔砂浆称为多孔混凝土；不用细骨料仅用等大粒径的粗骨料（一般直径在 100 mm 以上）与一定的水泥浆配制的称为无砂大孔混凝土。

（一）轻骨料混凝土

1. 轻骨料混凝土及其种类

轻骨料混凝土中的轻骨料为一种内部多孔的轻质骨料，吸水率高，强度相对较低，其中既可以全部粗细骨料都采用轻骨料，也可以只采用轻粗骨料，前者称为全轻混凝土，后者称为砂轻混凝土。

轻骨料混凝土使用范围和强度等级范围见表 4.28。

表 4.28 轻骨料混凝土的用途

混凝土名称	用途	强度等级合理范围	表观密度等级合理范围/kg·m^{-3}
保温轻骨料混凝土	主要用于保温的围护结构或热工构筑物	CL5.0	≤800
结构保温轻骨料混凝土	主要用于既承重又保温的围护结构	CL5.0～CL15	800～1 400
结构轻骨料混凝土	主要用于作承重构件或构筑物	CL15～CL60	1 400～1 900

轻骨料混凝土又常以轻骨料中的种类命名,如粉煤灰陶粒混凝土、黏土陶粒混凝土等。轻骨料按其来源可分为三大类:

(1) 工业废料轻骨料。以工业废料为原料,经加工而成的轻骨料,如粉煤灰陶粒,膨胀矿渣珠等。

(2) 天然轻骨料。以天然形成的多孔岩石,经加工而成的轻骨料,如浮石、火山渣及其轻砂等。

(3) 人造轻骨料。以地方材料为原料,经加工而成的轻骨料,如页岩陶粒、黏土陶粒、膨胀珍珠岩及其轻砂等。

2. 轻骨料的技术性质

按《轻骨料混凝土技术规范》(JGJ 51—2002)规定,轻骨料技术性质除了耐久性、体积安定性和有害成分含量应符合技术要求外,对轻粗骨料必须检验其堆积密度、筒压强度、颗粒级配和吸水率,对轻砂必须检验其堆积密度和细度模数。

1) 堆积密度

按现行国家标准,根据堆积密度(单位:kg/m^3)的大小,轻粗骨料可以分为 300,400,500,600,700,800,900 和 1 000 八个等级;而轻砂则分为 500,600,700,800,900,1 000,1 100,1 200 八个等级。

2) 筒压强度

轻骨料的强度用筒压强度表示,即将粒径为 10～20 mm 的烘干轻粗骨料试样,装入 ϕ115 mm×100 mm 的带底圆筒内,上面加 ϕ113 mm×70 mm 的冲压模(见图 4.26),取冲压入深度为 2 cm 时的压力值(N),除以承压面积(mm^2)即为轻粗骨料的筒压强度值。由于筒压试验时,轻粗骨料在圆筒内的受力状态为点接触,应力集中,多向挤压破坏,故该强度只有实际强度的 1/5～1/4。

图 4.26 筒压强度测定方法示意图

(单位:mm)

虽然轻骨料筒压强度比较低,但却能配制出强度远远高于它本身强度的混凝土,这是因为多孔的粗骨料在水化过程中要吸水,降低了骨料界面附近砂浆的 W/B。同时水泥浆硬化后包裹约束了轻骨料,起到了拱架作用。这些因素使得混凝土整体强度高于骨料强度。

3) 颗粒级配

轻骨料评定级配的方法与普通骨料类似,保温及结构保温轻骨料混凝土用的粗骨料,其最大粒径不宜大于 30 mm;在结构轻骨料混凝土中则不宜大于 20 mm。粒级划分为五级:5～

10 mm，10～15 mm，15～20 mm，20～25 mm，25～30 mm。颗粒级配应符合规范要求。采用自然级配时，其空隙率不得大于50%，并且不允许含有超过最大粒径两倍的颗粒。对轻砂要求其细度模数不宜大于4.0，大于5 mm的累计筛余率不宜大于10%。

4）吸水率

由于在新拌混凝土中，轻骨料内部多孔特性会产生大量吸水，一般在1 h内吸水最快，24 h后几乎不再吸水。故国家标准对轻骨料的1 h吸水率有一定要求，规定粉煤灰陶粒1 h吸水率不大于22%，黏土陶粒和页岩陶粒不大于10%。同时还规定其软化系数不应小于0.80。

3. 轻骨料混凝土的技术性质

1）表观密度

轻骨料混凝土按其表观密度分为14个等级，见表4.29。

表4.29 轻骨料混凝土的表观密度等级

表观密度等级	干表观密度变化范围 /kg·m^{-3}	表观密度等级	干表观密度变化范围 /kg·m^{-3}
600	560～650	1 300	1 260～1 350
700	660～750	1 400	1 360～1 450
800	760～850	1 500	1 460～1 550
900	860～950	1 600	1 560～1 650
1 000	960～1 050	1 700	1 660～1 750
1 100	1 060～1 150	1 800	1 760～1 850
1 200	1 160～1 250	1 900	1 860～1 950

2）强度

轻骨料混凝土的强度等级划分为：CL5.0，CL7.5，CL10，CL15，CL20，CL25，CL30，CL35，CL40，CL45，CL50，CL55，CL60。

影响轻骨料混凝土强度的主要因素有：水泥石的强度、轻骨料本身的强度、轻骨料用量。由于轻骨料的吸水性较大和骨料强度往往低于混凝土强度，故轻骨料混凝土强度决定因素要比普通混凝土复杂得多。在工程中，大多通过经验数据试拌试验后才能最终确定配比。

3）变形性能

轻骨料混凝土的弹性模量一般比同等级普通混凝土低30%～50%。弹性模量仍然是随抗压强度的提高而增大，当强度等级大于CL30时，轻骨料混凝土的弹性模量仅比普通混凝土低25%～30%。由于轻骨料变形较大，在地震力作用下能吸收较多能量缓减地震力破坏。与普通混凝土相比，轻骨料混凝土的收缩和徐变较大。在干燥空气中，结构轻骨料混凝土最终收缩值为0.4～1.0 mm/m，为同强度普通混凝土最终收缩值的1～1.5倍。徐变比普通混凝土大30%～60%，热膨胀系数比普通混凝土低20%左右。泊松比可取0.2。

4）热工性能

轻骨料混凝土具有良好的保温隔热性能。当其表观密度为1 000～1 800 kg/m³时，导热系数为0.28～0.87 W/(m·K)，其比热容为0.75～0.84 kJ/(kg·K)。线膨胀系数为$7×10^{-6}$～$10×10^{-6}$ 1/℃。

此外，轻骨料混凝土还具有较好的抗冻性和抗渗性，同时抗震、耐热、耐火性能也比普通混凝土好。

因此，轻骨料混凝土特别适用于高层、多层建筑，地基不良结构、抗震结构、漂浮结构等。

4. 轻骨料混凝土配合比设计与施工特点

由于轻骨料混凝土强度影响因素较普通混凝土复杂得多，因此要确定其配制强度或计算其配合比都比较困难，工程上大多采用前人经验数据经试验调整的方法。因此，在进行配合比设计时应注意以下问题：

1) 配制强度

配制强度与普通混凝土类似，即

$$f_{cu} = f_{cu,k} + 1.645\sigma$$

其中，σ 值可按表 4.30 选取。

表 4.30 轻骨料混凝土强度标准差

强度等级 $f_{cu,k}$	低于 CL20	CL20~CL35	高于 CL35
标准差 σ/MPa	4.0	5.0	6.0

2) 水泥、骨料选用

轻骨料混凝土选用原材料时，其水泥等级与轻骨料混凝土的等级相适应。轻骨料的表观密度等级和筒压强度（或强度）应根据轻骨料混凝土的表观密度和设计强度进行选择。水泥用量可参考表 4.31。

表 4.31 轻骨料混凝土的水泥用量　　　　　　　　　单位：kg/m³

混凝土试配强度/MPa	轻粗骨料堆积密度等级						
	400	500	600	700	800	900	1 000
<5.0	260~320	250~300	230~280				
5.0~7.5	280~360	260~340	240~320	220~330			
7.5~10		280~370	260~350	240~320			
10~15			280~350	260~340	240~330		
15~20			300~400	280~380	270~370	260~360	250~350
20~25				330~400	320~390	310~380	300~370
25~30				380~450	370~440	360~430	350~420
30~40				420~500	390~490	380~480	370~470
40~50					430~530	420~520	410~510
50~60					450~550	440~540	430~530

注：① 表中混凝土试配强度小于 30 的为采用 32.5 级水泥时的水泥用量值，大于 30 的为采用 42.5 级水泥时的水泥用量值。
② 表中下限值适用于圆球型和普通型轻骨料；上限值适用于碎石型轻粗骨料及全轻混凝土。
③ 最高水泥用量不宜超过 550 kg/m³。

3) 用水量

由于轻骨料具有较大的吸水性能，加到轻骨料混凝土中的总用水量应为净用水量加上轻骨料 1 h 吸水量之和。净用水量可参考表 4.32 选用。

表 4.32 轻骨料混凝土用水量

轻骨料混凝土用途		稠 度		净用水量 /kg·m^{-3}
		维勃稠度/s	坍落度/mm	
预制混凝土构件	振动加压成型	10~20	—	45~140
	振动台成型	5~10	0~10	140~180
	振捣棒或平板振捣器振实	—	30~80	165~215
现浇混凝土（大模、滑模）	机器振捣	—	50~100	180~225
	人工振捣或钢筋较密	—	≥80	200~230

注：① 表中值适用于圆球型和普通型轻粗骨料，对于碎石型轻粗骨料需按表中值增加 10 kg 左右的用水量。
② 表中值适用于砂轻混凝土，若采用轻砂时，需取轻砂 1 h 吸水量为附加水量；若无轻砂吸水率数据时，也可适当增加用水量，最后按施工稠度的要求进行调整。
③ 掺用外加剂时，宜按其减水率适当减少用水量，并按施工稠度要求进行调整。

4）砂 率

轻骨料混凝土的砂率一般采用体积砂率表示，即细骨料松散堆积体积与粗、细骨料总松散堆积体积之比，其选用见表 4.33。

表 4.33 轻骨料混凝土的砂率

轻骨料混凝土用途	细骨料品种	砂率/%
预制构件	轻 砂	35~50
	普通砂	30~40
现浇混凝土	轻 砂	—
	普通砂	35~45

注：① 当细骨料采用普通砂和轻砂混合使用时，宜取中间值，并按普通砂和轻砂的混合比例进行插入计算。
② 采用圆球型轻粗骨料时，宜取表中值下限；采用碎石型时，则取上限值。

骨料用量可用绝对体积法或松散体积法求得。砂轻混凝土宜采用前者，全轻混凝土宜采用后者。绝对体积法是假定每立方米混凝土的绝对体积为各组成材料的绝对体积之和，其砂率按表 4.32 选用。松散体积法是先假定 1 m³ 轻骨料混凝土的粗细骨料总体积 V_{a+s}（粗、细骨料的松散堆积体积之和），再根据选定的砂率和粗细骨料堆积密度计算出粗细骨料的体积及用量。V_{a+s} 随粗骨料粒型和细骨料种类的不同在 1.2~1.65 m³/m³ 范围内选用。

5. 轻骨料混凝土的施工特点

（1）轻骨料吸水率大，故在拌和前应对骨料进行预湿处理。若采用干燥骨料时，则应注意骨料的附加吸水量（1 h 吸水量）。

（2）外加剂最好在拌和水中兑匀。先加附加水使轻骨料吸水，然后再加入含外加剂的有效拌和水，以免外加剂被吸入轻骨料中而失去作用。

（3）为防止轻骨料上浮，最好选用强制式搅拌机及加压振动。

（4）当采用加热养护时，升温速度不宜太快。

(5)需核定拌和物的表观密度是否达到要求。

(二)多孔混凝土及大孔混凝土

多孔混凝土是指内部含有分布均匀的大量微小气泡,无粗骨料的轻质混凝土。根据气泡形成方法的不同分为加气混凝土和泡沫混凝土两大类。

多孔混凝土的孔隙率极高,可达 52%~85%,故质轻,表观密度为 300~1 200 kg/m^3,导热系数为 0.08~0.29 W/(m·K),因此兼有结构、保温、隔热等功能,同时容易切割且可加工性好。多孔混凝土可制作屋面板,内外墙板、砌块和保温制品,广泛用于工业与民用建筑和保温工程。

加气混凝土是由胶凝材料(一般由水泥或石灰)与含硅材料(如石英砂、粉煤灰、尾矿粉、粒化高炉矿渣、页岩等)加水和适量的加气剂,经混合搅拌、浇筑成型和压蒸养护(811~1 520 kPa)硬化而成。

加气剂多采用磨细铝粉,铝粉与氢氧化钙反应放出氢气而形成气泡。除铝粉外,还可采用过氧化氢、碳化钙等作为加气剂。

泡沫混凝土是以机械方法将泡沫剂水溶液所制备成的泡沫,加至由含硅材料和胶凝材料及水所组成的料浆中,经混合搅拌、浇注、养护而成的轻质多孔材料。

常用的泡沫剂有松香胶泡沫剂和水解牲血泡沫剂。松香胶泡沫剂采用烧碱加水溶入松香粉而生成松香皂,再加入少量骨胶或皮胶溶液熬制而成。

泡沫混凝土的生产成本虽然较低,但是它的抗裂性比加气混凝土低 50%~90%,加之料浆稳定性不够好,初凝硬化时间又较长,故其生产与应用的发展不如加气混凝土快。

无砂大孔混凝土是由粒径相近的粗骨料、水泥和水配制而成,经搅拌后让水泥浆裹住粗骨料,但又不会填满空隙而形成的一种内部多孔的混凝土。无砂大孔混凝土及其制品作为一种环保生态型的透水性路面材料,近年来在国外广泛应用,分为水泥透水性混凝土和高分子(沥青或树脂)透水性混凝土两类,作为绿色混凝土,可用于温室地面、护坡绿化和高速公路中央分隔带、路肩等。

二、高强混凝土

高强混凝土是指强度等级达到或超过 C60 的混凝土。

高强混凝土是由于现代土木工程结构向高层、超高层以及大跨度桥梁或大型跨空结构的需要而发展起来的。它在原材料选用、配合比、外加剂及掺和料等方面都与普通混凝土有所不同。在性能上,除了强度较高以外,它还具有早期强度高,弹性模量大,徐变小,密实性好,抗冻、抗渗性优良等特点。因此,广泛地应用于预应力混凝土结构、接触网支架、管柱、管桩等要求强度高的结构。

但随着人们对高强度密实混凝土认识的不断深入,也发现单纯追求高强所带来的一些不利因素,如结构脆性增大,抗震吸能性降低,容易出现早期干缩开裂,水化热大等弱点。因此,从结构受力角度出发,没有必要一定采用高强时,应尽可能不用高强混凝土;需要采用时,也要采取一些措施来改善上述不利因素。

配制高强混凝土时应遵循以下基本要求:

(1)水泥。应选用普通硅酸盐水泥或硅酸盐水泥,其等级不宜低于 42.5 级。

（2）细骨料。宜采用偏粗的中砂或粗砂，其细度模数宜大于 2.6，含泥量不超过 2%，泥块含量不应大于 0.5%。C70 以上的混凝土含泥量不应超过 1.0%，不允许有泥块存在。

（3）粗骨料。粗骨料应选用质地坚硬、强度高、级配好的碎石，针、片状颗粒含量不宜超过 5%，含泥量不应超过 1%。C80 以上等级的混凝土含泥量不应大于 0.5%。粗骨料的最大粒径需随混凝土配制强度的提高而降低，一般不宜超过 25 mm。

（4）外加剂。宜选用非引气、坍落度损失小的高效减水剂。

（5）混凝土掺和料。在混凝土中掺入硅粉、超细粒化矿渣或超细粉煤灰，既可减少每立方米混凝土水泥用量，又可减少水化热，改善高强混凝土早期性能，是配制 C70 以上等级高强混凝土的有效措施。

（6）水灰比。C60 以上级混凝土其强度与 W/B 已不完全服从强度公式，一般可根据经验或试配确定。试配水胶比宜控制在 0.38 以下，水胶比增减量宜为 0.02~0.03。

（7）胶结材用量。水泥用量不宜超过 550 kg/m³，胶凝材料总量不宜超过 600 kg/m³。掺和料的品种和掺量及其对混凝土性能的影响应通过试验来确定。水泥用量不宜过大，否则会导致水化热过大，早期失水收缩增加，收缩徐变增大。

（8）砂率。由于高强混凝土水泥用量较大，故砂率比普通混凝土要小，最终应以试验结果为准。

（9）施工及养护措施。除上述措施可获得高强混凝土之外，采用合理的施工工艺也可大大提高混凝土强度。例如，采用高频或中频相结合复合振捣密实混凝土，加压成型工艺、离心成型工艺、压蒸养护也可显著提高混凝土强度，高强混凝土在养护时应特别注意防止水分早期蒸发而失水，否则混凝土会显著降低强度并产生开裂（收缩）。

（10）混凝土配制强度直接取 $1.15 f_{cu \cdot k}$。

三、高性能混凝土

20 世纪 80 年代末至 90 年代初，美国、日本、加拿大等发达国家发现大量钢筋混凝土工程在一些恶劣环境条件下，远低于预计服役年限内就出现不同程度的损坏，如海港码头钢筋锈蚀、大坝开裂、路面损坏、隧道渗水和沉降等，致使结构维修费用逐年递增（呈 5 倍率增加，即设计时节省 1 美元，维修时需增加 5 美元；钢筋开始锈蚀时需 25 美元，出现锈蚀开裂时则需 125 美元）。

美国国家标准与技术研究所（NIST）与美国混凝土协会（ACI）在 1990 年 5 月召开的研讨会上提出：高性能混凝土（High Performance Concrete，缩写为 HPC）是具有某些性能要求的均质混凝土。它必须采用严格的施工工艺，采用优质材料配制，具有便于浇捣、不离析、力学性能稳定、早期强度高、良好的韧性和体积稳定性等性能的耐久的混凝土。特别适用于高层建筑、桥梁以及暴露在严酷环境中的建筑结构。同年 Mehta P.K.认为：HPC 不仅要求高强度，还应具有高耐久性（抗化学腐蚀）等，例如高体积稳定性（高弹性模量、低干缩率、低徐变和低温度应变）、高抗渗性和高工作性。

对高性能混凝土可以给出以下定义：针对不同用途要求，高性能混凝土对耐久性、工作性、适用性、强度、体积稳定性、经济性等性能要重点地予以保证。为此，高性能混凝土在配制上的特点是低水胶比，选用优质原料，除水泥、水、骨料外，必须增加足够数量的矿物细掺料和高效外加剂。

我国近年的大量工程实践发现,由于大量采用高流态混凝土以及高强度等级混凝土,致使目前大多数混凝土中水泥用量达到 450~550 kg/m³,而且水泥细度达到 450 m²/kg 以上,致使钢筋混凝土结构大量出现早期开裂现象。因此,人们已经开始反思,高性能混凝土是否一定要高强,特别是早强,而高掺量矿粉限制早期强度是防止早期开裂的有效途径。

现在,对高性能混凝土的研究已经从广泛的层面转移到混凝土组成结构的整体耐久性——安全服役年限上。可以这样说,现在高性能混凝土与过去普通混凝土的最大区别是:

(1) 抗冻性。采用快速冻融法≥F300 或相对耐久性指数≥80%。

(2) 护筋性。指混凝土保护钢筋不锈蚀的能力。常采用 Cl^- 渗透扩散性系数或以快速电迁移法测定通过试件电量(库仑,C)表示,当电量小于 1 000 C 时,认为抗氯离子性能优良。导致钢筋锈蚀的另一因素是混凝土中性化,其中以碳化为主。

(3) 抗碱-骨料反应。目前国内外采取的措施是:选用低碱水泥(碱含量小于 0.5%~0.6%);单方混凝土中有效碱低于 2.1~3.0 kg/m³;掺入活性掺和料 30%(粉煤灰)或矿渣 50%。

(4) 抗硫酸盐腐蚀及盐析破坏。其中盐析破坏作用大于硫酸盐腐蚀,采用的措施是提高混凝土密实性(与抗冻性一致),其次是限制硫酸盐掺入量。

四、商品混凝土及泵送混凝土

随着城市化建设的发展,人们对环境噪音污染控制的要求,已使许多混凝土搅拌站都远离闹市区。同时,混凝土集中拌和易于质量控制已经逐渐被公认。因此,商品混凝土已占到所有城市建设中混凝土生产量的 95% 以上。甚至在野外施工工程中,也要求采用集中拌和方式供应混凝土。

(一) 商品混凝土

商品混凝土也称预拌混凝土,是指由水泥、骨料、水以及根据需要掺入的外加剂和掺和料等组分按一定比例,在集中搅拌站经计量,拌制后出售的,并采用运输车在规定时间内运至使用地点的混凝土拌和物。

国家标准《预拌混凝土》(GB 14902—2003)将预拌混凝土分为通用品(A)和特制品(B)两类。通用品系指强度等级不超过 C40,坍落度不大于 150 mm,粗骨料最大粒径不大于 40 mm,并无特殊要求的预拌混凝土。特制品系指超出通用品规定范围或有特殊要求的预拌混凝土。预拌混凝土供应标记如下所示:

$$A\ C30\text{-}80\text{-}GD\text{-}P.O \qquad B\ C30\text{-}180\text{-}GD\text{-}P.I$$

其中,A、B 表示类别;C30 表示强度等级;80(或 180)表示坍落度(mm);GD 指粗骨料最大粒径;P.O(或 P.I)指水泥品种。

采用预拌混凝土具有以下优点:① 提高设备利用率,能耗低;② 减少污染,改善施工环境,节约材料;③ 有利于质量控制,预拌混凝土强度的变异系数(一般为 0.07~0.15),远低于现场搅拌混凝土(一般为 0.27~0.32);④ 有利于新技术推广,如散装水泥,外加剂、矿物掺和料等。

（二）泵送混凝土

泵送混凝土是指采用混凝土输送泵，将拌好的混凝土沿管道输送到浇筑地点的混凝土。泵送混凝土最大的特点是可以在各种条件下将混凝土输送到指定地点（垂直、水平均可输送），生产效率高，适用于高层建筑、大跨度桥梁等。

泵送混凝土除满足普通混凝土的基本力学性能外，还应满足可泵性。所谓可泵性是指混凝土拌和物在泵压力作用下，能在输送管道中连续稳定地通过而不产生离析的性能。可泵性也可理解为混凝土拌和物在压力作用下的工作性。可泵性评定指标可用压力泌水试验结合施工经验进行控制，一般混凝土拌和物 10 s 时的相对压力泌水率 S_{10} 不宜超过 40%。相对泌水率 S_{10} 按下式计算：

$$S_{10} = \frac{V_{10}}{V_{140}} \times 100\%$$

式中　S_{10}——混凝土在 3.5 MPa 压力下加压至 10 s 时的相对泌水率（%）；

　　　V_{10}、V_{140}——混凝土在 3.5 MPa 压力下加压至 10 s 和 140 s 时的泌水量（mL）。

压力泌水试验按照现行国家标准进行。

泵送混凝土在管道中的流动过程，可形象化地说，是一个固体核心在高应力的薄浆层介质中的滑动过程，这是混凝土顺利泵送的一个最基本的条件。为满足这一条件，必须从泵送混凝土的原材料选用和配合比设计等方面加以实现，即配制出的泵送混凝土必须有足够的稠度，适中的浆体，并在泵压力作用下能始终保持这种状态。为了保证混凝土良好的可泵性，其原材料及配合比应满足以下条件：

1. 原材料

（1）水泥。应优先选用硅酸盐水泥、普通水泥、粉煤灰水泥和矿渣水泥，不宜选用火山灰水泥。

（2）骨料。粗骨料最大粒径与输送管经之比，当泵送高度在 50 m 以下时，对碎石不宜大于 1:3，对卵石不宜大于 1:2.5；泵送高度在 50~100 m 时，宜为 1:3~1:4；泵送高度在 100 m 以上时，宜为 1:4~1:5。粗骨料应采用连续级配，且针、片状颗粒含量不宜大于 10%。细骨料宜采用中砂，其通过 0.30 mm 筛孔的颗粒含量不应小于 15%。

（3）外加剂和掺和料。泵送混凝土一般要掺入泵送剂或高效减水剂（加适量缓凝剂和引气剂），并掺入粉煤灰或其他活性掺和料。外加剂和掺和料的质量应符合国家现行标准。

2. 配合比

（1）水胶比不宜大于 0.60。

（2）水泥用量不宜小于 300 kg/m³。

（3）砂率宜为 35%~45%，配制高强度等级混凝土时可适当降低。

（4）掺用引气型外加剂时，其混凝土含气量不宜大于 4%。

泵送混凝土的坍落度范围为 100~180 mm。坍落度太小，泵送阻力增大，易造成管道堵塞。当泵送高度增大时，应适当增加坍落度。当采用大流动度时，应避免产生泌水，因为泌水离析会导致自由水在高压力作用下首先被压出，而粗骨料滞后并堵管。泵送混凝土坍落度可按表 4.34 选用。

表 4.34　泵送混凝土坍落度选用

泵送高度/m	<30	30～60	60～100	>100
坍落度/mm	100～140	140～160	160～180	180～200

五、聚合物混凝土

聚合物混凝土是一种由有机、无机材料复合的新型混凝土。按其组成和制作工艺一般可分为三种。

1. 聚合物胶结混凝土（PC）

它是一种完全不用水泥，而以合成树脂作胶结材料所制成的混凝土，又称为树脂混凝土。用树脂作黏结剂，不但黏结剂本身的强度比较高，而且与骨料之间的黏结力也被显著提高。树脂混凝土具有很多优点，例如可以在很大范围内调节硬化时间；硬化后强度高，特别是早强效果显著，通常一天龄期的抗压强度达 50～100 MPa，抗拉强度达 10 MPa 以上；抗渗性高，几乎不透水；耐磨性、抗冲击性及耐蚀性高；掺入彩色填料后可具有美丽的色彩。因此，树脂混凝土是一种多用途材料。其不足之处是硬化初期收缩大，可达 0.2%～0.4%；徐变亦较大；易燃；在高温下热稳定性差，当温度为 100 ℃ 时，其强度仅为常温下的 1/3～1/5。目前树脂混凝土成本还比较高，只能用于特殊要求的工程和修补加固工程。

2. 聚合物浸渍混凝土（PIC）

这是一种将已硬化的普通混凝土放在有机单体里浸渍或在真空皿中浸渍，然后用加热或辐射的方法使混凝土孔隙内的单体产生聚合作用，使混凝土和聚合物结合成一体的新型混凝土。按其浸渍方法的不同，分为完全浸渍和部分浸渍两种。

所用浸渍液有各种聚合物单体和液态树脂，如甲基丙烯酸甲酯（MMA）、苯乙烯（S）、丙烯腈（AN）等。目前使用较广泛的是 MMA 和 S。

为了保证质量，聚合物浸渍混凝土应控制浸渍前的干燥情况、真空程度、浸渍压力及浸渍时间。干燥的目的是为浸渍液体让出空间，同时也可避免凝固后水分所引起的不良影响。浸渍前施加真空可加快浸渍液的渗透速度及浸渍深度，控制浸渍时间则有利于提高浸渍效果，而在高压下浸渍则能增加总的浸渍率。

这种混凝土由于聚合物填充了混凝土的内部孔隙和微裂缝，形成连续的空间网络，并与硬化水泥混凝土结构相互穿插，使聚合物浸渍混凝土具有极其密实的结构，因此具有高强、耐蚀、抗渗、耐磨等优良的物理力学性能。

浸渍混凝土目前主要用于路面、桥面、输送液体的管道、隧道支撑系统及水下结构等。

3. 聚合物水泥混凝土（PCC）

聚合物水泥混凝土是用聚合物乳液（在水中的分散体）拌和水泥，并掺入砂或其他骨料而制成的。这种混凝土的特点是：黏结剂由聚合物分散体和水泥两种活性成分构成。在硬化过程中，聚合物与水泥之间不发生化学作用，而是在水泥水化形成水泥石的同时，聚合物在混凝土内脱水固化形成薄膜，填充水泥水化物和骨料之间的孔隙，从而改善了硬化水泥浆与骨料及各水泥颗粒之间的黏结力。

拌制聚合物水泥混凝土可用普通水泥，也可采用高铝水泥和快硬水泥等。采用快硬水泥的效果比普通水泥好。聚合物可采用橡胶乳液、各种树脂胶和水溶性聚合物等。聚合物与水泥的比例对混凝土的性能影响较大，通常聚合物的掺用量为水泥质量的5%~30%（固体含量）。

聚合物水泥混凝土的特点是：抗拉强度、抗折强度及延伸能力高，抗冻性、耐蚀性和耐磨性高。因此，它主要用于路面工程、机场跑道及防水层等。

六、纤维增强混凝土（SFRC）

纤维增强混凝土以混凝土为基材，外掺纤维材料配制而成。通过适当搅拌，把短纤维均匀分散在拌和物中，提高混凝土抗拉强度、抗弯强度、冲击韧性等力学性能，从而降低其脆性，是一种新型的复合建筑材料。

纤维按其变形性能，可分为高弹性模量纤维（如钢纤维、玻璃纤维和碳纤维等）和低弹性模量纤维（如聚丙烯纤维、尼龙纤维等）。常用的纤维有钢纤维、玻璃纤维和合成纤维等。

纤维增强混凝土因所用纤维不同，其性能也不一样。采用高弹性模量纤维时，由于纤维约束开裂能力较好，故可全面提高混凝土的抗拉强度、抗弯强度、抗冲击强度和韧性。如用钢纤维制成的混凝土，必须是钢纤维被拔出才有可能发生破坏，因此其韧性显著增大（见图4.27）。混凝土中掺入2%的钢纤维后，其性能改善情况示于表4.35中。采用弹性模量低的合成纤维时，对混凝土强度的影响较小，但可显著改善韧性和抗冲击性。

图4.27 纤维增强混凝土的荷重—变形曲线

表4.35 钢纤维混凝土的性能（2%的钢纤维）

性　　能		与普通混凝土相比的增长/%
出现第一条裂缝时的抗弯强度		130~170
极限强度	弯曲抗拉	150~220
	抗　压	110~135
	抗　剪	150~190
弯曲疲劳极限		180~240
抗冲击性		280~350
抗磨性		180~250
热作用时的抗剥落性		250~320
冻融试验的耐久性		150~250

注：增加拌和物的工作度，极限强度比上述所列数据还要高。

对于纤维增强混凝土，纤维的体积含量、纤维的几何形状以及纤维的分布情况对其性能有着重要影响。以短钢纤维为例：为了兼顾构件性能要求及便于搅拌和保证混凝土拌和物的均匀性，通常的掺量在 0.5%～2%（体积比）范围内，考虑到经济性，尤以 1.0%～1.5% 范围内较多，长径比以 40～100 为宜，尽可能选用直径细、形状非圆形的变截面钢纤维，其效果最佳。

目前，纤维增强混凝土已应用于飞机跑道、隧道衬砌、路面及桥面、水工建筑、铁路轨枕、压力管道等领域中。近年来，有机高分子纤维在混凝土中的应用迅速发展起来，它最大的优点是掺入量小（$0.5～1\ kg/m^3$）、成本相对较低、不锈蚀（钢纤维常常由于混凝土表面碳化而产生锈蚀开裂）、易分散等，并能显著地提高混凝土的耐腐蚀性、抗冲击性和抗裂性能，因此拥有巨大的市场前景。

七、大体积混凝土

混凝土结构最小尺寸大于或等于 1 m 所用的混凝土称为大体积混凝土。

大体积混凝土所特有的主要技术问题是，由于水泥水化作用放出的水化热而引起的内部升温，以及随之而发生的冷却引起的温度应力。大体积混凝土浇筑完毕后，水泥水化作用所放出的热量使混凝土内部温度逐渐升高，而混凝土内部的热量又不易散发，造成较大的内外温差。温差愈大，温度应力愈大，加之混凝土早期的抗拉强度低，致使混凝土开裂。在降温过程中，由于混凝土受到约束，冷缩变形将使混凝土开裂进一步加剧，使一些表面裂缝发展为贯通裂缝。另外，在大体积混凝土中，混凝土收缩变形引起的应力变化也是不可忽视的问题。

在大体积混凝土施工中，以控制混凝土由于温度应力和收缩变形引起的裂缝为主要目标，从而提高混凝土的抗渗、抗裂、抗侵蚀性能，延长结构物的耐久年限。为了保证大体积混凝土工程的质量，一般可采取以下措施：

（1）采用水化热低的水泥，如低热水泥、矿渣硅酸盐水泥等。
（2）采用能降低早期水化热的混凝土外加剂，如缓凝剂、缓凝型减水剂等。
（3）采用掺和料，如粉煤灰、磨细矿渣、磨细石灰石等。
（4）采用一切措施增加骨料和掺和料用量，降低水泥用量。
（5）采用补偿收缩混凝土。
（6）采用合理施工工艺，如控制浇筑层厚度和进度，以利散热，控制混凝土入模温度，浇筑混凝土时投入适量毛石，预埋循环冷却水管，埋设测温装置，加强观测等。
（7）冬季施工时，注意表面保温，以减少内外温差，喷洒热水养护或表面覆盖以防止水分蒸发。

八、耐热混凝土

耐热混凝土是指能在长期高温（200～1 300 ℃）作用下保持所需要的物理力学性能的特种混凝土。耐热混凝土大量用于建造工业的窑炉基础、高炉外壳、烟囱和热工设备基础等。

普通混凝土在高温时强度降低的规律如图 4.28 所示。在低于 300 ℃ 时，温度升高对强度影响较小；但在高于 300 ℃ 后，混凝土强度随温度升高而显著降低，且颜色发生变化。这主要是由于在长期高温下，首先是氢氧化钙分解及石英岩骨料膨胀，而后是水化硅酸钙脱水及石灰岩骨料分解，混凝土强度几乎完全丧失。因此，普通混凝土不能在高温环境下使用。耐热混凝土按其胶凝材料的不同，一般可分为水泥耐热混凝土和水玻璃耐热混凝土。

图 4.28 高温下混凝土的强度和颜色

(一) 水泥耐热混凝土

1. 硅酸盐水泥耐热混凝土

它由普通硅酸盐水泥、磨细掺和料、耐热粗细骨料和水配制而成。配制这类耐热混凝土，要求普通硅酸盐水泥不得掺有石灰岩类的混合材料。磨细掺和料可采用黏土熟料、磨细石英砂、砖瓦粉末等，其中的 SiO_2、Al_2O_3 在高温下能与氧化钙作用，生成稳定的无水硅酸盐和无水铝酸盐，使水泥具有独特的耐热性能。耐热粗细骨料根据不同耐热性能要求，可选用重矿渣、红砖、黏土质耐火砖碎块、安山岩、玄武岩、铝矾土熟料、烧结镁砂及铬铁矿等，其中后三种为耐热优质骨料。普通硅酸盐水泥配制的耐热混凝土的极限使用温度为 1 200 ℃。

2. 矿渣硅酸盐水泥耐热混凝土

它由矿渣硅酸盐水泥、耐热粗细骨料（有时掺加磨细掺和料）和水配制而成。矿渣硅酸盐水泥作为耐热混凝土的胶凝材料，实质上即等于硅酸盐水泥熟料掺矿渣，这里的矿渣本身就是磨细掺和料。矿渣水泥耐热混凝土的极限使用温度为 900 ℃。

3. 铝酸盐水泥耐热混凝土

它由高铝水泥或低钙铝酸盐水泥，耐热度较高的掺和料以及耐热粗细骨料和水配制而成。其极限使用温度在 1 300 ℃ 以下。虽然在 300~400 ℃ 时强度会剧烈降低，但此后残余部分的强度却能保持不变。而在 1 100 ℃ 以后，结构水全部脱出而烧结成陶瓷材料，其强度又会重新提高。高铝水泥的熔化温度在 1 200~1 400 ℃，因此，在其极限使用温度之下是不会被熔化而降低强度的。

(二) 水玻璃耐热混凝土

它是以水玻璃为胶凝材料，氟硅酸钠为促硬剂，掺入磨细掺和料及耐热粗细骨料配制而成。磨细掺和料及耐热粗细骨料与硅酸盐水泥耐热混凝土相同。水玻璃耐热混凝土的极限使用温度在 1 200 ℃ 以下。

九、耐酸混凝土

在工业建筑中，混凝土常接触到酸性介质，而普通混凝土是不耐酸性腐蚀的。一般将具有抵抗酸性介质腐蚀能力的混凝土,称为耐酸混凝土。

耐酸混凝土常以水玻璃作为胶凝材料,氟硅酸钠作为促硬剂,掺入磨细的耐酸掺和料(如石英粉或辉绿石岩粉)以及耐酸的粗细骨料(如石英石、石英砂),按一定比例配制而成。水玻璃耐酸混凝土的质量配合比大致为水玻璃:粉末填充料:砂:石 = 0.6 ~ 0.7 : 1 : 1 : 1.5 ~ 2.0。氟硅酸钠为水玻璃质量的 12% ~ 15%。水玻璃用量必须满足混凝土流动性的要求,其密度应为 1.38 ~ 1.40 g/cm³。

水玻璃耐酸混凝土能抵抗各种酸(如硫酸、盐酸、硝酸等无机酸,醋酸、蚁酸和草酸等有机酸)和大部分腐蚀性气体(氯气、二氧化硫、三氧化硫等)的侵蚀。但不耐氢氟酸、300 ℃以上的热磷酸、高级脂肪酸或油酸的侵蚀。这种混凝土 3 d 的抗压强度为 11 ~ 12 MPa,28 d 的抗压强度应不小于 15 MPa。

水玻璃耐酸混凝土的硬化机理,一般认为主要是水玻璃和氟硅酸钠发生化学反应的结果,而耐酸粉料和耐酸粗细骨料不参与反应。氟硅酸钠 Na_2SiF_6 可与水玻璃起反应生成硅胶 $Si(OH)_4$,此种硅胶沉积在耐酸粉料和粗细骨料表面,形成一层硅胶薄膜,由于硅胶本身具有黏结性,将掺和料和粗细骨料相互胶结成一整体,无定形硅胶逐步脱水变成氧化硅[即 $Si(OH)_4 = SiO_2 + 2H_2O$],使耐酸混凝土强度进一步提高。温度上升,水玻璃耐酸混凝土的硬化过程逐渐加快,一般要在温度(10 ℃ 以上)和干燥的环境中硬化(禁止浇水)。

水玻璃耐酸混凝土一般用于储油器、输油管、储酸槽、酸洗槽、耐酸地坪及耐酸器材等。

十、道路混凝土

道路路面或机场路面所用的水泥混凝土,一般称为道路混凝土。道路混凝土必须具备下列性质:① 抗折强度高,波动性小;② 表面致密,有良好的耐磨性;③ 有良好的承受气候作用的耐久性;④ 在温度和湿度的影响下体积变化不大;⑤ 表面易于整修。

道路混凝土在原材料、技术性质的规律及质量控制等方面与普通混凝土基本一致。但由于其受力特点及所使用环境的不同,道路混凝土在组成材料选用、配合比设计、施工等方面与普通混凝土又不尽相同。

配制道路混凝土所用水泥以道路硅酸盐水泥或普通硅酸盐水泥为佳,因其凝结硬化快、早期强度高、收缩小、耐磨性能强、抗冻性好。水泥强度等级不宜低于 42.5 级,水泥用量应不少于 320 kg/m³。粗骨料的质量是影响道路混凝土耐久性的重要因素,必须选用抗压强度较高和耐磨性较好的粗骨料,其最大粒径不宜大于 37.5 mm。细骨料宜采用级配良好的中、粗砂,砂的质量应符合 C30 以上普通混凝土用砂要求。道路混凝土工程中常用的外加剂品种为减水剂、引气剂、早强剂、缓凝剂,有抗冻要求的混凝土,含气量应大于 4.5% ~ 6%。

道路混凝土的配合比设计,应使混凝土符合强度高、耐久性好、抗磨性和抗冲击性强、变异性小等质量要求,并具有适合操作的施工和易性。道路混凝土主要是以路面混凝土的抗折强度(抗弯拉强度)为设计标准。道路混凝土的配合比设计方法及步骤应遵循相应规程的要求。

道路混凝土除有抗折强度要求外,为保证路面混凝土的耐久性、耐磨性、抗冻性等要求，抗压强度不应低于C30。道路混凝土抗折强度与抗压强度的比值，一般为1∶5.5~1∶7.0。

道路混凝土的施工特点是：混凝土面层较薄，质量的波动会大幅度地影响到结构强度，故应优先采用大型机械化施工，以便高效率地浇筑出数量多、质量好、尺寸准确的混凝土路面。

十一、喷射混凝土

喷射混凝土是用压缩空气喷射施工的混凝土。它是将预先配好的水泥、砂、石子和速凝剂装入喷射机，借助高压气流使物料通过喷头时与水混合，以很高的速度喷射至施工面。这种混凝土一般不用模板，能与施工面紧密地黏结在一起，形成完整而稳定的衬砌层，具有施工简便、强度增长快、密实性好、适应性强的特点。

为了保证喷射混凝土能在几分钟内凝结，并获得较高的早期强度和降低回弹率，需掺用速凝剂。目前常用的速凝剂有红星Ⅰ型速凝剂和711型速凝剂，中碱、低碱速凝剂也被广泛采用。

喷射混凝土要求所用的水泥凝结硬化快，早期强度高，故宜用普通水泥而不宜用火山灰水泥或矿渣水泥。所用骨料级配应很好地选择，以免发生堵管现象。石子最大粒径应不大于25 mm或20 mm，其中粒径大于15 mm的石子应控制在20%以内，砂子以中砂或粗砂为宜。常用配合比为水泥∶砂∶石=1∶2∶2或1∶2.5∶2（质量比），水泥用量一般为300~400 kg/m^3，水灰比为0.4~0.5。

喷射混凝土的强度和密实度均较高，抗压强度为25~40 MPa，抗拉强度为2~2.5 MPa，与岩石的黏结力为1~1.5 MPa，抗渗等级在P8以上。喷射混凝土常用于隧道衬砌施工。此外，还广泛应用于基坑支护和矿井支护工程以及修补混凝土建筑物的缺陷。

十二、水下混凝土

在地面拌制而在水下环境（淡水、海水、泥浆水）中灌筑和硬化的混凝土，称为水下灌筑混凝土，简称水下混凝土。采用这种方法施工的混凝土，可以省去为创造干地施工条件所必须采取的围堰、基础防渗及基坑排水等辅助工程。

水下混凝土施工时，应防止混凝土受水流冲刷而导致材料离析或形成疏松结构。因此，原则上应在静水中灌筑。若是断流不完善，则水的流速也须控制在3 m/min以下。

水下混凝土一般不采用振捣，而是依靠自重（或压力）和自然流动摊平。同时，在有水环境中灌筑混凝土难免会受到环境水的浸渍、扰动和稀释的影响，为了减少或避免这些不利因素，不仅要求采用特殊的施工方法，而且要求混凝土拌和物具有良好的和易性，即流动性要大，黏聚性要好，泌水性要小。坍落度以15~18 cm为宜，且具有良好的保持流动性的能力。因此，宜选用颗粒较细、泌水率小、收缩性小的水泥，如普通水泥等。水泥等级不宜低于32.5，用量应在370 kg/m^{3}以上。为防止骨料离析，粗骨料不宜过大，最大粒径应结合输送混凝土导管口径及钢筋净距选用，一般不宜大于70 mm。砂率较大，为40%~47%，而且砂中应含有一定数量的细颗粒，必要时可掺用一定量的粉煤灰，以提高拌和物的黏聚性。近年来，采用高分子材料聚丙烯酰胺作为水下不分散剂掺至混凝土中，取得了良好的技术效果。

复习思考题

1. 对普通混凝土有哪些基本要求？怎样才能获得质量优良的混凝土？
2. 试述混凝土中的四种基本组成材料在混凝土中所起的作用。
3. 对混凝土用骨料在技术上有哪些基本要求？为什么？
4. 试说明骨料级配的含义，怎样评定级配是否合格？骨料级配良好有何技术经济意义？
5. 某工地打算大量生产 C20 以上混凝土，当地所产砂（甲砂）的取样筛分结果见表 4.36，判定其颗粒级配不合格；外地产砂（乙砂），根据筛分结果，其颗粒级配也不合格。若将两种砂混合掺配使用，是否可行？如果可行，试确定其最合理的掺配比例。

表 4.36 筛 分 记 录

筛孔尺寸/mm	累计筛余率/%		筛孔尺寸/mm	累计筛余率/%	
	甲砂	乙砂		甲砂	乙砂
4.75	0	0	0.600	50	90
2.36	0	40	0.300	70	95
1.18	4	70	0.150	100	100

6. 现有两种砂子，若细度模数相同，其级配是否相同？若两者的级配均为 2 区砂，其细度模数是否相同？
7. 试比较碎石和卵石拌制的混凝土的优缺点。
8. 什么是混凝土拌和物的和易性？影响和易性的主要因素有哪些？如何改善混凝土拌和物的和易性？
9. 试述泌水对混凝土质量的影响。
10. 和易性与流动性之间有何区别？混凝土试拌调整时，发现坍落度太小，如单纯增加用水量去调整，混凝土拌和物会有什么变化？对硬化后的混凝土性质又会有怎样的影响？
11. 影响混凝土强度的内在因素有哪些？试结合强度公式加以说明。
12. 某工地施工人员采取下述几个方案提高混凝土拌和物的流动性，试问哪个方案可行，哪个方案不可行？并说明理由。
（1）多加水；
（2）保持 W/B 不变，增加水泥浆用量；
（3）加入 $CaCl_2$；
（4）加入减水剂；
（5）延长振捣时间。
13. 试简单分析下述不同的试验条件测得的强度大小有何不同，为何不同？
（1）试件形状不同（同横截面的棱柱体试件和立方体试件）；

(2)试件尺寸不同;

(3)加荷速度不同;

(4)试件与压板之间的摩擦力大小不同(涂油和不涂油)。

14. 混凝土的弹性模量有几种表示方法?规范采用的是哪一种?怎样测定?

15. 试结合混凝土的应力-应变曲线说明混凝土的受力破坏过程。

16. 什么是混凝土的徐变和收缩?影响徐变与收缩的主要因素有哪些?

17. 试从混凝土的组成材料、配合比、施工、养护等几个方面综合考虑,提出提高混凝土强度的措施。

18. 什么是减水剂?在混凝土中加减水剂有何技术经济意义?我国目前常采用的有哪几种?

19. 什么是引气剂?在混凝土中掺入引气剂会有何技术经济意义?

20. 混凝土的强度为什么会有波动?波动的大小如何评定?

21. 根据以往的历史统计资料,甲、乙、丙三个施工队的施工水平各不相同。若按混凝土强度的变异系数 C_V 来衡量,则甲队 $C_V = 10\%$,乙队 $C_V = 15\%$,丙队 $C_V = 20\%$。今有某工程要求混凝土的强度等级为C30,混凝土强度保证率为95%(保证率系数 $t = 1.645$),问这三个施工队在保证质量的条件下,各自的混凝土配制强度(平均强度)为多少?指出哪个施工队最节约水泥,并说明理由。

22. 混凝土的 W/B 和相应 28 d 的强度数据列于表 4.37 中,所用水泥为 42.5 等级普通水泥,试求出强度经验公式中的 α_a、α_b 值(精确至 0.01)。

表 4.37

编号	1	2	3	4	5	6	7	8
W/B	0.40	0.45	0.50	0.55	0.60	0.65	0.70	0.75
f_{cu}/MPa	36.3	35.3	28.2	24.0	23.0	20.6	18.4	15.0

23. 用砂、石材料拌制 C30 塑性混凝土:砂子,$\rho_{0s} = 2.60 \text{ g/cm}^3$,$\rho'_{0s} = 1\,560 \text{ kg/m}^3$;石子,$\rho_{0g} = 2.60 \text{ g/cm}^3$,$\rho'_{0g} = 1\,530 \text{ kg/m}^3$。试求出理论砂率。(取拨开系数 $K = 1.3$)

24. 已知实验室配合比为 1∶2.50∶4.05,$W/B = 0.6$,混凝土拌和物的表观密度 $\rho_0 = 2\,400 \text{ kg/m}^3$,工地采用 800 L(出料)搅拌机进行搅拌,某日实际测得卵石含水率为 2.5%,砂的含水率为 4%。问当天每次各种材料投量为多少?

25. 某实验室按初步配合比,称取 15 L 混凝土的原材料进行试拌,水泥 5.2 kg,砂 8.9 kg,石子 18.1 kg,$W/B = 0.6$。试拌结果是坍落度太小,于是保持 W/B 不变,增加 10%的水泥浆后,坍落度合格,测得混凝土拌和物表观密度为 2\,380 kg/m^3,试计算调整后的基准配合比。

26. 在标准条件下养护一定时间的混凝土试件,能否真正代表同龄期的相应结构物中的混凝土强度?试解释之。在现场同条件下养护的混凝土又如何呢?

27. 为什么要在混凝土施工中进行质量控制?通常要进行哪些检验工作?

28. 有下列混凝土工程及制品,一般选用哪一种外加剂较为合适?并简要说明原因:

(1)大体积混凝土;

(2) 高强度混凝土；

(3) C35 泵送混凝土；

(4) 混凝土预制构件；

(5) 抢修及喷锚支护的混凝土；

(6) 有抗冻要求的混凝土。

29. 某工程配制 C30 混凝土，施工中连续抽取 34 组试件（试件为标准试件），检测 28 d 强度，结果见表 4.38。试求 $\bar{f}_{cu}$，σ，C_V 和强度保证率。

表 4.38

试件组号	1	2	3	4	5	6	7	8	9	10	11	12
f_{cu}	32.1	37.5	38.1	39.3	38.2	40.2	43.1	45.3	40.1	30.1	28.3	29.2
试件组号	13	14	15	16	17	18	19	20	21	22	23	24
f_{cu}	32.5	40.1	37.4	38.1	36.4	33.3	38.2	36.5	35.8	30.6	36.2	37.9
试件组号	25	26	27	28	29	30	31	32	33	34		
f_{cu}	38.5	32.5	39.8	31.1	30.2	35.6	36.8	37.4	35.8	39.2		

30. 混凝土获得高强和高性能的途径和技术措施主要有哪些？

31. 与普通混凝土相比，轻骨料混凝土在物理力学和变形性质上有何特点？

32. 今欲配制一结构用轻骨料混凝土，混凝土的强度等级为 CL25，坍落度为 30～50 mm。原材料如下：32.5 级矿渣水泥；黏土陶粒，堆积密度为 760 kg/m³，颗粒表观密度为 1 429 kg/m³，1 h 吸水率为 8.1%；普通中砂，堆积密度为 1 470 kg/m³，视密度为 2.50 g/cm³。试设计该轻骨料混凝土的配合比。

33. 防水混凝土的配制原则是什么？

34. 与普通混凝土比较，纤维混凝土和聚合物混凝土各有何特点？

35. 试比较水下混凝土与泵送混凝土的相同与不同之处。

36. 配制耐热混凝土、耐酸混凝土的原理是什么？它们在选用原材料上有何区别？

37. 混凝土耐久性综合设计：

(1) 青藏铁路穿越盐湖（含高浓度 Cl^-，Na^+，K^+，SO_4^{2-} 等）地区的桥梁墩台混凝土，结构承载设计要求强度等级为 C20，结构最小尺寸为 2.0 m，设置非承重构造钢筋，钢筋最小净距离为 18 cm。该地区冬季最低气温为 -20 ℃，施工季节日平均气温为 5 ℃（-2～10 ℃）。试对该混凝土进行耐久性设计，设计内容应包括：

① 原材料选用（水泥品种、等级，粗细骨料品种、等级、质量要求等）；

② 添加剂选用（外加剂和掺和料品种、指标要求）；

③ 混凝土初步配合比（含耐久性应检验的各项指标要求）；

④ 施工中应注意的事项。

（2）我国南方地区某海港码头钢筋混凝土结构，结构承载设计要求强度等级为 C30，结构最小尺寸为 0.8 m，钢筋最小净距离为 10 cm。该地区全年最低和最高气温为 −2 ℃和 35 ℃，施工季节温度为 20~30 ℃。试对该钢筋混凝土进行耐久性配合比设计，设计内容应包括：

① 原材料选用；
② 添加剂（外加剂和掺和料）选用；
③ 混凝土初步配合比；
④ 施工中应注意的事项。

第五章 建筑砂浆

第一节 砂浆的定义和分类

砂浆是由胶结材料、细骨料、水及根据工程需要添加的掺和料及外加剂等，按一定比例配制而成的建筑工程材料。

砂浆作为建筑工程中广泛使用的大宗材料之一，在漫长的发展进程中，随着建筑业的发展其功能不断拓展。目前主要用于砌筑、抹灰、饰面、修补和特殊用途，如防水、耐腐蚀、隔热保温等。

砂浆一般可按其所用胶凝材料和砂浆的用途进行分类（见表5.1）。

表5.1 砂 浆 的 分 类

类别	砂浆名称	配制方法及应用
按胶凝材料分类	石灰砂浆	以石灰粉或石灰膏为胶结料，加入细骨料和水配制而成。可用于内墙面的底层、中层抹灰和一般砌筑
	水泥砂浆	以水泥为胶结料，加入细骨料和水配制而成。可用于砌筑和墙面、地面抹灰，特别适用于潮湿环境的砌筑和抹灰
	混合砂浆	一般以水泥为主要胶结料，加入细骨料、水和适量掺和料等按一定比例配制而成。可用于砌筑和墙面、柱面、顶棚等部位的抹灰
	聚合物水泥砂浆	由水泥、聚乙烯醇缩甲醛胶（107胶*）、颜料、细骨料、外加剂和水等按一定比例配制而成。可用于墙面、柱面、顶棚等部位面层的喷涂、滚涂和刮涂
	水玻璃砂浆	以水玻璃为胶结料，加入固化剂、耐酸粉、耐酸砂配制而成。可用于耐酸块材的砌筑及耐酸要求较高部位的面层
	沥青砂浆	以沥青为胶结料，加入耐酸粉、耐酸砂及纤维材料（如石棉等），经加热熬制搅拌而成。可用于黏结耐腐蚀块材及有防腐蚀要求部位的面层及加固修补
	树脂砂浆	以各种合成树脂为胶结料，加入固化剂、稀释剂、粉料及细骨料配制而成。可用于铺砌耐腐蚀块材、色缝及有防腐蚀要求部位的面层，也可用于结构加固修补
	硫黄砂浆	以硫黄为胶结料，加入粉料、细骨料及改性剂，经加热熬制搅拌而成。可用于黏结耐腐蚀块材、灌注管道接口等
	氯丁胶乳水泥砂浆	由水泥、氯丁胶乳、复合助剂、细骨料和水按一定比例配制而成。可用于铺砌耐酸砖、耐酸陶板等耐酸块材，以及有防腐蚀要求部位的面层

续表 5.1

类别	砂浆名称	配制方法及应用
按用途分类	砌筑砂浆	一般由3~5种材料配制而成。用于砖、石和各种砌块的砌筑
	一般抹灰砂浆	一般由3~5种材料配制而成。用于墙面、柱面、顶棚和地面等部位的抹灰（主要作为装饰或饰面底层）
	装饰砂浆	专门用于建筑物内外表面，具有特殊的表面装饰效果，呈现出各种色彩、线条和花纹
	防水砂浆	以水泥为胶结料，加入细骨料、水和适量的防水剂配制而成。多用于地下工程、储水构筑物和楼（地）面的抹灰
	耐腐蚀砂浆	以水玻璃、树脂、硫黄或沥青为胶结料，加入粉料、细骨料及视所用胶结料而掺入适量的固化剂、稀释剂、改性剂、胶乳和水等配制加工而成。用于有防腐蚀要求构筑物的砌筑或面层
	保温隔热砂浆	可用水泥、石灰、沥青及其他胶结料，一般采用膨胀珍珠岩粉或膨胀蛭石粉为骨料，加入适量的水配制而成。用于有保温隔热要求的墙面、顶棚和屋面等处
	防辐射砂浆	以水泥为胶结料，主要采用重晶石制成的砂为骨料，加入适量的水配制而成。对X射线和γ射线有良好的阻隔作用
	自流平砂浆	以水泥为胶结料，掺加适量的外加剂，严格控制砂的级配、粒形、含泥量，加入适量水配制而成。用于现代化施工中地坪敷设

* 107胶中含有毒物甲醛，最好用108胶。

传统砂浆在施工过程中，由于材料质量不稳定，施工工艺落后，常使砂浆开裂、空鼓、剥落，黏结性降低。近年来，随着商品砂浆的开发，以往传统砂浆的工程质量不稳定、材料配比精度差、工地粉尘污染大、材料堆放占地等问题在很大程度上得到解决。砂浆生产的商品化在工程中具有重要意义。

商品砂浆按生产方式可分为预拌砂浆和干粉砂浆两类。预拌砂浆是由水泥、砂、砂浆增稠剂、水、粉煤灰或其他掺和料，按一定比例，在搅拌站（厂）经计量集中拌制后，用搅拌车运至工地使用或密封储存，并在规定时间内使用完的砂浆拌和物。干粉砂浆是由专业生产厂家制造的，将烘干并筛分后的细骨料与无机胶凝材料、砂浆增稠剂、砂浆掺和料等按一定比例混合拌制而成的一种颗粒或粉状混合物，它分为散装和包装两种，运至工地后按规定比例加水拌和使用。商品砂浆与传统砂浆对比见表5.2。

表 5.2 商品砂浆与传统砂浆对比

	预拌砂浆	干粉砂浆	传统砂浆
抹灰砂浆	RP20	DP20	1:2，1:2.5 水泥砂浆
	RP15	DP15	1:3 水泥砂浆
	RP10	DP10	1:1:4 混合砂浆
	RP5.0	DP5.0	1:1:6 混合砂浆
地面砂浆	RS20	DS20	1:2 水泥砂浆
砌筑砂浆	RM5.0	DM5.0	M5.0 混合砂浆，M5.0 水泥砂浆
	RM7.5	DM7.5	M7.5 混合砂浆，M7.5 水泥砂浆
	RM10	DM10	M10 混合砂浆，M10 水泥砂浆

第二节 建筑砂浆的技术性质

一、砂浆拌和物的和易性

新拌和的砂浆必须具有良好的和易性。和易性良好的砂浆能涂抹成均匀的薄层,而且与基(体)层黏结牢固,这样的砂浆既便于操作,又能保证工程质量。砂浆和易性的好坏取决于砂浆的流动性和保水性。

1. 流动性

流动性是指砂浆拌和物在自重或外力作用下产生流动的性质。流动性用砂浆稠度仪测定,以沉入度或稠度(mm)表示。沉入度越大,表示砂浆的流动性越大。

影响砂浆流动性的因素很多,如胶结料的种类和用量、用水量、细骨料的粗细程度、粒形及级配、搅拌时间、外加剂等。

砂浆流动性的选择与砌体材料的类型、施工气候有关。一般可根据施工操作经验来掌握(见表 5.3)。

表 5.3 砂浆流动性选择表(稠度:mm)

砌筑砂浆			抹灰砂浆		
砌体种类	干燥气候或多孔砌块	寒冷气候或密实砌块	抹灰工程	机械施工	手工操作
砖砌体	80~100	60~80	准备层	80~90	110~120
普通毛石砌体	60~70	40~50	底层	70~80	70~80
振捣毛石砌体	20~30	10~20	面层	70~80	90~100
炉渣混凝土砌块	70~90	50~70	含石膏的面层	—	90~120

通常砌筑砂浆的稠度一般选择 30~90 mm,抹灰砂浆的稠度一般选择 70~90 mm。

2. 保水性

砂浆混合物能够保持水分不泌出流失的能力,称为保水性。保水性也指砂浆中各种组成材料不易分离的性质。新拌制的砂浆在存放、运输和使用过程中,都必须保持其中水分不致很快流失,才能保证砂浆与基层结合后很好地硬化,从而保证砌筑和抹灰的工程质量。

砂浆保水性能用分层度(mm)表示,用砂浆分层度筒进行试验。方法是将拌和好的砂浆先进行稠度试验,然后将同批砂浆一次注满分层筒内,静置 30 min 后,去掉上层 200 mm 砂浆,然后取出底层 100 mm 砂浆在砂浆搅拌锅内重新拌匀,再测稠度。两次砂浆稠度的差值(以 mm 计)即为砂浆分层度。

分层度过大,表示砂浆易产生分层离析,不利于施工及水泥硬化。

一般砌筑砂浆的分层度不得大于 30 mm;分层度过小或接近于零的砂浆,虽然其保水性很强，无分层离析现象，但这种砂浆往往胶结料用量过多，或细骨料过细，容易发生干缩裂缝，故通常砂浆分层度不宜小于 10 mm。

二、砂浆硬化后的主要性能

1. 强 度

强度是砂浆的主要物理力学性能，砌筑砂浆是以抗压强度作为强度指标。即采用标准试件尺寸为 70.7 mm × 70.7 mm × 70.7 mm 的立方体，一组六块，在标准养护温度 (20 ± 3) ℃ 和一定湿度（水泥砂浆和微沫砂浆相对湿度 90% 以上，混合砂浆相对湿度 60% ~ 80%）下养护 28 d，测定其抗压强度的平均值（MPa）。根据《砌体结构设计规范》（GB 5003—2001）规定砂浆强度等级有 M20.0，M15.0，M10.0，M7.5，M5.0 和 M2.5 六个级别。

砂浆立方体抗压强度按下式计算：

$$f_{m,cn} = \frac{N_u}{A}$$

式中 $f_{m,cn}$——砂浆立方体抗压强度（MPa）；

N_u——立方体破坏压力（N）；

A——试件承压面积（mm²）。

影响砂浆强度的主要因素有：

（1）基层为不吸水材料（如致密的石材）时，影响强度的因素主要是水泥强度和水灰比，强度公式为

$$f_{m,0} = 0.29 f_{ce}\left(\frac{C}{W} - 0.4\right)$$

式中 $f_{m,0}$——砂浆 28 d 抗压强度（MPa）；

f_{ce}——水泥实测强度（MPa）。

（2）基层为吸水材料（如砖）时，因砂浆有一定的保水性，经基层吸水后，保留在砂浆中的水分几乎相同，因此，影响砂浆强度的因素主要有水泥强度与水泥用量，与水灰比无关。强度公式为

$$f_{m,0} = \frac{A \cdot f_{ce} \cdot Q_c}{1\,000} + B$$

式中 Q_c——每立方米砂浆的水泥用量（kg/m³）；

A、B——经验系数，参照表 5.4 选用。

表 5.4 A、B 系数选用表

砂浆品种	A	B
水泥混合砂浆	3.03	− 15.09

通常砂浆的强度越高，黏结力越大。另外，砂浆的黏结力还与砌体的表面粗糙程度、清

洁程度、潮湿状态及养护条件有关。

2. 静力受压弹性模量

砂浆静力受压弹性模量是指应力为轴心抗压强度40%时的加荷割线模量。

砂浆弹性模量的标准试件为棱柱体，标准尺寸为 70.7 mm × 70.7 mm × (210 ~ 230) mm。每次试验制备六块试件，其中三块用于测定轴心抗压强度。

3. 抗冻性能

抗冻性能是评价砂浆耐久性的重要指标。它表示砂浆抵御冻害的能力。抗冻性以饱水砂浆标准立方体试件，在负温空气中冻结，正温水中融化的方法，以砂浆抗压强度损失率不大于25%和质量损失率不大于5%时所经历的最大冻融循环次数 N 来衡量。

第三节 砌筑砂浆

将砖、石、砌块等黏结成为砌体的砂浆称为砌筑砂浆。

建筑上常用的砌筑砂浆有水泥砂浆、水泥混合砂浆和石灰砂浆等，工程中应根据砌体种类、砌体性质及所处环境条件等选用。水泥砂浆和水泥混合砂浆宜用于砌筑潮湿环境及强度要求较高的砌体，但对于湿土中的砖石基础一般采用水泥砂浆。石灰砂浆宜用于砌筑干燥环境及强度要求不高的砌体。

一、砌筑砂浆的材料要求

1. 水 泥

砌筑砂浆用水泥的强度等级应根据设计要求进行选择。水泥砂浆采用的水泥，其强度等级不宜大于32.5级；水泥混合砂浆采用的水泥，其强度等级不宜大于42.5级。

2. 砂

砌筑砂浆用砂宜选用中砂，其中毛石砌体宜选用粗砂。砂的含泥量不应超过5%。强度等级为 M2.5 的水泥混合砂浆，砂的含泥量不应超过10%。

3. 掺和料

（1）石灰膏。采用生石灰熟化成石灰膏时，应用筛孔尺寸不大于 3 mm × 3 mm 的网过滤，熟化时间不得少于 7 d；采用磨细生石灰粉时，应符合现行行业标准《建筑生石灰粉》（JC/T 480—1992）的规定，熟化时间不得少于 2 d。沉淀池中储存的石灰膏，应采取防止干燥、冻结和污染的措施。严禁使用脱水硬化的石灰膏。

（2）黏土膏。采用黏土或亚黏土制备黏土膏时，宜用搅拌机加水搅拌，用筛孔尺寸不大于 3 mm × 3 mm 的网过滤。用比色法鉴定黏土中的有机物含量时应浅于标准色。

（3）电石膏。制作电石膏的电石渣应通过用筛孔尺寸不大于 3 mm × 3 mm 的网过滤，检验时应加热至 70 ℃ 并保持 20 min，没有乙炔气味后，方可使用。

（4）膏状掺和料的试配稠度。石灰膏、黏土膏和电石膏试验时的稠度，应为 (120 ± 5) mm。

（5）消石灰粉。消石灰粉不得直接用于砌筑砂浆中。

（6）粉煤灰。粉煤灰的品质指标应符合国家标准《用于水泥和混凝土中的粉煤灰》（GB 1596—1991）的规定。

（7）天然沸石粉。天然沸石粉的品质指标应符合国家标准《混凝土和砂浆用天然沸石粉》的规定。

4. 拌和水

砌筑砂浆拌和用水应符合现行行业标准《混凝土拌和用水标准》（JGJ 63—1989）的规定。

5. 外加剂

砌筑砂浆中掺入的砂浆外加剂，应具有法定检测机构出具的该产品砌体强度检验报告，并经砂浆性能试验合格后，方可使用。

二、砌筑砂浆的技术要求

（1）砌筑砂浆的强度等级。砌筑砂浆的强度等级宜采用 M20，M15，M10，M7.5，M5，M2.5。

（2）砌筑砂浆的表观密度。水泥砂浆拌和物的表观密度不宜小于 1 900 kg/m³；水泥混合砂浆拌和物的表观密度不宜小于 1 800 kg/m³。

（3）砌筑砂浆的性能。砌筑砂浆的稠度、分层度、试配抗压强度必须同时符合要求。

（4）砌筑砂浆的稠度。砌筑砂浆的稠度应按表 5.5 的规定选用。

表 5.5 砌筑砂浆的稠度

砌 体 种 类	砂浆稠度/mm
烧结普通砖砌体	70 ~ 90
轻骨料混凝土小型空心砌块砖砌体	60 ~ 90
烧结多孔砖、空心砖砌体	60 ~ 80
烧结普通砖平拱式过梁 空斗墙、拱 普通混凝土小型空心砌块砌体 加气混凝土砌块砌体	50 ~ 70
石砌体	30 ~ 50

（5）砌筑砂浆的分层度要求。砌筑砂浆的分层度不得大于 30 mm。

（6）砌筑砂浆的水泥及掺和料用量要求。水泥砂浆中水泥用量不应小于 200 kg/m³；水泥混合砂浆中水泥和掺和料总量宜为 300 ~ 350 kg/m³。

（7）砌筑砂浆的冻融损失率。具有冻融循环次数要求的砌筑砂浆，经冻融试验后，质量损失率不得大于 5%，抗压强度损失率不得大于 25%。

（8）砌筑砂浆试配时搅拌时间的规定。砂浆试配时应采用机械搅拌。搅拌时间应自投料结束算起,并符合下列规定:① 对水泥砂浆和水泥混合砂浆,不得小于 120 s;② 对掺用粉煤灰、天然沸石粉和外加剂的砂浆,不得小于 180 s。

第四节 砌筑砂浆配合比设计

砌筑砂浆配合比设计时,应先根据原材料的性能和砂浆的技术要求及施工水平进行计算,然后经试配确定。做到经济合理,确保砂浆质量。

一、水泥混合砂浆配合比计算

1. 砂浆配合比的确定

砂浆配合比的确定,应按下列步骤进行:
(1) 计算砂浆试配强度 $f_{m,0}$(MPa)。
(2) 计算每立方米砂浆中的水泥用量 Q_c(kg/m³)。
(3) 按水泥用量 Q_c 计算每立方米砂浆掺和料用量 Q_d(kg/m³)。
(4) 确定每立方米砂浆砂用量 Q_s(kg/m³)。
(5) 按砂浆稠度选用每立方米砂浆用水量 Q_w(kg/m³)。
(6) 进行砂浆试配。
(7) 配合比确定。

2. 砂浆的试配强度计算

砂浆的试配强度应按下式计算:

$$f_{m,0} = f_z + 0.645\sigma$$

式中 $f_{m,0}$ ——砂浆的试配强度(MPa);
  f_z ——砂浆设计强度值(MPa);
  σ ——砂浆现场强度标准差(MPa)。

3. 砌筑砂浆现场强度标准差的确定

砌筑砂浆现场强度标准差的确定应符合下列规定:
(1) 当有统计资料时,应按下式计算:

$$\sigma = \sqrt{\frac{\sum_{i=1}^{n} f_{m,i}^2 - n\mu_{f_m}^2}{n-1}}$$

式中 $f_{m,i}$ ——统计周期内同一品种砂浆第 i 组试件的强度(MPa);
  μ_{f_m} ——统计周期内同一品种砂浆 n 组试件强度的平均值(MPa);
  n ——统计周期内同一品种砂浆试件的总组数($n \geq 25$)。

（2）当不具有近期统计资料时，砂浆现场强度标准差 σ 可按表 5.6 取用。

表 5.6 砂浆强度标准差与施工水平关系

施工水平 \ 砂浆强度等级	M2.5	M5	M7.5	M10	M15	M20
优 良	0.50	1.00	1.50	2.00	3.00	4.00
一 般	0.62	1.25	1.88	2.50	3.75	5.00
较 差	0.75	1.50	2.25	3.00	4.50	6.00

4. 水泥用量的计算

水泥用量的计算应符合下列规定：

（1）每立方米砂浆中的水泥用量，应按下式计算：

$$Q_c = \frac{1\,000(f_{m,0} - B)}{A \cdot f_{ce}}$$

式中 Q_c ——每立方米砂浆的水泥用量（kg/m³）；

$f_{m,0}$ ——砂浆的试配强度（MPa）；

f_{ce} ——水泥的实测强度（MPa）；

A、B ——砂浆的特征系数，其中 $A = 3.03$，$B = -15.09$。各地区也可用本地区试验资料确定 A、B 值，统计用的试验组数不得少于 30 组。

（2）在无法取得水泥的实测强度值时，f_{ce} 可按下式计算：

$$f_{ce} = \gamma_c \cdot f_{ce,k}$$

式中 $f_{ce,k}$ ——水泥强度等级对应的强度值（MPa）；

γ_c ——水泥强度等级值的富余系数，该值应按实际统计资料确定。无统计资料时 γ_c 可取 1.0。

5. 水泥混合砂浆的掺和料用量

水泥混合砂浆的掺和料用量应按下式计算：

$$Q_d = Q_a - Q_c$$

式中 Q_d ——每立方米砂浆的掺和料用量（kg/m³）；

Q_c ——每立方米砂浆的水泥用量（kg/m³）；

Q_a ——每立方米砂浆中水泥和掺加料的总量（kg/m³），宜为 300～350 kg/m³。

6. 砂子用量

每立方米砂浆中的砂子用量，应按干燥状态（含水率小于 0.5%）的堆积密度值作为计算值（kg/m³）。

7. 用水量

每立方米砂浆中的用水量，根据砂浆稠度等要求可选用 240～310 kg/m³。

注意以下几点：
（1）混合砂浆中的用水量，不包括石灰膏或黏土膏中的水。
（2）当采用细砂或粗砂时，用水量分别取上限或下限。
（3）稠度小于 70 mm 时，用水量可小于下限。
（4）施工现场气候炎热或干燥季节，可酌量增加用水量。

二、配合比试配、调整与确定

（1）试配时应采用工程中实际使用的材料。搅拌要求应符合规定。
（2）按计算或查表所得配合比进行试拌时，应测定其拌和物的稠度和分层度，当不能满足要求时，应调整材料用量，直到符合要求为止。然后确定为试配时的砂浆基准配合比。
（3）强度调整时至少应采用三个不同的配合比，其中一个按基准配合比，其他配合比的水泥用量应按基准配合比分别增加和减少 10%。在保证稠度、分层度合格的条件下，可将用水量或掺和料用量作相应调整。
（4）对三个不同的配合比进行调整后，应按现行行业标准《建筑砂浆基本性能试验方法》（JGJ 70—1990）的规定成型试件，测定砂浆强度；并选定符合试配强度要求且水泥用量最低的配合比作为砂浆配合比。

第五节　一般抹灰砂浆

抹灰砂浆也称抹面砂浆，是指以大面积薄层涂抹于建筑物表面的砂浆。它具有保护基层、满足使用要求和增加美观的作用。

抹灰砂浆按用途可分为一般抹灰砂浆、装饰抹灰砂浆和特殊用途抹灰砂浆。

一般抹灰砂浆常用的有石灰砂浆、水泥砂浆、水泥混合砂浆和麻刀石灰或纸筋石灰砂浆、石膏灰浆等。

一、一般抹灰砂浆的材料要求

1. 水　泥

宜用硅酸盐水泥、普通水泥，也可采用矿渣水泥、火山灰质水泥、粉煤灰水泥和复合水泥。彩色抹灰宜用白色水泥。水泥强度等级不宜高于 32.5 级。不得使用过期水泥和受潮水泥，严禁使用安定性不合格的水泥。

2. 石灰膏

石灰膏应用块状生石灰淋制。淋制时必须用筛孔尺寸不大于 3.0 mm × 3.0 mm 的筛过滤，并储存在沉淀池中加以保护，防止其干燥、冻结和污染。

熟化时间：常温下一般不小于 15 d；用于罩面时，应不小于 30 d。使用时，石灰膏内不得含有未熟化的颗粒和其他杂质。

石灰膏可用磨细生石灰粉代替,其细度应通过 4 900 孔/cm² 的筛。用于罩面时,应熟化 3 d 后使用。

3. 砂

抹灰用的砂子应过筛,不得含有杂物。

4. 纸筋、麻刀

纸筋应浸透、捣烂、洁净;罩面纸筋宜机碾磨细。麻刀应坚韧、干燥,且不含杂质,其长度不得大于 30 mm。

二、一般抹灰砂浆的技术要求

抹灰砂浆的主要技术要求是具有良好的和易性,与基层应有足够的黏结力,收缩变形小(防裂性好)。对处于潮湿环境或易受外力作用(如地面、墙裙等)时,还应有一定的强度。

为了提高抹灰砂浆的黏结力,其胶结料(包括掺和料)的用量比一般砌筑砂浆多,并加入适量有机聚合物(一般占水泥质量的 5% ~ 15%),如聚乙烯醇缩甲醛胶(107 胶)或聚酯酸乙烯乳液等。为了减少收缩裂缝,常在砂浆中加入一定量的纤维材料,如纸筋、麻刀、稻草、玻璃纤维、改性聚乙烯、聚丙烯纤维等,以提高抹灰层的抗拉强度,增加抹灰层的弹性和耐久性。施工方法对抹灰层的质量影响也很大,为了保证抹灰层表面平整,避免裂缝和脱落,常采用分层薄涂的方法,一般分两层或三层进行施工。底层起黏结作用,中层起找平作用,面层起装饰作用。

一般抹灰砂浆的稠度和砂子的最大粒径可参考表 5.7。

表 5.7 一般抹灰砂浆的稠度和砂子的最大粒径

抹灰层	砂浆稠度/mm	砂子最大粒径/mm
底 层	100 ~ 120	2.36
中 层	70 ~ 90	2.36
面 层	70 ~ 80	1.18

一般抹灰砂浆的分层度要求在 10 ~ 30 mm,分层度过小,砂浆涂抹后易于开裂,过大则砂浆易离析,操作不便。

三、一般抹灰砂浆的品种及选用

抹灰工程采用的砂浆品种,应按设计要求选用。如无设计要求的,可按其用途选用。

(1)水泥砂浆:可用于墙面、地面、墙裙、湿度较大的房间、车间、屋檐、门窗洞口等部位。

(2)石灰砂浆:可用于内墙面、干燥环境的底层和中层抹灰。

(3)水泥混合砂浆:可用于墙面、顶棚面的底层、中层和面层的抹灰。

（4）麻刀石灰砂浆、纸筋石灰砂浆及石膏灰浆：仅能作面层抹灰，宜抹在石灰砂浆、水泥砂浆、膨胀珍珠岩水泥浆的中层灰上。

注意：水泥砂浆不得涂抹在石灰砂浆层上。

第六节 装饰砂浆

装饰砂浆是指专门用于建筑物室内外表面装饰，以增加建筑物外观美感为主的砂浆。它是在抹面的同时，经各种艺术处理而获得特殊的表面形式及表面效果，并呈现各种色彩、线条、纹理的质感，以达到满足审美要求的装饰目的。

装饰砂浆一般分为两类：一类称为灰浆类装饰砂浆，它以水泥、石灰及其砂浆为主，通过水泥砂浆的着色或水泥砂浆表面形态的艺术加工形成的拉条、拉毛、洒毛、假面砖和仿石等装饰效果。另一类称为石渣类装饰砂浆，它是在水泥净浆中掺入各种彩色石渣作骨料，通过水洗、斧剁、水磨等工艺除去表面水泥浆皮，露出石渣的颜色、颗粒形状，达到装饰效果。

灰浆类装饰砂浆材料来源广，施工操作简便，造价较低；石渣类装饰砂浆色泽明亮，质感丰富，不易褪色，但施工相对复杂，造价较高。

一、装饰砂浆的材料要求

1. 胶结料

装饰砂浆所用胶结料与一般抹灰砂浆基本相同，只是更多地采用白色水泥和彩色水泥。

2. 骨料

装饰砂浆所用骨料除普通砂之外，还常使用石英砂、彩釉砂和着色砂，以及石渣、石屑、砾石及彩色瓷粒和玻璃等。

3. 颜料

掺颜料的砂浆一般用在室外抹灰工程中。这些装饰面长期处于风吹、日晒、雨淋之中，且受到大气的腐蚀和污染。因此，选择合适的颜料，是保证饰面质量，避免褪色和变色，延长使用年限的关键。

颜料选择要根据其价格、砂浆品种、建筑物所处环境和设计要求而定。若建筑物处于有酸侵蚀的环境中，要选用耐酸性好的颜料；受日光暴晒的部位，要选用耐光性好的颜料；碱度高的砂浆，要选用耐碱性好的颜料。设计要求颜色鲜艳时，可选用色彩鲜艳的有机颜料。在装饰砂浆中，通常采用耐碱性和耐光性好的矿物颜料。

二、装饰砂浆的技术要求

装饰抹灰砂浆的技术要求与一般抹灰砂浆基本相同。因其多用于室外，不仅要求其色彩鲜艳不褪色、抗侵蚀、防污染，还要与基体黏结牢固，具有足够的强度，不开裂、不脱落。

三、灰浆类装饰砂浆及工艺

1. 拉毛灰

拉毛灰是用铁抹子或木楔将罩面灰轻压后顺势轻轻拉起，形成一种凹凸质感较强的饰面层。这种工艺灰浆通常是水泥砂浆或水泥石灰砂浆，是过去较广泛采用的一种传统饰面做法，要求表面拉毛花纹、斑点分布均匀，颜色一致，同一平面上不显接砟。拉毛灰适用于装饰外墙或内墙面。

2. 洒毛灰

洒毛灰是用竹丝刷等工具将罩面灰浆甩洒在墙上，形成大小不一，但又很有规律的云朵状毛面。也有先在基层上刷水泥色浆，再甩上不同颜色的罩面灰浆，并用抹子轻轻压平，形成两种颜色的套色做法。要求甩出的云朵必须大小匀称，纵横相同，既不能杂乱无章，也不能像列队一样整齐划一，以免显得呆板。

3. 搓毛灰

搓毛灰是在罩面浆初凝时，用硬木抹子由上至下搓出一条细而直的纹路，也可水平方向搓出一条 L 形细纹路，当纹路明显搓出后即停。这种装饰方法工艺简单，造价低，效果朴实大方。

4. 拉条灰

拉条灰是采用专用模具在面层砂浆上做出竖向线条的装饰做法。拉条灰有细条形、粗条形、波形、梯形、方形等多种形式，是一种较新的抹灰做法。一般细条形抹灰可采用同一种砂浆级配，多次加浆抹灰拉模而成；粗条形抹灰则采用底、面层两种不同配合比的砂浆，多次加浆抹灰拉模而成。砂浆不得过干，也不得过稀，以能拉动可塑为宜。它具有美观、大方、不易积灰、成本低等优点，并有良好的音响效果。适用于公共建筑门厅、会议室、观众厅等。

5. 假面砖

假面砖是采用掺氧化铁颜料的水泥砂浆，通过手工操作达到模拟面砖装饰效果的饰面做法。适合于房屋建筑外墙抹灰饰面。

6. 假大理石

假大理石是用掺适当颜料的石膏色浆和素砂石膏浆按 1:10 比例配合，通过手工操作，做成具有大理石表面特征的装饰抹灰。这种装饰工艺，对操作技术要求较高，但如果做得好，无论在颜色、花纹和光洁度等方面，都接近天然大理石。适用于高级装饰工程的室内墙面抹灰饰面。

四、石渣类装饰砂浆及工艺

1. 水刷石

水刷石是将水泥和石渣按一定比例混合，并加水拌和成水泥石渣浆，用作建筑物表面的面层抹灰，待水泥浆初凝后，以硬毛刷蘸水刷洗，或用喷浆泵、喷枪等喷以清水冲洗，冲刷掉石渣浆层表面的水泥浆皮，使石渣半露出来，达到饰面效果。

2. 斩假石

斩假石又称剁斧石，是一种人造石材装饰方法。它是以水泥石渣浆或水泥石屑浆作面层抹灰，待其硬化具有一定强度时，用钝斧及各种凿子等工具，在面层上剁斩出类似石材经雕琢的纹理效果。

3. 干粘石

干粘石是在素水泥浆或聚合物水泥砂浆黏结层上，把石渣、彩色石子等备好的骨料黏在其上，再拍平压实，即为干粘石。干粘石的操作方法有手工甩黏和机械甩喷两种。石子要黏牢，不掉粒，不露浆；石粒应压入砂浆 2/3。

4. 水磨石

水磨石是由水泥、彩色石渣或白色大理石碎粒及水按适当比例配合，需要时掺入适量颜料，经拌匀、浇筑捣实、养护、硬化、表面打磨、洒草酸冲洗、干后上蜡等工序制成。既可现场制作，也可工厂预制。

一般来说，石渣类装饰砂浆，以质感方面的装饰效果来看，水刷石外形粗犷，干粘石粗中带细，斩假石典雅，而水磨石则具有润滑细腻之感。在颜色花纹方面，色泽华丽和花纹美观首推水磨石。斩假石的颜色一般较浅，很像斩凿过的灰色花岗岩；水刷石有青灰、奶黄等颜色；干粘石的色彩主要决定于其中石渣的颜色。这三者都不像水磨石那样，能在表面制成细巧的图案花纹。

复 习 思 考 题

1. 新拌砂浆的和易性包括哪些含义？技术指标有哪些？砂浆和易性不良对工程施工和质量有何影响？

2. 砌筑砂浆对组成材料及技术性质有何要求？为什么？

3. 某多层住宅楼工程，要求配制强度等级为 M7.5 的水泥石灰混合砂浆，用于砌筑粉煤灰砖墙体。工地现有材料如下：

（1）水泥：强度等级为 32.5 级的矿渣水泥，堆积密度为 1 200 kg/m³；

（2）石灰膏：一等品建筑生石灰消化制成，表观密度为 1 280 kg/m³，沉入度为 120 mm；

（3）砂子：中砂，含水率为 2%，堆积密度为 1 450 kg/m³。

试设计混合砂浆配合比。

第六章　钢材与铝合金

金属材料一般分为黑色金属和有色金属两大类，黑色金属是以铁元素为主要成分的铁金属及其合金，在土木工程中应用最多的是铁碳合金，即钢材。有色金属是指除铁以外的其他金属，如铝、铜、锡等及其合金，建筑上用得较少，其中铝和铝合金可用于结构和构件、门窗和饰面材料等。

建筑钢材与非金属材料相比有以下优点：

（1）强度高，比强度高。与混凝土、砖、石材等相比，虽然表观密度大，但其强度要高很多，因此具有很高的比强度。

（2）品质均匀致密、结构可靠性高。钢材是在工厂严格控制条件下生产的，质量稳定。而且钢材内部结构均匀，是相对比较理想的各向同性弹塑性材料，因此按照一般的力学计算理论可以很好地反映钢材的实际性能，保证结构的可靠性。

（3）具有良好的塑性和韧性，能经受冲击和振动荷载。

（4）具有良好的加工性能，可以锻压、焊接、铆接和切割，便于装配。

钢结构的主要缺点是：耐腐蚀性差，在使用环境中，应注意对结构的防锈等防护；耐火性差，温度达到300 ℃以上，钢材的强度明显下降，在火灾中，钢结构的耐火时间只有20～30 min，因此对钢结构必须采取可靠的防火措施。

采用各种型钢和钢板制作的钢结构，适用于大跨度结构、多层及高层结构、受动力荷载结构和重型工业厂房结构等。

钢材价格较高，钢结构由于耗钢量大等缺点，现代建筑结构广泛采用钢筋混凝土结构。钢筋混凝土结构虽然自重较大，但它可节约钢材，充分发挥钢材特性，而且克服了钢结构易锈蚀、耐火性差、成本高等缺点。近年来，铝、铝合金在建筑装饰领域中，已成为制造门窗的主要材料之一，同时也是很好的内外装饰材料。

第一节　钢的生产、分类与晶体组织

一、生产方法对钢材性能的影响

1. 冶　炼

生铁的冶炼是铁矿石内氧化铁还原成生铁（含碳量2%～6%）的过程，而钢的冶炼是把生铁中的杂质进行氧化，把含碳量降低到2%以下，使磷、硫等其他杂质减少到某一程度的过程。

在炼钢的过程中,由于采用的熔炼设备和方法不同,除掉杂质的程度也不同,所得的钢材质量也有很大的差别,在土木工程中的用途也不同。

目前,国内建筑用钢可采用转炉法、平炉法或电炉法冶炼,其中主要采用氧气转炉法和平炉法。

(1)氧气转炉法。以熔融的铁液为原料,不用燃料,从炉的顶部向炉内吹入高压氧气,使铁液中的碳、硫、磷等杂质氧化并除去,再脱去残存的氧,便得到氧气转炉钢。氧气转炉钢质量较好,成本比平炉钢低,用于炼制优质碳素钢、普通碳素钢和合金钢。该方法炼钢周期短,效率高,现已成为炼钢的主要方法。

(2)平炉炼钢法。以煤气或重油为燃料,原料为铁液(或固态生铁)、废钢铁和适量的铁矿石,利用铁矿石或废钢中的氧或吹入的氧使碳和杂质氧化,形成浮渣使钢液与空气隔离,避免了空气中的氮、氢等气体混入,钢液的质量提高。同时炼制的周期长,炉温高,能够更精确地控制钢液的化学成分。钢的质量好、性能稳定,因此适合于炼制优质碳素钢、合金钢和有特殊性能要求的专用钢。

(3)电炉炼钢法。以生铁和废钢为原料,用电加热进行冶炼的方法。由于温度可以自由地调节,成分能够精确地控制,故炼出的钢杂质含量少,钢的质量最好,但成本最高。

随着炼钢技术的发展,冶金生产工艺、质量已经达到了一个新的水平。为了节约成本,利于市场竞争,国内很多大型钢铁生产企业已经部分或全部实现平炉改氧气转炉的生产工艺。

2. 钢的脱氧和铸锭

由于在钢的冶炼过程中,必须提供充足的氧来保证杂质元素的氧化并除去,因此冶炼后钢液中的一部分铁被氧化(生成 FeO),钢的质量下降。在浇注钢锭以前,还要进行脱氧处理。钢的脱氧处理通常是在冶炼钢炉内或盛钢桶中,加入少量的锰铁、硅铁或铝块等脱氧剂,使之与钢中残余的 FeO 反应,将铁还原。根据脱氧程度的不同,将钢分为沸腾钢、镇静钢、半镇静钢和特殊镇静钢四种。

(1)沸腾钢。仅加入锰铁进行脱氧,脱氧不完全,这种钢铸锭时,有大量的一氧化碳气体逸出,钢液呈沸腾状,故称为沸腾钢,代号为"F"。沸腾钢塑性好,利于冲压。但组织不够致密,成分不均匀,硫、磷等杂质偏析较严重,故质量较差。但因其成本低、产量高,故被广泛用于一般建筑工程。

(2)镇静钢。采用锰铁、硅铁和铝锭等作为脱氧剂,脱氧完全,这种钢液铸锭时能平静地充满锭模并冷却凝固,故称为镇静钢,代号为"Z"。镇静钢组织致密,成分均匀,偏析程度小,性能稳定,故质量好。适用于承受冲击荷载或其他重要结构工程。

(3)半镇静钢。脱氧程度介于沸腾钢和镇静钢之间的钢,代号为"b",其性能与质量也介于这两者之间。

(4)特殊镇静钢。比镇静钢脱氧程度更充分的钢,代号为"TZ"。特殊镇静钢的质量最好,适用于特别重要的结构工程。

3. 钢的热加工

钢的热加工是指将钢坯加热至塑性状态(900~1 200 ℃),以辗轧或锻造(锻击或静压)的方法进行的变形加工。建筑钢材主要是经过热轧制成的各种型材。热加工可以使钢内部的大部分气孔焊合而紧密,并使粗晶粒细化,钢材质量提高。因此钢材质量随加工次数增加而提高。如厚度或直径较小的钢材,较用同种钢坯轧制成的厚型或直径较大的钢材的致密性和均匀性都要好一些。

此外，钢中的非金属夹杂物，在轧制过程中会顺着变形方向出现纤维组织，使顺着纤维方向的力学性能（特别是塑性和韧性）比横向高出许多，使用钢材时应注意这一点。

在热轧过程中，控轧和控冷工艺能够形成细晶粒钢材。如细晶粒钢筋，其金相组织主要是铁素体和珠光体，在不增加合金含量的基础上，大幅提高了钢材的强度和韧性。目前晶粒细化的控轧和控冷工艺一般是将钢进行加热奥氏体化（具体的加热温度由材料的化学成分而定），奥氏体化刚完成时得到细小晶粒（不能保温过长时间，以防其又变成粗大晶粒），之后以适当的速度冷却。如成分为 0.18%C 及 0.22%Si、0.60%Mn 的低碳钢在 850 ℃ 或更低温度以较大的变形量变形，并加以 20 ℃/s 或更高的冷却速度冷却时，可以得到 4~6 μm 或更细小的铁素体晶粒尺寸，晶粒细化使得钢筋的力学性能明显提高。这种工艺是将热加工和控制热处理同时完成，是目前正在推广的一种工艺方法。

二、钢的分类

（一）按化学成分分类

1. 碳素钢

其化学成分主要是铁，其次是碳，故称碳素钢或铁碳合金。通常其含碳量为 0.02%~2.06%。除铁、碳外还含有少量的硅、锰和微量的硫、磷等元素。碳素钢按含碳量多少又可分为低碳钢（C<0.25%）、中碳钢（C = 0.25%~0.60%）、高碳钢（C>0.60%）。

根据硫（S）、磷（P）杂质含量的多少，又可分为普通碳素钢（S≤0.050%，P≤0.045%）；优质碳素钢（S≤0.035%，P≤0.035%）；高级优质碳素钢（S≤0.025%，P≤0.025%）；特优质碳素钢（S≤0.015%，P≤0.025%）。

2. 合金钢

合金钢是在炼钢过程中，为改善钢材的性能，加入某些合金元素而制得的钢种。常用合金元素有硅、锰、钛、钒、铌、铬等。按合金元素总含量不同，合金钢可分为：低合金钢，合金元素总量小于 5%；中合金钢，合金元素总含量为 5%~10%；高合金钢，合金元素含量大于 10%。

低碳钢和低合金钢为土木工程中应用的主要钢种。

（二）按用途分类

钢材按用途不同可分为：

（1）结构钢，主要用于建筑结构及机械零件的钢，一般为低、中碳钢。

（2）工具钢，主要用于各种刃具、量具及模具等工具的钢，一般为高碳钢。

（3）特殊钢，具有特殊的物理、化学及机械性能的钢，如不锈钢、耐热钢、耐酸钢、耐磨钢等。

（4）专用钢，特殊的使用环境条件下或使用荷载下的专用钢材，如桥梁专用钢、钢轨专用钢等。

三、钢材的晶体组织

钢是铁碳合金，由于碳在钢中的含量及与铁结合的方式不同，可形成不同的晶体组织，使钢的性能产生显著差异。因此，掌握钢的晶体组织及其性能，是理解钢材性能变化的基础。

(一) 金属的晶体结构

液态金属冷却至凝固点或凝固点以下（称为过冷）时，原子按规则的几何形态排列成固体的过程称为结晶，原子排列成的空间格子称为晶格。金属的晶格分体心立方、面心立方和密排六方三种晶格，如图 6.1 所示。晶格结点上的原子互相以金属键相结合，按照金属键理论，金属原子容易失去外层电子，成为正离子。正离子摆列成一个空间点阵，在固定的结点上作轻微振动，而所有折价电子则呈自由电子形态在各离子之间作高速穿梭运动，因而使金属具有良好的导电性和导热性。由于正离子移动时，周围电子也随之移动，两者始终保持着良好的键结合，故产生塑性变形时不易破裂，因而使金属具有较高的强度和良好的塑性。

晶格类型不同的金属，性能也不同。一般来说，面心立方晶格与体心立方晶格的金属比密排六方晶格的金属具有较好的塑性，而体心立方晶格的金属则强度较高。

金属的结晶包括晶核形成与晶核长大两个同时进行的过程。在非自由结晶条件下，由于各个晶核在长大过程中互相抵触和约束，使各个长大的晶体形成不规则的形状。单个的这种不规则的小晶体称为晶粒。由很多晶粒组成的晶体称为多晶体，如图 6.2 所示。由于内部各晶粒的取向不相同，所以多晶体呈各向同性。多晶体中各晶粒之间的分界面称为晶界，它处于一个晶粒转向另一个晶粒的过渡区。该区原子排列位向紊乱，又富集杂质原子及空位，晶格畸变，能量较高，因此在受力时晶界能阻碍晶体的滑移，提高了对塑性变形的抗力。所以，金属的晶粒愈细，晶界总面积愈大，对塑性变形的抗力愈大，金属的强度和硬度也就愈高。

图 6.1 晶格构造

图 6.2 多晶体构造

另外，晶界还有阻止裂纹扩展的作用。若晶粒愈细，则晶界总面积愈大、愈曲折，愈不利于裂纹的传播，使材料在断裂前能承受较大的塑性变形，因此塑性和韧性愈好。

总之，金属晶粒愈细，不仅强度和硬度愈高，而且塑性和韧性也愈好。因此，细化晶粒是目前对金属及其合金进行强韧化的一种重要手段，通常称之为细晶强化。

(二) 钢中的晶体组织与性能

1. 同素异晶转变概念

某些金属在结晶后，当温度改变时，其组成元素虽然未变，但晶格类型会发生变化，这种在固态下晶格类型发生的变化称为同素异晶转变。例如常温下柔软的白锡在大约 -18℃时，就会发生异晶转变，成为高脆性、粉末状的灰锡。钢（铁碳合金）是最常见的同素异晶材料，当钢从熔融的液态冷却时，晶体结构将发生如下转变：

$$液态铁 \underset{1535℃}{\rightleftharpoons} \underset{体心立方}{\delta\text{-Fe}} \underset{1394℃}{\rightleftharpoons} \underset{面心立方}{\gamma\text{-Fe}} \underset{912℃}{\rightleftharpoons} \underset{体心立方}{\alpha\text{-Fe}}$$

2. 合金的基本概念

所谓合金，是指熔合两种或两种以上元素（其中至少一种是金属元素）所组成的具有金属特性的物质，其组成方式有以下三种基本类型：

（1）固熔体。以一种金属为熔剂，另一种金属或非金属为熔质，共熔后所形成的固体熔液。固熔体中的熔剂元素仍保持原来的晶格，而熔质原子则可置换熔剂的个别原子或向间隙嵌入熔剂晶格中，形成所谓置换固熔或间隙固熔。由于熔质和熔剂两种原子大小不同，造成熔剂金属的晶格畸变，增加了晶面间滑移变形的阻力，使固熔体的强度和硬度比熔剂金属的高，但塑性和韧性则有所降低。这种因形成固熔体使材料强度和硬度得以提高的现象，称为固熔强化。它是金属及其合金进行强化的一种常用方法。

（2）化合物。两种元素发生化学作用而组成的一种新的金属化合物。其晶格与原来两种元素的晶格截然不同，多数金属化合物具有较复杂的晶体结构，并具有熔点高、性脆、质硬的特点。钢中常见的化合物是碳化物、氮化物等，它们会给钢的性能带来重大影响。

（3）机械混合物。既不固熔也不化合，而是机械混合形成的一种组成物。在混合物中，原来两种组成物仍保持各自的晶格和性质，其混合物的性质则取决于各组成物的相对比例。

钢的晶体组织基本上是由上述三种类型的合金相结构组成的。

3. 钢中的晶体组织与性能

（1）奥氏体是碳在 γ-Fe 中的固熔体，一般多在高温下存在，含碳量最高为 2.11%（1 148 °C 时）。随着温度的降低，碳在 γ-Fe 中的固熔程度降低，并析出二次渗碳体（以区别由液态析出的一次渗碳体），当冷却到 727 °C 时，它的含碳量降为 0.77%，奥氏体便分解为珠光体。奥氏体的含碳量虽高，但碳全部嵌在 γ-Fe 的晶格里而不以渗碳体的形式存在，故在高温下的塑性和韧性很好，可以进行各种形式的压力加工而不发生脆断。

（2）铁素体是碳在 α-Fe 中的固熔体。铁素体内原子间的空隙较小，熔碳能力较低，常温下仅能熔入小于 0.006% 的碳，在 727 °C 时熔碳量最大，但也只有 0.02%。由于熔碳量少且晶格滑移面较多，其性质极其柔软，塑性和韧性很好，但强度和硬度较低。

（3）渗碳体是碳和铁形成的化合物 Fe_3C，其含碳量高达 6.69%，晶体结构复杂，外力作用下不易变形，故性质非常硬脆，抗拉强度很低，塑性及韧性几乎等于零。

（4）珠光体是铁素体和渗碳体组成的机械混合物，两成分相间成片状存在于同一晶粒内，含碳量为 0.77%，其性质介于铁素体和渗碳体之间，既有一定的强度和硬度，也有一定的塑性和韧性。

综上所述，钢在常温下的基本组织是铁素体、渗碳体和珠光体三种，它们的机械性能见表 6.1。而钢的性质则取决于这些晶体组织在钢中所占的比例。

表 6.1 室温下钢中晶体组织的机械性能

名称	符号	组合类型	R_m/MPa	HB/Pa	A/%	a_k/J·cm^{-2}
铁素体	α	碳在 α-Fe 中的固熔体（体心立方晶格）	230	785	50	200
渗碳体	Fe_3C	铁和碳的化合物（复杂晶格）	30	7 850	0	0
珠光体	P	铁素体与渗碳体的层片状机械混合物	750	1 765	20~25	30~40

注：R_m—强度极限；A—拉伸断裂时的伸长率；HB—布氏硬度；a_k—冲击韧性值。

(三)铁碳合金状态图的概念

铁碳合金状态图是表示不同含碳量的铁碳合金,在平衡状态下处于不同温度时晶体组织变化的一种图形,是研究各晶体组织随温度和含碳量变化而变化的规律性图形。图 6.3 就是 $Fe\text{-}Fe_3C$ 的合金状态图。图中晶体组织是在极缓慢冷却条件下得到的平衡组织,所以又称铁碳平衡图。

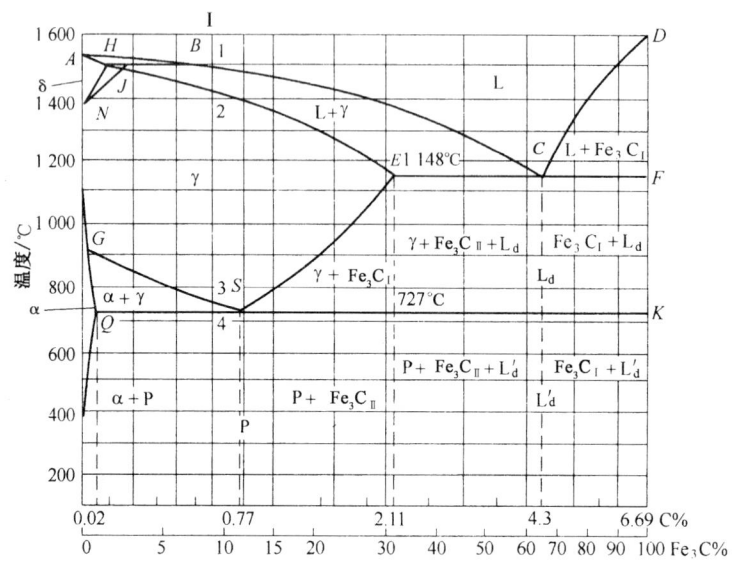

图 6.3 $Fe\text{-}Fe_3C$ 合金状态图

L—液态合金;γ—奥氏体;α—铁素体;P—珠光体;Fe_3C—渗碳体;L_d—莱氏体

图 6.3 中的横坐标表示含碳量的百分数,纵坐标表示温度。平衡图左端含碳量为 0% 的纵轴,实际上反映了纯铁的状态,即纯铁在不同温度下同素异晶变化的规律。平衡图右端含碳量为 6.69% 的纵轴,则代表碳化三铁 Fe_3C。图中 E 点含碳量为 2.11%,是钢和生铁的分界点。E 点左侧属于钢的范围,右侧属于生铁范围。这里只分析左侧钢的部分,图中 Q 点左侧含碳量小于 0.02% 的部分,为工业纯铁,由于太软,无实用价值。

图中上部的 ABCD 线是合金的液相线,表示液态合金冷却到此线时便开始结晶,析出固相。

AHJECF 线是合金的固相线,表示合金冷却到此线时,全部结晶为固相。

GSE 线是上临界温度线(即相变线),其中左端 GS 段,表示合金冷却到此线时,奥氏体开始分解出铁素体,而右端 SE 段,则表示奥氏体冷却到此线时开始析出二次渗碳体 Fe_3C_{II}。

QSK 线是下临界温度线,即奥氏体存在的下限温度,表示奥氏体冷却到此线时,同时析出铁素体和二次渗碳体,两者以片状相间共存于同一晶粒内组成珠光体,这一过程称为共析。此时的温度为 727 ℃,含碳量为 0.77%,S 点称为共析点。

现以含碳量为 0.6% 的合金为例(成分一定)来说明缓慢冷却时钢的组织变化过程,见图 6.3 中的 I 线。当液态合金从高温冷却至 1 点时,开始析出奥氏结晶体,从 1 点以下便是液态合金与奥氏体固相的混合物。当温度下降至 2 时,液态合金全部变成奥氏体。当温度下降至 3 点时，奥氏体开始析出铁素体，从 3 点以下便是奥氏体与铁素体的混合物。随着温度的下降，铁素体逐渐增多，奥氏体逐渐减少，但奥氏体中的含碳量却逐渐增加。当温度下降至 4 点（727 ℃）时，奥氏体中的含碳量恰好升为 0.77%，一次全部转变为珠光体。以后温度下降，组织基本不再变化。因此，常温下此成分钢的晶体组织为铁素体和珠光体。

从平衡图中还可看到常温条件下（温度不变），含碳量变化时晶体组织的变化，并由此可判断不同含碳量的钢的性质。

含碳量在 0.02%～0.77% 的钢，晶体组织为铁素体和珠光体，称为亚共析钢。在此范围内，随着含碳量的增加，钢中铁素体逐渐减少，珠光体逐渐增加，因而钢的强度和硬度逐渐提高，而塑性和韧性则逐渐降低。含碳量为 0.77% 的钢，晶体组织全部为珠光体，称为共析钢。含碳量在 0.77%～2.11% 的钢，晶体组织为珠光体和渗碳体，称为过共析钢。在此范围内，随着含碳量的增加，钢中珠光体逐渐减少，渗碳体逐渐增多，因而钢的强度和硬度逐渐增高，塑性和韧性逐渐降低，但含碳量超过 1.0% 以后，强度极限开始下降。现将铁碳合金的含碳量、晶体组织与性能之间的关系综合表示于图 6.4 中。

必须指出，铁碳平衡图中的晶体组织是在缓慢冷却条件下得到的平衡组织。如改变冷却速度（热处理）或加入合金元素（合金钢）均会改变晶体组织，得到一系列与平衡组织极不相同的非平衡组织，因而性质也会发生很大变化。铁碳平衡图对实际工作具有重要的指导作用，它不仅为选材提供了依据，而且也为钢的铸造、热加工、焊接、热处理等确定工艺参数提供了理论根据。

图 6.4 铁碳合金的含碳量、晶体组织与性能之间的关系

第二节 钢材的技术性质

一、钢材的力学性能

钢材的力学性能包括弹性、塑性、强度、冲击韧性、硬度和疲劳强度等。

（一）钢材的弹性、塑性和强度

抗拉性能是建筑钢材最重要的技术性质，下面通过低碳钢受拉时的应力-应变关系曲线说明钢材的弹性、塑性和强度的概念。低碳钢（软钢）受拉时，钢材应力-应变曲线可分为四个阶段：弹性阶段、屈服阶段、强化阶段、颈缩阶段（见图 6.5）。

图 6.5 低碳钢受拉时的应力-应变曲线

1. 弹性阶段（OA 段）

OA 基本上是一条直线，此阶段中，如果撤去外力，试件的变形能够完全恢复，此种性质称为弹性，此变形为弹性变形。此阶段最高点 A 点所对应的应力称为弹性极限（R_p），弹性极限与对应的弹性变形之比称为弹性模量（E），$E = R_p/\varepsilon_p$。弹性模量是钢材在静力荷载作用下计算结构变形的一个重要指标。常用的 Q235 钢的弹性模量 $E = 2.0 \times 10^5 \sim 2.1 \times 10^5$ MPa。

2. 屈服阶段（AB 段）

A 点以后，应力与应变不再呈正比关系，此阶段中如果撤去荷载，变形不能完全恢复，说明除弹性变形外，还有塑性变形。图 6.5 中锯齿形的最高点所对应的应力称为屈服上限，锯齿形的最低点所对应的应力称为屈服下限。很多因素对屈服上限的数值有影响，而屈服下限则较为稳定，国家规范以屈服下限的应力值作为钢材的屈服强度或屈服点，用 R_{eL} 表示。中碳钢和高碳钢没有明显的屈服现象，名义屈服强度非比例延伸率等于 0.2% 时所对应的应力值 $R_{p0.2}$ 表示（规定非比例延伸强度）。屈服强度对钢材使用意义重大，碳素结构钢和低合金结构钢在受力到达屈服强度以后，应变急剧增长，从而使结构的变形迅速增加，以致不能继续使用。所以钢材的强度设计值一般都是以其屈服强度为依据而确定的。钢材的屈服强度是衡量结构的承载能力和确定强度设计值的重要指标。

3. 强化阶段（BC 段）

当应力超过屈服极限后，钢材抵抗外力的能力又重新提高。C 点是此阶段的最高点，在此点试件中的名义应力达到最大值，C 点的名义应力称为材料的强度极限或抗拉强度，用 R_m 表示。钢材的抗拉强度是衡量钢材抵抗拉断的性能指标，它不仅是一般强度的指标，而且直接反映钢材内部组织的优劣，并与疲劳强度有着较密切的关系。抗拉强度虽然不能直接作为设计依据，但抗拉强度与屈服强度的比值，即"强屈比"（R_m/R_{eL}）对工程应用有较大意义。强屈比愈大，反映钢材的应力超过屈服强度工作时的可靠性愈大，即延缓结构损坏过程的潜力愈大，因而结构愈安全。国家标准除对屈服强度、抗拉强度有要求外，对用于抗震设防结构工程的钢材还有强屈比指标要求。当然，强屈比过大时，钢材强度的利用率偏低，不经济。

4. 颈缩阶段（CD 段）

当试件应力超过 C 点后，钢材的抵抗变形能力明显下降，在试件某处产生较大的变形，该断面将显著缩小，产生颈缩现象，最后断裂。

钢材的塑性是在外力作用下产生永久变形时抵抗断裂的能力，其大小通常用拉伸断裂时的伸长率和断面收缩率表示。

伸长率反映钢材拉伸断裂时所具有的塑性变形能力，是衡量钢材塑性的重要技术指标。伸长率的大小是以试件拉断后标距长度的增量与原标距长度之比的百分率来表示。按下面公式计算：

$$A_n = \frac{L_1 - L_0}{L_0} \times 100\%$$

式中　L_1——试件拉断后标距部分的长度（mm）；

　　　L_0——试件的原标距长度（mm）；对于金属材料通常取 $5.65\sqrt{S_0}$，热轧钢筋 $L_0 = 5.65\sqrt{S_0} = 5d_0$，$S_0$ 为平行长度原始截面面积。

　　　n——长或短试件的标志，$n = L_0/d$，长试件 $n = 10$，短试件 $n = 5$。

试件拉断后的长度 L_1 内既包括材料整个工作段均匀的伸长，也包括颈缩部分的局部伸长，颈缩处的伸长较大，故试件原始标距（L_0）与直径（d_0）之比愈大，颈缩处的伸长值所占比例愈小，计算所得伸长率也愈小。通常钢材拉伸试件取 $L_0 = 5d$，或 $L_0 = 10d$，其伸长率分别以 A_5 或 A_{10} 表示。对于相同钢材，$A_5 > A_{10}$。

断面收缩率按下面公式计算：

$$\psi = \frac{F_0 - F_1}{F_0} \times 100\%$$

式中　F_0——试件的原横截面面积（mm^2）；

F_1——试件断裂后颈缩处的横截面面积（mm^2）。

通常，钢材是在弹性范围内使用的，但在应力集中处，其应力可能超过屈服强度，此时产生一定的塑性变形，可使结构中的应力产生重分布，从而免遭结构的破坏。

为反映钢材在达到最大破坏荷载前的变形状况，防止突然的脆断，定义钢筋在最大力下的总伸长率用 A_{gt} 表示，即

$$A_{gt} = \frac{\Delta L_m}{L_e} \times 100\%$$

式中　ΔL_m——用引伸计得到的力-延伸曲线图上测定最大力时的总延伸（mm）；

L_e——引伸计标距（mm）。

若用人工方法测定 A_{gt}，采用下面公式计算：

$$A_{gt} = \left(\frac{L_1 - L_0}{L_0} + \frac{R_m}{E} \right) \times 100\%$$

式中　E——弹性模量，其值可取为 2×10^5 MPa。

（二）冲击韧性

冲击韧性是钢材抵抗冲击荷载的能力。图 6.6 为钢材冲击试验示意图。钢材的冲击韧性用冲断试件时单位面积所吸收的能量来表示。冲击韧性值按下式计算：

$$a_k = \frac{KV(U)}{A}$$

式中　a_k——冲击韧性值（J/cm^2）；

KV(U)——试件冲断时所吸收的冲击值（J），即冲击值，KV 为 V 型缺口，KU 为 U 型缺口。

A——试件槽口处最小横截面面积（cm^2）。

由于试验采用标准试样，工程上评定建筑钢材的冲击韧性，一般用试样冲断消耗的冲击值 KV(U)）作为指标。

按照 GB/T 229—2007《金属材料　夏比摆锤冲击试验方法》，试验采用的冲击锤有 2 种锤刃，分别为 2 mm、8 mm 厚，并试验测试试件冲断时所吸收的冲击值（夏比法为 V 型缺口）表示为 KV2 或 KV8。

$$KV2(8) = FL(\cos\beta - \cos\alpha)$$

式中　F——摆锤重力；

L——摆长（摆轴至 F 作用点的距离）；
α——冲击前摆锤的落角；
β——冲击后摆锤的升角；
KV2——表示试样为 V 型缺口、2 mm 厚锤刃的冲击值；
KV8——表示试样为 V 型缺口、8 mm 厚锤刃的冲击值。

图 6.6　钢材冲击试验示意图（单位：mm）

钢的化学成分与组织状态以及冶炼、轧制质量等对钢材的冲击韧性有很大影响。含碳量高，含硫、磷等杂质多，成分偏析大及焊接质量低（虚焊或出现微裂纹）等均会降低冲击韧性。

同时钢材冲击韧性还受环境温度和时效的影响。

钢材的冲击韧性与温度有关。在较高的环境温度下，随温度的降低，冲击韧性缓慢下降，但当温度降至一定的范围（狭窄的温度区间）时，钢材的冲击韧性骤然下降而呈脆性，即冷脆性，这时的温度称为脆性转变温度，见图 6.7。脆性转变温度越低，表明钢材的冷脆性越小。因此，在寒冷及严寒地区使用的结构，设计时必须考虑钢材的冷脆性，应选用脆性转变温度低于最低使用温度的钢材，并要求冲击韧性值大于规范规定的冲击韧性指标。如铁路桥梁钢 Q345qE 在 -40 ℃ 下的冲击功应不小于 34 J。

图 6.7　钢的脆性转变温度

随时间的延续，钢材的硬度、强度逐渐提高，而塑性和韧性逐渐降低的现象称为时效。时效也将降低钢材的冲击韧性。

值得一提的是，为避免钢结构的脆断破坏，按断裂力学的观点，应用断裂韧性 K_{IC} 来表示材料抵抗裂纹失稳扩展的能力。但是，对建筑钢结构来说，要完全用断裂力学的方法来分析判断脆断问题，目前在具体操作上尚有一定困难，国际上仍以冲击韧性作为抗脆断能力的主要指标。冲击韧性值是衡量钢材断裂时所做功的指标，它在冲击荷载或多向拉应力下具有可靠性能的保证，可间接反映钢材抵抗低温、应力集中、多向拉应力、加荷速率（冲击）和重复荷载等因素导致脆断的能力。因此，对需要验算疲劳的结构钢材，规范规定了钢材应具有在不同试验温度下的冲击韧性值。

（三）硬　度

硬度是指钢材抵抗硬物压入表面的能力。通过硬度的测试可以估计钢材的力学性能，判定钢材材质的均匀性或热处理后的效果。

我国现行标准测定金属硬度的方法有：布氏硬度法、洛氏硬度法和维氏硬度法三种。常用的硬度指标为布氏硬度和洛氏硬度。

1. 布氏硬度

布氏硬度试验是对一定直径的硬质合金球施加试验力压入试样表面，经规定保持时间后，卸除试验力，测量试样表面压痕的直径，试验力与压痕表面积之比，即为布氏硬度，用 HBW 表示。

$$HBW = 0.102 \times \frac{2F}{\pi D(D - \sqrt{D^2 - d^2})}$$

式中　F——试验力（N）；
　　　D——硬质合金球的直径（mm）；
　　　d——压痕直径（mm）。

公式中常数项 0.102 是重力加速度的倒数，即单位换算系数。工程应用时，常由压痕直径查表，直接确定 HBW。

布氏硬度法比较准确，但受硬质钢球（淬火所得）的硬度限制，布氏硬度只能测试 HBW<450 的钢材，HBW>450 的钢材的硬度用洛氏法来测试。另外，布氏硬度压痕较大，不宜用于成品检验。

根据布氏硬度可以估算碳素钢的抗拉强度 R_m：

　　　　HBW<175 时，$R_m = 0.36HB$
　　　　175<HBW<450 时，$R_m = 0.35HB$

2. 洛氏硬度

洛氏硬度试验是用金刚石锥体或钢球压头，按照规定的荷载压入钢材表面，以压痕深度来表示硬度值，用 HR 表示。根据压头和荷载的不同，又分为洛氏 A、洛氏 B 和洛氏 C 三种方法。洛氏硬度法的压痕小，所以常用于判断工件的热处理效果。

承受耐磨的部件，对钢材的硬度有一定的要求，如钢轨钢、工具钢等必须满足规范的要求。

（四）疲劳强度

钢构件承受重复或交变荷载作用时，可能在远低于屈服强度的应力作用下突然发生断裂，这种断裂现象称为疲劳破坏。研究表明，金属的疲劳破坏要经历疲劳裂纹的萌生、缓慢发展和最后的迅速断裂三个过程。也就是说，在交变应力作用下，先在材料的薄弱处萌生微观裂纹，由于裂纹尖端处产生应力集中，使微观裂纹逐渐扩展成肉眼可见的宏观裂纹，宏观裂纹再进一步扩展，使构件断面不断削弱，直到最后导致突然断裂。由此可见，疲劳破坏的过程虽然是缓慢的，但断裂却是突发性的，事先并无明显的塑性变形，故危险性较大，往往造成灾难性事故。试验证明，材料内部的各种缺陷（晶界、微孔、非金属夹杂物等）、成分偏析、过大的内应力、构件截面沿长度方向的急剧变化、构件受力最大处以及表面不光滑等因素，都是容易产生微裂纹的地方，所以为了提高材料的疲劳强度，必须消除上述各种不良因素。

疲劳强度除了与材质有关外，还与所受应力的种类（拉、压或弯曲）、应力循环特征值（$\rho = \sigma_{min}/\sigma_{max}$）、应力循环次数（$N$）及应力集中程度有关。一般来说，钢材强度极限愈高，其疲劳强度愈高。我国现行的设计规范是以应力循环次数 $N = 2 \times 10^6$ 的疲劳曲线作为确定疲劳强度的取值依据。

二、钢材的工艺性能

建筑钢材在使用之前,多数需要进行一定形式的加工处理。良好的工艺性能可以保证钢材能够顺利地通过各种处理而无损于制品的质量。建筑钢材的工艺性能包括热加工性能、冷加工性能、冷弯性能、焊接性能与热处理性能等。这里只说明在建筑工程最常遇到的冷弯和焊接两种工艺性能。

(一) 冷弯性能

冷弯性能是钢材在常温条件下,承受弯曲变形的能力。"冷"表示常温,钢材的加工、轧制一般是在"热"(高温)的条件下进行的,"冷"是相对于"热"而言的。后面介绍的"冷拔"、"冷轧"等中的"冷"也是同一含义。

冷弯性能是揭示钢材缺陷的一种重要工艺性能。土木工程中,经常要把钢筋、钢板等材料弯曲成要求的形状,冷弯性能就是模拟钢材加工而确定的。

钢材的冷弯性能试验参数为:弯曲角度 α 和弯心直径 d,以及其相对于钢材厚度 a 的比值 d/a。在进行冷弯试验时,试件弯曲处的外拱面和两侧面未出现裂缝和起层现象之前,钢材弯曲角度 α 愈大,d/a 愈小,则表示冷弯性能愈好。

钢材的冷弯性能与伸长率一样,也是反映钢材在力作用下的塑性性质。但在冷弯过程中,受弯部位产生局部的不均匀塑性变形,因此,它更能反映出钢材内部组织是否均匀、是否存在内应力及夹杂物等缺陷。图 6.8 为钢材冷弯示意图。在工程中,结构在制作、安装过程中要进行冷加工,尤其是焊接结构焊后变形的调直等工序,都需要钢材有较好的冷弯性能,冷弯试验还常被用作对钢材焊接质量进行检验的一种手段。

图 6.8 钢材冷弯示意图

(二) 可焊性

在土木工程中,钢结构、钢筋混凝土的钢筋骨架、接头和连接件、预埋件等大多数是采用焊接方式连接的。因此,钢材应具有良好的可焊性。

钢材在焊接过程中,由于高温的作用,焊缝及其附近的过热区将发生晶体组织和晶体结构的变化,使焊缝周围的钢材产生硬脆倾向,降低焊件的使用质量。可焊性是指钢材是否适用通常的焊接方法与工艺的性能。可焊性好的钢材焊接时,硬脆倾向小,不易形成裂纹、气孔、夹渣等缺陷,焊接后仍能保持与母材基本相同的性质。

钢的化学成分、冶炼质量和冷加工等对可焊性影响很大。对焊接结构用钢，宜选用含碳量低、杂质含量少的镇静钢。对于高碳钢和合金钢，为改善焊接后的硬脆性，焊接时一般需采用焊前预热和焊后热处理等措施。

钢材的焊接主要采用电弧焊和接触对焊两种基本方法。钢材焊接后必须取样进行焊接质量检验，一般包括拉伸试验和冷弯试验，要求试验时试件的断裂不能发生在焊接处。

第三节 化学成分、热处理、冷加工硬化与时效对钢性质的影响

一、化学成分对钢性质的影响

钢中主要化学成分为铁，在碳素钢中除含有碳、硅、锰元素外，还含有少量的磷、硫、氧、氮、氢等有害元素，在合金钢中还含有钛、钒、铜、铬、镍等合金元素。这些元素虽然含量少，但对钢材性能有很大影响。

（1）碳（C）。碳是决定钢材性能的主要元素。因为含碳量的变化直接引起晶体组织的变化，导致钢材性能发生相应的变化。随着含碳量的增加，钢材的强度和硬度提高，而塑性和韧性降低；但含碳量超过 1.0% 时，钢材的强度反而下降，这是因为过共析钢中的渗碳体，以网状分布在珠光体的晶界上，割裂了基体，使钢材变脆。此外，随着含碳量的增加，钢材的焊接性能变差（含碳量大于 0.3% 时，钢材的可焊性显著下降），冷脆性和时效敏感性增大，耐大气锈蚀性下降。所以建筑钢材的含碳量远小于 1.0%。一般工程所用碳素钢均为低碳钢，其含碳量小于 0.25%。

（2）硅（Si）。硅是作为脱氧剂而加入钢中的，大部分溶于铁素体中形成固熔体，能提高钢材的硬度、强度。硅含量较低（小于 1.0%）时，对塑性和韧性影响不大。

（3）锰（Mn）。锰是炼钢时用来脱氧去硫而加入钢中的。大部分溶于铁素体中形成固熔体，能够显著地提高钢的强度和硬度。同时锰具有很强的脱氧去硫能力，降低了硫、氧所引起的热脆性，从而改善钢材的热加工性能。但锰含量大于 1.0% 时，将降低钢材的塑性、韧性和可焊性。

（4）硫（S）。硫是钢中有害元素。硫多数以 FeS 的形式存在于钢中。FeS 与 Fe 形成共晶熔点很低（985 ℃）的物质，多分布于奥氏体的晶界上。当进行焊接等热加工时，该物质首先熔化造成晶粒脱开，使钢的内部出现热裂纹，引起钢材的脆断，这种现象称为热脆性。硫的存在加大了钢材的热脆性，降低了钢材的各种机械性能，也使钢材的可焊性、冲击韧性、耐疲劳性和抗腐蚀性等降低。因此应严格控制其含量，一般不应超过 0.065%。

（5）磷（P）。磷是钢中有害元素。磷是炼铁原料中带入的，多数溶入铁素体中形成固熔体，使钢材的强度、硬度增加。但随着磷含量的增加，将以磷化铁（Fe_3P）夹杂物形式存在，使钢塑性和韧性显著降低，特别是温度愈低，对塑性和韧性的影响愈大。磷显著提高钢材的脆性转变温度，另外还降低钢材的可焊性。应严格控制其含量，一般不超过 0.085%。

（6）氧（O）。氧是钢中的有害元素。多数以 FeO 的形式存在于非金属夹杂物中，氧使钢材

的强度有所提高，但塑性特别是韧性显著降低，可焊性变差。钢中氧的含量一般不应超过 0.05%。

（7）氮（N）。多数溶于铁素体中形成固熔体，氮虽能提高钢的强度和硬度，但却显著降低钢的塑性和韧性，增加钢的时效敏感性和冷脆性。氮在铝、铌、钒等元素的配合下能够减少其不利影响，改善钢材性能，可作为低合金钢的合金元素。

（8）钛（Ti）、钒（V）。钛是强脱氧剂，钒是弱脱氧剂。二者能显著提高强度、细化晶粒、改善韧性。钒能够减弱碳和氮的不利影响；钛能够提高可焊性和抗大气腐蚀性。它们都是合金钢中常用的微量元素。

二、热处理对钢性质的影响

铁碳平衡图（见图 6.3）中的晶体组织，是在极缓慢冷却条件下得到的。若将钢加热到临界温度以上，并保持一定时间后，以不同的速度冷却，则会形成与铁碳平衡图完全不同的晶体组织。这种对钢进行加热、保温和冷却的综合操作工艺称为热处理。其目的在于通过不同的工艺，改变钢的晶体组织，从而改变钢的性质。建筑钢材一般只在生产厂进行处理并以热处理状态供应。在施工现场有时须对焊件进行热处理。钢的热处理有退火、正火、淬火、回火等形式，热处理的加热范围如图 6.9 所示。

图 6.9　热处理工艺

1. 退　火

退火是将钢加热到铁碳平衡图中的 *GSK* 线以上 30~50 ℃，保温一定时间，然后极缓慢地冷却（随炉冷却），以获得接近平衡状态组织的一种热处理工艺。退火可降低钢的硬度，提高塑性和韧性，并能消除冷、热加工或热处理所形成的缺陷和内应力。含碳量较高的高强度钢筋焊后和经过多次冷拔的钢丝再冷拔时，均需要进行退火处理，以保证焊接质量或冷拔工序的进行。

2. 正　火

正火是将钢加热到 *GSE* 线以上 30~50 ℃，保温一定时间，然后在空气中冷却的一种热处理工艺。正火主要用于提高钢的塑性和韧性，获得强度、塑性和韧性三者之间的良好配合。如常对厚度较大的热轧低合金钢钢板进行正火处理，就是要消除在热过程中造成的组织不均匀性和内应力，使塑性和韧性提高，而强度却降低很少，以取得良好的综合技术性质。

3. 淬　火

淬火是把钢加热到 *GSK* 线以上 30~50 ℃，保持一定时间，然后把它放到适当的介质（水或油）中进行急速冷却的一种热处理工艺。淬火能显著提高钢的硬度和耐磨性，但塑性和韧性却显著降低，且有很大的内应力，脆性很高。可在淬火后进行回火处理，以消除部分脆性。钢轨表面特别是两端轨头部分，通常都要进行淬火处理，以提高硬度和耐磨性。

4. 回　火

回火是把钢加热到下临界温度 *QSK* 线（727 ℃）以下某一适当的温度，保持一定时间，然后在空气中冷却的一种热处理工艺。根据加热温度的高低，分低温（150~250 ℃）、中温（350~500 ℃）和高温（500~650 ℃）三种回火制度。回火主要是为了消除淬火后钢材的内应力和脆性,可根据不同要求选择加热温度。一般来说,要求保持高强度和高硬度时,采用低温回火;要求保持高弹性极限和屈服强度时,采用中温回火,如高弹性弹簧钢;要求既有一定强度和硬度,又有适量塑性和韧性时,采用高温回火。淬火和高温回火的联合处理称为调质。调质的目的主要为了获得良好的综合技术性质,既有较高的强度,又有良好的塑性和韧性。经调质处理过的钢称为调质钢,它是目前用来强化钢材的有效措施。如建筑上用的某些高强度低合金钢及某些热处理钢筋等都是经过调质处理得到强化的。

三、冷加工与时效对钢性质的影响

建筑钢材除了通过热加工制成各种型材外,有时还通过冷加工制成各种型材或直接加工成零件。这种冷加工包括冷拉、冷拔、冷轧、冷扭、刻痕、冲压等。经过冷加工后的钢材,由于产生塑性变形,改变了钢的晶体结构,强度和硬度明显提高,塑性和韧性有所降低,我们把这个过程称为钢材的冷加工强化。

建筑工程中使用的钢筋,为改善其性能,可以采用冷加工和时效处理。将热轧钢筋用拉伸设备在常温下拉伸,应力超过屈服强度并产生一定的塑性变形,称为冷拉。冷拉后钢材的屈服强度提高,屈服阶段缩短,伸长率减小,材质变硬,但抗拉强度基本不变。冷拉后的新的屈服点和抗拉强度并非一直保持不变,而是随时间延续有所提高,塑性进一步降低,即产生时效。一般钢材经冷拉和时效处理后,才有稳定的屈服强度。

产生时效的原因主要是溶于铁素体中处于过饱和的氮和氧原子,分别以 Fe_4N 和 FeO 的形式析出,逐渐扩散到晶体的应力区或晶界上,阻碍晶粒发生滑移,增加了抵抗塑性变形能力的缘故。

钢材产生时效的难易程度称为时效敏感性,用时效敏感性系数 C 表示,即

$$C = \frac{a_k - a_{ks}}{a_k} \times 100\%$$

式中　　a_k ——常温下,时效前试件冲击值的平均值;

　　　　a_{ks} ——常温下,时效后试件冲击值的平均值。

C 越大,时效敏感性越大。对受动荷载作用或经常处于中温条件下的钢结构(如锅炉、桥梁、钢轨和吊车梁等),为避免过大的脆性,防止突然脆断,应选用时效敏感性小的钢材。对于建筑工程,由于所受的荷载一般为非动荷载,所用的钢材特别是钢筋,过去经常(目前也允许)利用冷加工和时效处理来提高其强度,以利于节约钢材。但近年来,我国强度高、性能好的预应力钢筋、钢丝等已可以充分供应,新颁布的《混凝土结构工程施工质量验收规范》(GB 50204—2002)和《混凝土结构设计规范》(GB 50010—2002)不再把冷拉钢筋和冷拔低碳钢丝列入推荐的钢筋范围。

第四节　建筑钢材的标准与选用

建筑钢材分为钢结构用钢、混凝土结构用钢及其他用途钢三大类。

一、钢结构用钢

钢结构用钢主要有碳素结构钢、优质碳素结构钢和低合金结构钢。

（一）碳素结构钢

1. 碳素结构钢的牌号

根据国家标准《碳素结构钢》（GB 700—2006）规定，牌号由代表屈服点的字母、屈服点数值、质量等级符号、脱氧程度四部分组成。其中"Q"代表屈服点。碳素结构钢按照其屈服点分为四个牌号，即 Q195，Q215，Q235 和 Q275；按照质量等级（硫、磷杂质含量由多到少）分为 A，B，C，D 共四个质量等级。按照脱氧程度分为沸腾钢（F）、镇静钢（Z）、特种镇静钢（TZ）三种。镇静钢和特殊镇静钢在钢牌号中 Z 和 TZ 予以省略。例如，Q275-AF 表示屈服点为 275 MPa，质量等级为 A 级的沸腾钢；Q275-C 表示屈服点为 275 MPa，质量等级为 C 级的镇静钢。

2. 碳素结构钢的技术要求

碳素结构钢的技术性能要求包括化学成分（全部为低碳钢）、力学性能、工艺性能三个方面。

碳素结构钢的力学性能和工艺性能应符合表 6.2、表 6.3 的规定。

表 6.2 碳素结构钢的力学性能

牌号	质量等级	拉伸试验												冲击试验	
		屈服点 R_{eH}/MPa						抗拉强度 σ_b/MPa	伸长率 A/%					温度/°C	V 形冲击功（纵向）/J
		钢材厚度（直径）/mm							钢材厚度（直径）/mm						
		≤16	16~40	40~60	60~100	100~150	>150		≤40	40~60	60~100	100~150	150~200		
		不 小 于							不 小 于						不小于
Q195	—	(195)	(185)	—	—	—	—	315~430	33	—	—	—	—		
Q215	A	215	205	195	185	175	165	335~450	31	29	28	27	25	—	—
	B													20	27
Q235	A	235	225	215	205	195	185	375~500	26	24	23	22	21	—	—
	B													20	27
	C													0	
	D													−20	
Q275	A	275	265	255	245	225	215	410~540	22	21	20	18	17	—	—
	B													20	27
	C													0	
	D													−20	

表 6.3 碳素结构钢的冷弯性能

牌号	试样方向	冷弯试验（$B=2a$，180°）	
		钢材厚度（直径）/mm	
		≤60	>60~100
		弯心直径 d	
Q195	纵	0	—
	横	$0.5a$	
Q215	纵	$0.5a$	$1.5a$
	横	a	$2a$
Q235	纵	a	$2a$
	横	$1.5a$	$2.5a$
Q275	纵	$1.5a$	$2.5a$
	横	$2a$	$3a$

注：B 为试样宽度；a 为钢材厚度（直径）。

在碳素钢中，同一牌号钢材的屈服点、抗拉强度、伸长率、冷弯的要求是一样的，但冲击韧性还与质量等级有关；碳素结构钢随着牌号的增大，其含碳量和含锰量增加，强度和硬度提高，而塑性和韧性降低，冷弯性能逐渐变差。

3. 碳素结构钢的应用

Q195 和 Q215 钢的含碳量小于 0.15%，强度虽然低，但塑性和韧性较好，性质柔软，易于冷加工，建筑上一般用作钢钉、铆钉、螺栓等。Q215 钢经冷加工后可代替 Q235 钢使用。

Q235 是建筑工程中广泛应用的碳素结构钢。由于其强度、塑性、韧性及可焊性等综合性能好，并且成本较低，能够较好地满足一般钢结构和混凝土结构的用钢要求。

Q275 钢是 2006 年标准中性能改变最大的钢号，成分也由原来的中碳钢变为现在的低碳钢。Q275 不但强度高，而且其塑性、韧性均很好，应用范围大大增加，如 Q275-D 可以用于 −20 ℃ 的动荷载结构中。与其他碳素结构钢钢号相比，Q275 能够节约钢材，降低成本，成为钢结构和混凝土结构的主要用钢之一。

在选用钢材牌号和材性时，为保证承重结构的承载能力和防止在一定条件下出现脆性破坏，应根据结构的重要性、荷载特征、结构形式、应力状态、连接方法、钢材厚度和工作环境等因素综合考虑。例如，Q275A 级钢一般仅适用于承受静荷载作用的结构，但主要焊接结构中不能使用；Q275B 级钢用于承受动荷载焊接的普通钢结构；Q275C 级钢可用于承受动荷载焊接的重要钢结构；Q275D 级钢可用于低温条件下承受动荷载焊接的重要钢结构。

因沸腾钢脱氧不充分，含氧量较高，内部组织不够致密，硫、磷的偏析大，氮是以固熔氮的形式存在，故冲击韧性较低，冷脆性和时效倾向大。因此，需对其使用范围加以限制。

具体说，下列情况的承重结构和构件不应采用沸腾钢：

1）焊接结构

（1）直接承受动力荷载或振动荷载且需要验算疲劳的结构。

（2）工作温度低于 –20 ℃ 时的直接承受动力荷载或振动荷载但可不验算疲劳的结构，以及承受静力荷载的受弯及受拉的重要承重结构。

（3）工作温度等于或低于 –30 ℃ 的所有承重结构。

2）非焊接结构

工作温度等于或低于 –20 ℃ 的直接承受动力荷载且需要验算疲劳的结构。

（二）优质碳素结构钢

优质碳素结构钢对有害杂质含量控制更严格（S<0.035%，P<0.035%），质量更稳定，性能优于普通碳素结构钢。

根据国标《优质碳素结构钢》（GB/T 699—1999）规定，优质碳素结构钢共分为 31 个牌号。其牌号用平均含碳量的万分数表示，含锰量较高时，在牌号的后面加注锰（Mn）字。如果是沸腾钢，则在数字后面加注"F"。如 45Mn 表示含碳量为万分之 45，含锰量较高的镇静钢；15F 表示含碳量为万分之 15 的沸腾钢。

优质碳素结构钢的性能主要取决于含碳量。含碳量高，强度、硬度高，但塑性、韧性低。优质碳素钢成本高，建筑上使用得不多。30~45 号钢主要用于重要结构的钢铸件及高强度螺栓；65~80 号钢常用于生产预应力钢筋混凝土用的碳素钢丝、刻痕钢丝和钢绞线等。

（三）低合金高强度结构钢

低合金高强度结构钢是在碳素结构钢的基础上，加入总量小于 5% 的合金元素而形成的钢种。常用的合金元素有硅、锰、钛、钒、铬、镍、铜等。

1. 牌 号

根据国标《低合金高强度结构钢》（GB/T 1591—2008）的规定，低合金高强度结构钢分成八个牌号，即 Q345，Q390，Q420，Q460，Q500，Q550，Q620 和 Q690。牌号的表示方法由屈服点的汉语拼音字母 Q、屈服点数值、质量等级符号（A，B，C，D，E）三个部分组成。

2. 技术要求及特性

低合金高强度结构钢技术要求包括化学成分、钢材的拉伸性能、夏比（V 型）冲击试验的试验温度和冲击吸收能量以及弯曲试验的要求。钢材的拉伸性能及冲击试验应满足表 6.4、6.5 的要求。从表中可以看出钢材的厚度不同，性能要求也不同，其原因在第一节"钢材热加工"中有阐述。

低合金高强度结构钢与碳素结构钢相比具有以下特点：

（1）成分上，含碳量较低，均不高于 0.2%，而且一般为氧气转炉、平炉或电炉冶炼的镇静钢，硫、磷杂质含量少，含氧量及成分偏析少，加入了合金元素。

（2）性能上，具有更高的强度，而且具有良好的塑性、韧性、可焊性、耐磨性、耐蚀性、耐低温性等性能，是综合性能更为理想的建筑钢材。

表 6.4 低合金高强度结构钢的拉伸性能

牌号	质量等级	下屈服强度（R_{eL}）/MPa 以下公称厚度（直径、边长） ≤16 mm	>16~40 mm	>40~63 mm	>63~80 mm	>80~100 mm	>100~150 mm	>150~200 mm	>200~250 mm	>250~400 mm	抗拉强度（R_m）/MPa 以下公称厚度（直径、边长） ≤40 mm	>40~63 mm	>63~80 mm	>80~100 mm	>100~150 mm	>150~250 mm	>250~400 mm	断后伸长率（A）/% 公称厚度（直径、边长） ≤40 mm	>40~63 mm	>63~100 mm	>100~150 mm	>150~250 mm	>250~400 mm
Q345	A	≥345	≥335	≥325	≥315	≥305	≥285	≥275	≥265	—	470~630	470~630	470~630	470~630	450~600	450~600	—	≥20	≥19	≥19	≥18	—	—
	B																						
	C									≥265							450~600	≥21	≥20	≥20	≥19	≥17	≥17
	D																					≥18	
	E																						
Q390	A	≥390	≥370	≥350	≥330	≥330	≥310	—	—	—	490~650	490~650	490~650	490~650	470~620	—	—	≥20	≥19	≥19	≥18	—	—
	B																						
	C																						
	D																						
	E																						
Q420	A	≥420	≥400	≥380	≥360	≥360	≥340	—	—	—	520~680	520~680	520~680	520~680	500~650	—	—	≥19	≥18	≥18	≥18	—	—
	B																						
	C																						
	D																						
	E																						
Q460	A	≥460	≥440	≥420	≥400	≥400	≥380	—	—	—	550~720	550~720	550~720	550~720	530~700	—	—	≥17	≥16	≥16	≥16	—	—
	B																						
	C																						
	D																						
	E																						
Q500	A	≥500	≥480	≥470	≥450	≥440	—	—	—	—	610~770	600~760	590~750	540~730	—	—	—	≥17	≥17	≥17	—	—	—
	B																						
	C																						
	D																						
	E																						
Q550	A	≥550	≥530	≥520	≥500	≥490	—	—	—	—	670~830	620~810	600~790	590~780	—	—	—	≥16	≥16	≥16	—	—	—
	B																						
	C																						
	D																						
	E																						
Q620	A	≥620	≥600	≥590	≥570	—	—	—	—	—	710~880	690~880	670~860	—	—	—	—	≥15	≥15	≥15	—	—	—
	B																						
	C																						
	D																						
Q690	A	≥690	≥670	≥660	≥640	—	—	—	—	—	770~940	750~920	730~900	—	—	—	—	≥14	≥14	≥14	—	—	—
	B																						
	C																						
	D																						

表6.5 夏比（V型）冲击试验的试验温度和冲击吸收能量

牌号	质量等级	试验温度/°C	冲击吸收的能量/J*		
			公称厚度（直径、边长）		
			12～150 mm	>150～250 mm	>250～400 mm
Q345	B	20	≥34	≥27	—
	C	0			
	D	-20			≥27
	E	-40			
Q390	B	20	≥34	—	—
	C	0		—	—
	D	-20		—	—
	E	-40		—	—
Q420	B	20	≥34	—	—
	C	0		—	—
	D	-20		—	—
	E	-40		—	—
Q460	C	0	≥34	—	—
	D	-20		—	—
	E	-40		—	—
Q500、Q550、Q620、Q690	C	0	≥55	—	—
	D	-20	≥47	—	—
	E	-40	≥31	—	—

* 冲击试验取纵向试样。

（3）应用上，低合金高强度结构钢和碳素钢一样，主要用于轧制各种型钢、钢板、钢管及钢筋，但特别适用于各种重型结构、高层结构以及大跨度结构和桥梁工程等承受动荷载的结构物中。在相同使用条件下，可比碳素结构钢节省用钢20%～30%，可以有效地减轻结构自重。

二、钢筋混凝土结构用钢

按照生产方式的不同，钢筋混凝土结构用钢可分为热轧钢筋、热处理钢筋、冷轧带肋钢筋、预应力混凝土用钢丝和钢绞线等多种。

（一）热轧钢筋

根据其表面特征不同，热轧钢筋分为光圆钢筋和带肋筋。带肋钢筋有月牙肋钢筋和等高肋钢筋等，如图6.10所示。

（a）月牙肋钢筋　　　　　　　　　　　　（b）等高肋钢筋

图 6.10　带肋钢筋

1. 钢筋混凝土用热轧直条光圆钢筋

按照《钢筋混凝土用钢第 1 部分热轧光圆钢筋》（GB 1499.1—2008）的规定，热轧光圆钢筋按屈服强度特征值分为 235、300 级。HPB 为热轧光圆钢筋的英文（Hot rolled Plain Bars）的缩写。热轧光圆钢筋的力学性能和工艺性能应符合表 6.5 的规定。由于 HPB235 钢筋的强度低，不满足现代混凝土结构工程的需要，《混凝土结构设计规范》GB 50010—2011 淘汰了 HPB235，光圆钢筋主要采用 HPB300。

表 6.6　直条光圆钢筋的力学性能、工艺性能

牌号	公称直径 a/mm	屈服点 R_{eL}/MPa	抗拉强度 R_m/MPa	伸长率 A/%	冷弯试验（180°）弯心直径 d	最大力总伸长率 A_{gt}/%
		不　小　于				
HPB235（HPB300）	6~22	235	370	25.0	$d=a$	10.0
		300	420			

2. 热轧带肋钢筋

根据《钢筋混凝土用钢第 2 部分：热轧带肋钢筋》GB 1499.2—2007 的规定，热轧带肋钢筋分为普通热轧带肋钢筋（Hot rolled Ribbed Bars，HRB）和细晶粒热轧钢筋（Hot rolled Ribbed Bars of Fine grains，FHRB）两种，其晶体组织主要为铁素体和珠光体，不得有影响使用性能的其他晶体组织存在。细晶粒热轧钢筋是在热轧过程中，通过控轧和控冷工艺形成的细粒钢筋。热轧带肋钢筋的力学性能和工艺性能应符合表 6.7 的规定。

表 6.7　热轧钢筋的力学性能和工艺性能

牌号	公称直径 a/mm	屈服点 R_{eL}/MPa	抗拉强度 R_m/MPa	伸长率 A/%	最大力总伸长率 A_{gt}/%	冷弯试验(180°)弯心直径/d
		不　小　于				
HRB335 HRBF335	6~25	335	455	17		3d
	28~40					4d
	>40~50					5d
HRB400 HRBF400	6~25	400	540	16	7.5	4d
	28~40					5d
	>40~50					6d
HRB500 HRBF500	6~25	500	630	15		6d
	28~40					7d
	>40~50					8d

当钢筋需要调直时，可以采用机械方法或冷拉方法。当采用冷拉方法调直钢筋时，HRB335、HRB400 钢筋的冷拉率不宜大于 1%，HPB235 钢筋的冷拉率不宜大于 4%。

同时，《混凝土结构工程施工质量验收规范》（GB 50204—2011 中 5.2.2）规定，对有抗震设防要求的结构，其纵向受力钢筋的性能应满足设计要求；当设计无具体要求时，对按一、二、三级抗震等级设计的框架和斜撑构件（含梯段）中的纵向受力钢筋应采用 HRB335E，HRB400E、HRB500E、HRBF335E、HRBF400E 或 HRBF500E 钢筋，其强度和最大力下总伸长率的实测值应符合下列规定：① 强屈比（钢筋抗拉强度实测值与屈服强度实测值之比）不小于 1.25；② 钢筋屈服强度实测值与强度标准值之比不应大于 1.30；③ 钢筋最大力总伸长度 A_{gt} 不小于 9%。

3. 应 用

光圆钢筋 HPB300，强度较低，塑性及焊接性能好，伸长率高，便于弯曲成型。光圆钢筋可作为中小型钢筋混凝土结构的主要受力钢筋和各种钢筋混凝土结构箍筋等，也可用于钢、木结构的拉杆等。此外，可作为冷轧带肋钢筋的原材料，盘条可作为冷拔低碳钢丝的原材料。

带肋钢筋中，HRB335（HRBF335），HRB400（HRBF400）用低合金镇静钢和半镇静钢轧制而成，由于强度较高，塑性和焊接性能较好，广泛用作大中型钢筋混凝土结构的受力钢筋，现行规范积极提倡用 HRB400（HRBF400）级钢筋作为钢筋混凝土结构的主要钢筋。在有抗震设防要求的框架梁、框架柱、剪力墙等结构构件的纵向受力钢筋宜选用 HRB400（HRBF400），HRB335（HRBF335）热轧钢筋，箍筋宜选用 HRB335（HRBF335）、HRB400（HRBF400）或 HPB235 热轧钢筋。HRB335（HRBF335），HRB400（HRBF400）经过冷拉后可用作预应力钢筋。

HRB500（HRBF500）用中碳低合金镇静钢轧制而成。钢筋表面轧有纵肋和横肋，是房屋建筑的主要预应力筋。由于含碳量较高，可焊性下降，如需焊接时，应采取适当的焊接方法和焊后热处理工艺，以保证焊接质量，防止发生脆性断裂。HRB500（HRBF500）钢筋使用前也可以进行冷拉处理，提高屈服强度，节约钢材。

（二）冷轧带肋钢筋

冷轧带肋钢筋是由普通低碳钢、优质碳素钢或低合金钢热轧圆盘条为母材，经冷轧减径后，在其表面冷轧成具有三面或二面月牙形横肋的钢筋。

1. 级别代号

根据国家标准《冷轧带肋钢筋》（GB 13788—2008）和《冷轧带肋钢筋混凝土结构技术规范》（JGJ 95—2003）的相关规定，冷轧带肋钢筋由 CRB 和钢筋的抗拉强度标准值构成。C、R、B 分别为冷轧（cold rolled）、带肋（ribbed）、钢筋（bar）三个词的英文首位字母。冷轧带肋钢筋分为 CRB550，CRB650，CRB800，CRB970 四个牌号。CRB550 钢筋的公称直径范围为 4~12 mm，其他牌号钢筋的公称直径为 4 mm，5 mm，6 mm。

2. 技术性能

冷轧带肋钢筋的化学成分、力学性能和工艺性能应符合国家标准《冷轧带肋钢筋》（GB 13788—2008）的有关规定。其力学性能和工艺性能要求见表 6.8。经供需双方协议可以用 A_{gt} 代替 A。

表 6.8 冷轧带肋钢筋的力学性能和工艺性能

牌 号	$R_{p0.2}$/MPa 不小于	R_m/MPa 不小于	伸长率/% 不小于		冷弯试验 180°	反复弯曲次数	应力松弛 初始应力 $R_{com}=0.7R_m$
			$A_{11.3}$	A_{100}			1 000 h 不大于/%
CRB550	500	550	8	—	$D=3d$	—	—
CRB650	585	650	—	4.0	—	3	8
CRB800	720	800	—	4.0	—	3	8
CRB970	875	970	—	4.0	—	3	8

注：表中 D 为弯心直径；d 为钢筋公称直径。

3. 应 用

CRB550 钢筋宜用作钢筋混凝土结构中的受力钢筋、钢筋焊结网、箍筋、构造钢筋以及预应力混凝土结构中的非预应力钢筋，其他牌号作为预应力混凝土构件中的预应力主筋使用。冷轧带肋钢筋将逐步取代冷拔低碳钢丝。

（三）预应力混凝土用钢棒

预应力混凝土用钢棒是由热轧盘条（低合金钢）经加工后（或不经冷加工）淬火和回火等调质处理制成。经调制处理后，钢筋的特点是塑性降低不大，但强度提高很多，综合性能比较理想。

1. 分 类

预应力混凝土用钢棒按照表面形状分为光圆钢棒、螺旋槽钢棒、螺旋肋钢棒、带肋钢棒四种。光圆钢棒只用于后张法预应力工程，其他钢棒用于先张法预应力工程。

2. 技术性能

根据《预应力混凝土用钢棒》GB/T 5223.3—2005 规定，其公称直径、横截面积及性能应符合表 6.9 的规定。伸长率、应力松弛同样为强制性条款，应满足相应的规定。

预应力混凝土用钢棒常弹性盘条或成捆供应，盘条开盘后可自行伸直。使用时应按照要求的长度采用砂轮锯或切断机切割，不能采用电弧切割，也不能焊接，以免引起强度下降或脆断（此项也适用于其他预应力钢筋）。

表6.9 预应力混凝土用钢棒的公称直径、横截面面积及性能

表面形状类型	公称直径 D_n/mm	公称横截面积 S_n/mm²	横截面积 S/mm² 最小	横截面积 S/mm² 最大	抗拉强度 R_m 不小于/MPa	规定非比例延伸强度 $R_{p0.2}$ 不小于/MPa	弯曲性能 性能要求	弯曲性能 弯曲半径/mm
光圆	6	28.3	26.8	29.0	对所有规格钢棒 1 080 1 230 1 420 1 570	对所有规格钢棒 930 1 080 1 280 1 420	弯曲160°~180°后弯曲处无裂纹	15
光圆	7	38.5	36.3	39.5				20
光圆	8	50.3	47.5	51.1				20
光圆	10	78.5	74.1	80.4				25
光圆	11	95.0	93.1	97.4				弯心直径为钢棒公称直径的10倍
光圆	12	113	106.8	115.8				弯心直径为钢棒公称直径的10倍
光圆	13	133	130.3	136.3				弯心直径为钢棒公称直径的10倍
光圆	14	154	145.6	157.8				弯心直径为钢棒公称直径的10倍
光圆	16	201	190.2	206.0				弯心直径为钢棒公称直径的10倍
螺旋槽	7.1	40	39.0	41.7				
螺旋槽	9	64	62.4	66.5				
螺旋槽	10.7	90	87.5	93.6				
螺旋槽	12.6	125	121.5	129.9+				
螺旋肋	6	28.3	26.8	29.0			反复弯曲不小于4次/180°	15
螺旋肋	7	38.5	36.6	39.5			反复弯曲不小于4次/180°	20
螺旋肋	8	50.3	47.5	51.5			反复弯曲不小于4次/180°	20
螺旋肋	10	78.5	74.1	80.4			反复弯曲不小于4次/180°	25
螺旋肋	12	113	106.8	115.8			弯曲160°~180°后弯曲处无裂纹	弯心直径为钢棒公称直径的10倍
螺旋肋	14	154	145.6	157.8			弯曲160°~180°后弯曲处无裂纹	弯心直径为钢棒公称直径的10倍
带肋	6	28.3	26.8	29.0				
带肋	8	50.3	47.5	51.5				
带肋	10	78.5	74.1	80.4				
带肋	12	113	106.8	115.8				
带肋	14	154	145.6	157.8				
带肋	16	201	190.2	206.0				

3. 应 用

预应力混凝土用钢棒具有强度高、韧性好,并且与混凝土黏结性能好,应力松弛低,施工方便,节约钢筋等优点,主要用于预应力混凝土轨枕,还用于预应力梁、预应力板及吊车梁等。

(四)预应力混凝土用钢丝

预应力混凝土用钢丝是优质碳素结构钢盘条,经酸洗、拔丝模或轧辊冷加工后再经消除应力等工艺制成的高强度钢丝。

根据《预应力混凝土用钢丝》(GB/T 5223—2002)规定:按加工状态分为冷拉钢丝(代号为 WCD)和消除应力钢丝两种,消除应力钢丝又分为低松弛钢丝(代号为 WLR)和普通松弛钢丝(代号为 WNR);按外形分为光圆钢丝(P)、螺旋肋钢丝(H)和刻痕钢丝(I)三种。

冷拉钢丝和消除应力光圆、螺旋肋及刻痕钢丝的力学性能应符合有关的规定。消除应力光圆及螺旋肋钢丝的力学性能要求见表 6.10。

冷拉钢丝和消除应力光圆、螺旋肋及刻痕钢丝均属于冷加工强化的钢筋,没有明显的屈服点,材料检验只能以抗拉强度为依据。设计强度取值以条件屈服点(规定非比例伸长应力 $R_{p0.2}$)的统计值来确定,并且规定非比例伸长应力 $\sigma_{p0.2}$ 值不小于公称抗拉强度的 75%。

表 6.10 消除应力光圆及螺旋肋钢丝的力学性能

公称直径 d/mm	抗拉强度 R_m/MPa 不小于	规定非比例伸长应力 $R_{p0.2}$/MPa 不小于		最大力下总伸长率 (L_0 = 200 mm) A_{gt}/% 不小于	弯曲次数/ (次/180°) 不小于	弯曲半径 R/mm	应力松弛性能		
							初始应力相当于公称抗拉强度的百分数/%	1 000 h 后应力松弛度 r/% 不小于	
		WLR	WNR					WLR	WNR
							对所有规格		
4.00	1 470	1 290	1 250		3	10			
4.80	1 570	1 380	1 330		4	15	60	1.0	4.5
5.00	1 670	1 470	1 410						
	1 770	1 560	1 500						
	1 860	1 640	1 580						
6.00	1 470	1 290	1 250	3.5	4	15			
6.25	1 570	1 380	1 330		4	20	70	2.0	8
	1 670	1 470	1 410		4	20			
7.00	1 770	1 560	1 500		4	20			
8.00	1 470	1 290	1 250		4	20	80	4.5	12
9.00	1 570	1 380	1 330		4	25			
10.00	1 470	1 290	1 250		4	25			
12.00					4	30			

从表 6.10 中 1 000 h 后的应力松弛度来看,普通松弛钢丝(代号为 WNR)应力松弛明显高于低松弛钢丝(代号为 WLR),前者在混凝土中预应力损失较大,因此规范允许但不推荐用普通松弛级钢丝。

预应力混凝土用钢丝具有强度高、柔性好、松弛率低、抗腐蚀性强、质量稳定、安全可靠等特点,主要用于大跨度屋架及薄腹梁、大跨度吊车梁、桥梁等预应力混凝土结构。

(五)预应力混凝土用钢绞线

预应力混凝土用钢绞线一般是由 2 根、3 根或 7 根直径为 2.5~6.0 mm 的高强度光面或刻痕钢丝绞捻后,再经稳定化处理而制成。稳定化处理是指为了减少应用时的应力松弛,钢绞线在一定的张力下进行的短时热处理。

根据《预应力混凝土用钢绞线》(GB/T 5224—2003)的规定,钢绞线按照结构分为五类:用2根钢丝捻制的钢绞线(1×2);用3根钢丝捻制的钢绞线(1×3);用3根刻痕钢丝捻制的钢绞线(1×3I);用7根钢丝捻制的标准钢绞线(1×7);用7根钢丝捻制又经模拔的钢绞线[(1×7)C]。标准钢绞线是指由冷拉光圆钢丝捻制成的钢绞线,模拔型钢绞线是指捻制后再经冷拔而成的钢绞线。

预应力钢绞线的力学性能应符合 GB/T 5224—2003 的有关规定。1×7 结构钢绞线的力学性能要求见表 6.11。

表 6.11　1×7 结构钢绞线的力学性能

钢绞线结构	钢绞线公称直径 D_n/mm	抗拉强度标准值 R_m/MPa 不小于	整根钢绞线的最大力 F_m/kN 不小于	规定非比例延伸力 $F_{p0.2}$/kN 不小于	最大力总伸长度 ($L_0 \geq 500$ mm) A_{gt}/% 不小于	应力松弛性能 初始负荷相当于公称最大力的百分数/%	应力松弛性能 1 000 h 后应力松弛率 r/% 不小于
1×7	9.50	1 720	94.3	84.9	对所有规格	对所有规格	对所有规格
		1 860	102	91.8			
		1 960	107	96.3			
	11.10	1 720	128	115			
		1 860	138	124			
		1 960	145	131			
	12.70	1 720	170	153			
		1 860	184	166			
		1 960	193	174	3.5	60	1.0
	15.20	1 470	206	185			
		1 570	220	198			
		1 670	234	211		70	2.5
		1 720	241	217			
		1 860	260	234			
		1 960	274	247		80	4.5
	15.70	1 770	266	239			
		1 860	279	251			
	17.80	1 720	327	294			
		1 860	353	318			
(1×7)C	12.70	1 860	208	187			
	15.20	1 820	300	270			
	18.00	1 720	384	346			

注:规定非比例延伸力 $F_{p0.2}$ 值不小于整根钢绞线公称最大力 F_m 的 90%。

预应力钢绞线具有强度高、塑性好、易于锚固等特点,多用于大跨度、重荷载的预应力混凝土结构。

三、桥梁结构钢

铁路与公路的桥梁除了承受静载外,还要直接承受动载,其中某些部位还承受交变应力的作用。桥梁全部暴露在大气中,有的处于多雨潮湿地区,有的处于冰雪严寒地带,它们要长期在受力状态下经受气候变化和腐蚀介质的严峻考验。因此,和一般结构钢相比,桥梁结构钢除了必须具有较高的强度外,还要求有良好的塑性、韧性、可焊性及较高的疲劳强度。考虑到严寒地区的低温影响和长期的使用安全,还要求具有较小的冷脆性和时效敏感性,以免发生脆断事故。

1. 桥梁结构钢的牌号及其表示方法

根据国家标准《桥梁用结构钢》(GB/T 714—2008)的规定,牌号由代表屈服点的汉语拼音字母、屈服点数值、桥梁钢的汉语拼音字母、质量等级符号四部分组成。如 Q345qC 代表屈服点为 345 MPa,质量等级为 C 级的桥梁钢。桥梁结构钢按照钢材的屈服点分为九个牌号,即 Q235q,Q345q,Q370q,Q420q,Q460q,Q500q,Q550q,Q620q,Q690q;按照质量等级(硫、磷杂质含量由多到少)分为 C、D、E 共三个质量等级,其中 C 级硫、磷杂质含量与低合金高强度结构钢 C 级要求相当,D、E 级比低合金高强度结构钢相应等级要求更高。

2. 桥梁结构钢的技术要求

桥梁钢各牌号化学成分、性能应符合 GB/T 714—2008 的规定。其力的拉伸试验和冲击试验性能应满足表 6.12 的规定。桥梁结构钢的钢板表面不应有裂纹、气泡、结疤、夹杂、折叠,钢材不应有分层。对厚度大于 20 mm 的钢板应进行超声波探伤检验。

表 6.12 桥梁主要结构钢的拉伸试验和冲击试验性能(GB/T 714—2008)

牌号	质量等级	拉伸试验		抗拉强度 R_m/MPa	断后伸长率 A/%	V 型冲击试验	
		下屈服强度 R_{eL}/MPa				试验温度/°C	冲击吸收能量 KV2/J
		厚度/mm					
		≤50	>50~100				
		不小于					不小于
Q235q	C	235	225	400	26	0	34
	D					−20	
	E					−40	
Q345q	C	345	335	490	20	0	47
	D					−20	
	E					−40	
Q370q	C	370	360	510	20	0	47
	D					−20	
	E					−40	
Q420q	C	420	410	540	19	0	47
	D					−20	
	E					−40	
Q460q	C	460	450	570	17	0	47
	D					−20	
	E					−40	

3. 特性与应用

Q235q（原牌号16q）是优质碳素结构钢，含碳量低，硫、磷含量比普通碳素钢低，可焊性好，是专用于焊接桥梁的钢。

Q345q（原牌号16Mnq）和Q370q（原牌号14MnNbq）钢是低合金钢，经过完全脱氧，杂质含量控制较严，具有良好的综合机械性能，不仅强度较高，而且塑性、韧性、可焊性等都较好。南京长江大桥就是用Q345q钢建造的。但Q345q钢对板厚效应敏感，栓焊钢桥一般只能用到32 mm板厚，武汉钢铁公司采用适当降低Q345q钢含碳量和严格控制杂质含量（特别是硫含量），加入少量铌元素，并采用钢锭模内稀土处理技术，使钢材晶粒细化，极大地降低了钢的板厚效应，提高了厚钢板的强度和韧性，新的钢种定为14MnNbq，即现在的钢种Q370q。1993年，Q370qE钢用于京九线京杭运河大桥的试验钢桁梁，1998年成功用于芜湖长江大桥钢梁。

Q420q（原牌号15MnVNq）由鞍山钢铁公司生产，Q420qE成功地用于九江长江大桥正桥钢梁中的受拉及疲劳控制构件和箱形截面的部件上。与国外（美国ASTM AS72-72，日本SM58）同等级的钢材性能比较，Q420q钢的屈服强度、抗拉强度与之相当，韧性高于国外标准。

Q460q是目前大桥钢梁主体结构强度等级最高的基本钢材，其经过完全脱氧，杂质含量控制严格，具有良好的综合机械性能，不仅强度较高，而且塑性、韧性、可焊性等都较好。

Q500q，Q550q，Q620q，Q690q是由鞍山钢铁公司等近年来研制、生产的特高强度桥梁结构钢，具有很好的塑性和韧性，主要用于钢桥局部受力很大的杆件。

四、钢轨钢

铁路钢轨经常处在车轮压力、冲击和磨损的作用下，要求钢轨不仅应具有较高的强度以承受较高的压力和抗剥离的能力，而且还应具有较高的硬度、耐磨性、冲击韧性和疲劳强度。由于无缝线路的发展，还应具有良好的可焊性。用于多雨潮湿地区、盐碱地带和隧道中的钢轨，会经常受到各种侵蚀作用，所以还应具有良好的耐腐蚀性能。为了满足上述要求，一般应选用含碳量较高（高碳钢）的平炉或氧气转炉镇静钢进行轧制。含碳量过高，将使钢轨钢的塑性、韧性显著下降，因此一般含碳量不超过0.82%。锰能有效地提高钢材的强度（固熔强化）及耐磨性，硅易与氧化合去除钢中的气泡，使钢质密实细致，硬度、耐磨性也有所提高，因此钢轨钢常常含有这两种元素。钢轨接头处轮轨的冲击力很大，为提高接头处的耐磨性，在钢轨两端30~70 mm的范围内应进行轨顶淬火处理，淬火深度为8~12 mm。

表6.13给出铁路用钢轨钢技术条件（TB/T 2344—2007），表中U74是碳素钢轨钢，其他是合金钢轨钢。

表6.13 铁路用钢轨钢技术条件（GB 2585—2007）

钢轨钢号	C	Si	Mn	V	Nb	S	P	R_m/N/mm² 不小于	A/% 不小于
U74	0.68~0.79	0.13~0.28	0.70~1.00	≤0.030	≤0.010	≤0.030	≤0.030	780	10
U71Mn	0.65~0.76	0.15~0.35	1.10~1.40	≤0.030	≤0.010	≤0.030	≤0.030	880	9
U70MnSi	0.66~0.74	0.85~1.15	0.85~1.15	≤0.030	≤0.010	≤0.030	≤0.030	880	9
U71MnSiCu	0.64~0.76	0.70~1.10	0.80~1.20	≤0.030	≤0.010	≤0.030	≤0.030	880	9
U75V	0.71~0.80	0.50~0.80	0.70~1.05	0.04~0.12		≤0.030	≤0.030	980	9
U76NbRE	0.72~0.80	0.60~0.90	1.00~1.30	≤0.03	0.02~0.05	≤0.030	≤0.030	980	9
U70Mn	0.61~0.79	0.10~0.50	0.85~1.25		≤0.010	≤0.030	≤0.030	880	9

钢轨还应进行落锤试验（评定冲击韧性），要求试样经打击一次后，两支点间不得有断裂现象。轧制后的钢轨应尽量避免弯曲，钢轨均匀弯曲不得超过钢轨全长的 0.5%。钢轨表面不得有裂纹、线纹、折叠、横向划痕及缩孔残余、分层等缺陷。钢轨截断时，应采用锯切工艺以避免钢轨断面出现微裂纹。

钢轨的类型以每米大致的质量表示，我国铁路钢轨主要有 75 kg/m，60 kg/m，50 kg/m 和 43 kg/m 四种。标准长度为 12.5 m 和 25 m 两种。为了提高钢轨的生产效率和成材率，去掉钢轨端部存在的矫直，提高高速铁路的平顺度和安全性，采用长定尺轨道，日本为 50 m，法国为 75 m，德国最长达到 120 m，我国达到 100 m。我国主要由鞍钢、攀钢和包钢生产，技术达到世界先进水平。

随着重载高速线路的迅速发展，钢轨需要重型化。我国已经大量使用 60 kg/m 钢轨，在重载线路上逐步铺设 75 kg/m 钢轨*，目前世界上最重的钢轨已达到 77.5 kg/m。而且对钢轨的性能和质量要求愈来愈高。单一地通过对碳素钢钢轨增加含碳量或热处理的方法来提高钢轨的综合性能，已很难满足使用上的要求。近年来，采取了钢轨合金化、热处理和控制轧制等综合措施，研制发展新一代的合金钢钢轨，取得了较好的效果。如攀钢生产的 PD_3 高碳微钒轨，抗拉强度在 1 000 MPa 以上。PD_3 全长淬火轨抗拉强度达到 1 300 MPa，且综合性能好，可以延长寿命 50% 以上，已在我国铁道工程中应用。

第五节　建筑钢材的锈蚀及其防止

钢材因受到周围介质的化学作用或电化学作用而逐渐破坏的现象称为锈蚀。钢材锈蚀不仅使截面积减小，性能降低甚至报废，而且由于产生锈坑，可造成应力集中，加速了结构的破坏。尤其在冲击荷载、循环交变荷载作用下，将产生锈蚀疲劳现象，使钢材的疲劳强度大为降低，甚至出现脆性断裂。在混凝土中，钢筋的锈蚀使得混凝土开裂，降低了对钢筋的握裹力。有资料显示，当锈蚀率大于 3% 时，混凝土与钢筋之间的握裹力迅速下降，锈蚀率为 5% 时，握裹力在未锈蚀钢筋的 50% 以下；锈蚀率达 8% 时，混凝土裂缝宽度达 1.5~3 mm，握裹力在未锈蚀钢筋的 10% 以下。

一、钢材的锈蚀

根据锈蚀作用机理，钢材的锈蚀可分为化学锈蚀和电化学锈蚀两种。

（一）化学锈蚀

化学锈蚀是指钢材直接与周围介质发生化学反应而产生的锈蚀。这种锈蚀多数是氧化作

---

* 年通过总量在 2 500 万吨以上的繁忙线路应铺设 60 kg/m 钢轨无缝线路，年通过总量在 5 000 万吨以上的特别繁忙线路应逐步铺设 75 kg/m 钢轨。

用，使钢材表面形成疏松的氧化物。在常温下，钢材表面形成一薄层氧化保护膜 FeO，可以起一定的防止钢材锈蚀的作用，故在干燥环境中，钢材锈蚀进展缓慢。但在温度或湿度较高的环境中，化学锈蚀进展加快。

（二）电化学锈蚀

电化学锈蚀是指钢材与电解质溶液接触，形成微电池而产生的锈蚀。暴露在潮湿的空气或土壤中的钢材，表面附着一层电解质水膜，由于表面成分或受力变形不均匀等原因，使局部产生电极电位差，形成许多"微电池"。在阳极区，铁被氧化失去电子，呈 Fe^{2+} 进入水膜；在阴极区得到电子，与溶入水中的氧作用形成 OH^-，两者结合成 $Fe(OH)_2$，进一步氧化成 $Fe(OH)_3$。

阳极反应　　　$Fe \longrightarrow Fe^{2+} + 2e$

阴极反应　　　$O_2 + 2H_2O + 4e \longrightarrow 4OH^-$

两者结合　　　$Fe^{2+} + 2OH^- == Fe(OH)_2$

　　　　　　　$4Fe(OH)_2 + 2H_2O + O_2 == 4Fe(OH)_3$

如水膜中溶有酸，则阴极被还原的 H^+ 沉积，造成阴极极化，使腐蚀停止，但水膜中含有一定浓度的氧时，则能够与 H^+ 结合成水，阴极不能极化，腐蚀迅速进行。

上述分析说明，影响钢材锈蚀的主要因素是环境中的湿度和氧，另外还有介质中的酸、碱、盐，钢材的化学成分及表面状况等。一些卤素离子，特别是氯离子能破坏保护膜，促进锈蚀反应，使锈蚀迅速发展。

二、防止钢材锈蚀的措施

防止钢材锈蚀主要有以下三种方法：

1. 制成合金钢

在碳素钢中加入能提高抗腐蚀能力的合金元素，制成合金钢，如加入铬、镍、钛等元素制成不锈钢，或加入 0.1%～0.15% 的铜，制成含铜的合金钢，可以显著提高抗锈蚀的能力。

2. 表面覆盖

在钢材表面用电镀或喷镀的方法覆盖其他耐蚀金属，以提高其抗锈能力，如镀锌、镀锡、镀铬、镀银等。还可以在钢材表面漆以防锈油漆或塑料涂层，使之与周围介质隔离，防止钢材锈蚀。油漆防锈是建筑上常用的一种方法，它简单易行，但不耐久，要经常维修。油漆防锈的效果主要取决于防锈漆的质量。

3. 设置阳极或阴极保护

阳极保护是在钢结构附近埋设废钢铁，外加直流电源，将阴极接在被保护的钢结构上，阳极接在废钢铁上，通电后废钢铁成为阳极而被腐蚀，钢结构成为阴极而被保护。

阴极保护是在被保护的钢结构上，连接一块比钢铁更活泼的金属，如锌、镁等，使锌、镁成为阳极而被腐蚀，钢结构成为阴极而被保护。

混凝土中钢筋的防锈，一方面依靠水泥石的高碱度（pH≥12）介质，使钢筋表面产生一层具有保护作用的钝化膜而不生锈；另一方面是保证混凝土的密实度和足够的钢筋保护层厚度，同时限制含氯盐外加剂的掺入或掺入阻锈剂等，保护钢筋不被锈蚀。

对钢筋混凝土，也可采用环氧树脂涂层钢筋和阴极保护法等。环氧树脂涂层的优点在于涂层致密与钢筋黏结好，特别是对混凝土握裹力影响小，弯曲后涂层不出现裂纹，耐碱、耐化学腐蚀，但在钢筋运输、装卸和混凝土施工中应最大限度地保证不碰伤、划伤、破损钢筋表面环氧树脂涂层。对于阴极保护法，目前美国已有数百座桥梁采用了这种方式进行保护，有人断言，在已经遭受氯盐侵蚀的钢筋混凝土结构中，实行阴极保护是最有效的方法。但由于暴露于大气中的钢筋混凝土结构的阴极保护，与常规水下、地下金属的阴极保护相比，增加了难度和具有一些独特的技术要素，这一技术还没有得到很好的推广，国内对钢筋混凝土结构采用此技术的还不多。

第六节 铝及铝合金

建筑工程除了广泛应用钢材外，目前铝及铝合金也逐渐被广泛应用于门窗、装修工程及围护结构等方面。国外甚至已开始将铝合金用于轻型大跨度结构，因此，铝合金在建筑工程中的应用具有广阔的发展前景。

一、铝的性质

铝是银白色的有色金属，在自然界铝以化合物状态存在。通常是用铝矾土作炼铝的原料，从中提取 Al_2O_3，再从 Al_2O_3 中分解出金属铝。从化学元素来讲，铝在地壳中的含量占 8.13%，仅次于氧和硅，占第三位，所以铝在自然界的资源是丰富的。

纯铝的密度为 2.70 g/cm^3，是钢的 1/3；熔点低，只有 660 ℃；导电性和导热性均很好。

铝的化学性质很活泼，极易与空气中的氧化合，形成一层氧化铝薄膜起保护作用，使铝具有一定的耐腐蚀性。但由于自然生存的氧化铝膜很薄（一般小于 0.1 μm），因而耐蚀性有限。另外，纯铝不耐碱和强酸，也不能与卤素元素接触，否则就会被迅速腐蚀。

铝的电极电位较低，如与电极电位高的金属接触并有电解质存在时，将形成微电池，发生电化学腐蚀。因此铝合金门窗等铝制品的连接件，应当采用不锈钢件。

铝的塑性很好，伸长率可达 35%～50%，极易加工成各种型材、铝箔等制品。试验表明，铝材的冷加工强化现象虽比较明显，但在低温下的塑性和韧性不会明显下降。铝材的缺点是强度和硬度不高（$R_{p0.2}$ = 35～150 MPa，R_m = 90～170 MPa，HBW = 23～44），刚度低，故工程中不用纯铝制品，而是在其中加入合金元素制成铝合金使用。铝粉可作为涂料的银色填料及生产加气混凝土的加气剂使用。

二、铝合金

在铝中加入适量的合金元素，如铜、镁、锰、硅、锌等即可制得铝合金。铝合金不仅强度和硬度比纯铝高很多，而且能保持铝材的轻质、高延性、耐腐蚀、易加工等优点。

按加工方式的不同，铝合金可分为铸造铝合金与变形铝合金两大类。

1. 铸造铝合金

将液态铝合金直接浇注在模型内，能铸成各种形状复杂的铝合金制件。对这类铝合金要求具有良好的铸造性，目前常用的有铝硅（Al-Si）、铝铜（Al-Cu）、铝镁（Al-Mg）及铝锌（Al-Zn）四种，其牌号用符号 ZL 和三位数字组成，如 ZL101，ZL201 等。三位数中的第一位数表示合金种类，其中 1 代表铝硅合金，2 代表铝铜合金，3 代表铝镁合金，4 代表铝锌合金；后面两位数表示该合金的顺序号。铸造铝合金常用于制作建筑五金配件，它具有美观、耐久等特点。

2. 变形铝合金

通过冲压、冷弯、辊轧等工艺能加工成板材、管材、棒材及各种型材的铝合金。对这类铝合金要求具有良好的塑性和可加工性。

按强化的方式不同，变形铝合金可分为热处理非强化型和热处理强化型两种。前者不能用淬火热处理提高强度，如 Al-Mn、Al-Mg 合金；后者可以通过热处理提高强度，如 Al-Cu-Mg（硬铝，强度在 392 MPa 以上）、Al-Zn-Mg（超硬铝，强度在 539 MPa 以上）、Al-Si-Mg（锻铝）合金等。热处理非强化型的铝合金一般是通过冷加工达到强化的，它们具有适中的强度和优良的塑性与耐蚀性，且易于焊接，我国称之为防锈铝合金。

根据我国标准，变形铝合金可分为防锈铝合金（LF）、硬铝合金（LY）、超硬铝合金（LC）、锻铝合金（LD）和特殊铝合金（LT）等几种牌号，其牌号用代号加顺序号表示，如 LF12、LD31 等。不过，国家标准正逐步采用国际上相对通用的牌号或合金状态的表示方法，如国标《铝合金建筑型材》（GB/T 5237—2000）中，采用 6061、6031 分别代替 LD30、LD31。由于不同的热处理对变形铝合金有不同的影响，因此牌号中还有热处理方式，如 6031-T6，T6 表示热处理为固熔热处理后进行人工时效的状态（固熔处理温度为 515～550 ℃，水淬，时效温度为 170～180 ℃，时效时间为 8 h）。建筑工程上常用的变形铝合金型材，主要是由锻铝合金制成的，另外还有一部分特殊铝合金。

三、包覆铝

将薄的纯铝用辊轧的方法包覆在热态的硬铝板毛坯上，然后把板冷轧到最终厚度，并进行热处理，即成包覆铝。它是纯铝与铝合金的复合制品。硬铝和超硬铝合金强度很高，但抗蚀性低，而纯铝抗蚀性高，强度却低，两者复合可取长补短，相得益彰。

四、铝及铝合金的表面处理

由于铝材表面的自然氧化膜很薄而耐蚀性有限，因此，国家规范规定，铝合金建筑型材基材（未经表面处理的型材）不能直接用于建筑物，需要通过表面处理来提高其耐蚀性与耐磨性，还可通过表面着色增加装饰性。

五、常用铝合金制品

（一）铝合金型材

用于加工门窗、幕墙等建筑用铝合金型材，主要采用变形铝合金 6063，其次是 6061。

根据国家规范《铝合金建筑型材》（GB/T 5237—2000），铝合金型材分为基材，氧化、着色型材，电泳涂漆型材，粉末喷涂型材，氟碳漆喷涂型材五种，其中基材不能直接用于建筑物。铝合金型材的尺寸规格及偏差、力学性能和化学成分应符合有关规定，除基材外的其他型材，还应同时满足涂层的质量要求。表 6.14 为国标 GB/T 5237—2000 规定的铝合金建筑型材力学性能。

表 6.14 铝合金建筑型材力学性能（GB/T 5237—2000）

合金状态	合金	壁厚/mm	拉伸试验			硬度试验		
			抗拉强度 R_m/MPa	规定非比例伸长应力 $R_{p0.2}$/MPa	伸长率 A/%	试件厚度/mm	维氏硬度 HV	韦氏硬度 HW
			不 小 于					
6063	T5	所有	160	110	8	0.8	58	8
	T6	所有	205	180	8	—		
6063A	T5	≤10	200	160	5	0.8	65	10
		>10	190	150	5			
	T6	≤10	230	190	5	—		
		>10	220	180	4			
6061	T4	所有	180	110	16	—		
	T6	所有	265	245	8			

注：① 型材取样部位的实测壁厚小于 1.2 mm 时，不测定伸长率。
② 淬火自然时效的型材室温力学性能是时效 1 个月的数值。常温时效不足 1 个月进行拉伸试验时，试样应进行快速时效处理，其室温纵向力学性能符合表中规定。
③ 维氏硬度、韦氏硬度和拉伸试验只做一项，仲裁试验为拉伸试验。

表面涂层材料、形式及厚度等对铝合金的耐久性有很大的影响。电泳涂漆型材、粉末喷涂型材、氟碳漆喷涂型材适用于酸雨和 SO_2 含量较高的环境；阳极氧化、着色型材适应的环境条件与氧化膜的厚度有关，AA10（单件氧化膜平均厚度不小于 10 μm）适用于室内门窗、室外大气清洁、远离工业污染、远离海洋处；AA15、AA20 用于有工业大气污染，存在酸碱气氛、环境潮湿或常受雨淋、海洋性气候的地方，但上述环境状态不十分严重；AA20、AA25 适用于长期受大气污染，受潮或雨淋，受摩擦，特别是表面可能发生凝霜的地方。

（二）铝合金门窗

铝合金门窗是将按特定要求成型并经表面处理的铝合金型材，经一定工艺加工成门窗框构件，再加连接件、密封件、五金件等组合而成的。对铝合金门窗来说，要求有一定的抗风压强度，有良好的气密性和水密性，还应有良好的隔热、隔音与开闭性。根据铝合金的抗风压强度、气密性与水密性三项指标，可将铝合金产品分为优等品、一等品与合格品三个等级。

铝合金门窗按其结构与开启方式可分为推拉窗（门）、平开窗（门）、悬挂窗、回转窗（门）、百叶窗、纱窗等多种，每种形状规格很多，国家已制定了相应的技术标准，用户可根据需要进行选用。

(三) 铝合金装饰板

用于装饰工程的铝合金板，其品种和规格很多。按其表面处理方式的不同，可分为阳极氧化处理与喷涂处理装饰板；按装饰效果可分为花纹板、波纹板、压型板与浅花纹板等；按几何形状可分为条形板和方形板；按色彩可分为银白色、古铜色、金色、红色、蓝色等多种。

铝合金装饰板是目前应用比较广泛的新型装饰材料。它具有重量轻、外观美、耐久性好、安装方便等优点，主要用于屋面、墙面、楼梯踏面等处。

复习思考题

1. 冶炼方法与脱氧程度对钢材性能有何影响？
2. 什么是沸腾钢？有何优缺点？哪些条件下不宜选用沸腾钢？
3. 常温下钢材有哪几种晶体组织？各有何特性？简述钢中含碳量、晶体组织与性能三者之间的关系。
4. 什么是屈强比？它对选用钢材有何意义？
5. 何谓冷脆性和脆性转变温度？它们对选用钢材有何意义？
6. 硫、磷、氮、氧元素对钢材性能各有何影响？
7. 什么叫调质热处理？它对钢材性能有何影响？
8. 什么叫冷加工的强化和时效？各对钢材性能有何影响？
9. 什么是低合金结构钢？与碳素结构钢相比，在成分、性能和应用上有何特点？
10. 选用钢结构用钢时，应考虑哪些因素？
11. 解释钢号 Q235AF、Q235D 代表的意义，并比较两者在成分、性能和应用上的异同。
12. 热轧钢筋分为几个等级？各级钢筋有什么特性和用途？
13. 什么是热处理钢筋、冷轧带肋钢筋、预应力混凝土用钢丝和钢绞线？它们各有哪些特性和用途？
14. 桥梁用钢在性能和材质上有何要求？
15. 钢轨用钢在性能和材质上有何要求？
16. 简述钢材的锈蚀过程，如何防止钢筋锈蚀？
17. 铝合金建筑型材分为哪几种？各有何要求？并说明其应用范围。

第七章 木　　材

木材作为一种天然的植物材料，在我国建筑工程中广泛使用。然而，由于树木的生长缓慢，我国林木资源相对较贫乏，远达不到22%的世界各国平均森林覆盖面积。因此，在加速林木资源发展的同时，作为工程技术人员，要求正确了解木材的性质，合理使用和节约木材显得尤为重要。

目前，以木材作桁架、梁柱、墙体等结构用材已日渐减少，但在工程建设中木材作脚手架、混凝土模板及临时支撑或制作门窗、室内装饰、家具、地板等仍是优选材料之一。

第一节　木材的分类与构造

一、木材的分类

根据木材的树种和树木的外观形状，可将木材分为针叶树和阔叶树两大类。

1. 针叶树

针叶树生长较快，树干通直高大，纹理平顺，材质均匀，木质较软，表观密度和胀缩变形小，耐腐蚀性强，故又称为软木材，为建筑工程中的主要用材，多用作承重构件。常用的有红松（东北松）、白松（臭松或臭冷松）、樟子松（海拉尔松）、鱼鳞松（鱼鳞云杉）、马尾松（本松或宁国松）及杉木（沙木）等。

2. 阔叶树

阔叶树大都生长缓慢，树干通直部分较短，纹理美观，木质较硬，表观密度和胀缩变形大，易翘曲开裂，故又称为硬木材，适于作室内装饰，制作家具等。常用的有水曲柳、榆木、栎木（麻栎或蒙古栎）、桦木、椴木（柴椴或籽椴）、柚木、樟木、榉木等。

二、木材的构造

工程中所用的木材主要取自树干，树干由树皮、形成层、木质部和髓心组成。木材的构造主要是指木质部的构造，一般以三个切面来观察，如图7.1所示。

（1）横切面：垂直于树干主轴的切面。

（2）径切面：通过髓心的径向纵切面。
（3）弦切面：不通过髓心，但与树轴平行的切面。

横切面可以观察到木质部中的年轮、髓线及髓心等。

髓心居于树干中心，是最早形成的木质部分，其材质松软，强度较低，容易腐朽。

髓线是以髓心为中心横贯年轮而呈放射状分布的横向细胞组织，它长短不一，在树干生长过程中起着横向输送和储藏养料的作用。

图 7.1　树干的三个切面

年轮是指在木材横切面上的同心圆圈。一般树木每年生长一圈，同一年轮内有深浅两部分组成。春季树木树液多，木质生长快，质软，色浅，称为春材或早材；在夏秋两季，木质生长缓慢，质硬，色深，称为夏材或晚材。树种相同时，如果年轮分布细密且均匀，则材质好。晚材所占比例愈高，木材的表观密度愈大，则其强度也就愈高。

此外，有些树种在横切面上可以看到木质部有深浅不同的内外两圈组成。靠近髓心的内圈颜色较深，其中的细胞已失去生机，通称心材；靠近树皮部分，颜色较浅，称为边材。一般来说，心材中储存的树脂较多，抗腐朽能力较强，含水量较少，翘曲变形较小；边材的含水量较多，容易变形，抗腐朽能力较差，故心材比边材的利用价值大，但在力学性质上两者无显著差别。木材不同切面的构造特征如图 7.2 所示。

从显微镜下可以观察到木材是由无数管状细胞紧密结合而成的。每个细胞都由细胞壁与细胞腔两部分构成，而细胞壁由细纤维组成，其纵向联结较横向牢固，细纤维间具有极小的空隙，能吸附与渗透水分。

图 7.2　木材不同切面的构造特征

第二节　木材的物理力学性质

一、木材的物理性质

1. 木材的密度与表观密度

木材的密度为 1.48～1.56 g/cm³，由于木材都是同一物质（纤维素）组成的，各树种相差不大，常取 1.54 g/cm³。

木材的表观密度波动较大，即使同一树种也有差异。原因是木材生长的土壤、气候及其他自然条件不同，其构造和孔隙率也不同，致使表观密度有很大差别，为 280～980 kg/m³。

木材的孔隙率也在很大的范围内变化，为30%~80%。

2. 木材的含水率

木材中所含的水可分为自由水与吸附水两类。自由水为存在于细胞腔与细胞间隙中的水；吸附水是被吸附在细胞壁内细纤维中的水。当木材中细胞壁内被吸附水充满，而细胞腔与细胞间隙中没有自由水时，该木材的含水率被称为纤维饱和点，它一般为25%~35%，平均为30%。纤维饱和点是木材物理力学性质发生改变的转折点，它是木材含水率是否影响其强度和湿胀干缩的临界值。

木材具有较强的吸湿性。当木材的含水率与周围空气的温度和相对湿度达到平衡时，此含水率称为平衡含水率。我国各地的年平均平衡含水率一般在10%~18%。木材使用前，须干燥至使用环境长年平均平衡含水率，以免制品变形、干裂。

按照《木结构设计规范》（GB 50005—2003）的规定，制作构件时，木材含水率应符合下列要求：

（1）现场制作的原木或方木结构不应大于25%。
（2）板材和规格材不应大于20%。
（3）受拉构件的连接板不应大于18%。
（4）作为连接件不应大于15%。
（5）层板胶合木结构不应大于15%，且同一构件各层木板间的含水率差别不应大于5%。

3. 木材的湿胀干缩

木材的湿胀干缩变形是由于细胞壁中吸附水量的变化引起的。当木材由潮湿状态干燥至纤维饱和点时，其尺寸不变，而继续干燥到其细胞壁中的吸附水开始蒸发时，则木材开始发生体积收缩（干缩）。在逆过程中，即干燥木材吸湿时，随着吸附水的增加，木材将发生体积膨胀（湿胀），直到含水率达到纤维饱和点为止，此后，尽管木材含水量会继续增加，即自由水增加，但体积不再发生膨胀。木材的胀缩性随树种而有差异，一般体积密度大的，夏材含量多的，胀缩较大。另外，各方向胀缩值也不一样，顺纹方向最小，径向较大，弦向最大。木材的含水率与胀缩的关系如图7.3所示。胀缩会使木材构件接头松弛或凸起。

图7.3 木材的含水率与胀缩的关系

二、木材的力学性质

（一）强度

木材强度等级是以无疵病木材制作标准试件，按规定试验方法测定的弦向弯曲强度来评定，见表7.1。木材强度等级代号中的数值为木结构设计时的强度设计值，它要比试件实际强度低数倍。

表 7.1 木材强度等级评定标准

木材种类	针叶木材				阔叶木材				
强度等级	TC11	TC13	TC15	TC17	TB11	TB13	TB15	TB17	TB20
弯曲强度最低值/MPa	48	54	60	74	58	68	81	92	104

工程上常利用木材抗压、抗拉、抗弯和抗剪强度作为设计依据。由于木材构造的不均匀性决定了它的许多性质为各向异性,在强度方面尤为突出。

同一木材,以顺纹抗拉强度为最大,抗弯、抗压、抗剪强度依次递减,横纹抗拉、抗压强度比顺纹小得多。木材各种强度比较见表 7.2。

表 7.2 木材各种强度比较

抗 压		抗 拉		抗 剪		抗弯
顺纹	横纹	顺纹	横纹	顺纹	横纹切断	
1	1/10 ~ 1/3	2 ~ 3	1/20 ~ 1/3	1/7 ~ 1/3	1/2 ~ 1	3/2 ~ 2

木材的弹性模量为 7 000 ~ 12 000 N/mm^2。通常材质越硬,弹性模量越高。

(二)影响木材强度的主要因素

影响木材强度的因素有树种、表观密度、天然疵病、温度、负荷时间和含水率等。

1. 含水率

当木材含水率在纤维饱和点以下时,其强度随含水率增加而降低,这是由于吸附水的增加使细胞壁逐渐软化所致。当木材含水率在纤维饱和点以上时,木材的强度等性能基本稳定,不随含水率的变化而变化。含水率对木材的顺纹抗压及抗弯强度影响较大,而对顺纹抗拉强度几乎无影响(见图 7.4)。

我国现行标准(GB 1923—91,GB 1924—91)规定:以含水率为 12% 时的强度值作为标准值。其他含水率时的强度可用下式换算为强度标准值:

$$\sigma_{12} = \sigma_W [1 + \alpha(W - 12)]$$

式中 σ_{12}、σ_W ——含水率为 12% 和 W% 时的木材强度;

W ——试验时的木材含水率(%);

α ——校正系数,随外力作用方式和树种不同而异,见表 7.3。

图 7.4 木材含水率对其强度的影响
1—顺纹抗拉;2—顺纹抗弯;
3—顺纹抗压;4—顺纹抗剪

表 7.3　校正系数 α 取值表

强度类型	抗压强度		顺纹抗拉强度		抗弯强度	顺纹抗剪强度
	顺纹	横纹	阔叶材	针叶材		
α 值	0.05	0.045	0.015	0	0.04	0.03

当木材含水率在 9%~15% 范围内时，上式计算有效。

2. 负荷时间、温度及木材缺陷

木材长期负荷下的强度，一般仅为极限强度的 50%~60%。木材如果使用环境温度长期超过 50 ℃时，强度会因木材缓慢炭化而明显下降，故这种环境下不应采用木结构。

木材的缺陷有木节、斜纹、裂纹、腐朽及虫害等。一般来讲，缺陷越多，木材强度越低。木节主要使顺纹抗拉强度显著降低，而对顺纹抗压强度影响较小。

第三节　木材的防护处理

木材的防护处理包括木材的干燥、防腐、防蛀和防火处理，它是提高木材耐久性，延长木材使用寿命，充分利用木材和节约木材的重要措施。土建工程中使用的木材，一般都要经过干燥和防腐处理，重要建筑物的木构件则常要进行防火或防蛀处理。

一、木材的干燥

木材在加工和使用之前，经干燥处理可有效防止腐朽、虫蛀、变形、开裂和翘曲，能提高其耐久性和使用寿命。

木材的干燥方法有自然干燥和人工干燥两种。自然干燥是将木材架空堆放于棚内，利用空气对流作用，使木材的水分自然蒸发，达到风干的目的。这种方法简便易行，成本低，但干燥时间长，过程不好控制，容易发生虫蛀、腐朽等现象。控制含水率不应大于当地的平衡含水率。人工干燥是将木材置于密闭的干燥室内，通入蒸汽使木材中的水分逐渐扩散而达到干燥的目的。这种方法速度快，效率高，但应适当地控制干燥温度和湿度，如控制不当，会因收缩不均匀而导致木材开裂和变形。一般控制含水率小于 12%。

二、木材的防腐和防蛀

腐朽和虫蛀会大大缩短木材的使用寿命，降低木材品质，上等木材不允许有任何腐朽与虫蛀。

1. 木材的防腐

木材的腐朽主要是真菌侵害所致。木材中常见的真菌有霉菌、变色菌、腐朽菌三种。

霉菌生长在木材表面，变色菌以木材细胞腔内所含物质为养料，它们不破坏细胞壁，只会使木材变色，影响外观，而不影响木材的强度。对木材起破坏作用的是腐朽菌。腐朽菌通过分泌酶来分解细胞壁中的纤维素、半纤维素和木质素，并作为养料吸取，使木材腐朽破坏。

腐朽菌类的生存和繁殖必须具备四个条件：温度、水分、空气和养料。温暖潮湿的环境最适于菌类生长。腐朽菌类最适宜的温度是 25～30 ℃，当温度高于 60 ℃ 或低于 5 ℃ 时，则不能生存。木材的含水率在 30%～50% 时最适于腐朽菌类繁殖，完全浸在水中或深埋地下的木桩由于缺乏空气，反而不会腐朽。木材含水率在 20% 以下时，腐朽菌类则停止繁殖。时干时湿，例如桩木靠近地面或与水面接触的部分，最容易腐朽。

木材的防腐就是要防止菌类的繁殖。防腐原理是设法破坏菌类的生存条件，使之不能寄生和繁殖。如能使木材经常保持干燥或表面涂油漆，可以防止菌害，也可以采用化学药剂，使木材具有毒性，将菌类赖以生存的养料毒化，以达到防腐的目的。枕木的防腐就是在压力罐内利用高压（0.7～1.3 MPa）将煤焦油等防腐剂渗入木材进行毒化处理。

2. 木材的防蛀

木材除了受菌类破坏外，还会受到虫类的侵害。在陆地上，木结构常会受到白蚁或甲壳虫的蛀蚀。在水中，也有蛀船虫或海虫等的侵害，严重的可使木材完全失去使用价值。

经过防腐处理的木材，一般都能同时起到防止虫蛀的作用。但白蚁的预防却比较困难，往往要采取特殊的处理方法，如摸清白蚁的来龙去脉，或采取措施断其水源，或用诱捕的方法以药物捕杀。

三、木材的防火

木材是易燃材料，为了提高木材的耐火性，常对木材进行防火处理。最简单的办法是表面涂刷或覆盖难燃材料，如薄铁皮、水泥砂浆、耐火涂料等，防止木材直接与火焰接触。防火处理要求较高时，可采用溶液浸注法，可将木材在防火剂中浸渍，或以压力（0.8～1.0 MPa）将防火剂注入木材内部，使木材遇到高温时，表面能形成一层玻璃状保护膜，以阻止或延缓起火燃烧。常用的防火剂有硼酸、硼砂、碳酸铵、磷酸铵、氯化铵、硫酸铝和水玻璃等。

第四节　木材的综合利用

一、木材的种类与规格

按加工程度和用途的不同，木材可分为原条、原木、锯材和枕木四种，见表 7.4。建筑工程中多用锯材。按缺陷可将锯材分为特等锯材和普通锯材两个级别。普通锯材又可分为一等、二等、三等。原木的径级以原木的小头直径来衡量，并统一按 2 cm 进级。

表7.4　木材的分类

分类名称	说　明	主　要　用　途
原条	指除去皮、根、树梢的木料,但尚未按一定尺寸加工成规定的直径和长度	建筑工程的脚手架、建筑用材、家具等
原木	指除去皮、根、树梢的木料,并已按一定尺寸加工成规定的直径和长度	直接使用的原木:用于建筑工程(如屋架、檩、椽等)、桩木、电杆、坑木等 加工原木:用于胶合板、造船、车辆、机械模型及一般加工用材等
锯材	指已经加工锯解成材的木料。凡宽度为厚度3倍或3倍以上的,称为板材;不足3倍的,称为枋材	建筑工程、桥梁、家具、造船、车辆、包装箱板等
枕木	指按枕木断面和长度加工而成的成材	铁道工程

二、人造板材

人造板材以木材或其他含有一定量纤维的植物为原料加工而成。充分利用木材的边角废料生产的各种人造板材有利于节约木材,提高木材利用率,是对木材进行综合利用的重要途径。

1. 胶合板

用数张(一般为3~13层,层数为奇数)由原木沿年轮方向旋切的薄片,使其纤维方向互相垂直叠放,经热压而成。胶合板克服了木材各向异性的缺点,木材缺陷可剔除。它可分为普通胶合板与特种胶合板两类,普通胶合板按特性分为Ⅰ类(耐气候、耐沸水)、Ⅱ类(耐水)、Ⅲ类(耐潮)和Ⅳ类(不耐潮),各项指标见GB 9846.3.4.5—1988的规定。

2. 刨花板

它是以木材加工的剩余物,如枝丫、板皮、刨花、锯屑等为原料,经削片制成一定规格的刨花,干燥筛选后拌和胶粘剂、防火剂等,再经铺装成型和热压后制成的一种人造板。平压板分一、二两个等级,挤压板只有一个等级,各项指标见GB/T 4897—1992的规定。刨花板的特点是板面平整、挺实、幅面大。刨花板的物理力学性能、加工性能良好,可开榫、钉圆钉。

3. 浸渍纸贴面刨花板

浸渍纸贴面刨花板是一种新型装饰材料。该板是以刨花板为基材,两面各贴一张或两张改性三聚氰胺甲醛树脂或脲醛树脂浸渍纸,在规定的温度、压力条件下压制而成的双面贴面的刨花板。板面有各种木纹或花纹图案,其表面可获得从麻面一直到高光洁度的效果。板面有较高的耐磨性、耐燃性,可用普通清洗剂清洗。贴面板可用于住宅、医院、办公室以及饭店的墙壁和天花板。

4. 细木工板

细木工板是一种特殊的胶合板,是由规格厚度相同的板条拼接成芯板,并在芯板两面胶粘一层或二层单板,再加压而制成。细木工板两面的单板厚度和层数都应相同。各项指标见 GB 5850—1986 的规定。中板厚度与胶贴的单板厚度之比平均为 3∶1,即细木工板的中板厚度为板厚的 0.7~0.8,因为此比值能使细木工板获得最大强度和稳定形状。细木工板广泛地应用于建筑内部装修和制作家具。

5. 硬质纤维板

硬质纤维板是一种以森林采伐剩余物,如枝丫、树头或木材加工厂的边角废料、林业工厂的废料等为原料(也可用禾本科植物秸秆),经干燥、热压等加工工序而制成的一种人造板。各项指标见 GB 11718.1.2—1989 和 GB 12626.2—1989 的规定。它的特点是幅面大,表面没有木材常见的疵病,在板的平面内各个方向的力学性能均匀,质地紧密,吸水性弱,吸湿率低,不易翘曲和变形。硬质纤维板广泛地应用于建筑内部装修和制作家具。

复习思考题

1. 针叶树和阔叶树在性质和应用上各有何特点?
2. 什么叫木材纤维饱和点、平衡含水率和标准含水率?它们对木材的物理力学性质有何影响?
3. 影响木材强度的主要因素有哪些?各种强度受含水率影响的程度有何不同?
4. 木材在吸湿和干燥过程中,不同方向(纵向、径向、弦向)的尺寸变化有何不同?
5. 造成木材腐朽的条件是什么?防止措施有哪些?

第八章 合成高分子建筑材料

高分子材料是指以高分子化合物为主要组分的材料。其中有机高分子材料可分为天然的（如棉、木、橡胶、树脂、沥青等）和合成的（如合成塑料、合成纤维、合成橡胶）两种。由于合成高分子材料的原料（煤、石油、天然气等）来源广泛，化学合成效率高，产品具有多种建筑功能，以及质轻、高强、高韧、耐化学腐蚀、易加工成型等优点，已成为一种新型建筑材料，被越来越广泛地应用于建筑领域。本章主要介绍建筑上常用的合成高分子材料。

第一节 合成高分子材料基础知识

合成高分子材料是以人工合成的高分子化合物为基础材料而加工制成的。高分子化合物一般是由一种或几种小分子化合物（称为单体）通过化学聚合反应，以共价键方式组成的，所以又常简称为高聚物或聚合物。

一、聚合物及聚合反应的类型

常用的聚合方法有加聚反应和缩聚反应两种。

加聚反应是由不饱和的或环状的单体分子加成在一起，且不析出小分子副产物的反应。加聚反应得到的聚合物为加成聚合物，简称为加聚物。例如，聚氯乙烯是由氯乙烯单体打开双键并彼此连接起来而形成的聚氯乙烯大分子，这个大分子称为分子链，分子链中重复的结构单元称为链节，链节数目称为聚合度。聚合度愈大，聚合物的分子链愈长，分子量愈大，黏滞度愈大。聚合度的大小决定于原料、反应过程进行的条件以及加工的方法等。

加聚反应得到的加聚物一般为线型结构，它的组成与单体完全一样。由同一种单体聚合成的加聚物称为均聚物，如聚氯乙烯、聚乙烯等。由两种或两种以上的单体经过加聚反应生成的加聚物称为共聚物，如丁二烯、丙烯腈和苯乙烯三种单体的共聚物为 ABS 塑料。

缩聚反应是由具有两个或两个以上带有官能团（H—，—OH，Cl—，—NH_2，—COOH 等）的单体，相互缩合并析出水、卤化氢、氨及醇等低分子化合物的反应。由缩聚反应得到的聚合物，简称为缩聚物。

缩聚反应得到的聚合物结构可以是线型的，也可以是体型的。它的组成与单体的化学组成完全不同，如环氧树脂、脲醛树脂、聚酯树脂、聚酰胺等都属缩聚物。

二、聚合物的结构特征

从结构上看,聚合物大分子链的几何形状有线型、支链型和体型结构三种,如图 8.1 所示。

（a）线型结构　　　　　　　（b）支链型结构　　　　　　（c）体型结构

图 8.1　聚合物结构示意图

（1）线型结构。主链是线状长链大分子,有些线型长链大分子是呈卷曲状的。

（2）支链型结构。主链也是长链形状的,但带有大量的支链。

（3）体型（网状型或交联型）结构。长链被许多横跨键交联成网状,或在单体聚合过程中在二维或三维空间交联成空间网络,分子彼此固定。

由线型和支链型高分子组成的聚合物称为线型聚合物;具有体型结构的高分子聚合物称为体型聚合物。一般来说,线型及支链型聚合物在受热时可以熔化,也能溶于特定的溶剂中,强度较低,弹性模量较小,变形较大,耐热性、耐腐性较差。体型聚合物大分子间的结合力较强,在高温下不熔化,一般在有机溶剂中也不溶解,强度、硬度、脆性较高,塑性较差。

聚合物大分子的排列状态（聚集状态）分为结晶态和非结晶态（无定形态）两种。

在结晶聚合物的结构中,很少有全部都呈结晶状态的,一般都在结晶区中间还存有非结晶区。大分子在结晶区部分呈规则、紧密的排列,而在非结晶区部分则呈卷曲、无序的排列。

在聚合物整体内,结晶区域所占的百分比称为结晶度。一般说来,随结晶度增大,聚合物的密度、抗拉强度、表面硬度、弹性模量、折光指数、耐热性都随之提高,而塑性、韧性、黏附能力、透气性、吸湿性和溶解度则相应降低。

结晶态聚合物一般是不透明或半透明的,有一定的熔点,当温度低于某一温度时聚合物呈脆性现象,这个温度称为脆化温度。结晶态聚合物的使用温度范围应在熔点到脆化温度之间。

非晶态聚合物通常是透明的。在不同温度下,由于链节的热运动程度不同,会表现出不同的力学状态。低于某一温度时,非晶态聚合物所有分子间的运动和链段运动都停止,聚合物处于无定形的硬脆状态,这一状态称为玻璃态。转变为玻璃态时的温度称为玻璃化温度。当温度高于玻璃化温度时,聚合物变得柔软而富有弹性,类似橡胶。这时聚合物受外力作用,分子链会被拉直,产生较大变形,一旦外力除去,聚合物又会恢复到原来形状,这时的聚合物即为高弹态。当温度升高超过黏流温度（聚合物开始变为流动的黏液）时,可以塑制成型,此种状态称为黏流态。非晶态聚合物的上述三种状态和两个转变温度对其应用和加工有着重要意义。通常将玻璃化温度高于室温的聚合物称为塑料,塑料在常温下呈玻璃态。对塑料,玻璃化温度是其最高使用温度,若超过玻璃化温度,塑料则变软而失去原有的刚性。玻璃化温度低于室温的聚合物称为橡胶,橡胶在常温下呈高弹态。玻璃化温度是橡胶最低使用温度,当温度低于玻璃化温度时,橡胶失去弹性而呈脆性。聚合物的成型与加工通常在黏流态进行，以便塑制成型。

合成高分子材料按其性能和用途可分为塑料、橡胶和化学纤维三大类。塑料在常温下为玻璃态的各种高分子，弹性模量为 10~100 MPa。橡胶在常温下为高弹态的支链型或体型的高分子，弹性模量为 0.1~1 MPa。化学纤维在结构上主要是高度定向的结晶化的线型高分子，弹性模量最大，为 1 000~100 000 MPa。但这三大类也是难以严格划分的，如聚氯乙烯是典型的塑料，但也可抽成纤维（氯纶），加增塑剂后可制成类似橡胶的软质制品或黏稠的增塑溶胶。

第二节　塑　　料

塑料是以天然树脂或合成树脂为主要原料，在一定温度和压力下塑制成型，且在常温下保持产品形状不变的材料。

一、塑料的基本组成

1. 树　脂

树脂是塑料中的主要组分，在单组分塑料中树脂含量接近100%，多组分塑料中树脂的含量占 30%~70%。树脂分为天然树脂和人工合成树脂两种。在现代塑料工业中主要采用合成树脂。在塑料中，树脂不仅起着胶结其他组分的作用，而且树脂的种类、性质、数量还是决定塑料类型、性能、用途及成本的根本因素。

2. 填　料

为了改善塑料的性能，提高塑料的机械强度、硬度或耐热性，降低塑料的成本，在多组分塑料中常加入填料，其掺量为 40%~70%。填料一般为化学性质不活泼的粉状、片状或纤维状的固体物质。常用的有机填料有木粉、棉布、纸张和木材单片等；无机填料有滑石粉、石墨粉、云母、玻璃纤维等。

3. 增塑剂

为了增加塑料的柔顺性和可塑性，减小脆性而加入的化合物称为增塑剂。增塑剂为分子量小、熔点低和难挥发的有机化合物。常用的增塑剂有邻苯二甲酸二丁酯、邻苯二甲酸二辛酯、二苯甲酮、樟脑等。增塑剂能降低塑料制品的机械性能和耐热性等，所以在选择增塑剂的种类和加入量时，应根据塑料的使用性能来决定。

4. 着色剂

加入着色剂可使塑料具有鲜艳的色彩和美丽的光泽。所选用的着色剂应色泽鲜明、分散性好、着色力强、耐热耐晒，在塑料加工过程中稳定性良好，与塑料中的其他组分不起化学反应，同时，还应不降低塑料的性能。常用的着色剂有有机染料、无机染料或颜料，有时也采用能产生荧光或磷光的颜料。

5. 润滑剂

在塑料加工时，为降低其内摩擦和增加流动性，便于脱模和使制品表面光滑美观，可加入 0.5% ~ 1% 的润滑剂。常用的润滑剂有高级脂肪酸及其盐类，如硬脂酸钙、硬脂酸镁等。

6. 稳定剂

为防止塑料过早老化，延长塑料使用寿命，常加入少量稳定剂。塑料在热、光、氧和其他因素的长期作用下，会过早地发生降解、氧化断链、交链等现象，而使塑料性能降低，丧失机械强度，甚至不能继续使用。这种因结构不稳定而使材料变质的现象，称为老化。稳定剂应是耐水、耐油、耐化学侵蚀的物质，能与树脂相溶，并在成型过程中不发生分解。常用的稳定剂有光屏蔽剂、紫外线吸收剂、能量转移剂、热稳定剂、抗氧剂。

7. 固化剂

它的主要作用是使合成树脂中的线型分子结构交联成体型分子结构，从而使树脂具有热固性。固化剂的种类很多，通常随塑料的品种及加工条件不同而异。如环氧树脂常用的固化剂有胺类、酸酐类。热塑性酚醛树脂常用的固化剂为乌洛托品。

8. 其他添加剂

为使塑料具有某种特定的性能或满足某种特定的要求而掺入的其他添加剂。如掺入发泡剂可制得泡沫塑料。掺入阻燃剂可阻滞塑料制品的燃烧，并使之具有自熄性。掺入香酯类物品，可制得长久发出香味的塑料。

二、塑料的主要特性

塑料与传统建筑材料相比具有以下特性：

（1）密度小，比强度高。塑料的密度一般为 0.90 ~ 2.20 g/cm³，与木材相近，约为铝的 1/2，钢的 1/5，混凝土的 1/3。塑料的比强度高于钢材和混凝土。例如用玻璃纤维增强的环氧树脂（俗称玻璃钢）的比强度比一般钢材高 2 倍左右，为轻质高强材料。

（2）导热性低。导热系数小，一般为 0.024 ~ 0.810 W/(m·K)，为金属的 1/500 ~ 1/600，是良好的绝热保温材料。

（3）耐腐蚀性好。一般塑料对酸、碱等化学药品的耐腐蚀性均比金属材料和一些无机材料好。

（4）电绝缘性好。一般塑料都是电的不良导体，绝缘性很好。

（5）耐磨性好。许多塑料具有良好的耐磨损性。

（6）优良的装饰性。塑料可制成完全透明的制品，加入颜料或填料时，即可制得色彩鲜艳的半透明或不透明的制品。

（7）有良好的加工性能和施工性能。塑料可以用多种方法加工成型，且可直接进行锯、刨、钻等机械加工，并可采用胶接、铆接、焊接等方法连接。

（8）塑料的缺点。弹性模量较小，只有钢材的 1/10 ~ 1/20，刚度差；热膨胀系数较大；耐热性差，一般只能在 100 ℃ 以下长时间使用；不同品种的塑料其可燃性有很大的差异，有的点火就燃，而有的只有放在火焰中才会燃烧，当移去火焰后就自动熄灭，总体来说，塑料防火性较差，有的塑料不仅可燃，燃烧时还会产生大量的烟雾，甚至产生有毒气体；容易老化等。

三、塑料的分类及常用品种

（一）按热性能分类

1. 热塑性塑料

这类塑料具有受热软化，冷却后硬化的性能，而且不起化学反应。不论加热和冷却重复多少次，这种性能均可保持。因而加工成型较方便，且具有较好的机械性能，但耐热性及刚性较差。热塑性塑料中的树脂都为线型分子结构，包括全部聚合树脂和部分缩合树脂。常用品种有：

（1）聚乙烯（PE）塑料。聚乙烯塑料为一种产量极大，用途广泛的热塑性塑料。聚乙烯是由乙烯单体聚合而成的。聚合的压力有高压、中压和低压三种。按其密度不同，可分为高密度聚乙烯、中密度聚乙烯和低密度聚乙烯三种。低密度聚乙烯较柔软，熔点、抗拉强度较低，伸长率和抗冲击性较高，适于制造防潮防水工程中用的薄膜。高密度聚乙烯较硬，耐热性、抗裂性、抗腐蚀性较好，可制成阀门、衬套、管道、水箱、油罐或作耐腐蚀涂层等使用。聚乙烯密度较小（$0.910 \sim 0.965 \text{ g/cm}^3$），具有良好的化学稳定性，常温下不与酸、碱作用，在有机溶剂中也不溶解，具有良好的抗水性、耐寒性。在低温下使用不发脆，但耐热性较差，在 110 ℃ 以上就变得很软，故一般使用温度不超过 100 ℃。聚乙烯很易燃烧，无自熄性，在日光照射下，聚乙烯的分子链会发生断裂，使机械性能降低。

（2）聚氯乙烯（PVC）塑料。它是一种多组分的塑料。聚氯乙烯由乙炔和氯化氢合成的氯乙烯单体聚合而成。在聚氯乙烯树脂中加入不同量的增塑剂，可制成硬质或软质制品。聚氯乙烯的密度为 $1.20 \sim 1.60 \text{ g/cm}^3$，耐水性、耐酸性、电绝缘性好，硬度和刚性都较大，有很好的阻燃性。软质聚氯乙烯塑料中含有较多增塑剂，故比较柔软并具有弹性，断裂时的延伸率较高，可制成各种板、片型材作地面材料和装修材料使用。硬质聚氯乙烯塑料不含或仅含少量的增塑剂，因而强度较高，抗风化能力和耐蚀性都很好，可制成管材及棒、板等型材，也可用作防腐蚀材料、泡沫保温材料等，或用作塑料地板、墙面板、屋面采光板、给排水管等。在铁路上还可制成钢轨与轨枕之间的缓冲垫板以及道钉下面的垫片等。

（3）聚四氟乙烯（PTFE）塑料。聚四氟乙烯是由四氟乙烯单体聚合而成的。聚四氟乙烯的密度为 $2.20 \sim 2.30 \text{ g/cm}^3$，是热塑性塑料中密度最大的。它在薄片时呈透明状，厚度增加时，便成灰白色，外观和手感都与蜡相似。它具有良好的电绝缘性，一片 0.025 mm 厚的薄膜，能耐 500 V 高压。完全不燃烧，化学稳定性极好。即使在高温条件下，与浓酸、浓碱、有机溶剂及强氧化剂都不起反应，甚至在王水中煮沸几十小时，也不发生任何变化，故又名"塑料王"。它有优良的耐高低温能力，可在 -195 ~ 250 ℃ 温度下长期使用。有极其优良的润滑性，具有非常小的摩擦系数，动、静摩擦系数均为 0.04。具有突出的表面不黏性，几乎所有黏性物质都不能黏附在它表面。具有良好的耐水性、耐气候性、耐老化性，长期暴露于大气中其性能保持不变。但强度、硬度不如其他工程塑料，温度高于 390 ℃ 会分解，并放出有毒气体。这种塑料主要用在对温度以及抗腐蚀性要求较高的地方，如高温输液管道、输送强腐蚀性流体的管道，制作绝缘材料、密封材料等。桥梁施工时，则利用它摩擦系数低的优点，在顶梁时作滑道用。

（4）聚甲基丙烯酸甲酯（PMMA）。俗称有机玻璃，是以丙酮、氰化钠、甲醇、碳酸等为原料制成甲基丙烯酸甲酯，再经聚合而成。有机玻璃透光率很高，可达92%以上，并能透过73.5%的紫外线；质轻，密度为 $1.18 \sim 1.19$ g/cm^3，只有无机玻璃的一半，而耐冲击强度是普通玻璃的10倍，不易碎裂；有优良的耐水性、耐候性，但耐磨性差，表面硬度较低，容易擦毛而失去光泽。可制成板材、管材等，用作屋面采光天窗、室内隔断、广告牌、浴缸等。

（5）聚酰胺（PA）塑料。俗称尼龙或锦龙，是由二元酸和二元胺、氨基酸缩聚而成。聚酰胺有优良的机械性能，抗拉强度高，冲击韧性好，坚韧耐磨；耐油性、耐候性好，有良好的消音性；有一定的耐热性，但对强酸、强碱和酚类等的抗蚀能力较差；吸水性高，热膨胀系数大。它的最大用途是制成纤维，用于居室装饰，如窗帘、地毯等；制作各种建筑小五金，家具脚轮、轴承及非油润滑的静摩擦部件等，还可喷涂于建筑五金表面作保护装饰层用，也可配制胶粘剂、涂料等。在日本新干线上用的铁路枕木，就是用炭黑填充尼龙制造的。

2. 热固性塑料

在加工过程中一旦加热即行软化，然后发生化学变化，相邻的分子互相交联成体型结构而逐渐硬化，再次受热时不会再软化，也不会溶解，只会在高温下碳化。其优点是耐热性好，刚性大，受压不易变形。缺点为机械强度较低。大多数缩合树脂制得的塑料均是热固性的，常用品种有：

（1）酚醛（PF）塑料。它是一种最常用的，也是最古老的塑料，俗称电木或胶木。用苯酚（或甲酚、二甲酚）与甲醛（浓度为37%~40%的水溶液）缩聚可得到酚醛树脂。由于所用苯酚与甲醛的配合比不同和催化剂的类型不同，可以得到热塑性和热固性两类酚醛树脂。热塑性树脂分子为线型结构，虽经长时间加热也不会硬化，使用时需加入适量的固化剂才能交联成不溶、不熔的固体。热固性树脂虽属线性结构，但在逐渐提高温度的情况下，分子间会相互发生交联，最后形成不溶、不熔的固体。酚醛树脂具有较大的刚性和强度，耐热、耐磨、耐腐蚀，具有良好的电绝缘性，难燃且具有自熄性，但色暗、性脆。酚醛树脂用途很广，可制成层压塑料、泡沫塑料、蜂窝夹层塑料、酚醛压模塑料等，用作电工器材、装饰材料、隔音隔热材料。酚醛树脂还可配制油漆、胶粘剂、涂料、防腐蚀用胶泥等。

（2）有机硅（SI）塑料。有机硅树脂是以硅氧键相连接的高分子聚合物，具有优良的耐高温（500~600 °C）和耐水性，有良好的电绝缘性、防火性，抗腐能力很强，黏结力高。可用于黏结金属材料与非金属材料。有机硅树脂根据结构和分子量的不同，分为硅油和硅树脂两种。低分子线型的硅油是由二甲基二氯硅烷水解得到的；体型硅树脂由二甲基二氯硅烷和一甲基三氯硅烷的混合物经水解制得。硅油常用作清漆、润滑油、消泡剂、塑料制品和家具的抛光剂。硅树脂用玻璃纤维、石英粉或云母等填料增强，可制成耐热、耐水、耐腐及电绝缘性能均好的模压塑料或层压塑料制品，还可用作黏结剂、防水涂料、混凝土外加剂等。

（3）脲醛（UF）塑料。又称电玉。脲醛树脂由尿素与甲醛缩聚而成。低分子量的脲醛树脂呈液态，溶于水和某些有机溶剂，常用作胶粘剂、涂料等。高分子量的脲醛树脂为无色、无味、无毒的白色固体，黏结强度高，着色性好，有一定的耐菌性，可自熄，但耐水性较差，更不耐沸水，耐热性较低。用它生产的胶合板、刨花板、纤维板等，可作装饰材料。若经发泡处理可制得闭孔型硬质泡沫塑料，可作填充性的保温绝热材料。脲醛树脂还可配制油漆、涂料、胶粘剂等。

（二）按应用范围分类

（1）通用塑料。指产量大、用途广、价格低的一类塑料。主要包括五大品种，即聚烯烃（包括聚乙烯、聚丙烯、聚丁烯及各种烯烃的共聚物）、聚氯乙烯、聚苯乙烯、酚醛塑料和氨基塑料。这类塑料虽说品种只有五个，但产量却占塑料总产量的 3/4 以上。

（2）工程塑料。指综合性能好，如机械性能、电性能、耐高低温性能等，能作为工程材料和代替金属制造各种设备和零件的塑料。主要品种有 ABS、聚酰胺、聚碳酸酯、聚甲醛塑料等。

（3）特种塑料。指具有特种性能和特种用途的塑料。如有机硅树脂、导磁塑料、离子交换树脂等。

（三）按增强类型分类

增强塑料（RP）是用纤维、织物或者片状材料增强的塑料。它是将合成树脂浸涂于纤维或片状材料上经加工成型制得的。用片状材料增强的塑料称为层压塑料。增强塑料的机械强度远高于一般塑料，可用作装饰材料、轻质结构材料和电绝缘材料。增强塑料主要有以下几种：

（1）玻璃纤维增强塑料（GRP）。俗称玻璃钢。它是以热固性或热塑性树脂胶结玻璃纤维或玻璃布而制成的一种轻质高强的塑料。常用的热固性树脂有不饱和聚酯树脂、环氧树脂、酚醛树脂、有机硅树脂等。常用的热塑性树脂有聚乙烯、聚丙烯、聚酰胺等。使用最多的是不饱和聚酯树脂。

玻璃钢的性能主要取决于所用树脂的种类、纤维的性能和相对含量，以及它们之间结合的情况等。合成树脂和纤维的相对含量，随玻璃钢的品种不同而有所差异，一般合成树脂含量占总质量的 30%~40%。由于合成树脂本身的强度远低于玻璃纤维的强度，故合成树脂仅起胶粘作用，而荷载主要由纤维承担。合成树脂与纤维强度愈高，则玻璃钢的强度愈大，纤维对强度影响更为明显。玻璃钢是用纤维或玻璃布为加筋材料，故不同于一般塑料，具有明显的方向性。就玻璃钢的力学性能而言，玻璃布层与层之间的强度较低，而沿玻璃布方向的强度较高。玻璃钢为各向异性材料。玻璃钢的密度为 1.5~2.0 g/cm^3，是钢的 1/4。抗拉强度超过碳素钢，比强度与高级合金钢相近，是一种轻质高强材料。玻璃钢具有耐热、耐腐、绝缘、抗冻、耐久等一系列优点，但刚度较差，容易产生较大变形，有时还会出现分层现象，耐磨性差；可应用于航空、宇航及高压容器，在工程上常用作建筑结构材料、屋面采光材料、墙体围护材料、门窗框架和卫生用具等。

除用玻璃纤维增强材料之外，近年来又发展了采用性能更优越的碳纤维、硼纤维、氧化锆纤维和晶须（纤维状晶体）作增强材料，使其纤维增强塑料的性能更优异，可用于飞机及宇宙航行方面的结构或零部件等。

（2）蜂窝塑料。以塑料板或金属薄板、胶合板为两侧面板，中间夹有格子（蜂窝）夹层，用氨基树脂或环氧树脂将夹层紧密黏合在两片面板之间而制成的轻质板材，其抗压和抗弯性能好且质量轻，可制作隔墙板、门板、地板以及家具等。

（3）增强塑料薄膜。它是用玻璃纤维或尼龙纤维网络做成的塑料薄膜，有较好的韧性，可用来建造临时性的或可拆迁的大跨度充气结构的仓库和房屋等。

第三节 橡 胶

橡胶分为天然橡胶、合成橡胶和再生橡胶三类。橡胶是一种有机高分子弹性化合物。它的分子量一般都在几十万以上，甚至达到一百万左右。它具有高弹性，在外力作用下，很容易发生极大的形变，外力去除后，又恢复到原来的状态。它有极高的可挠性、耐磨性、绝缘性、不透水性和不透气性，因而用途非常广泛。

一、天然橡胶

天然橡胶的主要成分是异戊二烯的高聚物。它采自橡胶植物（如三叶橡胶树、杜仲橡树、橡胶草）的浆汁，在浆汁中加入少量醋酸、氯化锌或氟硅酸钠即凝固。凝固体经压制后成为生橡胶。天然生橡胶常温下弹性很大，低于10 ℃时逐渐结晶变硬。耐拉伸，伸长率约为12倍。电绝缘性良好。在光及氧的作用下会逐渐老化。易溶于汽油、苯、二硫化碳及卤烃等溶剂，但不溶于水、酒精、丙酮及乙酸乙酯。由于生橡胶性软，遇热变黏，又易老化而失去弹性，易溶于油及有机溶剂，为克服这些缺点，常在生橡胶里面加硫，经硫化处理得到软质橡胶（熟橡胶）。若用30%~40%的硫，得到的是硬质橡胶。橡胶经硫化后，其强度、变形能力和耐久性均有提高，但可塑性降低。

天然橡胶一般作为橡胶制品的原料，配制胶粘剂和制作橡胶基防水材料等。

二、合成橡胶

天然橡胶的年产量有限，远远不能满足日益发展的需要，因而合成橡胶工业得到了迅速的发展。合成橡胶主要是二烯烃的高聚物，它的综合性能虽不如天然橡胶，但它也具有某些天然橡胶所不具备的特性，加上原料来源较广，因此目前广泛使用的是合成橡胶。按其性能和用途，合成橡胶可分为：

（1）丁苯橡胶（SBR）。它是目前产量最大、应用最广的合成橡胶。丁苯橡胶是丁二烯与苯二烯的共聚物，为浅黄褐色的弹性体，具有优良的绝缘性，在弹性、耐磨性和抗老化性方面均超过天然橡胶，溶解性与天然橡胶相似，但耐热性、耐寒性、耐挠曲性和可塑性较天然橡胶差，脆化温度为 -50 ℃，最高使用温度为 $80 \sim 100$ ℃。能与天然橡胶混合使用。丁苯橡胶用于制造汽车的内外胎、运输带和各种硬质橡胶制品。

（2）丁腈橡胶（NBR）。丁腈橡胶是丁二烯和丙烯腈的共聚物，为淡黄色的弹性体，密度随丙烯腈含量增加而增大。耐热性、耐油性较天然橡胶好，抗臭氧能力强。但耐寒性不如天然橡胶和丁苯橡胶,且成本较高。丁腈橡胶为一种耐油橡胶,可用来制造输油胶管、油料容器的衬里和密封胶垫,制造输送温度达 140 ℃ 的各种物料输送带和减震零件等。

(3)氯丁橡胶(CR)。氯丁橡胶是由氯丁二烯聚合而成的,为黑色或琥珀色的弹性体,它的物理机械性能和天然橡胶相似,耐老化、耐臭氧、耐候性、耐油性、耐化学腐蚀性及耐热性比天然橡胶好。耐燃性好,黏结力较高,最高使用温度为 120~150 ℃。用氯丁橡胶可制造各种模型制品、胶布制品、电缆、电线和胶粘剂等。

(4)丁基橡胶(IIR)。也称异丁橡胶。丁基橡胶是以异丁烯与少量异戊二烯为单体,在低温下(-95 ℃)聚合的共聚物。它为无色的弹性体,透气性约为天然橡胶的 1/10~1/20。它是耐化学腐蚀、耐老化、不透气性和绝缘性最好的橡胶,且耐热性好,吸水率小,抗撕裂性能好。但在常温下弹性较小,只有天然橡胶的 1/4,黏性较差,难与其他橡胶混用。丁基橡胶耐寒性较好,脆化温度为 -79 ℃,最高使用温度为 150 ℃。可用于制造汽车内胎、气囊等不透气制品,也可制作电气绝缘制品、化工设备衬里等,还可用作浅色或彩色橡胶制品。

另外,还有乙丙橡胶、硅橡胶(硅有机橡胶)、氟橡胶等多种合成橡胶。乙丙橡胶密度仅为 0.85 g/cm³ 左右,为最轻的橡胶;硅橡胶(硅有机橡胶)无毒、无味,能耐 300 ℃ 高温,可用于食品工业的耐高温制品、医用人造心脏、人造血管等。氟橡胶具有耐高温、耐油及耐多种化学药品侵蚀的特性,用在现代航空、宇宙航行等尖端科学技术上。

三、再生橡胶

再生橡胶是以废旧橡胶制品和橡胶工业生产的边角废料为原料,经再生处理而得到具有一定生橡胶性能的弹性体材料。再生处理主要是脱硫。脱硫并不是把橡胶中的硫黄分离出来,而是通过高温使橡胶产生氧化解聚,使大体型网状橡胶分子结构适度地氧化解聚,变成大量的小体型网状结构和少量链状物。这样虽破坏了原橡胶的部分弹性,但却获得部分黏性和塑性。再生橡胶价格低,大量用作轮胎垫带、橡胶配件等,还可与沥青等制作沥青再生油毡,用于屋面、地下防水层等。

第四节 合成高分子防水卷材

随着合成高分子材料的发展,以合成橡胶或塑料为主体的高效能防水卷材,得到广泛的开发和应用。这类卷材采取冷施工,铺设成单层防水层,其效果远超过热施工的多层沥青油毡防水层。现将其中有代表性的品种简介如下。

1. 三元乙丙橡胶防水卷材

这种卷材以三元乙丙橡胶为主体,掺入适量的填充料、硫化剂、促进剂等添加剂,经密炼、压延或挤出成型及硫化而制成。三元乙丙橡胶是一种合成橡胶,是乙烯、丙烯和少量的二烯烃聚合而成的共聚物。三元乙丙橡胶卷材具有优良的耐候性、耐低温、耐化学腐蚀及电绝缘性能，而且机械强度较高。卷材宜用合成橡胶胶粘剂粘贴，粘贴可采用全粘贴或局部粘贴等多种方式。

2. 氯丁橡胶防水卷材

氯丁橡胶防水卷材以氯丁橡胶为主体，掺入适量的填充料、硫化剂、增强剂等添加剂，经过密炼、压延或挤出成型及硫化而制成。氯丁橡胶是由氯丁二烯单体聚合而成的。这种卷材与三元乙丙橡胶卷材相比，除耐低温性能稍差外，其他性能基本相似。卷材粘贴时宜用氯丁橡胶胶粘剂。

3. 聚氯乙烯防水卷材

聚氯乙烯防水卷材以聚氯乙烯为主体，掺入填充料、软化剂（如煤焦油）、增塑剂及其他助剂，经混炼、压延或挤出成型而成。聚氯乙烯本身的低温柔性和耐老化性较差，通过改性之后，性能得到改善，可以满足建筑防水工程的要求。聚氯乙烯卷材的生产成本较上述两种卷材低。粘贴时可采用多种胶粘剂。

第五节　合成胶粘剂

一、组成及分类

胶粘剂又称黏合剂、黏结剂，是一种能在两个物体表面间形成薄膜，并能把它们紧密黏结在一起的物质。

胶粘剂与塑料一样，大多数为多组分组成。除了起基本黏结作用的物质外，为满足特定的物理化学性能，还需加入各种添加剂。如为使基料形成网状或体型结构，以增加胶层的内聚强度，需加入固化剂；为提高胶层的柔韧性需加入增塑剂；为调节黏度，需加入溶剂；为提高耐老化性，需加入防老剂。另外，为使胶粘剂具有某些特殊性能，还可加入防霉剂、防腐剂等添加剂。

胶粘剂种类繁多，性能各异，分类方法很多。

（1）按基料成分，可分为有机胶粘剂和无机胶粘剂两大类。其中有机胶粘剂又可分为天然和合成两类。本节主要简介合成胶粘剂。

（2）按固化后的强度特性，可分为结构型、次结构型和非结构型三大类。结构型胶粘剂指黏结后能承受较大的荷载，经受热、低温和化学药品等作用，不降低其性能或不变形的胶粘剂，一般用于结构部件的受力部位；非结构型胶粘剂一般不能承受较大的荷载，只用来黏结受力较小的部件或定位；次结构型胶粘剂（准结构胶）其性能介于结构型与非结构型之间，能承受某种限度的负荷。

（3）按固化条件分，可分为室温固化胶粘剂、高温固化胶粘剂、低温固化胶粘剂、光敏固化胶粘剂和电子束固化胶粘剂等。

二、胶粘剂的基本要求及胶粘机理

对胶粘剂的基本要求主要是：胶粘剂应有足够的流动性，保证被黏物表面能充分被浸润，易于调节黏性和硬化速度，胀缩变形小，黏结强度大，不易老化。

胶粘剂之所以能与被黏物牢固地黏结在一起，主要有以下几方面的理论观点：

（1）机械黏结理论。该理论认为被黏物表面粗糙多孔，胶粘剂能渗透到被黏物表面的孔隙中，固化后形成许多微小的机械啮合。胶粘剂主要依靠这些机械啮合而与被黏物牢固地黏结在一起。

（2）物理吸附理论。该理论认为胶粘剂分子与被黏物分子在界面层上相互吸附，从而产生分子间的次价键力，即范德华力。

（3）化学键理论。该理论认为胶粘剂与被黏物之间能产生化学反应形成化学键而得到牢固的黏结力。

（4）扩散理论。该理论认为胶粘剂分子不仅与被黏物紧密接触，而且相互间的分子会越过界面互相扩散而交织起来，形成牢固的黏结。相互扩散的结果使更多的胶粘剂分子与被黏物分子更接近，从而增强它们的物理吸附。

以上各种理论都只反映了黏结现象本质的一个方面。事实上，胶粘剂与被黏物之间的牢固黏结是以上各种作用的综合结果。当采用的胶粘剂不同，被黏物不同，或被黏物表面处理或黏结头的制作工艺不同时，所产生的黏结力大小也不一样。其中胶粘剂对被黏物表面的完全浸润是获得高黏结强度的先决条件。

三、建筑常用的胶粘剂

1. 热塑性树脂胶粘剂

（1）聚醋酸乙烯（PVAC）胶粘剂。聚醋酸乙烯乳液胶粘剂俗称白乳胶，是由醋酸乙烯乳液聚合而成的。它无毒、无味，黏结强度高，常温下固化速度快，但耐水性和耐热性差。可单独使用，也可与水泥、羧甲基纤维素等复合使用。常用作非结构型胶粘剂，黏结各种非金属材料，如木材、塑料壁纸、陶瓷饰面材料等，还可配制乳液涂料、乳液泥子等。

（2）聚乙烯醇（PVAL）和聚乙烯醇缩醛（PVAM）胶粘剂。聚乙烯醇是由聚醋酸乙烯水解而得到的水溶性胶粘剂，常用它黏结纸张、织物等。聚乙烯醇缩醛树脂是由聚乙烯醇与醛类反应而得到的。市场上常用的 107 胶为聚乙烯醇缩甲醛（PVFL）胶，是由聚乙烯醇与甲醛在酸性介质中缩聚而成的。107 胶是无毒、无味的透明水溶液，具有较高的黏结强度和较好的耐水性和耐老化性。它可单独使用，也可与其他材料混合使用。可用作非结构胶粘剂，粘贴塑料壁纸、玻璃布等，也可用它配制内外墙、地面用的涂料及泥子等。

2. 热固性树脂胶粘剂

（1）环氧树脂（EP）胶粘剂。环氧树脂是指分子结构中至少含有两个环氧基的线性高分子化合物。凡用环氧树脂为基料配制的胶粘剂都称为环氧树脂胶粘剂。目前应用最多的是由二酚基丙烷（简称双酚 A）与环氧氯丙烷在碱性催化剂作用下缩聚而成的双酚 A 环氧树脂，它在加入固化剂之前是热塑性的，固化后为热固性的。环氧树脂与金属、木材、塑料、橡胶、混凝土等均有很高的黏结力,有万能胶之称。它黏结强度高,收缩率小(约 2%),有较好的稳定性和电绝缘性,能在室温至高温(150~180 ℃)条件下用不同的固化剂固化。但在固化后脆性较大,耐热性、耐紫外线较差,抗冲击强度较低,这些缺点可通过掺加不同的添加剂来改善。

环氧树脂不仅用作结构胶粘剂,黏结金属、陶瓷、玻璃、混凝土等多种材料,还可用于混凝土构件补强,裂缝修补,配制涂料和防水防腐材料等。

(2)丙烯酸酯树脂胶粘剂。丙烯酸酯树脂胶粘剂以丙烯酸酯树脂为基料配制而成。常用的 α-氰基丙烯酸酯胶粘剂是由氰基乙酸酯和甲醛在碱性介质中经缩合反应得到的低聚物加热裂解而制得。该胶粘剂为快速固化胶粘剂,室温下在几分钟甚至几秒钟即可固化,故称瞬干胶。α-氰基丙烯酸酯胶粘剂为无色透明的液体,黏结力强,固化速度快,胶结表面不必打毛,使用方便,且容易清除。但耐热性、耐水性差,性脆,不宜大面积黏结,可用于黏结多种金属和非金属材料,特别是对 ABS 塑料、有机玻璃、聚苯乙烯等与金属之间的黏结,能得到较为理想的胶结强度。常用的 502 胶即属丙烯酸酯树脂胶粘剂。

3. 橡胶胶粘剂

它是以橡胶为基料配制而成的胶粘剂。几乎所有的天然橡胶和合成橡胶都可以用来配制胶粘剂。橡胶胶粘剂富有柔韧性,有优异的耐蠕变、耐挠曲及耐冲击震动等特性,起始黏结性高,但耐热性差。常用的有氯化天然橡胶胶粘剂、氯丁橡胶胶粘剂、丁苯橡胶胶粘剂、丁腈-氯化胶等。橡胶胶粘剂用于橡胶、金属和非金属等多种材料的黏结。

复 习 思 考 题

1. 简述聚合物类型、合成及命名方法。
2. 简述合成高分子聚合物的分子结构与性能的关系。
3. 简述塑料各组成成分对性能的影响。
4. 什么叫热塑性塑料、热固性塑料?
5. 简述胶粘剂的胶粘机理。

第九章 沥青及防水材料

沥青是一种有机胶凝材料。它是复杂的高分子碳氢化合物及非金属（氧、硫、氮等）衍生物的混合物，常温下的沥青呈固体、半固体或液体状态，颜色由黑褐色至黑色。

沥青属于憎水性材料，它不透水，也几乎不溶于水。它与混凝土、石材、钢材以及木材等材料之间具有良好的黏结性，且具有较强的耐酸、碱、盐腐蚀性。

沥青按其在自然界中获得的方式，可分为地沥青和焦油沥青两大类。

地沥青主要有：天然（地）沥青、石油（地）沥青。

焦油沥青主要有：煤沥青、木沥青、页岩沥青。

在土木工程中，沥青是应用广泛的防水材料和防腐材料，主要用于屋面、地面、地下结构的防水，木材、钢材的防腐。沥青还是道路工程中应用广泛的路面结构胶结材料，它与不同组成的矿质集料按比例配合后，可以建成不同结构的沥青路面。

第一节 石油沥青与煤沥青

一、石油沥青

石油沥青是由石油原油经蒸馏提炼出各种轻质油品（汽油、煤油、柴油等）及润滑油以后的残留物，经再加工而得的产品。

（一）石油沥青的分类

按原油的成分分为：石蜡基沥青、沥青基沥青和混合基沥青。

按石油加工方法不同分为：直馏沥青、氧化沥青、溶剂沥青。

按沥青产品在常温下的稠度分为：液体沥青和黏稠沥青。

按沥青的用途分为：道路石油沥青、建筑石油沥青和普通石油沥青。

道路石油沥青主要用于路面，通常为直馏沥青或氧化沥青。

建筑石油沥青主要用于建筑工程中屋面及地下防水的胶结料、涂料及制造油毡、油纸和防腐绝缘材料等，通常为氧化沥青。

普通石油沥青（又称多蜡沥青）因含蜡量高，黏性低，塑性差，在建筑上很少单独使用，一般与建筑石油沥青掺配或经改性处理后使用。

（二）石油沥青的组分与结构

由于沥青的组成非常复杂，因此，在研究沥青的化学组成时，往往将沥青化学成分与物理性质相似而具有某些共同特征的部分划分成几个组，即组分。沥青中各组分的含量多少，会直接影响沥青的一系列性质。沥青组分一般有三个：油分、树脂和地沥青质。对于沥青中含量很少的其他组分，如沥青酸和沥青酸酐可忽略不计。各组分的主要特征和在沥青中的作用见表9.1。

表 9.1 石油沥青各组分的特征及其对沥青性质的影响

组分	含量	分子量	碳氢比	密度/g·cm^{-3}	特征	在沥青中的主要作用
油分	45%~60%	100~500	0.5~0.7	0.70~1.00	无色至淡黄色，黏性液体，可溶于大部分溶剂，不溶于酒精	是决定沥青流动性的组分。油分多，流动性大，黏性小，温度稳定性差
树脂	15%~30%	600~1 000	0.7~0.8	1.00~1.10	红褐至黑褐色的黏稠半固体，多呈中性，少量酸性，熔点低于100 ℃	是决定沥青塑性的主要组分。树脂含量增加，沥青塑性增大，温度稳定性变差
地沥青质	5%~30%	1 000~6 000	0.8~1.0	1.10~1.50	黑褐至黑色的硬而脆的固体微粒，加热后不熔化，而分解为坚硬的焦炭，使沥青带黑色	是决定沥青黏性的组分。含量高，沥青黏性大，温度稳定性好，塑性降低，脆性增加

石油沥青主要组分之间的相互亲和程度不一样。地沥青质对油分显示出憎液性，互不溶解，但对树脂则显示出亲液性，可以被浸润，而树脂在油分中，则显示亲液性，两者可以互溶。这就使得地沥青质的微细颗粒通过树脂质的亲和及桥梁作用，形成一种以地沥青质为核心，周围吸附有部分树脂和油分的胶团，这种胶团高度分散在油分中，构成了沥青的胶体结构。

图9.1（a）为液态沥青所具有的溶胶结构示意图。由于其中油分较多，胶团之间相对运动较为自由，因而这种沥青的流动性、塑性较好，开裂后自愈合能力较强，但温度稳定性较差，温度升高时易于流淌。当沥青中油分较少，而地沥青质含量较多时，则胶团由于凝聚作用，会形成互相连接并呈不规则空间网状的凝胶结构，如图9.1（b）所示。由于胶团靠近聚集，相互吸引力较大，因而这种沥青的弹性、黏性较高，温度稳定性较好，但流动性与塑性较低。常温下的固态建筑石油沥青就是这种结构状态。

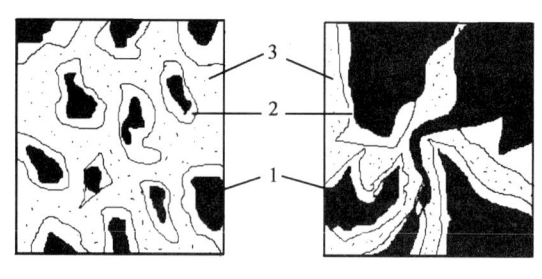

（a）溶胶结构　　　　　　（b）凝胶结构

图 9.1 沥青胶体结构示意图

1—地沥青质；2—树脂；3—油分

此外，石油沥青的结构状态还随着温度不同而改变。当温度升高时，固态沥青中易熔的树脂会转变为液体，则原来的凝胶结构将转变为溶胶结构，于是沥青的黏度降低，流动性和塑性增大。当温度降低时，则又会恢复到原来的凝胶结构。

（三）石油沥青的技术性质

1. 黏性（黏滞性）

沥青的黏性是指沥青在外力或自重的作用下，沥青抵抗变形的能力。黏性的大小，反映了胶团之间吸引力的大小，实际上反映了胶体结构的致密程度。

石油沥青的黏度大小，取决于各组分的相对含量。如地沥青质含量较高时，则黏性大。同时也与温度有关，随温度升高，黏性下降。

沥青的黏性通常是通过试验来测得的，即以测出的相对黏性值的大小来表示。对于在常温下呈固体或半固体的石油沥青用针入度表示黏性的大小。针入度（见图9.2）是在规定条件下，标准针自由贯入沥青中的深度［以(1/10)mm为单位］。针入度愈大，则黏度愈小。

对于液体沥青，用标准黏性计测定黏度。即在标准温度下，50 mL 液体沥青通过规定直径的小孔所用的时间（以 s 为单位）。流出时间愈长，黏度愈大。

2. 塑 性

沥青的塑性是指沥青在受到外力作用时，产生变形而不破坏，去除外力后，仍保持变形后形状的性质。

沥青中树脂含量高，则沥青的塑性较大。温度升高时，沥青的塑性增大。塑性小的沥青在低温或负温下易产生开裂。塑性大的沥青能随建筑物的变形而变形，不致产生开裂。塑性大的沥青在开裂后，由于其特有的黏塑性，裂缝可能会自行愈合，即塑性大的沥青具有自愈性。沥青的塑性是沥青作为柔性防水材料的原因之一。

沥青的塑性用延度（延伸度）来表示。延度是在规定的条件下，沥青试件被拉断时伸长的数值（以 cm 计）。延度值（见图9.3）愈大，沥青的塑性愈大，防水性愈好。

图 9.2 针入度测定示意图

图 9.3 沥青延度测定示意图

3. 温度稳定性

温度稳定性是指沥青的黏性和塑性随温度变化而改变的程度。沥青是非晶体高分子物质，没有固定的熔点，随着温度的升高，沥青的状态会发生连续的变化，塑性增大，黏性减小,并逐渐软化,此时的沥青如液体一样发生黏性流动。在这一过程中,不同的沥青,其塑性和黏性变化程度不同。如果性质变化程度小,则此沥青的温度稳定性好;反之,温度稳定性差。在建筑上,特别是用于屋面防水的沥青材料,为了避免温度升高发生流淌,或温度下降发生硬脆,应优先使用温度稳定性好的沥青。

沥青温度稳定性取决于地沥青质的含量,其含量愈高,温度稳定性愈好。此外,沥青温度稳定性也与沥青中石蜡的含量有关,石蜡含量高,则其温度稳定性差。

沥青温度稳定性常用软化点表示(见图9.4),它反映了沥青状态改变(由固态或半固态转变为黏流态)时的温度。软化点是在规定试验条件下,沥青受热软化垂至规定距离时的温度(以 °C 计)。软化点愈高,沥青的温度稳定性愈好。

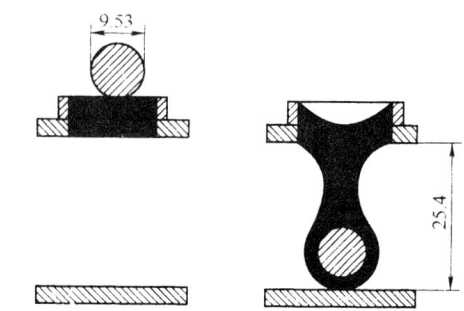

图 9.4　沥青软化点测定示意图(单位:mm)

4. 大气稳定性

石油沥青的大气稳定性是指石油沥青在很多不利因素(如阳光、热、空气等)的综合作用下,性能稳定的程度。石油沥青在储运、加热、使用过程中,易发生一系列的物理化学变化,如脱氢、缩合、氧化等,使沥青变硬变脆。这一过程,实际上是沥青中低分子组分向高分子组分的转变,且树脂转变为地沥青质的速度比油分转变为树脂的速度快得多,即油分和树脂含量减少,而地沥青质含量增加。因此,沥青的塑性降低,黏性增大,且逐步变得硬脆、开裂。这种现象称为沥青的"老化"。

石油沥青的大气稳定性(抗老化性),用蒸发损失率和针入度比表示。蒸发损失率是将沥青试样加热至 160 °C,恒温 5 h 时测得的蒸发前后的质量损失率。针入度比为上述条件下蒸发后与蒸发前针入度的比值。如蒸发损失率越小,针入度比愈大,则大气稳定性愈好。

5. 其他性质

石油沥青的闪点是指沥青加热至挥发的可燃气体遇火时着火的最低温度。燃点则是若继续加热,一经引火,燃烧就能继续下去的最低温度。因此,在熬制沥青时,加热温度不应超过闪点。

石油沥青具有良好的耐蚀性,对多数酸、碱、盐都具有耐蚀能力。但是,它可溶解于多数有机溶剂中,如汽油、苯、丙酮等,使用时应予以注意。

(四)石油沥青的标准、选用、掺配

1. 石油沥青的标准

土建工程中使用的石油沥青有建筑石油沥青、道路石油沥青、普通石油沥青三种。

道路石油沥青、建筑石油沥青的牌号主要根据针入度、延度、软化点等划分,并用针入度值表示。两种沥青的技术要求应满足表 9.2、9.3 的规定。同种石油沥青中,牌号愈大,针入度愈大(黏性愈小),延度愈大(塑性愈大),软化点愈低(温度稳定性愈差),使用寿命愈长。

表 9.2 道路石油沥青技术要求（NB/SH/T 0522—2010）

项 目		质量指标				
		200 号	180 号	140 号	100 号	60 号
针入度（25°C，100 g，5 s）/(1/10) mm		200~300	150~200	110~150	80~110	50~80
延度*（25°C）/cm	不小于	20	100	100	90	70
软化点/°C		30~48	35~48	38~51	42~55	45~58
溶解度/%	不小于	99.0				
闪点（开口）/°C	不低于	180	200	230		
密度（25°C）/(g/cm^3)		报告				
蜡含量/%	不大于	4.5				
薄膜烘箱试验（163 °C，5 h）						
质量变化/%		1.3	1.3	1.3	1.2	1.0
针入度比/%		报告				
延度（25°C）/%		报告				

*如 25 °C 延度达不到，15 °C 延度达到时，也认为合格，指标要求与 25 °C 延度一致。

表 9.3 建筑石油沥青技术要求（GB/T 494—2010）

项 目		质量指标		
		10 号	30 号	40 号
针入度（25 °C，100 g，5 s）/(1/10) mm		10~25	26~30	36~0
针入度（46 °C，100 g，5 s）/(1/10) mm		报告[a]	报告[a]	报告[a]
针入度（0 °C，200 g，5 s）/(1/10) mm	不小于	3	6	6
延度（25 °C，5 cm/min）/cm	不小于	1.5	2.5	3.5
软化点（环球法）/°C	不低于	95	75	60
溶解度（三氯乙烯）/%		99.0		
蒸发后质量变化（163 °C，5 h）/%	不大于	1		
蒸发后 25 °C 针入度比[b]/%	不小于	65		
闪点（开口杯法）/°C	不低于	260		

2. 石油沥青的选用

石油沥青应根据工程性质与要求（房屋、防腐、道路）、使用部位、环境条件等因素选用。在满足使用条件的前提下，应选用牌号较大的石油沥青，以保证使用寿命较长。

土建工程中，特别是屋面防水工程，应防止沥青因软化而流淌。由于夏日太阳直射，屋面沥青防水层的温度高于环境气温 25~30 °C。为避免夏季流淌，所选沥青的软化点应高于屋面温度 20~25 °C，并适当考虑屋面的坡度。

建筑石油沥青的黏性较大、温度稳定性较好、塑性较小，主要用于生产或配制屋面与地下防水、防腐蚀等工程用的各种沥青防水材料（油毡、玛琦脂等）。对不受较高温度作用的部位，宜选用牌号较大的沥青。根据要求可选用 10 号或 30 号，或将 10 号与 30 号、60 号掺配使用。严寒地区屋面工程不宜单独使用 10 号沥青。

道路石油沥青多用于配制沥青砂浆、沥青混凝土，用于道路路面、车间地面等。建筑工程中，有时使用 60 号沥青与其他建筑石油沥青掺配使用。

普通石油沥青的石蜡含量较多（一般均大于 5%），因而温度稳定性较差，土建工程中不宜单独使用，只能与其他种类石油沥青掺配使用。

3. 石油沥青的掺配

在选用沥青牌号时，由于生产和供应的局限性，或现有沥青不能满足要求时，可按使用要求，进行沥青的掺配，从而得到满足技术要求的沥青。

进行沥青掺配时，按下列公式计算掺配比例：

$$P_1 = \frac{T - T_2}{T_1 - T_2} \times 100\%$$
$$P_2 = 1 - P_1$$

式中　P_1 ——高软化点沥青的用量（%）；
　　　P_2 ——低软化点沥青的用量（%）；
　　　T_1 ——高软化点沥青的软化点值（°C）；
　　　T_2 ——低软化点沥青的软化点值（°C）；
　　　T ——要求达到的软化点值（°C）。

根据计算出的掺配比例，及其 ±(5% ~ 10%)的邻近掺配比例，分别进行不少于三组的试配试验，绘制出掺配比例—软化点曲线，从曲线上确定实际掺配比例。

二、煤沥青

煤沥青是由煤干馏得到的煤焦油经再加工而得到的产品，也称煤焦油沥青或柏油。

煤焦油干馏温度和蒸馏程度不同，煤沥青性质也不同。煤沥青技术标准规定，煤沥青分为低温煤沥青（按软化点又分为两类，一类软化点为 30 ~ 45 °C，另一类为 45 ~ 75 °C）、中温煤沥青（软化点为 75 ~ 95 °C）及高温煤沥青（软化点为 95 ~ 120 °C）。土建工程中所采用的煤沥青主要是半固体状的低温煤沥青。

煤沥青的主要化学成分为未饱和的芳香族碳氢化合物及非金属衍生物的复杂混合物。其组分有油分、固态和液态树脂及游离碳等，还有少量酸性和碱性表面活性物质。

由于煤沥青的组分与石油沥青有明显差别，因此，与石油沥青比较，煤沥青有如下特点：

（1）煤沥青密度比石油沥青大，一般为 1.10 ~ 1.26 g/cm³。

（2）塑性差。煤沥青中含有较多的自由碳和固体树脂，受力后产生变形，易开裂，尤其在低温条件下易变得脆硬。

（3）温度稳定性差。煤沥青中可溶性树脂含量较高，受热后软化溶于油分中，使煤沥青温度稳定性差。

（4）大气稳定性差。低温煤沥青中易挥发的油分多，且化学不稳定的成分（不饱和的芳香烃）含量多，在光、热和氧的综合作用下，老化较快。

（5）有毒、有臭味，防腐能力强。煤沥青中含有酚、蒽等易挥发的有毒成分，施工时对人体有害。但将其用于木材防腐中，有较好的效果。

（6）与矿物质材料表面黏附力较强。煤沥青中含表面活性物质较多，能与矿物质材料表面很好地黏附，可提高煤沥青与矿物质材料的黏结强度。

煤沥青的抗腐蚀性能较好，适用于地下防水工程及防腐工程，还可以浸渍油毡。

煤沥青质量比石油沥青差，多用于较次要的工程。但若以煤沥青配制沥青混合料，用于铺筑停车场时，可以不被滴漏的燃料油、润滑油等溶解侵蚀，有较高的耐久性。

使用煤沥青应严格控制加热温度和时间，以免降低其质量，同时采取防毒安全措施。

煤沥青与石油沥青外观相似，使用时注意区分，防止用错。鉴别的方法见表9.4。

表 9.4　煤沥青与石油沥青的鉴别方法

鉴别方法	煤 沥 青	石 油 沥 青
密　　度	大于 1.10 g/cm³（约为 1.25 g/cm³）	接近 1.00 g/cm³
锤　　击	音清脆、韧性差	音哑、富有弹性、韧性好
燃　　烧	烟呈黄色，有刺激味	烟无色，无刺激性臭味
溶液颜色	用 30~50 倍汽油或煤油溶解后，将溶液滴于滤纸上，斑点分内外两圈，呈内黑外棕或黄色	溶解方法同左，斑点完全均匀散开，呈棕色

三、沥青改性及改性材料

沥青基防水材料是以纯沥青为主制成的各种防水制品，其缺点是：低温下的塑性和韧性差，高温下的强度和稳定性低，且易老化，使用寿命短。为改善性能，可在沥青中加入适量的磨细矿物填充料、橡胶、树脂等添加剂制成改性沥青基材料。因此建筑防水工程中，除直接使用沥青外，更多的是使用改性沥青基材料制成的防水制品。常用的改性沥青及改性材料有下列几种：

（1）橡胶改性沥青。在沥青中掺入橡胶（天然橡胶、丁基橡胶、氯丁橡胶、丁苯橡胶、再生橡胶）后，使沥青具有一定橡胶特性，改善其气密性、低温柔性、耐化学腐蚀性、耐光性、耐气候性、耐燃烧性，可制作卷材、片材、密封材料或涂料。

（2）树脂改性沥青。用树脂改性沥青，可以提高沥青的耐寒性、耐热性、黏结性和不透水性，常用树脂有聚乙烯树脂、聚丙烯树脂、酚醛树脂等。

（3）橡胶和树脂改性沥青。同时加入橡胶和树脂，可使沥青同时具备橡胶和树脂的特性，性能更加优良。主要用于制作片材、卷材、密封材料、防水涂料。

（4）矿物填充料改性沥青。是指为了提高沥青的黏结力和耐热性，提高沥青的温度稳定性，扩大沥青的使用温度范围，加入一定数量矿物填充料（滑石粉、石灰粉、云母粉、硅藻土）的沥青。

第二节　防 水 卷 材

防水卷材是建筑工程中最常用的柔性防水材料，目前的防水卷材主要包括沥青防水卷材、高聚物改性沥青防水卷材和合成高分子防水卷材三大类。防水卷材分类及其主要品种如图 9.5 所示。

```
           ┌ 沥青防水卷材（纸胎石油沥青油毡、玻璃布胎沥青油毡等）
           │ 高聚物改性沥青防水卷材（SBS 改性沥青柔性油毡、APP 改性沥青油毡、PVC 改性
防水卷材 ┤                            煤焦油沥青耐高低温油毡、再生胶改性沥青油毡等）
           │                      ┌ 橡胶类（三元乙丙卷材、丁基橡胶卷材、再生胶卷材等）
           └ 合成高分子防水卷材 ┤ 塑料类（聚氯乙烯卷材、氯化聚乙烯卷材、聚乙烯卷材等）
                                  └ 橡塑类（氯化聚乙烯橡胶共混卷材）
```

图 9.5　防水卷材分类及其主要品种

以上防水卷材中合成高分子防水卷材已在本书的第八章中介绍,故在此仅介绍沥青基防水卷材。

一、沥青卷材

沥青卷材是建筑工程中用量较大的沥青制品。按照制造方法,沥青卷材可分为浸渍卷材和辊压卷材。浸渍卷材是有胎卷材,辊压卷材是无胎卷材。

（一）有胎卷材

1. 纸胎沥青卷材（油纸和油毡）

（1）油纸。以熔化的低软化点的沥青浸渍原纸而制得的卷材。原纸是以旧布、棉、麻、纸等为原料制成的纸板。

（2）油毡。用较高软化点的热沥青,涂敷油纸的两面,然后撒布一层滑石粉或云母片而制得的卷材。

按所用沥青品种不同,可分为石油沥青油纸、石油沥青油毡和煤沥青油毡三种。油纸和油毡的标号是用纸胎（原纸）每平方米面积的质量（g）来表示的。油纸分为 200 号、350 号两个标号。油毡分为 200,350,500 三个标号。煤沥青油毡只有 350 号。

石油沥青油毡的物理力学性能应满足表 9.5 的要求。油毡适合用于建筑防潮和多层防水。屋面工程常用 350 号及 500 号石油沥青油毡。粉毡适用于多层防水层的各层,而片毡只适用于单层防水或多层防水的面层。

表 9.5　石油沥青纸胎油毡（GB 326—2007）

项　目		指　标		
		Ⅰ 型	Ⅱ 型	Ⅲ 型
单位面积浸涂材料总量/（g/cm²）　≥		600	750	1 000
不透水性	压力/MPa　≥	0.02	0.02	0.10
	保持时间/min　≥	20	30	30
吸水率%　≤		3.0	2.0	1.0
耐热度		（85±2）℃,2 h 涂盖层无滑动、流淌和集中性气泡		
拉力（纵向）/（N/50 mm）　≥		240	270	340
柔度		（18±2）℃,绕 φ20 mm 棒或弯板无裂纹		

注：本标准Ⅲ型产品物理性能要求为强制性的,其余为推荐的。

施工时,黏结材料要与油毡使用的沥青为同系列材料,即石油沥青油毡要用石油沥青胶

黏结。储运时，卷材要直立，堆高不超过两层。要避免日晒雨淋，并注意通风。

2. 其他胎用材料的卷材

若以玻璃布、石棉布、麻布、合成纤维布等为胎基代替原纸，经浸渍、涂敷、撒布制得的油毡，分别称为沥青玻璃布油毡、石棉布油毡、麻布油毡、合成纤维布油毡等。此外，还有玻璃毛纱布油毡、玻璃纤维油毡等。由于这些油毡的胎基材料比原纸抗拉强度高，柔韧性好，吸水率小，耐蚀性和耐久性好，因而提高了油毡的性能。它们的用途与纸胎油毡基本相同。

（二）无胎卷材

无胎卷材是将填充料、改性材料等添加剂掺入沥青材料或其他主体材料中，经混炼、压延或挤出成型而成的卷材。沥青再生胶油毡即是 10 号建筑石油沥青与再生橡胶和填料按比例混炼压延而制成的无胎防水卷材。

沥青再生胶油毡具有抗拉强度高、弹性好、低温柔韧性高、抗渗、耐腐蚀等优良特性。广泛应用于建筑物的沉降缝、变形缝以及对延伸性、低温柔性要求高的防水、防腐工程。

二、改性沥青防水卷材

高聚物改性沥青防水卷材分弹性体沥青防水卷材和塑性体沥青防水卷材，均属高分子改性沥青防水卷材。

（一）弹性体沥青防水卷材

弹性体沥青防水卷材是热塑性弹性体改性沥青（简称弹性体沥青）涂盖在经沥青浸渍后的胎基两面，上表面撒以细砂、矿物粒（片）料或覆盖聚乙烯膜，下表面撒以细砂或覆盖聚乙烯膜所制成的防水卷材。胎基材料主要为聚酯无纺布、玻璃纤维毡，也可使用麻布或聚乙烯膜。目前，国内生产的主要为 SBS 改性沥青柔性防水卷材。SBS 卷材是目前我国大力推广使用的防水卷材。国标《弹性体改性沥青防水卷材》（GB 18242—2000）规定：按所用增强材料（胎基）和覆面隔离材料，SBS 卷材分为聚酯毡-聚乙烯膜、玻纤毡-聚乙烯膜、聚酯毡-细砂、聚酯毡-矿物粒、玻纤毡-细砂、玻纤毡-矿物粒 6 个品种。卷材幅宽 1 000 mm，聚酯毡的厚度有 3 mm，4 mm 两种，玻纤毡的厚度有 2 mm，3 mm，4 mm 三种，分为 I 型、II 型。

SBS 改性沥青柔性防水卷材，具有良好的不透水性和低温柔韧性，在 −15~25 ℃ 下仍保持其柔韧性；同时还具有抗拉强度高、延伸率较大、耐腐蚀性及高耐热性等优点。

弹性体沥青防水卷材适用于建筑屋面、地下及卫生间等的防水防潮，以及游泳池、隧道、蓄水池等的防水工程，尤其适用于寒冷地区建筑物防水，并可用于 I 级防水工程。

弹性体沥青防水卷材施工时可用热熔法施工，也可用胶粘剂进行冷粘贴施工。包装、储运基本与石油沥青油毡相似。

（二）塑性体沥青防水卷材

塑性体沥青防水卷材是热塑性树脂改性沥青（简称塑性体沥青）涂盖在经沥青浸渍后的胎基两面，在上表面撒以细砂、矿物粒（片）料或覆盖聚乙烯膜，下表面撒以细砂或覆盖聚乙烯膜所制成的一种沥青防水卷材。胎基材料有玻纤毡、聚酯毡等。目前生产的主要为 APP 改性沥青防水卷材。

与弹性体沥青防水卷材相比，塑性体防水卷材具有更高的耐热性，但低温柔韧性较差，其他性质基本相同。塑性体沥青防水卷材除了与弹性体沥青防水卷材的适用范围基本一致外，尤其适用于高温或有强烈太阳辐射地区的建筑物防水。

第三节　沥青基防水涂料

目前，土建工程中使用的防水涂料主要有沥青基防水涂料和合成高分子防水涂料两大类。主要应用于屋面、墙面、沟槽、地下管道、卫生间、水池及各种地下工程的防水。具有施工方便和较好的防水、防潮、防腐、抗大气渗透等效果。

沥青基防水涂料由沥青基料、分散介质和改性材料配制而成。

沥青基防水涂料按分散介质种类不同，可分为溶剂型涂料（以汽油或煤油、甲苯等有机溶剂为分散介质）和水乳型涂料（以水为分散介质）；按改性材料品种不同，可分为氯丁橡胶沥青涂料、再生橡胶沥青涂料、鱼油改性沥青涂料和掺入树脂的沥青涂料等。经改性后的沥青涂料比冷底子油（溶剂型）和乳化沥青（水乳型）涂料的防水性、耐化学腐蚀性、大气稳定性、抗裂性和冲击韧性都有较大改善。目前，我国使用的改性沥青涂料主要有氯丁橡胶沥青涂料、再生橡胶沥青涂料和鱼油改性沥青涂料等品种。

一、沥青防水涂料

（一）基层处理剂

1. 冷底子油

冷底子油是将沥青溶解于有机溶剂中的沥青涂料。它可用 30% ~ 40% 的 10 号或 30 号石油沥青与 60% ~ 70% 的稀释剂（汽油、煤油、柴油）按比例配制而成。

冷底子油的黏度小，能渗透到混凝土、砂浆、木材等基底的表层内，待溶剂挥发后，会在基底表面形成一层黏结牢固的沥青膜层。

冷底子油的作用是使基底表面具有憎水性，并为粘贴同类防水材料创造有利条件。由于它多在常温下用于防水工程的底层，故称为冷底子油。

冷底子油要随用随配，若储存时，应使用密闭容器，以防止溶剂挥发。

2. 乳化沥青

乳化沥青是微小（1 ~ 6 μm）的沥青颗粒均匀分散在含有乳化剂的水溶液中所得到的稳定的悬浮体。在生产时，可将热熔沥青加入含有乳化剂的水中，并使用机械强力搅拌。

1）乳化沥青的组成

沥青是乳化沥青的主要成分，同时也是其具有防水性、黏结性等的原因。因此，乳化沥青是否具有良好的综合性能主要取决于沥青本身的性质。在选择沥青时还要考虑其乳化难易程度。在建筑工程中常用 30 号及 60 号石油沥青进行乳化。

乳化剂属于表面活性剂,其憎水基团强烈地吸附在沥青微粒的表面,而亲水基团则与水分子很好地吸附并结合,从而显著降低沥青与水的表面张力或表面能,使沥青微粒能够稳定、均匀地分散于水中而获得稳定的乳化液,即乳化沥青。

乳化剂的种类繁多,性能差异较大。阴离子型乳化剂价格低廉,但由其配制的乳化沥青易凝聚、泡沫多,在酸、碱或硬水中乳化作用降低。常用品种有洗衣粉、肥皂、OP 乳化剂等。阳离子乳化剂价格较高,但具有分散稳定性好、抗冻、黏结力强以及成膜好等优点,常用品种有十六烷基三甲基溴胺、十八烷基三甲基氯化铵。非离子型乳化剂耐酸碱、无毒、低泡沫,可与其他表面活性剂、填料、外加剂等混合使用而不发生沉淀现象。常用品种为平平加(OP)、匀染剂(O)、聚乙烯醇(PVA)、石灰膏及膨润土等。

2)乳化沥青的成膜及其性质、应用

乳化沥青的成膜可分为两个阶段:一是水分蒸发,使乳化沥青的乳液结构破坏,沥青微粒相互靠拢;二是由于沥青微粒靠拢,使微粒间接触面积增大,逐渐使沥青微粒形成连续相而成膜。成膜速度主要与空气的温度和湿度、风速、基层的干燥情况等有关。另外,也与沥青微粒的大小有关,微粒愈小,成膜愈快。

乳化沥青可在常温下施工。主要应用于防水工程的底层,以代替冷底子油。乳化沥青也用于粘贴玻璃纤维网、拌制沥青砂浆和沥青混合料等。建筑上主要使用的有皂液乳化沥青和用化学乳化剂配制的乳化沥青(又称水性沥青基薄质防水涂料)。

当乳化沥青加入矿物填料或石棉纤维等时,成膜后的膜层或涂层较厚(大于 4 mm),称为水性沥青基厚质防水涂料,可直接作为防水涂料单独使用于 Ⅲ、Ⅳ 级防水工程。水性沥青基防水涂料有水性石棉沥青防水涂料(AE-l-A)、膨润土沥青乳液(AE-l-B)、石灰乳化沥青(AE-l-C)。

(二)沥青胶(沥青玛琋脂)

沥青胶是沥青与适量的粉状或纤维状矿物质填充料的混合物。沥青胶常用 10 号或 30 号石油沥青配制。掺入填料的目的不仅是为了节省沥青,更主要的是为了提高沥青胶的黏结性、耐热性及大气稳定性等。使用纤维状填料还可以提高柔韧性和抗裂性。常用的粉状填料有石灰石粉、滑石粉,常用的纤维状填料有石棉绒、石棉粉和木质纤维等。

沥青胶分热用和冷用两种。热用即将沥青加热脱水后与一定量填料热拌后,趁热施工;冷用即将沥青熔化脱水后,加入 25%～30% 的溶剂,再掺入 10%～30% 的填料,拌匀后即可在常温下施工。

1. 沥青胶的技术要求

1)耐热性

沥青胶的耐热性用耐热度表示。其测定方法是将用 2 mm 厚的沥青胶粘合的两张油纸放在 45°斜面上,在一定温度下停放 5 h,沥青胶不流淌,油纸不相互滑动时的最高恒温温度即为耐热度。

2)黏结性

沥青胶的黏结性是保证被黏结材料与底层黏结牢固的性质。其测定方法是在两张油纸之间涂 2 mm 厚沥青胶，然后慢慢撕开，若油纸与沥青胶脱离的面积不超过黏结面积的 1/2，则黏结性合格。

3) 柔韧性

柔韧性是保证沥青胶在使用中受到基层变形影响时不致破坏的性质。其测定方法是在油纸上涂 2 mm 厚的沥青胶，绕规定直径的圆棒，在 2 s 内匀速绕成半圆，然后检查弯曲拱面处，若无裂纹，则为合格。

石油沥青胶按其耐热度、黏结力和柔韧性划分标号，并用耐热度来表示。各标号的技术要求应满足表 9.6 的规定。

表 9.6 石油沥青胶的技术要求（GB 50207—2002）

标 号	S-60	S-65	S-70	S-75	S-80	S-85
耐热度（45°，5 h）/°C	60	65	70	75	80	85
柔韧性（18 °C±2 °C，180°）弯心圆棒直径/mm	10	15	15	20	25	30
黏结力（撕开脱离面积）≤	1/2					

2. 沥青胶的应用

沥青胶主要用于粘贴防水卷材，也可用于防水涂层、沥青砂浆防水层的底层及接头密封等。选用时应根据屋面坡度及历年室外最高气温等条件来选择，以保证夏季不流淌，冬季不开裂。

二、高聚物改性沥青涂料

高聚物改性沥青防水涂料是以高聚物改性沥青为基料制成的水乳型或溶剂型防水涂料，主要有以下几种：

（一）树脂改性沥青

用树脂对沥青进行改性，可以改善沥青的低温柔韧性、耐热性、黏结性、不透气性及抗老化能力。由于石油沥青中芳香类物质含量很少，故一般树脂和石油沥青的相溶性较差，而和煤焦油及煤沥青的相溶性较好。用于沥青改性的合成树脂主要有 PVC，APP，SBS 等，有时也用 PE、古马隆树脂等。

1. 聚氯乙烯（PVC）改性煤焦油

聚氯乙烯在常温下几乎不溶于任何溶剂，但是，在一定温度下，却与煤焦油有较好的相溶性。在生产时可将 PVC 树脂在强烈搅拌的条件下，加入熔化的煤焦油均化而成。

PVC 改性煤焦油最显著的特点是温度稳定性大大提高，即具有较高的高温稳定性和低温柔韧性。同时，其拉伸强度、延伸率、耐蚀性及不透水性和抗老化能力等也有较大幅度的改善。PVC 树脂的掺量应在满足工程要求的条件下掺量最少，以降低成本。主要用于密封材料。

2. 无规聚丙烯（APP）改性沥青

无规聚丙烯常温下为白色橡胶状物质，无明显的熔点。因此，生产时可将 APP 加入熔化沥青中，经强烈搅拌均化而成。

由于 APP 具有一些良好的性能，因此，掺入沥青中也使沥青的性能得以改善。首先使改性沥青的软化点提高，从而提高了温度稳定性。同时，其化学稳定性、耐水性、耐冲击性、低温柔韧性及抗老化能力大大提高，主要用于防水卷材。

3. SBS 改性沥青

SBS（苯乙烯-丁二烯-苯乙烯）是热塑性弹性体的典型代表。用它改性的沥青具有热不黏冷不脆、塑性好、抗老化及稳定性高等优良性能。掺用 15% 的 SBS，在常温下能充分显示出橡胶的弹性，延伸率可达 200%，热塑性范围可扩大到 -25~100 ℃，而且在 -50 ℃ 下仍具有防水功能，是目前沥青改性中使用量较大，也是比较成功的一种高分子改性材料。主要用于防水卷材，也可应用于密封材料。

（二）橡胶改性沥青

橡胶是沥青的主要改性材料。这是因为沥青和橡胶的混溶性较好，可使沥青具有类似橡胶的很多优点。如在高温下变形小，低温下具有一定的柔韧性。常用的橡胶有再生橡胶和氯丁橡胶，此外还可使用丁基橡胶、丁苯橡胶、丁腈橡胶等。

再生橡胶改性沥青的生产有两种方法：一是将废旧橡胶加工成直径为 1.5 mm 或更小的颗粒，然后与沥青相混合，经过加热脱硫后即可得到有一定弹性、塑性和良好黏结力的橡胶沥青；二是在沥青中加入废橡胶粉，吹入空气制得。废旧橡胶掺量视需要而定，一般为 3%~15%。再生橡胶改性沥青也具有良好的气密性、低温柔韧性及耐老化等性能。

1. 氯丁橡胶沥青涂料

氯丁橡胶沥青涂料是由氯丁橡胶（氯丁二烯橡胶）溶液和沥青溶液混溶配制而成的。其中氯丁橡胶溶液是以 1 份氯丁橡胶溶于 4 份甲苯中配制而成的；沥青溶液是以 1 份沥青溶于 1 份甲苯中配成的。再将这两种溶液以 5∶6 的比例混合即可制得氯丁橡胶沥青涂料。由于氯丁橡胶的掺入，克服了单用沥青时塑性低、冷脆性大及大气稳定性差等缺点。氯丁橡胶沥青涂料的弹塑性好，抗裂性和抗老化性均强。

2. 再生橡胶沥青涂料

再生橡胶沥青涂料分溶剂型和水乳型两种。

溶剂型再生橡胶沥青涂料是以 1 份石油沥青，掺入 0.8 份的再生橡胶作为基料，再掺入适当的填料和辅助材料，以汽油等溶剂溶制而成的。这种涂料的优点是防水性、柔韧性、抗冻性及抗老化性均强，但需要较多的溶剂和改性材料，成本较高。

水乳型再生橡胶沥青涂料是以再生胶乳液与乳化沥青溶液配制成的一种涂料。其优点是具有溶剂型再生橡胶沥青涂料的主要性质，并且可以在潮湿基层上使用，可节约大量溶剂，成本低。但需要增加乳化工艺设备。

3. 鱼油改性沥青防水涂料

鱼油改性沥青防水涂料是在沥青基料中加入硫化鱼油改性后制得的涂料。硫化鱼油是鱼油和硫黄反应的产物，可以提高沥青涂料的弹性、黏性和塑性。可用于屋面防水层。

第四节　沥青基建筑密封材料

建筑密封材料是表面能够成膜的黏结膏状材料，广泛用于钢筋混凝土大型屋面板和墙板的接缝处，作为嵌缝之用，建筑密封材料除了应有较高的黏结强度外，还必须具备良好的弹性、柔韧性、耐冻性和一定的抗老化性，以适应屋面板和墙板的热胀冷缩、结构变形、高温不流淌、低温不脆裂的要求，保证接缝处不渗漏、不透气的密封作用。

改性沥青基建筑密封材料是以石油沥青为基料，加入改性材料、稀释剂及填充料混合制成的冷用膏状材料。主要品种有：

1. 建筑防水沥青嵌缝油膏

建筑防水沥青嵌缝油膏是以石油沥青为基料，加入改性材料及填充材料制成的一种用于建筑防水接缝的冷用膏状材料。常用的改性材料为废橡胶粉、桐油、磺化鱼油等。

建筑防水沥青嵌缝油膏广泛用于各种屋面板、空心板及墙板等的防水密封，也可用于混凝土跑道、桥梁及各种构筑物的伸缩缝、施工缝等的防水密封。

建筑防水沥青嵌缝油膏与接缝基层材料要有良好的黏结性，同时还应具有较好的耐热性、低温柔韧性、保油性以及较低挥发率和适宜的施工度。其技术要求见表9.7。

表 9.7　沥青嵌缝油膏技术性能指标（JC/T 207—1996）

项　　目	技　术　指　标	
	702	801
密度/（g/cm^3）	规 定 值 ±0.1	
施工度/mm ≥	22.0	20.0
耐热性	70 ℃下垂值不大于 4.0 mm	80 ℃下垂值不大于 4.0 mm
低温柔性	−20℃ 时无裂纹剥离	−10℃ 时无裂纹剥离
拉伸黏结性	最大延伸率不小于 125%	
浸水后黏结性	最大延伸率不小于 125%	
浸出性	渗出幅度不大于 5 mm，渗出张数不多于 4 张	
挥发性	不超过 2.8%	

建筑防水沥青嵌缝油膏施工时首先要清理基层表面并涂刷冷底子油或乳化沥青，待干透后，先将少量油膏在沟槽两边反复刮涂，再将油膏分两次嵌入，并且使油膏略高于板面 3~5 mm，呈弧形并盖过板缝。

2. 聚氯乙烯建筑防水接缝材料

聚氯乙烯建筑防水接缝材料系以煤焦油为基料，按一定比例加入聚氯乙烯树脂、增塑剂、稳定剂及填充料，在 140 ℃温度下塑化而成的。

聚氯乙烯建筑防水接缝材料具有良好的黏结性、防水性、弹塑性、耐热性、低温柔性及抗老化性，延伸率较大，成本较低，属中低档防水密封材料。

聚氯乙烯建筑防水接缝材料，可以热用，也可以冷用。热用时，将其先加热（加热温度不超过140℃），达到塑化状态后，立即浇灌于缝隙或接头部位。冷用时，需加入适量溶剂稀释。它适用于各种屋面、墙板、楼板等的接缝，也可表面涂布作为防水层，当接缝较宽时不宜使用。

3. SBS改性沥青弹性密封膏

SBS改性沥青弹性密封膏系以石油沥青为基料，加入SBS热塑性弹性体改性材料及软化剂、防老化剂配制而成的。具有更高的回弹性、耐热性、低温柔韧性，是一种各项性能都比较理想的密封油膏。SBS改性沥青弹性密封膏主要用于各种建筑物的屋面、墙板接缝、水工、地下建筑、混凝土公路路面的接缝防水，也适用于建筑物裂缝的维修，并可作屋面防水层。

用于屋面工程的改性沥青接缝密封防水材料，应满足《屋面工程防水和保温材料的质量指标》的要求（见表9.8）。

表9.8 改性沥青密封材料物理性质（GB 50207—2002）

项 目		性 能 要 求	
		Ⅰ	Ⅱ
耐热度	温度/℃	70	80
	下垂度/mm	≤4.0	
低温柔性	温度/℃	−20	−10
	黏结状态	无裂纹和剥离现象	
拉伸黏结性/%		≥125	
浸水后拉伸黏结性/%		≥125	
挥发性/%		≤2.8	
施工度/mm		≥22.0	≥20.0

第五节 沥青混合料及沥青砂浆

一、沥青混合料

沥青混合料是由矿料与沥青拌和而成的混合料的总称。矿料是用于沥青混合料的粗集料、细集料、填料的总称。沥青混合料主要用于道路路面，也可用于水工建筑物表面或内部的防渗层。

沥青混合料可按下列方法分类：

（1）按胶结材品种分类，可分为石油沥青混合料和煤沥青混合料。

（2）按拌和或铺筑时的温度分类，可分为热拌热铺、热拌冷铺和冷拌冷铺沥青混合料。

（3）按矿料最大粒径分类，可分为粗粒式、中粒式、细粒式以及砂粒式。沥青碎石混合料除这四类外，尚有特粗式沥青碎石混合料。

（4）按沥青混合料的密实度分类，沥青混合料按标准压实后的空隙率分为Ⅰ型（密实型，剩余空隙率为3%~6%）和Ⅱ型（空隙型，剩余空隙率为6%~10%）。

(5)按矿料级配类型分类,可分为连续级配、间断级配。国内主要采用连续型级配沥青混合料。

沥青混合料作为高等级公路最主要的路面材料,是因为其具有许多其他土木工程材料无法比拟的优越性,具体表现在以下几个方面:

(1)沥青混合料是一种弹塑性黏性材料,因而它具有一定的高温稳定性和低温抗裂性。它不需设置施工缝和伸缩缝,路面平整且有弹性,行车比较舒适。

(2)沥青混合料路面有一定的粗糙度,雨天具有良好的抗滑性。路面又能保证一定的平整性,如高速公路路面,其平整度可达 1.0 mm 以下。而且沥青混合料路面为黑色,无强烈反光,行车比较安全。

(3)施工方便,速度快,不需要较长的养护期,能及时开放交通。

(4)沥青混合料路面可分期改造和再生利用。随着道路交通量的增大,可以对原有的路面拓宽和加厚。对旧有的沥青混合料,可以运用现代技术,再生利用,以节约原材料。

在各种沥青混合料中,热拌沥青混合料是最典型的品种,其他各种沥青混合料均由其发展而来。故本节主要简述热拌沥青混合料的一些作用机理、技术性质、影响因素和设计方法等。

热拌沥青混合料是经人工组配的矿质混合料与黏稠沥青在专门设备中加热拌和而成的。热拌沥青混合料用保温运输工具运送至施工现场,并在热态下进行摊铺和压实。

(一)沥青混合料的组成结构和强度理论

1. 组成结构

沥青混合料是由矿料骨架和沥青胶结料所组成的,具有空间网络结构的一种分散系统。在此系统中,沥青为分散介质,它在高温下为可流动的液体,从而赋予沥青混合料流动性;而它在常温下为固体,从而起到胶结作用。矿料在混合料中为分散相,主要起骨架和填充作用。矿料骨架是由不同粒径的矿质颗粒,即粗骨料(碎石或轧制砾石)、细骨料(砂、石屑)以及矿粉所构成的密实矿质混合料。良好的矿料骨架级配可以减少沥青胶结材料的用量,并且改善混合料的体积稳定性。在一定条件下,沥青中的活性组分还能与矿料表面物质产生化学作用,从而进一步提高界面性能。

2. 强度理论

沥青混合料在路面结构中之所以发生破坏,主要是由于高温的抗剪强度不足,以致产生大量塑性变形而产生推挤等现象。所以沥青混合料在高温时必须具备一定的抗剪强度和抵抗变形的能力,总称为高温的强度和稳定性。

沥青混合料的强度可按照其在路面结构中实际受力状态,用三轴剪切试验进行研究。研究结果表明,沥青混合料的抗剪强度(τ)主要取决于沥青与矿料物理化学交互作用而产生的黏结力(c),以及主要由矿料骨架作用产生的内摩阻角(φ),即

$$\tau = f(c, \varphi)$$

上式表明,沥青混合料的抗剪强度是由黏结力和内摩阻角决定的,影响 c、φ 的因素也同样是影响 τ 的因素。一般情况下,随着 c、φ 值的增大,τ 值也增大。

(二)沥青混合料的技术要求

1. 高温稳定性

高温稳定性是沥青混合料在夏季高温条件下,经受长期交通荷载作用,不产生车辙和波浪等破坏现象的性质。

我国现行国家规范规定采用马歇尔稳定度和流值作为评定沥青混合料高温稳定性的指标。由于马歇尔试验设备和试验方法较为简单,并且可作为现场质量控制,因此目前较多国家采用此法。

马歇尔稳定度和流值的测定是用按规定方法击实成型的试件(直径 101.6 mm、高 63.5 mm 的圆柱体),在专用的马歇尔试验机上进行。试验时先将试件放入 60 ℃(煤沥青 37.8 ℃)水中浸泡 30~40 min,然后将试件侧立在试验机的上下压头之间,并装好百分表(或专用流值表)后加载,以试块破坏时的极限荷载 N 和最大荷载时对应的压缩变形值[以 (1/10)mm 为一个流值单位]为沥青混合料的马歇尔稳定度和流值。对于一级公路、城市快速路和主干路的沥青路面的上、中面层还应进行抗车辙能力检验,以确定其动稳定度。

2. 耐久性

道路沥青混合料长期处于各种自然因素的作用下,要保证路面具有较长的使用年限,必须具备较好的耐久性。在组成材料品质、种类等条件一定时,影响沥青混合料耐久性的主要因素有沥青混合料的空隙率、耐水性以及沥青在混合料中的填隙率(沥青用量)。

空隙率是表征沥青混合料密实程度的指标,它直接影响混合料的力学性能和耐久性。对于一般建筑材料,强度和耐久性总是随密实度增大而提高。但对于沥青混合料来说,由于沥青具有较大的热膨胀性和温度感应性,因此,保留一定限度的空隙率是必要的,以防止高温时体积膨胀而产生路面泛油现象和内摩阻角降低过多而降低抗滑性等。当然,空隙率过大也会对混合料的力学性能及耐久性产生不利影响。因此,对各类沥青混合料均有一个最佳的空隙率指标,可依照有关规范通过试验确定。

沥青混合料的耐水性主要取决于沥青材料与矿料表面的黏结力。在饱水后矿料与沥青黏附力降低,易发生剥落,同时引起体积膨胀等现象。评价沥青混合料耐水性的指标是残留稳定度,它被定义为浸水 48 h 和按常规试验的两种试件马歇尔稳定度的比值。

沥青的填隙率即沥青用量对路面使用寿命也有很大影响。沥青用量过少,混合料的塑性显著降低,空隙率增大,耐水性下降。另外,较大的空隙使沥青膜暴露在外,加速了老化作用。沥青过多则降低路面高温稳定性和抗滑性能。因此,对每一种确定矿料配合比的沥青混合料都有一个最佳沥青用量。沥青用量可参照有关规范通过试验确定。

除以上各项技术性质外,沥青混合料还有施工和易性、低温抗裂性以及抗滑性等技术性质。沥青混合料的低温抗裂性与抗疲劳性能有关。抗滑性则受混合料的级配组成、矿料表面特征、硬度、黏结性能以及沥青用量的影响。影响施工和易性的主要因素是矿料级配、沥青用量等。

(三)沥青混合料组成设计方法简介

沥青混合料配合比设计包括:实验室配合比设计、生产配合比设计和试拌试铺配合比调整三个阶段。本节主要介绍实验室配合比设计。

实验室配合比设计可分为矿质混合料配合组成设计和沥青最佳用量确定两部分。

1. 矿质混合料的组成设计

矿质混合料组成设计的目的，是选配一个具有足够密实度且有较高内摩阻力的矿质混合料。可以根据级配理论，计算出需要的矿质混合料的级配范围。但是为了应用已有的研究成果和实践经验，通常采用规范推荐的矿质混合料级配范围来确定。

2. 确定沥青混合料的最佳沥青用量

沥青混合料的最佳沥青用量，可以通过各种理论计算的方法求得。但是由于实际材料性质的差异，按理论公式计算得到的最佳沥青用量，仍然要通过试验方法修正，因此理论法只能得到一个供试验的参考数据。采用试验的方法确定沥青最佳用量，目前最常用的有 F. N. 维姆煤油当量法和马歇尔法。

我国现行国标规定的方法，是在马歇尔法和美国沥青学会方法的基础上，结合我国多年研究成果和生产实践总结发展起来的更为完善的方法。该法确定沥青最佳用量按下列步骤进行：

（1）按确定的矿质混合料配合比，计算各种矿质材料的用量。

（2）按规定的方法测定试件的密度，并计算空隙率、沥青饱和度、矿料间隙率等物理指标，进行体积组成分析。

（3）进行马歇尔试验，测定马歇尔稳定度及流值、空隙率、密度及饱和度等物理力学性能指标。选择的沥青用量范围应使密度及稳定度曲线出现峰值。以沥青用量为横坐标，测定的各项指标为纵坐标，分别将试验结果点入图中连成圆滑的曲线。

（4）从图中求取相应于密度最大值的沥青用量为 a_1，相应于稳定度最大值的沥青用量 a_2 及相应于规定空隙率范围的中值（或要求的目标空隙率）的沥青用量 a_3，取三者平均值作为最佳沥青用量的初始值。再按 GB 50092—96 的规定对初始值进行调整计算。同时还应检验高温稳定性及水稳定性，必要时还要调整配合比。经配合比设计确定的混合料的技术指标应符合表 9.9 的规定。

表 9.9 热拌沥青混合料马歇尔试验技术指标

试验项目	沥青混合料类型	高速公路、一级公路城市快速路、主干路	其他等级公路与城市道路	行人道路
击实次数/次	沥青混凝土 沥青碎石、抗滑表层	两面各75 两面各50	两面各50 两面各50	两面各35 两面各35
稳定度/kN	Ⅰ型沥青混凝土 Ⅱ型沥青混凝土、抗滑表层	>7.5 >5.0	>5.0 >4.0	>3.0 —
流值/(1/10) mm	Ⅰ型沥青混凝土 Ⅱ型沥青混凝土、抗滑表层	20~40 20~40	20~45 20~45	20~50 —
空隙率/%	Ⅰ型沥青混凝土 Ⅱ型沥青混凝土、抗滑表层 沥青碎石	3~6 4~10 >10	3~6 4~40 >10	2~5 — —
沥青饱和度/%	Ⅰ型沥青混凝土 Ⅱ型沥青混凝土、抗滑表层 沥青碎石	70~85 60~75 40~60	70~85 60~75 40~60	75~90 — —

续表 9.9

试验项目	沥青混合料类型	高速公路、一级公路 城市快速路、主干路	其他等级公路 与城市道路	行人道路
残留稳定度/%	Ⅰ型沥青混凝土	>75	>75	>75
	Ⅱ型沥青混凝土、抗滑表层	>70	>70	—

注：① 粗粒式沥青混凝土稳定度可降低1kN。
② Ⅰ型细粒式及砂粒式沥青混凝土的空隙率为 2% ~ 6%。
③ 沥青混凝土混合料的矿料间隙率（VMA）宜符合下表要求：

最大集料粒径/mm	方孔筛	37.5	31.5	26.5	19.0	16.0	13.2	9.5	4.75
	圆孔筛	50	35 或 40	30	25	20	15	10	5
VMA/% ≥		12	12.5	13	14	14.5	15	16	18

④ 当沥青碎石混合料试件在60 ℃水中浸泡即发生松散时，可不进行马歇尔试验，但应测定密度、空隙率、沥青饱和度等指标。
⑤ 稳定度可根据需要采用浸水马歇尔试验或真空饱水后浸水马歇尔试验进行测定。

二、沥青砂浆

沥青砂浆是砂子、矿物粉与热熔状态下的沥青均匀拌和而成的防水材料。它与沥青混凝土的主要区别在于不用粗骨料。其他方面与沥青混凝土的要求基本相同。

沥青砂浆主要用于铺设沥青混凝土路面、人行道、屋面防水层或有防腐要求的仓库地面等。

复习思考题

1. 沥青有哪些组分？石油沥青胶体结构有何特点？溶胶结构和凝胶结构有何区别？
2. 石油沥青的黏性、塑性、温度稳定性及大气稳定性的概念和表达方法。
3. 沥青按用途分为几类？其牌号是如何划分的？牌号大小与其性质有何关系？
4. 实验室有A、B、C三种石油沥青，但不知其牌号。经过性能检测，针入度（0.1 mm）、延度（cm）、软化点（℃）结果分别如下：
   （1）A：70，50，45；
   （2）B：100，90，45；
   （3）C：15，2，100。
   请确定三种石油沥青的牌号。
5. 某工程欲配制沥青胶，需软化点不低于85℃的混合石油沥青15 t，现有10号石油沥青10.5 t，30号石油沥青3 t和60号石油沥青9 t。试通过计算确定出三种牌号的沥青各用多少吨？
6. 某建筑物的屋面防水拟采用多层油毡防水方案。已知这一地区历年极端最高温度为42℃，屋面坡度为12%。问应选用哪一标号的石油沥青胶？配制该沥青胶时，最好选用哪种牌号的石油沥青？
7. 某工地运来两种外观相似的沥青，可不知是什么种类，只知一种是石油沥青，另一种是煤沥青。为了不造成错用，请用两种方法进行鉴别。
8. 高聚物改性沥青的主要品种有哪些？常用高聚物改性材料及其对沥青主要性能的影响如何？

第十章 墙体材料及石材

第一节 墙体材料

在建筑物中,墙体起承重、围护、分割作用。传统的墙体材料主要是烧结黏土砖、石块,应用的历史已经很长,在我国,有"秦砖汉瓦"之说。随着我国墙体材料改革的深入,为适应现代建筑的轻质高强、多功能的需要,实现建筑节能,相继出现了很多新型材料。主要产品有空心多孔砖、煤矸石砖、粉煤灰砖、灰砂砖、页岩砖等砖类;普通混凝土砌块、轻质混凝土砌块、加气混凝土砌块、石膏砌块等砌块种类;GRC 石膏板、各种纤维增强墙板及复合墙板等,这些材料的使用,既可以节约黏土资源又可以利用工业废渣,有利于环境保护。

一、砌墙砖

砌墙砖是指以黏土、工业废料及其他地方资源为主要原材料,按不同工艺制成的,在建筑上用来砌筑墙体的砖。砌墙砖可分为普通砖、空心砖两类,其中用于承重墙的空心砖又称为多孔砖。按制作工艺又可分为烧结砖和非烧结砖两类。在当前的墙体材料改革过程中,为实现材料的可持续发展,实现建筑节能,逐渐限制烧结黏土砖的生产和使用,至 2003 年 6 月 1 日全国 170 个城市取缔烧结黏土砖,并于 2005 年在全国范围内禁止生产,彻底取缔。墙体材必须向节能、利废、隔热、高强、空心、大块方向发展,发展以粉煤灰、页岩、炉渣、煤矸石为主要材料的空心砌块及板材。

(一)烧结普通砖

烧结普通砖是以黏土、页岩、粉煤灰、煤矸石等为主要原料,经焙烧制成的孔洞率小于 15% 的砖。按主要原料分为烧结黏土砖(N)、烧结页岩砖(Y)、烧结粉煤灰砖(F)和烧结煤矸石砖(M)。

烧结黏土砖的原料为黏土,其主要成分是高岭石,另外还含有石英砂、碳酸钙、碳酸镁、铁质矿物及有机物等杂质。黏土经开采后,加水调配,制成砖坯,再经干燥、焙烧、冷却后即可制得普通黏土砖。

黏土加水拌和后具有优良的塑性,这就保证了黏土能模塑成型而不开裂。制成坯体后,在干燥过程中会发生收缩,称为干缩。在焙烧过程中将发生一系列物理化学变化。当加热至

110~120 ℃时，黏土中游离水分大量蒸发；温度升至 425~850 ℃时，高岭石等黏土矿物结晶水脱出，此时黏土坯体的孔隙率最大，但强度很低；当温度升至 900~1 000 ℃时，黏土中的易熔物开始熔化，充填于未熔颗粒的间隙中，并将其黏结，坯体的孔隙率会随之减小，同时产生体积收缩，即为烧缩，此时坯体强度也随之提高，这一过程称为烧结；若温度再继续升高，坯体将软化变形，直至熔融。一般普通黏土砖的焙烧温度应控制在烧结温度范围内，以获得既具有一定孔隙率，又具有一定强度的产品。

在焙烧时，若窑中为氧化气氛，砖中的氧化铁会氧化成红色的高价氧化铁，烧成的砖呈红色。如果砖坯在氧化气氛中焙烧至 900 ℃以上，再在还原气氛中焙烧，使红色的高价氧化铁还原为青灰色的低价氧化铁，即得青砖。青砖较红砖结实、耐碱、耐久，但价格较贵。青砖一般在土窑中烧成。

烧结普通黏土砖质量的好坏与其原材料黏土的质量和生产技术条件密切相关。例如，砖坯受潮、受冻、遭雨淋或焙烧时预热过急，或烧成后冷却过快，将会产生强度低和耐久性差的酥砖；如果焙烧火候不当，则会出现欠火砖或过火砖。欠火砖色浅、声哑、内部孔隙多、吸水率大、强度低、耐久性差；过火砖颜色过深、声脆、有弯曲变形、内部孔隙少、吸水率低、强度较高但导热性较大。由于砖在生产过程中会产生干缩及烧缩，因此，砖的实际尺寸与规定的标准尺寸之间常会产生偏差。制坯时，原料处理不当，存在沙砾及石灰杂质，会导致砖组织不均匀。若焙烧时产生不均匀的收缩，会引起砖的开裂。砖坯在生产操作过程中可能会碰伤而造成缺棱、掉角等外观缺陷。黏土砖的质量好坏还与窑型有关，一般隧道窑的产品质量最好，轮窑次之，而围窑、土窑的产品质量波动较大。

1. 烧结普通砖的技术要求

1）规　格

烧结普通砖的外形为直角六面体，标准尺寸为 240 mm × 115 mm × 53 mm。常用配砖和装饰砖规格尺寸为 175 mm × 115 mm × 53 mm。

2）强度等级

根据《烧结普通砖》(GB 5101—2003)的规定，烧结普通砖的抗压强度的算术平均值和强度标准值分别按下式计算：

$$\bar{f} = \frac{1}{10}\sum_{i=1}^{10} f_i$$

$$s = \sqrt{\frac{1}{9}\sum_{i=1}^{10}(f_i - \bar{f})^2}$$

$$f_k = \bar{f} - 1.8s$$

$$C_v = \frac{s}{\bar{f}}$$

式中　f_i——第 i 块试样的抗压强度值（MPa）；

f_k——10 块试样的抗压强度标准值（MPa）；

s——试样的抗压强度标准差（MPa）；

$\bar{f}$——10 块试样的抗压强度算术平均值（MPa）；

C_v——砖强度变异系数,精确至 0.01。

按抗压强度划分为 MU30,MU25,MU20,MU15,MU10 五个强度等级,各个强度等级的抗压强度值分别见表 10.1。当 $C_v \leq 0.21$ 时,按表 10.1 中的抗压强度标准值、抗压强度平均值指标评定砖的强度等级;当 $C_v > 0.21$ 时,按表 10.1 中的抗压强度标准值、单块砖的最小抗压强度值指标评定砖的强度等级。

表 10.1 烧结普通砖强度等级 单位:MPa

强度等级	抗压强度平均值 $\bar{f}$ ≥	变异系数 $C_v \leq 0.21$ 抗压强度标准值 f_k ≥	变异系数 $C_v > 0.21$ 单块最小抗压强度值 f_{min} ≥
MU30	30.0	22.0	25.0
MU25	25.0	18.0	22.0
MU20	20.0	14.0	16.0
MU15	15.0	10.0	12.0
MU10	10.0	6.5	7.5

3)外观缺陷

烧结普通砖的外观必须完整,其表面的裂纹长度、弯曲程度、杂质凸出的高度、缺棱掉角的尺寸必须满足有关规范要求。

4)抗风化性能

抗风化性能是指烧结普通砖在环境中的风吹日晒、干湿变化、温度变化、冻融作用等物理因素作用下,材料不破坏,仍保持其原有功能的能力,可以反映砖的耐久性的好坏。在我国的不同地区,风化破坏程度不同,因此,把不同省份和直辖市划为严重风化区和非严重风化区。黑龙江、辽宁、吉林、内蒙古、新疆地区的砖必须做冻融试验;其他地区砖的抗风化性能符合表 10.2 规定时,可不再做冻融试验,否则必须做冻融试验以保证砖在正常使用条件下的使用年限。

表 10.2 烧结普通砖的抗风化性能

项目	严重风化区 5 h 沸煮吸水率/% ≤		饱和系数 ≤		非严重风化区 5 h 沸煮吸水率/% ≤		饱和系数 ≤	
	平均值	单块最大值	平均值	单块最大值	平均值	单块最大值	平均值	单块最大值
黏土砖	18	20	0.85	0.87	19	20	0.88	0.90
粉煤灰砖	21	23			23	25		
页岩砖	16	18	0.74	0.77	18	20	0.78	0.80
煤矸石砖								

5）质量等级

强度和抗风化性能合格的砖，按尺寸偏差、外观质量、泛霜和石灰爆裂划分为优等品（A）、一等品（B）、合格品（C）。泛霜和石灰爆裂都会使砖的耐久性降低，同时影响砖的受力面积，而降低其强度。

泛霜是指可溶性的盐类在砖的表面析出的现象，一般呈白色粉末、絮团或絮片状。这些结晶的粉状物有损于建筑物的外观，而且结晶膨胀会使得砖的表面出现疏松、剥落。

石灰爆裂是指制作烧结普通砖坯体时，所用的砂质黏土原料中夹杂着石灰石，焙烧时煅烧而成生石灰，在使用时，吸水熟化成熟石灰而体积显著膨胀，使得砖块出现裂缝，强度降低，耐久性降低。

2. 烧结普通砖的应用

烧结普通砖具有较高的强度，耐久性好，保温、隔热、隔声性能好，价格低，生产工艺简单，原材料丰富，用于砌筑墙体、基础、柱、拱、烟囱，铺砌地面。优等品用于墙体装饰和清水墙，一等品和合格品可用于混水墙的砌筑，中等泛霜的砖不得用于潮湿部位。主要推广使用页岩、粉煤灰、煤矸石为主要原料的砖以节约耕地。

（二）烧结多孔砖

烧结多孔砖是以黏土、页岩、粉煤灰、煤矸石等为主要原材料，经混料、制坯、干燥、焙烧而制成的空洞率大于15%，而且孔洞数量多，尺寸小，可用于承重墙体的砖。带有装饰面并用于清水墙体的砖称为装饰砖。

按主要原料分为烧结黏土多孔砖（N）、烧结页岩多孔砖（Y）、烧结粉煤灰多孔砖（F）和烧结煤矸石多孔砖（M）。

1. 烧结多孔砖的技术规定

《烧结多孔砖》（GB 13544—2000）的规定如下：

1）规格尺寸

多孔砖的外形为直角六面体，外形尺寸应分别符合规范要求，长：290 mm，240 mm；宽：190 mm，180 mm，175 mm，140 mm，115 mm；高：90 mm。外形如图10.1所示。

2）孔洞及孔洞排列

圆孔洞的直径不大于22 mm，非圆孔内切圆的直径不大于15 mm，手抓孔尺寸为(30~40) mm×(75~85) mm。

3）强度等级

按抗压强度划分为MU30，MU25，MU20，MU15，MU10五个强度等级。烧结多孔砖的强度等级同烧结普通砖强度等级（见表10.1）。

4）质量要求

泛霜和石灰爆裂、抗风化性能的要求同烧结普通砖。

图10.1 烧结多孔砖的外形示意图

5）质量等级

强度和抗风化性能合格的砖，按尺寸偏差、外观质量、孔形及孔洞排列、泛霜和石灰爆裂分为优等品（A）、一等品（B）、合格品（C）三个等级。

2. 烧结多孔砖的应用

烧结多孔砖代替烧结黏土砖，可以节省黏土，降低生产能耗，提高生产效率，改善墙体的保温隔热性能，有利于实现建筑节能。在砖混结构中用于±0.000以上的承重墙体。其中优等品可以用于墙体装饰和清水墙砌筑，一等品和合格品可用于混水墙，中等泛霜的砖不得用于潮湿部位。

（三）烧结空心砖和空心砌块

烧结空心砖和空心砌块是以黏土、页岩、煤矸石等为主要原料，经混料、制坯、抽芯、干燥、焙烧制成的空洞率大于或等于35%，而且孔洞数量少，尺寸大，用于非承重墙或填充墙的砖。

1. 技术规定

1）尺寸规格

烧结空心砖的外形为直角六面体，长、宽、高应符合两个系列：① 290 mm，190 mm，90 mm；② 290 mm，290 mm，190 mm。空洞采用矩形条孔或其他孔形，且平行于大面和条面。

2）技术要求

烧结空心砖和空心砌块主要用于填充墙和隔断墙，只承受自身重量。因此，大面和条面的抗压强度要比实心砖和多孔砖低得多。各强度等级的强度值应符合表10.3（GB 13545—2003）中规定，低于MU2.5的砖为不合格品。

表10.3 空心砖和空心砌块的强度等级

强度等级	抗压强度			密度等级范围 /kg·m^{-3}
	抗压强度平均值 $\bar{f}$/MPa ≥	变异系数 C_v≤0.21	变异系数 C_v>0.21	
		抗压强度标准值 f_k/MPa ≥	单块最小抗压强度值 f_{min}/MPa ≥	
MU10.0	10.0	7.0	8.0	≤1 100
MU7.5	7.5	5.0	5.8	
MU5.0	5.0	3.5	4.0	
MU3.5	3.5	2.5	2.8	
MU2.5	2.5	1.6	1.8	≤800

3）等级划分

根据密度不同划分为800，900，1 000，1 100四个级别，各个密度等级对应的5块砖的密度平均值分别满足：不大于 800 kg/m^3，801～900 kg/m^3，901～1 000 kg/m^3，1 001～1 100 kg/m^3。

按抗压强度分为MU10.0，MU7.5，MU5.0，MU3.5，MU2.5五个等级。每个密度级根据孔洞及其排数、尺寸偏差、外观质量、强度等级和物理性能分为优等品（A）、一等品（B）、合格品（C）三个等级。

2. 烧结空心砖的应用

烧结空心砖的孔数少，孔径大，具有良好的保温、隔热功能，可用于多层建筑的隔断墙和填充墙。因为具有良好的耐水性，尤其适用于耐水防潮的部位。

采用多孔砖和空心砖，可以节约燃料 10%~20%，节约黏土 25% 以上，减轻墙体自重，提高工效 40%，降低造价 20%，改善墙体的热工性能，是当前墙体改革中取代黏土实心砖的重要品种。

（四）非烧结砖

不经焙烧而制成的砖均为非烧结砖。常见的品种有灰砂砖、粉煤灰砖等。

1. 蒸压灰砂砖

蒸压灰砂砖是以石灰和砂子（也可以掺入颜料和外加剂）为原料，经过磨细、计量配料、搅拌混合、压制成型、蒸压养护而成的实心砖或空心砖，养护温度为 175~191 ℃，压力为 0.8~1.2 MPa。颜色可分为彩色（Co）、本色（N）。目前朝着空心化和大型化发展。

砖的外形、标准尺寸与烧结普通砖相同。按抗压强度和抗折强度划分为 MU25、MU20、MU15、MU10 四个强度等级。

根据外观质量、尺寸偏差、强度和抗冻性可分为优等品（A）、一等品（B）、合格品（C）三个质量等级。彩色砖的颜色要基本一致。

同其他砖相比，灰砂砖具有较高的蓄热能力，隔声性能十分优越。除了用于外墙和内隔墙中承重和非承重的灰砂砖和砌块外，还有灰砂地面砖、屋面砖、饰面砖、灰砂空心砖（空洞率大于 15%）和各种异型砖等产品。

灰砂砖中的 MU25，MU20，MU15 的砖可用于基础和其他建筑；MU10 的砖用于防潮层以上的建筑，但不得用于长期受热 200 ℃ 以上、受急冷急热和有酸性侵蚀的建筑部位，也不适用于有流水冲刷的部位。

2. 蒸压（养）粉煤灰砖

蒸压（养）粉煤灰砖是指以粉煤灰、石灰和水泥为主要原料，掺加适量石膏、外加剂、颜料和骨料，经坯料制备、压制成型、高压或常压蒸汽养护而成的实心粉煤灰砖。砖的外形、标准尺寸同烧结普通砖。

《粉煤灰砖》（JC 239—2001）中规定有彩色（Co）、本色（N）两种；按抗压强度和抗折强度划分为 MU30、MU25、MU20、MU15、MU10 五个等级。按外观质量、尺寸偏差、强度和干燥收缩值分为优等品（A）、一等品（B）、合格品（C），优等品应不低于 MU15。干燥收缩率为：优等品和一等品应不大于 0.65 mm/m；合格品不大于 0.75 mm/m。碳化系数 $K_c \geqslant 0.8$，色差不显著。

这类砖可用于工业及民用建筑的墙体和基础，但用于基础、易受冻融和干湿交替作用的部位，必须使用 MU15 及以上强度等级的砖，不得用于长期受热 200 ℃ 以上、受急冷急热和有酸性侵蚀的建筑部位。

二、砌 块

砌块是指砌筑用的人造块材，多为直角六面体。砌块主规格尺寸中的长度、宽度和高度，至少有一项分别大于 365 mm，240 mm，115 mm。但高度不大于长度或宽度的 6 倍，长度不超过高度的 3 倍。

按用途划分为承重砌块和非承重砌块；按产品规格可分为大型（主规格高度大于 980 mm）、中型（主规格高度为 380～980 mm）和小型（主规格高度为 115～380 mm）砌块；按生产工艺可分为烧结砌块和蒸养蒸压砌块。按其主要原料命名，主要品种有普通混凝土砌块、轻骨料混凝土砌块、硅酸盐混凝土砌块、石膏砌块等。

砌块的生产工艺简单，生产周期短；可以充分利用地方资源和工业废渣，有利于环境保护；尺寸大，砌筑效率高；通过空心化，可以改善墙体的保温隔热性能，是当前大力推广的墙体材料之一。

（一）蒸压加气混凝土砌块

蒸压加气混凝土砌块是以钙质材料（水泥、石灰等）和硅质材料（矿渣和粉煤灰）为主要材料，并加入铝粉作加气剂，经磨细、计量配料、搅拌浇筑、发气膨胀、静停切割、蒸压养护等工序而制成的多孔轻质块体材料，简称加气混凝土砌块。

蒸压加气混凝土砌块长度为 600 mm；宽度为 100 mm，125 mm，150 mm，200 mm，250 mm，300 mm，或 120 mm，180 mm，240 mm；高度为 200 mm，250 mm，300 mm。

按抗压强度有 A1.0，A2.0，A2.5，A3.5，A5.0，A7.5，A10.0 七个级别；按体积密度划分为 B03，B04，B05，B06，B07，B08 六个级别；按尺寸偏差、外观质量、体积密度及抗压强度分为优等品（A）、一等品（B）、合格品（C）。

蒸压加气混凝土砌块的常用品种有加气粉煤灰砌块和蒸压矿砟砂加气混凝土砌块两种。这种砌块表观密度小，保温及耐火性好，易于加工，抗震性强，隔声性好，其耐火等级按厚度从 75 mm，100 mm，150 mm，200 mm 分别为 2.50 h，3.75 h，5.75 h，8.00 h。施工方便，适用于低层建筑的承重墙，多层和高层建筑的非承重墙、隔断墙、填充墙及工业建筑物的维护墙体和绝热材料。这种砌块易干缩开裂，必须做好饰面层，同时其砌筑砂浆的技术性能应符合《蒸压加气混凝土砌块用砌筑砂浆和抹面砂浆》（JC 890—2001）的规定。

如无有效措施不得用于以下部位：建筑物高程 ±0.000 以下；长期浸水或经常受干湿交替作用；受酸碱化学物质腐蚀；制品表面温度高于 80 ℃。

（二）混凝土小型空心砌块

混凝土小型空心砌块是以水泥为胶结材料，砂、碎石或卵石、煤矸石、炉渣为集料，加水搅拌，振动加压或冲压成型，养护而成的小型砌块，空心率应不小于 25%。混凝土小型空心砌块外形示意如图 10.2 所示。

1. 普通混凝土小型空心砌块

主规格尺寸为 390 mm×190 mm×190 mm，要求最小外壁的厚度不小于 30 mm，最小肋厚不小于 25 mm。按尺寸偏差、外观质量，划分为优等品（A）、一等品（B）、合格品（C）。

(a) 主砌块　　　　(b) 辅助砌块

图 10.2　混凝土小型空心砌块外形

按抗压强度分为 MU3.5，MU5.0，MU7.5，MU10.0，MU15.0，MU20.0 六个等级。

砌块出厂时的相对含水率：用于潮湿地区时不大于 45%；用于中等潮湿地区时不大于 40%；用于干燥地区时不大于 35%。用于清水墙时应满足抗渗性要求。用于采暖地区的一般环境时，抗冻性达到 F15，干湿交替环境时，抗冻性达到 F25，冻融试验后，质量损失不大于 2%，强度损失不大于 25%。

这种砌块有承重和非承重两种，适用于抗震设计烈度为 8 度及以下地区的一般民用与工业建筑物的墙体。用于承重墙和外墙的砌块要求干缩值小于 0.5 mm/m，用作非承重或内墙的砌块要求干缩值小于 0.56 mm/m。

2. 轻集料混凝土小型空心砌块

采用轻集料时称为轻集料混凝土小型空心砌块，其中轻骨料有天然轻骨料（浮石、火山渣）、工业废渣（煤渣、天然煤矸石）、人造轻骨料（黏土陶粒、页岩陶粒、粉煤灰陶粒）。

采用轻砂配制的全轻骨料混凝土小砌块，表现密度小，保温性能好，表面质量好，可满足自承重或既承重又保温的外墙体使用；采用普通砂配制的砂轻骨料混凝土小砌块，表观密度大，强度高，表面质量好，可用于承重的内外墙体。采用无细骨料或少细骨料配制的无砂轻骨料混凝土小型砌块，具有更小的表现密度和更好的保温性能，适用于作保温自承重的框架结构填充墙。

混凝土小型空心砌块具有保护耕地，节约能源，充分利用地方资源和工业废渣，劳动生产率高等优点，有利于建筑节能和综合效益的提高，是一种可持续发展的墙体材料，发展前景广阔。

（三）粉煤灰硅酸盐砌块

粉煤灰硅酸盐砌块是以粉煤灰、石灰、石膏和骨料为原料，加水搅拌，振动成型，蒸汽养护制成的一种密实砌块。主规格尺寸：880 mm × 380 mm × 240 mm 和 880 mm × 430 mm × 240 mm。端面应设灌浆槽，坐浆面应设抗剪槽。按立方体抗压强度分为 MU10、MU13 两个强度等级；按外观质量、尺寸偏差分为一等品（B）、合格品（C）。

这类砌块主要用于工业与民用建筑的墙体和基础。但不适用于有酸性侵蚀介质、密封性要求高、易受较大震动的建筑物，以及受高温潮湿的承重墙。粉煤灰小型空心砌块适用于非承重墙和填充墙。

第二节 石 材

石材有人工石材和天然石材之分。本节主要介绍天然石材的基本性能及在土木工程中的普通应用情况，装饰石材品种及人工石材将在装饰材料中介绍。天然石材是古老的建筑材料之一，具有强度高，耐久性与耐磨性好等优点，部分石材具有良好的装饰性，产源分布很广，便于就地取材。有许多古建筑（如古埃及的金字塔，我国福建泉州的洛阳桥等）和现代建筑（如北京天安门广场的人民英雄纪念碑等）均由天然石材建造而成。但由于石材自重大，脆性大，抗拉强度低，石结构抗震性能差，加之开采加工较困难，石材作为结构材料，目前已逐步被其他材料所代替。随着现代开采与加工技术的进步，石材在现代建筑中，尤其在建筑装饰中的应用将更为广泛。

在建筑中，块状的毛石、片石、条石、块石等，常用来砌筑基础、桥涵、墙体、勒脚、渠道、堤岸、护坡与隧道衬砌等；石板用于内外墙的贴面和地面材料；页片状的石料可用作屋面材料。纪念性的建筑雕刻和花饰均可采用各种天然石材。散粒状的砂、砾石（卵石）、碎石等，则广泛用于道路材料、道砟材料及各种混凝土、砂浆和人造石材的主要原料。有的天然石材还是生产砖、瓦、石灰、水泥、陶瓷、玻璃等建筑材料的原料。

一、天然石材的分类

1. 按成因分类

天然石材采自岩石，岩石是由各种不同的地质作用所形成的天然矿物的集合体。根据其形成的地质条件不同，可分为岩浆岩、沉积岩和变质岩三大类。

2. 按用途分类

（1）结构用石材。用作砌筑基础、墙、柱、梁、拱、桥涵、渠道、护坡等。

（2）装饰用石材。用作建筑物立面及室内墙、柱、地面的饰面材料，还可用作雕刻、花饰等。

（3）耐磨用石材。用作室外地坪、台阶踏步、路面及路边石等，还可作某些工业设备的耐磨衬板等。

（4）耐酸用石材。用作耐酸衬板、耐酸洗槽、耐酸地面等。

（5）建筑材料用原料。用于生产石灰、石膏、水泥、砖、瓦、陶瓷、玻璃、无机绝热材料及其他各种无机建筑材料的原料。

（6）混凝土、砂浆及其他人造石材的骨料。如砂、砾石、碎石和各种石渣等。

3. 按应用形式分类

按应用形式分有毛石、料石、条石、片石、块石、石板、异型石等。

二、天然石材的技术性质

天然石材因生成条件各异，常含有不同种类的杂质，矿物组成会有所变动，即使同一类岩石，性质也可能有很大差别。因此，在使用时，都必须检验和鉴定，以保证工程质量。天然石材的技术性质可分为物理性质、力学性质、化学性质与工艺性质。

1. 物理性质

（1）表观密度。石材的表观密度与其矿物组成和孔隙率有关，并对其抗压强度、耐久性等产生影响。通常，同种石材，表观密度越大，则抗压强度越高，吸水率越小，耐久性好，导热性好。

（2）吸水性。石材的吸水性主要与其孔隙率及孔隙特征有关。吸水性的大小用吸水率表示。

岩浆深成岩以及许多变质岩，它们的孔隙率都很小，因而吸水率也很小，如花岗岩的吸水率通常小于 0.5%。沉积岩由于其形成条件的不同，密实程度与胶结情况亦有所不同，孔隙率与孔隙特征变化很大，因而吸水率的波动也很大，如致密的石灰岩吸水率可小于 1%，而多孔贝壳石灰岩可高达 15%。与其他材料一样，石材吸水后会对其强度、耐水性、导热性、抗冻性等产生很大影响。

（3）耐水性。石材的耐水性以软化系数表示，并按软化系数大小分为高、中、低三等。软化系数大于 0.90 的为高耐水性石材；软化系数在 0.70 ~ 0.90 的为中耐水性石材；软化系数在 0.60 ~ 0.70 的为低耐水性石材。一般软化系数低于 0.80 的石材，不允许用于重要建筑。

（4）抗冻性。石材的抗冻性指标用石材在水饱和状态下所能经受的冻融循环次数来表示。通常在 $-15\ ℃$ 的温度（水在微小的毛细管中低于 $-15\ ℃$ 才能冻结）冻结后，再在 $20\ ℃$ 的水中融化，这样的过程为一次冻融循环。石材所能经受的冻融循环次数越多，则抗冻性越好。

石材的抗冻性与吸水性有密切关系，吸水率小的石材抗冻性较好。通常认为吸水率小于 0.5% 的石材具有抗冻性，可不进行抗冻试验。

（5）耐热性。石材的耐热性与其化学成分及矿物组成有关。含有石膏的石材，在 $100\ ℃$ 以上时开始破坏；含有碳酸镁的石材，温度高于 $725\ ℃$ 会发生破坏；含有碳酸钙的石材，温度达 $827\ ℃$ 时开始破坏。由石英与其他矿物所组成的结晶石材（如花岗石等），当温度达到 $700\ ℃$ 以上时，由于石英受热发生晶形转化而使体积膨胀，强度迅速下降。

（6）导热性。石材的导热性用热导率表示，主要与其致密程度有关。具有封闭孔隙的石材，导热性差。相同成分的石材，玻璃态比结晶态的热导率小。

（7）坚固性。坚固性是指石材在自然风化和其他外界物理化学因素作用下抵抗破裂的能力，是对石材耐候性的一种快速、简易的检验。

2. 力学性质

（1）抗压强度。用于砌体等的石材的抗压强度采用边长为 70 mm 的立方体试件进行测试，并以三个试件的强度平均值表示。用于装饰的石材的抗压强度则采用边长为 50 mm 的立方体试件进行测试。

石材的矿物组成、结构及构造特征对其抗压强度均有很大影响。

（2）其他力学性质与要求。根据天然石材的用途，对其还有抗弯强度、硬度、耐磨性、冲击韧性等方面的技术要求。这些性质同样取决于石材的矿物组成、结构和构造特征。由石英、长石组成的岩石，其硬度和耐磨性大，如花岗岩、石英岩等；由白云石、方解石组成的岩石，其硬度和耐磨性较差，如石灰岩、白云岩等；晶粒细小或含有橄榄石、角闪石等时，冲击韧性好。

3. 工艺性质

石材的工艺性质指其开采和加工过程的难易程度及可能性，包括加工性、磨光性与抗钻性等。

（1）加工性。加工性是指对岩石劈解、破碎、凿琢、磨光和抛光等加工工艺的难易程度。凡强度、硬度、韧性较高的石材往往不易加工。质脆而粗糙，有颗粒交错结构或含有层片状构造以及已风化的岩石，都难以满足加工要求。

（2）磨光性。磨光性指石材能否磨成平整光滑表面的性质。一般来讲，具有致密、均匀、细粒结构的岩石磨光性较好，可以磨成光滑亮洁的表面，而疏松多孔、有鳞片状构造的岩石，磨光性较差。

（3）抗钻性。抗钻性指对石材进行钻孔加工的难易程度。影响抗钻性的因素很复杂，一般与岩石的强度、硬度等性质有关，强度越高，硬度越大，越不易钻孔。

三、天然石材在建筑工程中的应用

建筑工程在选用天然石材时，应根据建筑物的类型、使用要求和环境条件，再结合地方资源进行综合考虑，使所选用的石材满足适用、经济和美观等要求。建筑工程中常用的天然石料有毛（片）石、料石、石板、道砟、骨料等。

1. 毛 石

毛石指由爆破直接得到形状不规则，中部厚度不小于 150 mm 的石块。用于主体工程的毛石，抗压强度不应低于 30 MPa；用于附属工程时，应不低于 20 MPa。毛石多用于砌筑基础、挡土墙、沟渠，也可用来干砌或浆砌护坡，浇筑毛石混凝土，砌筑桥墩、桥台、涵洞的边墙、端墙和翼墙以及房屋墙身等。

2. 料 石

料石指由人工或机械开采出来的较规则的六面体石块，略经加工凿琢而成。依料石的平整度分为毛料石、粗料石、半细料石和细料石。

毛料石可用于桥墩台的镶面工程，涵洞的拱圈与帽石，隧道衬砌的边墙，也可用作高大的或受力较大的桥墩台的填腹材料等。粗料石的抗压强度视其用途而定，用作桥墩破冰体镶面时，不应低于 60 MPa；用作桥墩分水体时，不应低于 40 MPa；用于其他砌体镶面时，应不低于砌体内部石材的强度。半细料石与细料石主要用作镶面的石料。

3. 石 板

石板是指对采石场所得的荒料经人工凿开或锯解而成的板材，厚度为 10~30 mm，长度和宽度范围一般为 300~1 200 mm。一般多用花岗岩或大理岩锯解而成。按板材的表面加工程度分为粗面板材、细面板材和镜面板材。粗细板材多用于室内外墙面、柱面、台阶、地面等部位。镜面板材多用于室内饰面及门面装饰、家具的台面等。大理岩主要矿物组成是方解石或白云石，在大气中受二氧化碳、硫化物、水汽等作用，易于溶蚀，失去表面光泽而风化、崩裂，故大理石板材主要用于室内装饰。

4. 道砟材料

道砟有碎石道砟、砾石道砟和砂道砟三种。碎石道砟由开采坚韧的岩浆岩或沉积岩，或是大粒径的砾石，经过打碎而获得。碎石道砟按其粒径可分为：标准道砟（20～70 mm），应用于新建、大修与维修线路上；中道砟（15～40 mm），应用于维修线路上；细道砟（3～20 mm），应用于垫砂起道。碎石道砟的石质应是坚韧、耐磨、不易风化的，所含松软颗粒、尘屑均不得超过规定限值。砾石道砟又分筛选砾石道砟与天然级配砾石道砟。砾石道砟同样应是坚韧、耐磨、不易风化的，其中松软颗粒、尘屑以及黏土含量也均不得超过规定限值。砂道砟基本上由坚韧的石英砂所组成，其中大于 0.5 mm 的颗粒应超过总质量的 50%。

5. 其 他

（1）用规则或不规则的板材、方石、条石、拳石、砾石等，来铺筑广场地坪、路面及庭院小径等。

（2）碎石、砾石、各种石渣及砂等可用作混凝土、砂浆及其他人造石材的骨料。

（3）用作生产建筑材料的原料。例如，石灰岩、天然石膏等是生产气硬性石灰、水泥、建筑石膏的原料。

复 习 思 考 题

1. 什么叫砌墙砖？分哪几类？
2. 烧结普通砖的技术要求有哪些？如何鉴别欠火砖和过火砖？
3. 烧结普通砖、空心砖、多孔砖，强度等级如何划分？各有什么用途？
4. 为什么推广使用多孔砖和空心砖代替普通砖？
5. 什么叫砌块？砌块与砌墙砖比，有何优缺点？
6. 简述加气混凝土砌块和小型空心砌块的技术特性及其应用。

第十一章 常用建筑装饰材料

建筑装饰是依据一定的方法对建筑物进行美化的活动。建筑装饰效果的体现很大程度上受到建筑装饰材料的制约，尤其是受到材料的光泽、质地、质感、图案、花纹等装饰特性的影响。如高层建筑外墙面采用玻璃幕墙和复合铝板幕墙装饰时，它们所表现出的光亮夺目、交相辉映会使建筑表现出现代化的气息。而各种变幻莫测、立体感极强的新型涂料会营造出一种以有限空间向无限空间延伸的感觉。天然及人造饰面石材表现出的凝重与质朴给人以安定、可以信赖的感觉。因此，建筑装饰材料是建筑装饰工程的物质基础。

目前许多装修材料含有对人体有害的物质，例如含高挥发性有机物的涂料，含醛等过敏性化学物质的胶合板、纤维板、胶粘剂，含放射性高的花岗石、大理石、陶瓷面砖，含有害微细石棉纤维的石棉纤维水泥制品等。随着全世界对环境问题、能源问题及资源问题的普遍关注，人类更加注重"绿色住宅"和"健康住宅"的开发建设。绿色住宅除了考虑人类自身的需求之外，同时还要尽量减少对自然（资源和能源）的消耗；健康住宅则主要重点考虑居住环境的安全性、方便性、防御性以及采光、通风、空气质量等条件对居住者身体健康的影响。按照世界卫生组织的建议，健康住宅应能使居住者在身体上、精神上和社会上的安全处于良好的状态，这其中最主要的指标之一是对室内空气质量的要求，要求尽可能不使用有毒、有害的建筑装饰材料，避免因此产生的化学污染。为此，针对室内装饰装修材料所使用的原料、辅料、加工工艺和使用过程等各环节可能对人体健康造成危害的各种有害物质，我国于 2002 年 7 月 1 日起对室内装饰装修材料强制实施市场准入制度，即只有达到《室内装饰装修材料有害物质限量》的 10 项标准方可进入市场。另外，我国于 2001 年 11 月 26 日发布的《民用建筑工程室内环境污染控制规范》（GB 50325—2001），也从工程产品角度强制建筑材料的环保质量达到要求。

此外，在建筑装饰工程中，装饰材料的费用通常占装饰工程造价的 50%~70%，因此，合理地选用建筑装饰材料，对于降低建筑装饰工程的造价也具有十分重要的意义。

因此，只有在充分了解建筑装饰材料性能特点的基础上，按照建筑及使用环境条件合理选用装饰材料，充分发挥每一种装饰材料的长处，才能既满足建筑装饰的要求，又满足经济性的需求，做到经济性、实用性、美观性及健康性的和谐统一。本章重点介绍几种常用的建筑装饰材料——玻璃、涂料、饰面石材和建筑陶瓷。

第一节 玻　　璃

玻璃，从它应用于建筑就使人类的居住环境有了极大的改善。如今，随着人们对建筑物的功能和适用性要求的不断提高以及玻璃生产加工技术的不断发展，出现了许多性能优良的功能玻璃制品，它们在控制光线、调节温度、防止噪声、艺术装饰等方面的出色表现，使得玻璃成为现代建筑不可缺少的一种重要材料。可以预见，随着人类环保意识的不断增强，具备遮阳、保暖、采光、装饰、节能、隔声等多功能型，具备去污、防霉、自洁净、杀菌、净化环境和光电转化等生态环境型，具备自诊断、自适应、自修补等智能机敏型的建筑玻璃将成为建筑玻璃材料的发展主流。

一、玻璃的组成、分类及基本性质

（一）玻璃的组成

玻璃是以硅砂、纯碱、长石和石灰石等为主要原料，经熔融、成型、冷却固化而成的非结晶无机材料。其组成很复杂，主要化学成分是 SiO_2（70% 左右）、Na_2O（15% 左右）、CaO（8% 左右）和少量的 MgO、Al_2O_3、K_2O 等，它们对玻璃的性质起着十分重要的作用，改变玻璃的化学成分、相对含量以及制备工艺，可获得性能和应用范围截然不同的玻璃制品。

为使玻璃具有某种特性或者改善玻璃的某些性质，常在玻璃原料中加入一些辅助原料，如助熔剂、着色剂、脱色剂、澄清剂、发泡剂等。

（二）玻璃的分类

玻璃的品种很多，分类方式也很多。按化学组成可分为硅酸盐玻璃、磷酸盐玻璃、硼酸盐玻璃和铝酸盐玻璃等。应用最早、用量最大的为硅酸盐玻璃，它以二氧化硅为主要成分，根据所含化学成分不同，又可分为钠钙硅酸盐玻璃、钾钙硅酸盐玻璃、铝镁硅酸盐玻璃、钾铝硅酸盐玻璃、硼硅酸盐玻璃，其中钠钙硅酸盐玻璃在力学性质、热物理性质、光学性质以及化学稳定性等方面均比其他玻璃差，但却易于熔制且成本较低，是最常见的一种建筑玻璃。

按功能可将玻璃划分为普通玻璃、吸热玻璃、防水玻璃、安全玻璃、装饰玻璃、漫射玻璃、镜面玻璃、热反射玻璃、低辐射玻璃、隔热玻璃等。

按用途也可将玻璃分为建筑玻璃、化学玻璃、光学玻璃、电子玻璃、工艺玻璃、玻璃纤维及泡沫玻璃。本节主要介绍建筑玻璃。

（三）玻璃的基本性质

1. 密度

玻璃的密度与其化学组成有关，常用建筑玻璃的密度为 $2.50 \sim 3.60 \text{ g/cm}^3$。

2. 光学性质

玻璃具有其他材料不可比拟的优良光学性能，是各种材料中唯一能利用透光性来控制和隔断空间的材料，广泛应用于建筑的采光和装饰部位。

太阳光入射玻璃时，玻璃会对太阳光产生吸收、反射、透射三种作用，这三种作用的强弱可分别以吸收率、反射率、透光率表示。不同用途的玻璃，这三项指标的分配不同。当用于需要采光照明的部位时，要求其透光率高一些，比如质量好的 2 mm 厚的窗用玻璃，其透光率可达到 90%。当用于需要透光并且隔热部位时，希望玻璃具有较高的反射率，通过改变玻璃表面状态，玻璃的反射率可达 40% 以上。而一些需要隔热、防眩的部位使用的玻璃，不仅对光线的吸收率较高，同时又具有良好的透射性。这种源于其内部结构非结晶性的光学透明性，使玻璃用作建筑物门窗开口部位的采光材料，是其他材料所不能代替的。

3. 热学性质

玻璃是热的不良导体，其热导率的高低与化学组成有关。普通玻璃的热导率为 0.75~0.92 W/(m·K)，因此，只有 3~5 mm 厚的窗玻璃能够较好地承担起保温隔热的作用。

此外，由于玻璃具有较低的热导率，而其弹性模量却很高（48 000~83 000 MPa），一旦其表面经受温度骤变，就会在其内部与表面产生很高的温度应力，很容易导致玻璃的破坏，所以，玻璃的热稳定性很差。

4. 力学性质

玻璃的强度与其化学组成、表面处理、缺陷及其形状有关。普通玻璃的抗压强度为 60~120 MPa，抗拉强度很低，是典型的脆性材料，这也是玻璃的致命缺点。

此外，玻璃具有较高的硬度、耐划性和耐磨性（莫氏硬度为 6~7），可经受长期使用，不至于因磨损而失去透明性。

5. 化学稳定性

玻璃具有较高的化学稳定性，常见的硅酸盐类玻璃，可以抵抗除氢氟酸、磷酸外其他酸类的侵蚀，但其耐碱性较差，长期受碱液侵蚀时，玻璃中的 SiO_2 会溶于碱液中，使玻璃受到侵蚀。

二、普通平板玻璃

普通平板玻璃是未经进一步加工的钠钙硅酸盐质平板玻璃制品。其透光率为 85%~90%，也称单光玻璃、净片玻璃，是建筑工程中用量最大的玻璃，也是生产多种其他玻璃制品的基础材料，故又称原片玻璃。它主要用于一般建筑的门窗，起透光、保温、隔声、挡风雨等作用。

1. 普通平板玻璃的生产、分类和规格

普通平板玻璃的成型均采用机械拉制的方法，常用的有垂直引上法和浮法。垂直引上法是我国生产玻璃的传统方法，它是将红热的玻璃液通过槽转向上引拉成玻璃板带，再经急冷而成。其主要缺点是产品易产生波纹和波筋。浮法是现代玻璃生产最常用、最先进的一种方法，生产过程是在锡槽中完成的。高温玻璃液通过溢流回流到锡液表面上，在重力及表面张力的作用下，玻璃液摊成玻璃带，向锡槽尾部延伸，经抛光、拉薄、硬化和冷却后退火而成。这种生产工艺具有产量高、产品规格大、品种多、质量好的优点，正逐步取代其他生产方法，是目前世界生产平板玻璃最先进的方法。按生产工艺的不同，普通平板玻璃可分为引拉法玻璃和浮法玻璃两种。

2. 技术要求

根据国家标准，引拉法玻璃、浮法玻璃的透光率要求应符合表 11.1 的要求。

表 11.1　引拉法玻璃、浮法玻璃的透光率（% ≥）

品　种＼玻璃厚度/mm	2	3	4	5	6	8	10	12
引拉法玻璃	88	87	86	84				
浮法玻璃		87	86	84	83	80	78	75

按其外观质量划分成优等品、一等品、合格品三个级别，各级玻璃均不允许有裂口存在。

3. 应用、储运

大部分普通平板玻璃被直接用作各级各类建筑的采光材料，还有一部分作为深加工玻璃制品的基础原料用于制作各种功能各异的玻璃制品。

普通平板玻璃是采用木箱或集装箱（架）包装，在储存运输时，必须箱盖向上，垂直立放，并需注意防潮、防雨，存放在不结露的房间内。

三、深加工玻璃制品及其应用

所谓玻璃的深加工制品，是指将普通平板玻璃经加工制成具有某些特殊性能的玻璃。玻璃的深加工品种繁多，功能各异，广泛用于建筑物以及日常生活中。建筑中使用的玻璃深加工制品主要有以下品种：

（一）安全玻璃

玻璃是脆性材料，当外力超过一定值后即碎裂成具有尖锐棱角的碎片，破坏时几乎没有塑性变形。为减少玻璃的脆性，提高其强度，通常对普通玻璃进行增强处理，或与其他材料复合，或采用特殊成分加入等方法来加以改进。经过增强改性后的玻璃称为安全玻璃。常用的安全玻璃有钢化玻璃、夹丝玻璃和夹层玻璃。

1. 钢化玻璃

又称强化玻璃，按钢化原理不同分为物理钢化和化学钢化两种。经过物理（淬火）或化学（离子交换）钢化处理的玻璃，可使玻璃表面层产生的残余压缩应力为 70～180 MPa，而使玻璃的抗折强度、抗冲击性、热稳定性大幅提高。物理钢化玻璃破碎时，不像普通玻璃那样形成尖锐的碎片，而是形成较圆滑的微粒状，有利于人身安全，因此，可用作高层建筑物的门窗、幕墙、隔墙、桌面玻璃、炉门上的观察窗以及汽车风挡、电视屏幕等。

2. 夹层玻璃

夹层玻璃系两片或多片玻璃之间嵌夹透明塑料薄片，经加热、加压黏合而成。生产夹层玻璃的原片可采用一等品的引拉法平板玻璃或浮法玻璃，也可为钢化玻璃、夹丝抛光玻璃、吸热玻璃、热反射玻璃或彩色玻璃等，玻璃厚度可为 2 mm、3 mm、5 mm、6 mm、8 mm。夹层玻璃的层数有 3，5，7 层，最多可达 9 层，达 9 层时则一般子弹不易穿透，称为防弹玻璃。

夹层玻璃按形状可分为平面和曲面两类。按抗冲击性、抗穿透性可分 L_I 和 L_{II} 两类。按夹层玻璃的特性分为多个品种：如破碎时能保持能见度的减薄型，可减少日照量和眩光的遮阳型，通电后保持表面干燥的电热型，防弹型，玻璃纤维增强型，报警型，防紫外线型以及隔声夹层玻璃等。夹层玻璃的抗冲击性能比平板玻璃高几倍，破碎时只产生辐射状裂纹而不分离成碎片，不致伤人。它还具有耐久、耐热、耐湿、耐寒和隔音等性能，适用于有特殊安全要求的建筑物的门窗、隔墙，工业厂房的天窗和某些水下工程等。

3. 夹丝玻璃

夹丝玻璃是将平板玻璃加热到红热软化状态，再将预热处理的金属丝（网）压入玻璃中而制成。夹丝玻璃的表面可以是压花或磨光的，颜色可以是无色透明或彩色的。与普通平板玻璃相比，它的耐冲击性和耐热性好，在外力作用和温度剧变时，破而不散，而且具有防火、防盗功能。

夹丝玻璃适用于公共建筑的阳台、楼梯、电梯间、走廊、厂房天窗和各种采光屋顶。

（二）温控、声控和光控玻璃

1. 吸热玻璃

吸热玻璃是能吸收大量红外线辐射能并保持较高可见光透过率的平板玻璃。

生产吸热玻璃的方法有两种：一种是在普通钠钙硅酸盐玻璃的原料中加入一定量的有吸热性能的着色剂，如氧化铁、氧化钴以及硒等；另一种是在平板玻璃表面喷镀一层或多层金属或金属氧化物薄膜而制成。吸热玻璃的颜色有灰色、茶色、蓝色、绿色、古铜色、青铜色、粉红色和金黄色等。我国目前主要生产前三种颜色的吸热玻璃，厚度有 2 mm，3 mm，5 mm，6 mm 四种规格。

吸热玻璃与普通平板玻璃相比能吸收更多太阳辐射热，减轻太阳光的强度，具有反眩效果，而且能吸收一定的紫外线。

由于上述特点，吸热玻璃已广泛用于建筑物的门窗、外墙以及用作车、船挡风玻璃等，起到隔热、防眩、采光及装饰等作用。它还可以按不同用途进行加工，制成磨光、夹层、镜面及中空玻璃。在外部围护结构中，用它配制彩色玻璃窗；在室内装饰中，用以镶嵌玻璃隔断，装饰家具，增加美感。

由于吸热玻璃两侧温差较大，热应力较高，易发生热炸裂，使用时应使窗帘、百叶窗等远离玻璃表面，以利通风散热。

2. 热反射玻璃

热反射玻璃是具有较高的热反射能力而又保持良好透光性的平板玻璃，它是采用热解、真空蒸镀和阴极溅射等方法，在玻璃表面涂以金、银、铝、铬、镍、铁等金属或金属氧化物薄膜，或采用电浮法等离子交换方法，以金属离子置换玻璃表层原有离子而形成热反射膜。热反射玻璃也称镜面玻璃，有金色、茶色、灰色、紫色、褐色、青铜色和浅蓝色等。

热反射玻璃具有良好的隔热性能，热反射率高，反射率达到 30% 以上，而普通玻璃仅 7%～8%。6 mm 厚浮法玻璃的总反射热为 16%，同样条件下，吸热玻璃的总反射热为 40%，而热反射玻璃则可达 61%，因而常用它制成中空玻璃或夹层玻璃以增加其绝热性能。镀金属膜的热反射玻璃还有单向透像的作用,即白天能在室内看到室外景物,而室外却看不到室内的景象。

热反射玻璃主要用于有绝热要求的建筑物门窗、玻璃幕墙、汽车和轮船的玻璃等。

3. 中空玻璃

中空玻璃是将两片或多片平板玻璃相互间隔 6~12 mm 镶于边框中,且四周加以密封,间隔空腔中充填干燥空气或惰性气体,也可在框底放置干燥剂。为获得更好的声控、光控和隔热等效果,还可充以各种能漫射光线的材料、电介质等。

中空玻璃可以根据要求,选用各种不同性能和规格的玻璃原片,如浮法玻璃、钢化玻璃、夹层玻璃、夹丝玻璃、压花玻璃、彩色玻璃、热反射玻璃等制成。中空玻璃往往具有良好的绝热、隔声效果,而且露点低、自重轻(仅为相同面积混凝土墙的 1/16~1/30),适用于需要采暖、空调、防止噪声、防止结露,以及需要无直射阳光和特殊光的建筑物,如住宅、学校、医院、旅馆、商店、恒温恒湿的实验室以及工厂的门窗、天窗和玻璃幕墙等。目前已研制出在两片玻璃板的真空间放置支承物以承受大气压力的真空玻璃,其保温隔热性优于中空玻璃。

4. 自洁净玻璃

自洁净玻璃是一种新型的生态环保型玻璃制品,从表面上看与普通玻璃并无差别,但是通过在普通玻璃表面镀上一层纳米 TiO_2 晶体的透明涂层后,玻璃在紫外光照射下会表现出光催化活性、光诱导超亲水性和杀菌的功能。通过光催化活性可以迅速将附着在玻璃表面的有机污物分解成无机物而实现自洁净,而光诱导超亲水性会使水的接触角在 5°以下而使玻璃表面不易挂住水珠,从而隔断油污与 TiO_2 薄膜表面的直接接触,保持玻璃的自身洁净。

自洁净玻璃可应用于高档建筑的室内浴镜、卫生间整容镜、高层建筑物的幕墙、照明玻璃、汽车玻璃等。用自洁净玻璃制成的玻璃幕墙可长久保持清洁明亮、光彩照人,并大大减少保洁费用。

(三)结构玻璃

结构玻璃是作为建筑物中的墙体材料或地面材料使用,包括玻璃幕墙、玻璃砖、异型玻璃和仿石玻璃等。

1. 玻璃幕墙

所谓幕墙建筑,是用一种薄而轻的建筑材料把建筑物的四周围起来代替墙壁。作为幕墙的材料不承受建筑物荷载,只起围护作用,它或悬挂或嵌入建筑物的金属框架内。目前多用玻璃作幕墙。使用玻璃幕墙代替非透明的墙壁,使建筑物具有现代化的气息,更具有轻快感,从而营造出一种积极向上的空间气氛。

2. 玻璃砖

玻璃砖有实心和空心两类,它们均具有透光不透视的特点。空心玻璃砖又有单腔和双腔两种,都具有较好的绝热、隔声效果,而且双腔玻璃砖的绝热隔声性能更佳,它在建筑上的应用更广泛。

实心玻璃砖用机械压制方法成型。空心玻璃砖则用箱式模具压制成箱形玻璃元件,再将两块箱形玻璃加热熔接成整体的空心砖,中间充以干燥空气,再经退火、涂饰侧面而成。

玻璃砖具有透光不透视、保温隔音、密封性强、不透灰、不结露、能短期隔断火焰、抗压耐磨、光洁明亮、图案精美、化学稳定性强等特点。玻璃砖主要用作建筑物的透光墙体,如建筑物隔墙、淋浴隔断、门厅、通道等。某些特殊建筑为了防火,或严格控制室内温度、湿度等要求,不允许开窗,使用玻璃砖既可满足上述要求,又解决了室内采光问题。

3. 异型玻璃

异型玻璃是近20年新发展起来的一种新型建筑玻璃,它是采用硅酸盐玻璃,通过压延法、浇注法和辊压法等生产工艺制成,为大型长条玻璃构件。

异型玻璃有无色的和彩色的、配筋的和不配筋的、表面带花纹的和不带花纹的、夹丝的和不夹丝的以及涂层的等多种。其外形主要有槽形、波形、箱形、肋形、三角形、Z形和V形等。异型玻璃有良好的透光、隔热、隔音和机械强度等优良性能,主要用作建筑物外部竖向非承重的围护结构,也可用作内隔墙、天窗、透光屋面、阳台和走廊的围护屏壁以及月台、遮雨棚等。

(四)饰面玻璃

饰面玻璃是指用于建筑物表面装饰的玻璃制品,包括板材和砖材。主要品种如下:

1. 玻璃锦砖

玻璃锦砖又称玻璃马赛克或玻璃纸皮石,它是含有未熔融的微小晶体(主要是石英)的乳浊状半透明玻璃质材料,是一种小规格的饰面玻璃制品。其一般尺寸为 20 mm × 20 mm,30 mm × 30 mm,40 mm × 40 mm,厚 4~6 mm,背面有槽纹,有利于与基面黏结。为便于施工,出厂前将玻璃锦砖按设计图案反贴在牛皮纸上,贴成 305.5 mm × 305.0 mm 见方,称为一联。

玻璃锦砖颜色绚丽,有透明、半透明、不透明三种。它的化学稳定性、急冷急热稳定性好,雨天能自洗,经久常新,吸水率小,抗冻性好,不变色,不积尘,而且成本低,是一种良好的外墙装饰材料。

2. 压花玻璃

压花玻璃是将熔融的玻璃在急冷中通过带图案花纹的辊轴滚压而成的制品。可一面压花,也可两面压花。压花玻璃分普通压花玻璃、真空冷膜压花玻璃和彩色膜压花玻璃三种,一般规格为 800 mm × 700 mm × 3 mm。

压花玻璃具有透光不透视的特点,这是由于其表面凹凸不平,当光线通过时产生漫射,因此,从玻璃的一面看另一面物体时,物像模糊不清。压花玻璃表面有各种图案花纹,具有一定的艺术装饰效果,多用于办公室、会议室、浴室、卫生间以及公共场所分离室的门窗和隔断等处。使用时应将花纹朝向室内。

3. 磨砂玻璃

磨砂玻璃又称毛玻璃,指经研磨、喷砂或氢氟酸溶蚀等加工,使表面(单面或双面)成为均匀粗糙的平板玻璃。其特点是透光不透视,且光线不刺眼,用于要求透光而不透视的部位,如建筑物的卫生间、浴室、办公室等的门窗及隔断,也可作黑板或灯罩。

4. 镭射玻璃

镭射玻璃是以玻璃为基材的新一代建筑装饰材料,其特征在于经特种工艺处理,玻璃背面出现全息或其他几何光栅,在光源照射下,形成物理衍射分光而出现艳丽的七色光,且在同一感光点或感光面上会因光线入射角的不同而出现色彩变化,使被装饰物显得华贵高雅,富丽堂皇。镭射玻璃的颜色有银白、蓝、灰、紫、红等多种。按其结构有单层和夹层之分。镭射玻璃适用于酒店、宾馆和各种商业、文化、娱乐设施的装饰。用作内外墙、柱面、地面、桌面、台面、幕墙、隔断、屏风等。使用时应注意当用于地面时应采用钢化玻璃夹层光栅玻璃。

第二节 建筑涂料

涂料是指涂敷于物体表面,能与物体表面黏结在一起,并能形成连续性膜层来实现其保护功能、装饰功能及其他特殊功能的材料。

涂料最早是以天然树脂、天然植物油(如亚麻子油、桐油、松香、生漆等)作为主要原料,因此习惯上被称作为"油漆"。但是随着石油化学工业的发展,人工合成树脂以品质、数量上的绝对优势逐步取代了天然树脂、植物油,成为涂料的主要原料,"油漆"一词已不能代表这类物质的确切含义,故常将之统称为"涂料"。

建筑涂料是指用于建筑物(墙面和地面)的涂料,建筑涂料以其多样的品种、丰富的色彩、良好的质感满足各种不同的要求。同时,由于建筑涂料还具有施工方便、高效且方式多样(刷涂、辊涂、喷涂、弹涂)、易于维修更新、自重小、造价低,可在各种复杂墙面作业的优点,成为建筑上一种很有发展前途的装饰材料。

由于全球范围内环保意识的加强,具有环保适用性的绿色涂料将成为世界环保型涂料的主流产品。

一、涂料的组成

涂料是一种由多种物质经混合、溶解、分散而制成的胶体溶液,其组成成分依种类不同有很大差别。按照各种成分在涂料的生产、施工和使用中所起作用的不同,一般将涂料的组成材料分为主要成膜物质、次要成膜物质和辅助成膜物质三大部分。

1. 主要成膜物质

主要成膜物质又称基料、固着剂或胶粘剂,是涂料的基础物质,具有独立成膜的能力,可以黏结次要成膜物质,使涂料在干燥或固化后能共同形成连续的涂膜。主要成膜物质决定了涂膜的技术性质(硬度、柔性、耐水性、耐腐蚀性)以及涂料的施工性质和使用范围。

常用作涂料主要成膜物质的有无机和有机两大类。其中以合成树脂类有机基料最为常见。如聚乙烯醇及其共聚物、聚酯酸乙烯及其共聚物、环氧树脂、醋酸乙烯-丙烯酸酯共聚乳液、聚氨酯树脂等。有时,为了满足对涂料多方面的要求,常常将两种或两种以上具有良好混溶性的树脂混合后作为主要成膜物质使用。

2. 次要成膜物质

次要成膜物质是指涂料中的各种颜料和填料，其特点是不具备单独成膜能力，需要与主要成膜物质配合使用构成涂膜，且两者配合比例与混合的均匀性在很大程度上决定着涂料性能的优劣。按照颜料在涂料中所起作用的不同，一般将颜料分为着色颜料、体质颜料和防锈颜料三大类。着色颜料的主要作用是使涂膜具有一定的颜色、遮盖力和对比率，同时还可以起到减小涂膜收缩，提高涂膜机械强度的作用。涂料中常见的着色颜料品种有氧化铁红、氧化铁黄、钴蓝、钛白粉、炭黑、银粉等。体质颜料又称为填料，它们大部分为白色或无色，遮盖力一般较低，不能阻止光线透过涂膜，也不具备着色能力，在涂膜中起填充和骨架作用，可以提高涂膜的密实性，增加涂膜厚度，减少固化收缩，加强质感，提高涂膜的耐磨性、抗老性、耐久性，降低涂料成本。防锈颜料的作用是使涂膜具有良好的防锈能力，以防止被涂覆的金属表面发生锈蚀。常见防锈颜料的主要品种有红丹、锌铬黄、氧化铁红、银粉。

3. 辅助成膜物质

辅助成膜物质是涂料中的溶剂和各种助剂，它们本身不构成涂膜的材料，但它们对涂膜质量以及涂料成本，对主要成膜物质的溶解能力以及自身的挥发速率、改性效果等有直接影响。分散介质和助剂是涂料中使用的两类辅助成膜物质。分散介质有两类：一类是有机溶剂，它们不是构成涂膜的材料；另一类是水，作用是溶解或分散主要成膜物质，改善涂料的流动性，增强涂料渗透能力及与基层的黏结能力。常见的有机溶剂有松香水、酒精、苯、三甲苯、二甲苯、丙酮、醋酸丁酯等。助剂是为了进一步改善或增加涂膜的性质而加入的一种辅助材料，其掺量极少，一般为基料的百分或千分甚至万分之几，但效果显著。助剂的品种很多，主要有催化剂、增塑剂、增稠剂、防冻剂、紫外线吸收剂、抗氧化剂、防老化剂、阻燃剂、防腐剂、防霉剂等。其中以催化剂、增塑剂使用较为普遍。

二、建筑涂料的分类、常用建筑涂料的特点及主要产品

建筑涂料品种繁多，分类方法也有多种，主要有以下几种：

（1）按在建筑上的使用部位分类，可分为内墙涂料、外墙涂料、顶棚涂料、地面涂料、门窗涂料等。

（2）按涂料的特殊功能分类，可分为防火涂料、防水涂料、防腐涂料、防霉涂料、弹性涂料、变色涂料、保温涂料。

（3）按主要成膜物质的化学组成分类，可分为有机高分子涂料（包括溶剂型涂料、水溶性涂料、乳液型涂料）、无机涂料，以及无机、有机复合涂料。

（4）按涂膜厚度、形状与质感分类，厚度小于 1 mm 的建筑涂料称为薄质涂料，涂膜厚度为 1~5 mm 的为厚质涂料。按涂膜形状与质感可分为平壁状涂层涂料，砂壁状涂层涂料，凹凸立体花纹涂料。

实际上，建筑涂料分类时，常常将上述的分类结合在一起使用。如合成树脂乳液内外墙涂料，水溶性内墙涂料，合成树脂乳液砂壁状涂料等。

常用建筑涂料有如下几种：

1. 聚酯酸乙烯乳胶漆

聚酯酸乙烯乳胶漆属于合成树脂乳液型内墙涂料，是以聚酯酸乙烯乳液为主要成膜物质，加入适量着色颜料、填料和其他助剂经研磨、分散、混合均匀而制成的一种乳胶型涂料。该涂料无毒无味，不易燃烧，涂膜细腻、平滑、色彩鲜艳，涂膜透气性好、装饰效果良好，价格适中，施工方便，耐水、耐碱性及耐候性优于聚乙烯醇系内墙涂料，但较其他共聚乳液差，主要作为住宅、一般公用建筑等的中档内墙涂料使用。不直接用于室外，若加入石英粉、水泥等可制成地面涂料，尤其适于水泥旧地坪的翻修。

2. 多彩内墙涂料

多彩内墙涂料简称多彩涂料，是目前国内外流行的高档内墙涂料。目前生产的多彩涂料主要是水包油型（即水为分散介质，合成树脂为分散相），较其他三种类型（油包水型、油包油型、水包水型）储存稳定性好，应用也最广泛。水包油型多彩涂料分散相为多种主要成膜物质配合颜料及助剂等混合而成，分散介质为含稳定剂、乳化剂的水。两相界面稳定互不相溶，且不同基料间亦不互溶，即形成在水中均匀分散、肉眼可见的不同颜色基料微粒的稳定悬浮体状态，涂装后显出具有立体质感的多彩花纹涂层。

多彩涂料色彩丰富，图案变化多样，立体感强，装饰效果好，具有良好的耐水性、耐油性、耐碱性、耐洗刷性、较好的透气性，且对基层适应性强，是一种可用于建筑物内墙、顶棚的水泥混凝土、砂浆、石膏板、木材、钢板、铝板等多种基面的高档建筑涂料。

3. 彩色砂壁状外墙涂料

彩色砂壁状外墙涂料又称彩砂涂料，是以合成树脂乳液（一般为苯乙烯-丙烯酸酯共聚乳液或纯丙烯酸酯共聚乳液）为主要成膜物质配合彩色骨料（粒径小于 2 mm 的彩色砂粒、彩色陶瓷料等）或石粉构成主体，外加增稠剂及各种助剂配制而成的粗面厚质涂料。

彩色砂壁状外墙涂料由于采用高温烧结的彩色砂粒、彩色陶瓷或天然带色石屑为骨料，涂层具有丰富的色彩和质感，同时由于丙烯酸酯在大气中及紫外光照射下不易发生断链、分解或氧化等化学变化，因此，其保色性、耐候性比其他类型的外墙涂料有较大的提高。当采用不同的施工工艺时，可获得仿大理石、仿花岗石质感与色彩的涂层，又被称仿石涂料、石艺漆。彩色砂壁状建筑涂料主要用于办公楼、商店等公用建筑的外墙面，是一种良好的装饰保护性外墙涂料。

4. 聚氨酯系地面涂料

聚氨酯是聚氨基甲酸酯的简称。聚氨酯地面涂料分薄质罩面涂料与厚质弹性地面涂料两类。前者主要用于木质地板或其他地面的罩面上光；后者用于刷涂水泥地面，能在地面形成无缝且具有弹性的耐磨涂层，因此称为弹性地面涂料。

聚氨酯弹性地面涂料是以聚氨酯为基料的双组分常温固化型的橡胶类溶剂型涂料。甲组分是聚氨酯预聚体，乙组分由固化剂、颜料、填料及助剂按一定比例混合、研磨均匀制成。两组分在施工应用时按一定比例搅拌均匀后，即可在地面上涂刷。涂层固化是靠甲、乙组分反应、交联后而形成具有一定弹性的彩色涂层。

该涂料与水泥、木材、金属、陶瓷等地面的黏结力强，整体性好，且弹性变形能力大，不会因地基开裂、裂纹而导致涂层的开裂。它色彩丰富，可涂成各种颜色，也可在地面做成各种图案;耐磨性很好,且耐油、耐水、耐酸、耐碱,是化工车间较为理想的地面材料;其重涂性好,便于维修。但施工相对较复杂,原材料具有毒性,施工中应注意通风、防火及劳动保护。聚氨酯地面涂料固化后,具有一定的弹性,且可加入少量的发泡剂形成含有适量泡沫的涂层。因此,步感舒适,适用于高级住宅、会议室、手术室、放映厅等的地面,但价格较贵。

5. 绿色涂料

综合考虑各种类型的涂料,在施工以及使用过程中能够造成室内空气质量下降以及有可能含有影响人体健康的有害物质的特点,《室内装饰装修材料内墙涂料中有害物质限量》(GB18582—2001)对 VOC、游离甲醛、可溶性重金属(铅、镉、铬、汞)及苯、甲苯、二甲苯含量作了严格限制,认为合成树脂乳液水性涂料相对于有机溶剂型涂料来说,有机挥发物极少,是典型的绿色涂料。水溶性涂料由于含有未反应完全的游离甲醛在涂刷及养护过程中逐渐释放出来,会对人体造成危害,属于淘汰产品。目前,绿色生态类涂料的研制和开发正加快进行并粗具规模,如引入纳米技术的改性内墙涂料、杀菌性建筑涂料等。

第三节 建筑饰面石材

建筑石材的基本情况在第十章中已进行了介绍,现仅就建筑饰面石材中几个常用品种加以简述。

用于建筑工程中的饰面石材大多为板材,按其基本属性主要有花岗石和大理石两大类。

一、花岗石饰面石材

花岗石是花岗岩的俗称,有时也称麻石。是由石英、长石及少量的云母和暗色矿物(橄榄石类、辉石类、角闪石类及黑云母等)组成的全晶质的岩石。按晶粒大小分为细晶、粗晶和伟晶,以细晶结构为好。通常有灰、白、黄、粉红、红、纯黑等多种颜色,具有很好的装饰性。优质的花岗石应是石英和长石含量高,云母含量少,并且晶粒细小、构造致密、无风化迹象。某些花岗岩含有微量的放射性元素(如氡气),对于这类花岗岩应避免用于室内。

花岗岩的表观密度为 $2.50 \sim 2.80 \text{ g/cm}^3$,抗压强度为 $120 \sim 300$ MPa,孔隙率低,吸水率为 $0.1\% \sim 0.7\%$,莫氏硬度为 $6 \sim 7$,耐磨性好,抗风化性及耐久性好,耐酸性好,但不耐火。使用年限为数十年至数百年,高质量的可达千年以上。

花岗石板材,是用花岗石荒料(由岩石矿床开采而得到的形状规则的大石块称为荒料)加工制成的板状产品。按板材的形状分为普形板材(正方形或长方形,代号N),异型板材(其他形状的板材,代号S)。按板材厚度分为薄板(厚度<15 mm)和厚板(厚度≥15 mm)。按板材表面加工程度分为细面板材(RB)(表面平整光滑)、镜面板材(PL)(表面平整,具有镜面光泽)和粗面板材(RU)(表面粗糙平整,具有较规则加工条纹的机刨板、剁斧板、捶击板等)。同一批板材的花纹色调应基本调和,且镜面板材的光泽度应不低于 75 光泽单位。同时花岗石的表观密度应不小于 2.50 g/cm^3,吸水率应不大于 1.0%,干燥抗压强度应不小于

60 MPa，抗弯强度应不小于 8.0 MPa。

花岗石属于高级装饰材料，但开采加工困难，故造价较高，因而主要用于大型建筑或有装饰要求的其他建筑。粗面板材和细面板材主要用于室外地面、台阶、墙面、柱面、台面等；镜面板材主要用于室内外墙面、地面、柱面、台面或台阶等。花岗石也可加工成条石、蘑菇石、柱头、饰物等用于室外装饰工程中。

二、大理石饰面石材

大理石是大理岩的俗称，又称云石。大理岩属于变质岩，是由石灰岩或白云岩变质而成。主要矿物成分为方解石、白云石，主要化学成分为碳酸盐类（碳酸钙或碳酸镁）。建筑上所用的大理石泛指具有装饰功能，并可磨光抛光的各种沉积岩和变质岩，大致包括各种大理岩、石英岩、蛇纹岩（以上属变质岩）、致密石灰岩、砂岩、石膏岩、白云岩等（以上属沉积岩）。大理石构造致密，表观密度为 2.50~2.70 g/cm^3，抗压强度为 50~190 MPa，莫氏硬度为 3~4，较花岗石易于雕琢磨光，且石质细腻，光泽柔润，绚丽多彩，磨光后具有优良的装饰性。

天然大理岩具有纯黑、纯白、浅灰、绿、米黄等多种色彩，并且斑纹多样，千姿百态，朴素自然。纯大理石为白色，我国常称汉白玉。当大理石中含有氧化铁、二氧化硅、云母、石墨、蛇纹石等杂质时，大理石呈现出红、黄、黑、绿、灰、褐等各色斑驳纹理，磨光后极为美丽典雅。在这类大理石中，大理岩、石灰岩、白云岩因其主要成分是碳酸盐，能抵抗碱的作用，但不耐酸，若用于城市外部的饰面材料，则因城市空气中常含有二氧化硫，遇水时会生成亚硫酸而后变为硫酸与岩石中的碳酸盐作用，生成易溶于水的石膏，使表面很快失去光泽，变得粗糙多孔而降低建筑性能。若是含石英为主的砂岩、石英岩则不存在此种问题。

将天然大理石荒料经锯切、研磨、抛光等加工后就成为天然大理石板材。装饰大理石多数为镜面板材，按板材的形状分为普形板材（N）和异型板材（S）两种。天然大理石板材按板材的规格尺寸允许偏差、平面度允许极限公差、角度允许极限公差、外观质量、镜面光泽度分为优等品（A）、一等品（B）、合格品（C），并规定同一批板材的花纹色调应基本调和。此外，大理石的表观密度应不小于 2.60 g/cm^3，吸水率应不大于 0.75%，干燥抗压强度应不小于 20.0 MPa，抗弯强度应不小于 7.0 MPa。

大理石属于高级装饰材料，大理石镜面板材主要用于大型建筑或要求装饰等级高的建筑，如商店、宾馆、酒店、会议厅等的室内墙面、柱面、台面及地面。但由于大理石的耐磨性相对较差，故在人流较大的场所不宜作为地面装饰材料。大理石也常加工成栏杆、浮雕等装饰部件，但一般不宜用于室外。

三、人造石材

由于天然石材加工较困难，花色品种较少，因此，自 20 世纪 70 年代后，人造石材得以较快发展。人造石材是以天然大理石碎料、石英砂、石渣等为骨料，以树脂、聚酯或水泥等为胶结料，经拌和成型、聚合和养护后，打磨抛光切割而成的仿天然石材制品。按照使用胶结料的不同分别有水泥型、聚酯型、复合型（无机和有机）和烧结型四类。人造石材不仅具有天然石材的装饰效果,而且花色品种、形状图案多样化,且具有质量轻、强度高、耐腐蚀、耐污染、施工方便等优点。缺点是色泽、纹理不及天然石材自然柔和。目前国内外人造石材主要有人造花岗石、人造大理石,且以聚酯类为最多。与天然大理石相比,聚酯型人造石材具有强度高、密度小、厚度薄、耐酸碱腐蚀、可加工性好、经济美观等优点,但其耐老化性能较差,在大气中光、热、氧等作用下会发生老化,表面会逐渐失去光泽、亮度,甚至翘曲变形,故多用于室内装饰,可用于宾馆、商店、公共建筑工程和制作各种卫生器具等。

第四节 建筑陶瓷

陶瓷是黏土原料在高温熔烧情况下经过一系列的物理化学变化后形成的坚硬物质。

建筑陶瓷是用于建筑物墙面、地面及卫生设备的陶瓷材料及制品。建筑陶瓷因其坚固耐久、色彩鲜明、防火防水、耐磨耐蚀、易清洗、维修费用低等优点,成为现代建筑工程的主要装饰材料之一。

一、陶瓷制品的分类与特征

陶瓷制品品种繁多,分类方法各异,最常用的分类方法有以下两种:

(1) 按用途分类,可分为日用陶瓷、艺术陶瓷、工业陶瓷三类。

(2) 按坯体质地和烧结程度分类,可分为陶质、炻质和瓷质三种。

陶质制品通常具有较大的吸水率(>10%),断面粗糙无光,不透明,敲之声音沙哑,有的施釉,有的无釉。由于原料中含有大量在焙烧过程中产生的气体,且熔剂性原料较少,形成了具有大量开口孔隙的多孔性坯体结构,故机械强度不高,吸水率大,吸湿膨胀也大,容易造成制品的后期龟裂,抗冻性也差。建筑陶瓷中陶质制品主要是釉面内墙砖,由于是墙砖,室内使用对机械强度要求不高,也不存在冻融问题。建筑琉璃制品由于件大体厚,采用可塑法成型,所以也属于陶器,但琉璃制品在寒冷地区室外极少使用。

瓷质制品的坯体致密,基本上不吸水(吸水率<0.5%),断面细腻呈贝壳状,有一定的半透明性,敲之声音清脆,通常施有釉层。由于瓷器中含有较高的玻璃相物质,所以透光性好,有较高的机械强度和耐化学侵蚀性。建筑陶瓷中瓷质制品主要有瓷质砖。

炻质制品是介于陶质制品与瓷质制品之间的一类制品,也称半瓷器,其吸水率介于1%~10%。炻器与陶器的区别在于陶器的坯体是多孔结构,而炻器坯体结构致密,达到了烧结程度。炻器与瓷器的区别主要在于炻器坯体多数带有颜色且无半透明性。炻器按其坯体致密程度分为粗炻器(吸水率4%~8%)和细炻器(吸水率1%~3%)。建筑装饰工程中所用的一些有色的外墙砖、地砖均属于粗炻器,一些无色的外墙面砖、地砖、有釉陶瓷锦砖属于细炻器。

二、常用建筑陶瓷制品

现代建筑装饰工程中应用的陶瓷制品,主要是陶瓷墙地砖、卫生陶瓷、琉璃制品等,尤以墙地砖用量最大。

1. 釉面内墙砖

釉面内墙砖（简称釉面砖）是用于建筑物内部墙面装饰的薄板状施釉精陶制品，习惯上称作瓷砖。因其釉面光泽度好，装饰手法丰富，色彩鲜艳，易于清洁、防火、防水、耐磨、耐腐蚀，被广泛用于建筑内墙装饰。几乎成为厨房、卫生间不可替代的装饰和维护材料。釉面砖按颜色可分为单色（含白色）、花色（各种装饰手法）和图案砖，按形状可分为正方形、长方形和异型砖。异型砖一般用于屋顶、底、角、边、沟等建筑内部转角的贴面。由于釉面砖的吸水率较大（>10%）属陶质产品，其质量需满足国家标准对釉面砖在尺寸偏差、外观质量、平整度及理化性能等方面的要求，并且根据其产品外现质量分为优等品、一等品和合格品三个等级。釉面砖坯体属多孔的陶质坯体，在长期与空气的接触中，特别是在潮湿的环境中使用，往往会吸收大量的水分而发生膨胀，而其外表面致密的玻璃质釉层吸湿膨胀量相对很小，这种坯体和釉层在应变应力上的不匹配，会导致釉面受拉应力而开裂，因此釉面砖不得用于室外。

2. 彩釉砖

彩釉砖是可用于外墙面与室内地面的有彩色釉面的炻质瓷砖。其产品按表面质量分为优等品、一等品、合格品三级。彩釉砖色彩图案丰富多样，表面光滑，且表面可制成压花浮雕画、纹点画，还可进行釉面装饰，因而具有优良的装饰性，适用于各类建筑的外墙面及地面装饰，用于地面时应考虑其耐磨类别的适应性，用于寒冷地区应选用吸水率小于3%的彩釉砖。

3. 劈离砖

劈离砖又称劈裂砖，是由于成型时为双砖背连坯体，烧成后再劈裂成两块砖而得名，是近年来开发的新型建筑陶瓷制品，适用于各类建筑物的外墙装饰和楼堂馆所、车站、候车室、餐厅等人流密集场所的室内地面铺设。厚砖（厚度13 mm）适用于广场、公园、停车场、走廊、人行道等露天场所的地面铺设。劈离砖的特点在于它兼有普通黏土砖和彩釉砖的特性，即由于制品内部结构特征类似黏土砖，故其具有一定的强度，抗冲击性好，防潮、防腐、耐磨、耐滑；具有良好的抗冻性和可黏结性，而且其表面可以施釉，故又具有一般压制成型的彩釉墙地砖的装饰效果和可清洗性。

复 习 思 考 题

1. 玻璃的基本性质有哪些？
2. 安全玻璃有哪些品种？
3. 热反射玻璃和吸热玻璃有何不同？
4. 简述建筑涂料的组成成分和它们所起的作用？
5. 常用建筑涂料有哪些？试简述其特性及用途。
6. 岩石按地质形成条件分为哪几类？其特性各有哪些？
7. 选择天然石材应考虑哪些原则？为什么？
8. 为什么天然大理石板材一般不宜用于室外装饰？
9. 试比较内墙面砖、外墙面砖和劈离砖的性质特点和主要用途，它们与坯体种类关系如何？

第十二章 绝热材料与吸声材料

绝热材料与吸声材料都属于功能材料。建筑物选用适当的绝热材料,一方面是保证室内有适宜的温度,为人们构筑一个温暖(或凉爽)、舒适的环境;另一方面是为减少建筑物的采暖和空调能耗以节约能源。采用吸声材料是为了改善室内音质效果,减少噪声污染。绝热材料和吸声材料以改善工作和居住环境,提高生活质量为目的。

第一节 绝 热 材 料

绝热材料指对热流具有显著阻抗性的材料或材料复合体,是保温材料和隔热材料的总称。保温即防止室内热量的散失,而隔热是防止外部热量的进入。在建筑工程中,对于处于寒冷地区的建筑物,为保持室内温度的恒定、减少热量的损失,要求围护结构具有良好的保温性能,而对于炎热夏季使用空调的建筑物则要求围护结构具有良好的隔热性能。

一、绝热材料的作用原理

在理解材料绝热原理之前,先了解传热的原理。传热是指热量从高温区向低温区的自发流动,是一种由于温差而引起的能量转移。在自然界中,无论是在一种介质内部,还是在两种介质之间,只要有温差存在,就会出现传热过程。传热的方式有三种:导热、对流和热辐射。"导热"是依靠物体内各部分直接接触的物质质点(分子、原子、自由电子)等作热运动而引起的热能传递过程;"对流"是指较热的液体或气体因遇热膨胀而密度减小从而上升,冷的液体或气体就会补充过来,形成分子的循环流动,这样热量就从高温的地方通过分子的相对位移,转向低温的地方;"热辐射"是依靠物体表面对外发射电磁波而传递热量的现象,高温物体辐射给低温物体的能量大于低温物体辐射给高温物体的能量,其结果为热从高温物体传递给低温物体。因此,要实现绝热必须使材料表观密度降到极其小,对流弱到极其小,热辐射降到极其小。

在实际的传热过程中,往往同时存在着两种或三种传热方式。建筑材料的传热主要是靠导热,由于建筑材料内部孔隙中含有空气和水分,所以同时还有对流和热辐射存在,只是对流和热辐射所占比例较小。

衡量材料导热能力的主要指标是导热系数 λ,λ 的物理意义是在稳定传热条件下,当材料层单位厚度内的温差为 1 K 时，在单位时间内通过单位表面积的热量，其单位为 W/(m·K)；λ 值越小，材料的导热能力越差，而保温隔热性能越好。对绝热材料的基本要求是导热系数小于 0.23 W/(m·K)，表观密度小于 1 000 kg/m³，抗压强度大于 0.3 MPa。

二、影响材料导热系数大小的主要因素

1. 材料的化学组成及分子结构

不同化学成分的材料其导热系数有很大的差异，通常金属导热系数最大，其次为非金属，液体较小，而气体则更小。化学成分相同但具有不同分子结构的材料，其导热系数也不一样。一般结晶结构的材料导热系数最大，微晶体结构次之，玻璃体结构最小。但对于多孔绝热材料而言，由于孔隙率高，气体的导热系数起着主要作用，因而固体部分无论是晶态或玻璃态对热导系数影响都较小。

2. 材料的表观密度和孔隙特征

由于固体物质的导热系数要比空气的导热系数大很多，因此，表观密度小的材料孔隙率大，其导热系数也较小。当孔隙率相同时，孔隙尺寸小而封闭的材料，由于空气热对流作用的减弱，因而比孔隙尺寸粗大且连通者具有更小的导热系数。

3. 材料所处环境的温度、湿度

当材料受潮后，由于孔隙中增加了水蒸气的扩散和水分子的热传导作用，致使材料导热系数增大 [$\lambda_{水}$ = 0.58 W/(m·K)，$\lambda_{空气}$ = 0.023 W/(m·K)，水的导热系数比空气大 20 多倍]；而当材料受冻后，水变成冰，其导热系数将更大 [$\lambda_{冰}$ = 2.33 W/(m·K)]。因而绝热材料使用时切忌受潮受冻。当温度升高时，材料固体分子的热运动增强，同时材料孔隙中空气的导热和孔壁间的辐射作用也有所增强，材料的导热系数将随温度的升高而增大。但是，当温度在 0~50 °C 范围内变化时，这种影响并不显著，只有处于高温或负温下，才考虑温度的影响。

4. 热流方向的影响

材料如果是各向异性的，如木材等纤维质材料，当热流平行于纤维延伸方向时，受到的阻力小，而热流垂直于纤维延伸方向时受到的阻力最大。如松木，当热流垂直于木纹时，λ = 0.175 W/(m·K)，而当热流平行于木纹时，则 λ = 0.349 W/(m·K)。

在评价材料绝热性能时，除了上述的导热系数 λ 外，还有以下指标：

（1）热阻 R [(m²·K)/W]。热阻说明保温隔热材料抵抗热流通过的能力，即热流通过时所遇阻力。同样温度条件下，热阻越大，通过保温材料的热量越少。

（2）导温系数 α（m²/s）。导温系数（也称热扩散率）$\alpha = \lambda/(c\rho_0)$，说明材料在不稳定的热作用下，内部温度变化的速度与材料的导热系数成正比，与热容量成反比。导温系数大，表示物体内部温度均匀一致的能力愈大，材料内部温度传播的速度愈快。

（3）蓄热系数 S [W/(m²·K)]。蓄热系数是衡量保温隔热材料储热能力的重要指标。蓄热系数大的材料，蓄热性能好，热稳定性相应也较好。

三、常用的绝热材料

绝热材料按其化学组成,可分为无机、有机、复合三大类型。

无机绝热材料是用矿物质原材料制成的,常呈纤维状、松散粒状和多孔状,可制成板、片、卷材或有套管型制品。有机绝热材料是用有机原材料(各种树脂、软木、木丝、刨花等)制成。一般说来,无机绝热材料的表观密度大,不易腐蚀,耐高温;而有机绝热材料吸湿性大,不耐久,不耐高温,只能用于低温绝热。

(一)无机保温隔热材料

1. 石棉及其制品

石棉为常见的保温隔热材料,是一种纤维状无机结晶材料,石棉纤维具有极高的抗拉强度,并具有耐高温、耐腐蚀、绝热、绝缘等优良特性,是一种优质绝热材料。通常将其加工成石棉粉、石棉板、石棉毡等制品,用于热表面绝热及防火覆盖。

2. 矿棉及其制品

岩棉和矿渣棉统称为矿棉。岩棉是由玄武岩、火山岩等矿物在冲天炉或电炉中熔化后,用压缩空气喷吹法或离心法制成;矿渣棉是以工业废料矿渣为主要原料,熔融后,用高速离心法或压缩空气喷吹法制成的一种棉丝状的纤维材料。矿棉具有质轻、不燃、绝热和电绝缘等性能,且原料来源广,成本较低,可制成矿棉板、矿棉保温带、矿棉管壳等。

矿棉用于建筑保温大体可包括墙体保温、屋面保温和地面保温等几个方面。其中墙体保温最为重要,可采用现场复合墙体和工厂预制复合墙体两种形式。矿棉复合墙体的推广对我国尤其是三北地区的建筑节能具有重要的意义。

3. 膨胀珍珠岩及其制品

珍珠岩是一种酸性火山玻璃质岩石,内部含有 3%~6%的结合水,当受高温作用时,玻璃质由固态软化为黏稠状态,内部水则由液态变为一定压力的水蒸气向外扩散,使黏稠的玻璃质不断膨胀,当迅速冷却达到软化温度以下时就形成一种多孔结构的物质,称为膨胀珍珠岩。其具有表观密度轻、导热系数低、化学稳定性好、使用温度范围广、吸湿能力小,且无毒、无味、吸声等特点,占我国保温材料年产量的一半左右,是国内使用最为广泛的一类轻质保温材料。

4. 膨胀蛭石及其制品

膨胀蛭石是由天然矿物——蛭石,经烘干、破碎、焙烧(850~1 000 ℃),在短时间内体积急剧膨胀(6~20 倍)而成的一种金黄色或灰白色的颗粒状材料,具有表观密度小、导热系数小、防火、防腐、化学性能稳定、无毒无味等特点,因而是一种优良的保温、隔热建筑材料。在建筑领域内,膨胀蛭石的应用方式和方法与膨胀珍珠岩相同,除用作保温绝热填充材料外,还可用胶结材料将膨胀蛭石胶结在一起制成膨胀蛭石制品,如水泥膨胀蛭石制品、水玻璃膨胀蛭石制品等。

5. 泡沫玻璃

泡沫玻璃是以天然玻璃或人工玻璃碎料和发泡剂配制成的混合物,经高温煅烧而得到的一种内部多孔的块状绝热材料。玻璃质原料在加热软化或熔融冷却时,具有很高的黏度,此时引入发泡剂,体系内有气体产生,使黏流体发生膨胀,冷却固化后,便形成微孔结构。泡沫玻璃具有均匀的微孔结构,孔隙率高达 80%~90%,且多为封闭气孔,因此,具有良好的防水抗渗性、不透气性、耐热性、抗冻性、防火性和耐腐蚀性。大多数绝热材料都具有吸水透湿性,随着时间的增长,其绝热效果也会降低,而泡沫玻璃的导热系数则长期稳定,不因环境影响发生改变。实践证明,泡沫玻璃在使用 20 年后,其性能没有任何改变。同时,其使用温度较宽,其工作温度一般在 -200~430 ℃,这也是其他材料无法替代的。

6. 玻璃棉及其制品

玻璃棉是以石灰石、萤石等天然矿物和岩石为主要原料,在玻璃窑炉中熔化后,经喷制而成的。建筑业中常用的玻璃棉分为两种,即普通玻璃棉和超细玻璃棉。普通玻璃棉的纤维长度一般为 50~150 mm,直径为 12 μm,而超细玻璃棉细得多,一般在 4 μm 以下,其外观洁白如棉,可用来制作玻璃棉毡、玻璃棉板、玻璃棉套管及一些异型制品。我国的玻璃棉制品较少应用于建筑保温,主要原因是生产成本较高,在较长一段时间内,建筑保温仍会以矿棉及其他保温材料为主体。

(二)有机保温绝热材料

1. 泡沫塑料

泡沫塑料是高分子化合物或聚合物的一种,以各种树脂为基料,加入各种辅助料经加热发泡制得的轻质、保温、隔热、吸声、防震材料。由于这类材料造价高,且具有可燃性,因此应用上受到一定的限制。今后随着这类材料性能的改善,将向着高效、多功能方向发展。

2. 碳化软木板和植物纤维复合板

碳化软木板是以一种软木橡树的外皮为原料,经适当破碎后再在模型中成型,在 300 ℃ 左右热处理而成。由于软木树皮层中含有无数树脂包含的气泡,所以成为理想的保温、绝热、吸声材料,且具有不透水、无味无毒等特性,并且有弹性,柔和耐用,不起火焰只能阴燃。

植物纤维复合板是以植物纤维为主要材料加入胶结料和填料而制成。如木丝板是以木材下脚料制成的木丝,加入硅酸钠溶液及普通硅酸盐水泥混合,经成型、冷压、养护、干燥而制成。甘蔗板是以甘蔗渣为原料,经过蒸制、加压、干燥等工序制成的一种轻质、吸声、保温材料。

(三)反射型保温绝热材料

我国建筑工程的保温绝热,目前普遍采用的是利用多孔保温材料和在围护结构中设置普通空气层的方法来解决。但在围护结构较薄的情况下,仅利用上述方法来解决保温隔热问题是较为困难的,反射型保温绝热材料为解决上述问题提供了一条新途径。如铝箔波形纸保温隔热板,它是以波形纸板为基层,铝箔作为面层经加工而制成的,具有保温隔热性能、防潮性能,吸声效果好,且质量轻、成本低,可固定在钢筋混凝土屋面板下及木屋架下作保温隔热天棚用,也可以设置在复合墙体内,作为冷藏室、恒温室及其他类似房间的保温隔热墙体使用。

第二节 吸声材料

一、吸声材料的作用原理和基本要求

声音起源于物体的振动,发出声音的发声体称为声源。当声源振动时,使邻近空气随之振动并产生声波,通过空气介质向周围传播。当声波入射到建筑构件(如墙、顶棚)时,声能的一部分被反射,一部分穿透,还有一部分由于构件的振动或声音在其内部传播时介质的摩擦或热传导而被损耗,通常称为材料的吸收。如图 12.1 所示,单位时间内入射到构件上的总声能为 E_o,反射声能为 E_r,透过构件的声能为 E_t,通常把材料吸收的能量($E_a + E_t$)与全部声能的比值称为材料的吸声系数,用 α 表示,其表达式为

$$\alpha = \frac{E_a + E_t}{E_o}$$

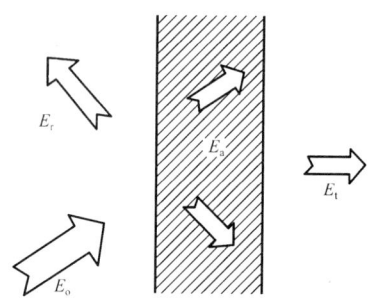

图 12.1 声能的反射、透射和吸收

材料的吸声性能除与声波方向有关外,还与声波的频率有着密切的关系,同一种材料对高、中、低不同频率声波的吸声系数有着较大的差异,故不能按同一频率的吸声系数来评定材料的吸声性能。为了全面地反映材料的吸声频率特性,工程上通常认为对 125 Hz, 250 Hz, 500 Hz, 1 000 Hz, 2 000 Hz, 4 000 Hz 六个频率的平均吸声系数大于 0.2 的材料,称为吸声材料。

一般来讲,坚硬光滑、结构紧密的材料吸声能力差,反射能力强,如水磨石、大理石、混凝土、水泥粉刷墙面等;粗糙松软、具有互相贯穿内外微孔的多孔材料吸声能力好,反射性能差,如玻璃棉、矿棉、泡沫塑料、木丝板、半穿孔吸声装饰纤维板和微孔砖等。

二、影响多孔性材料吸声性能的因素

1. 材料内部孔隙率及孔隙特征

一般说来,相互连通的细小开放性孔隙的吸声效果好,而粗大孔、封闭的微孔对吸声性能是不利的,这与保温绝热材料有着完全不同的要求,同样都是多孔材料,保温绝热材料要求必须是封闭的不相连通的孔。

2. 材料的厚度

增加材料的厚度,可提高材料的吸声系数,但厚度对高频声波吸声系数的影响并不显著,因而为提高材料的吸声能力盲目增加材料的厚度是不可取的。

3. 材料背后的空气层

空气层相当于增加了材料的有效厚度,因此它的吸声性能一般来说随空气层厚度增加而提高,特别是改善对低频的吸收,它比增加材料厚度来提高低频的吸声效果更有效。

4. 温度和湿度的影响

温度对材料的吸声性能影响并不很显著，温度的影响主要改变入射声波的波长，使材料的吸声系数产生相应的改变。

湿度对多孔材料的影响主要表现在多孔材料容易吸湿变形，滋生微生物，从而堵塞孔洞，使材料的吸声性能降低。

三、常用吸声材料

1. 多孔吸声材料

多孔吸声材料的构造特征是：材料从表到里具有大量内外连通的微小间隙和连续气泡，有一定的通气性。这些结构特征和隔热材料的结构特征有区别，隔热材料要求封闭的微孔。当声波入射到多孔材料表面时，声波顺着微孔进入材料内部，引起孔隙内的空气振动，由于空气与孔壁的摩擦，空气的黏滞阻力使振动空气的动能不断转化成微孔热能，从而使声能衰减。在空气绝热压缩时，空气与孔壁间不断发生热交换，由于热传导的作用，也会使声能转化为热能。

凡是符合多孔吸声材料构造特征的，都可以当成多孔吸声材料来利用。目前，市场上出售的多孔吸声材料品种很多。有呈松散状的超细玻璃棉、矿棉、海草、麻绒等；有的已加工成毡状或板状材料，如玻璃棉毡、半穿孔吸声装饰纤维板、软质木纤维板、木丝板；另外还有微孔吸声砖、矿渣膨胀珍珠岩吸声砖、泡沫玻璃等。

2. 薄膜、薄板共振吸声结构

薄膜、薄板共振吸声结构，是由皮革、人造革、塑料薄膜等材料因具有不透气、柔软、受张拉时有弹性等特点，将其固定在框架上，背后留有一定的空气层，即构成薄膜共振吸声结构。某些薄板固定在框架上后，也能与其后面的空气层构成薄板共振吸声结构，当声波入射到薄膜、薄板结构时，声波的频率与薄膜、薄板的固有频率接近时，膜、板产生剧烈振动，由于膜、板内部和龙骨间摩擦损耗，使声能转变为机械运动，最后转变为热能，从而达到吸声的目的。由于低频声波比高频声波容易使薄膜、薄板产生振动，所以薄膜、薄板吸声结构是一种很有效的低频吸声结构。

3. 共振吸声结构

共振吸声结构又称共振器，它形似一个瓶子，结构中间封闭有一定体积的空腔，并通过有一定深度的小孔与声场相联系。受外力激荡时，空腔内的空气会按一定的共振频率振动，此时开口颈部的空气分子在声波作用下，像活塞一样往复振动，因摩擦而消耗声能，起到吸声的效果。如腔口蒙一层细布或疏松的棉絮，可有助于加宽吸声频率范围和提高吸声量。也可同时用几种不同共振频率的共振器，加宽和提高共振频率范围内的吸声量。共振吸声结构在厅堂建筑中应用极广。

4. 穿孔板组合共振吸声结构

在各种穿孔板、狭缝板背后设置空气形成吸声结构，也属于空腔共振吸声结构，其原理同共振器相似，它们相当于若干个共振器并列在一起，这类结构取材方便，并有较好的装饰效果，所以使用广泛。穿孔板具有适合于中频的吸声特性。穿孔板还受其板厚、孔径、穿孔率、孔距、背后空气层厚度的影响，它们会改变穿孔板的主要吸声频率范围和共振频率。若穿孔板背后空气层还填有多孔吸声材料的话，则吸声效果更好。

5. 帘　幕

纺织品中除了帆布一类因流阻很大、透气性差而具有膜状材料的性质以外，大都具有多孔材料的吸声性能，只是由于它的厚度一般较薄，仅靠纺织品本身作为吸声材料使用得不到大的吸声效果。如果帘幕、窗帘等离开墙面和窗玻璃有一定的距离，恰如多孔材料背后设置了空气层，尽管没有完全封闭，对高中频甚至低频的声波都具有一定的吸声作用。

6. 空间吸声体

空间吸声体是一种悬挂于室内的吸声结构。它与一般吸声结构的区别在于：它不是与顶棚、墙体等壁面组成吸声结构，而是自成体系。空间吸声体常用形式有平板状、圆柱状、圆锥状等，它可以根据不同的使用场合和具体条件，因地制宜地设计成各种形状，既能获得良好的声学效果，又能获得建筑艺术效果。

四、隔声材料

能减弱或隔断声波传递的材料称为隔声材料。人们要隔绝的声音按其传播途径可分空气声（由于空气的振动）和固体声（由于固体撞击或振动）两种。两者隔声的原理不同。

对空气声的隔绝，主要是依据声学中的"质量定律"，即材料的密度越大，越不易受声波作用而产生振动，因此，其声波通过材料传递的速度迅速减小，其隔声效果越好。因此，应选择密实、沉重的材料（如黏土砖、钢板、钢筋混凝土等）作为隔声材料。而吸声性能好的材料，一般为轻质、疏松、多孔材料，不宜用作隔声材料。

对固体声隔绝的最有效措施是断绝其声波继续传递的途径，即在产生和传递固体声波的结构（如梁、框架与楼板、隔墙，以及它们的交接处等）层中加入具有一定弹性的衬垫材料，如软木、橡胶、毛毡、地毯或设置空气隔离层等，以阻止或减弱固体声波的继续传播。

复 习 思 考 题

1. 何谓绝热材料？评定绝热材料绝热性好坏的指标是什么？
2. 何谓材料的热导率？影响材料热导率大小的因素有哪些？
3. 为什么绝热材料总是轻质的？为什么使用时一定要注意防潮？
4. 试列举几种常用的绝热材料，并指出它们各自的用处。
5. 何谓吸声材料？何谓材料的吸声系数？
6. 影响多孔吸声材料吸声性能的因素有哪些？
7. 绝热材料与吸声材料在内部构造特征上有什么区别？
8. 简述吸声材料与隔声材料有何区别？试述隔绝空气声和固体撞击传声的处理原则。
9. 试列举几种常用的吸声材料和吸声结构。

建筑材料试验

试验一 材料的基本性质试验

材料的基本性质主要有物理性质、力学性质和耐久性质等。虽然不同的材料由于其组成、结构和构造有所差异以及工程上对其要求不尽相同,而有不同的试验方法和侧重的试验项目,但试验的基本原理是一致的。这里参照《公路工程岩石试验规程》(JTG E41—2005),以天然石料的常规试验为例,说明材料的一些基本性质试验的原理和方法。本试验内容包括材料的密度、表观密度、吸水率、饱水率、抗压强度以及坚固性等六项基本性质。

一、密度试验(李氏密度瓶法)

(一)试验目的和意义

材料的密度是指材料在绝对密实状态下单位体积的干燥质量,其值大小取决于材料的组成和结构。通过密度的测定可大致判断材料的各种性质,密度值是计算材料孔隙率的依据。

(二)试验原理

材料的绝对密实体积是指不包括内部孔隙的固体实体积。测定时将材料磨细,可暴露出这些微小的内部孔隙,试样磨得越细,试验结果越精确。试验时根据排液法测得材料的固体实体积。试验中应采用不能使所测材料发生溶解或与材料发生化学反应的液体作为试验介质。

(三)主要仪器与设备

李氏密度瓶(容积 220~250 mL)、天平(感量 0.001 g)、瓷皿、烘箱、恒温水槽、干燥器、筛子(孔径 0.25 mm 的圆孔筛)、温度计、球磨机、研钵。

(四)试样制备

取代表性岩石试样进行初碎,再置于球磨机中进一步磨碎,然后用研钵研细,使之全部磨细成能通过 0.25 mm 筛孔的石粉。将制备好的石粉放在瓷皿中,置于温度为 105~110 ℃的烘箱中,烘至恒量,烘干时间一般为 6~12 h,然后再置于干燥器中冷却至室温(20±2)℃备用。

（五）试验步骤

（1）将抽去空气的煤油注入李氏密度瓶中至零点刻度线以上，并读取初始读数（以弯液面的下部为准），再将李氏密度瓶置于（20±2）°C 的恒温水槽内，使刻度部分浸入水中，恒温 0.5 h，记下第一次读数 V_1（准确至 0.05 mL）。

（2）从恒温水槽中取出李氏密度瓶，用滤纸将李氏密度瓶内零点起始读数以上的没有煤油的部分仔细擦净。

（3）准确称出冷却后的瓷皿加石粉的合质量 m_1（精确至 0.001 g），用牛骨匙小心地将石粉通过漏斗装入瓶中，使液面上升至 20 mL 刻度处（或略高于 20 mL 刻度处），在倾注时注意勿使石粉黏附于液面以上的瓶颈内壁上。摇动李氏密度瓶，排除其中的空气，再放入恒温水槽中，在相同温度下（与第一次读数时的温度相同）恒温 0.5 h，记下第二次读数 V_2（准确至 0.05 mL）。

（4）准确称出瓷皿加剩余石粉的合质量 m_2（精确至 0.001 g）。

（六）试验数据处理

用下式计算石粉的密度 ρ（精确至 0.01 g/cm³）：

$$\rho = \frac{m}{V}$$

式中　m——装入瓶中试样的干燥质量（g），$m = m_1 - m_2$；
　　　V——装入瓶中试样的固体体积（cm³），$V = V_2 - V_1$。

以两次试验结果的算术平均值作为测定值，如两次试验结果之差大于 0.02 g/cm³ 时，应重新取样进行试验。

二、表观密度试验（静水称量法）

（一）试验目的和意义

材料的表观密度是指块体材料在自然状态下单位体积的干燥质量。其值大小除了取决于材料密度外，还与材料的内部构造致密程度有关。材料表观密度是影响强度、耐久性、吸水性和吸湿性等的重要因素，表观密度值是计算材料孔隙率和空隙率的依据。

（二）试验原理

材料的表观体积是指包括全部孔隙和固体体积的总体积，试验时利用液体介质充满材料的外孔至饱和面干状态，此时固体体积、内孔体积和外孔（孔中液体）体积三者之和即为表观体积，然后用排液法测定该体积，试验中采用的液体应不能使材料产生溶解或发生化学反应。

（三）主要仪器与设备

天平（称量 500 g、感量 0.01 g）、烘箱、干燥器、静水力学天平、平衡盘、吊钩、吊网、盛水容器、切石机、钻石机、磨平机及小锤等。

（四）试样制备

将石料试样锤打成粒径约 50 mm 的不规则形状试件至少三块，或将石料试样制成边长为（50±2）mm 的立方体试件[或直径与高均为（50±2）mm 的圆柱体试件]三个，冲洗干净，注明编号备用。

（五）试验步骤

（1）将试件放入烘箱，在 105～110 ℃ 条件下烘至恒量，烘干时间一般为 12～24 h，取出试件置于干燥器内冷却至室温。

（2）从干燥器内取出试样，放在天平上称量出试件干燥质量 m（精确至 0.01 g）。

（3）将称量后的试件置于盛水容器内，先注水至试件高度的 1/4 处，以后每隔 2 h 分别注水至试件高度的 1/2 和 3/4 处，6 h 后将水加至高出试件顶面 20 mm 以上，以利于试件内空气逸出。试件全部被水淹没后再自由吸水 48 h。

（4）取出浸水试件，用湿纱布擦去试件表面水分，立即称其在空气中的质量 m_1（精确至 0.01 g）。

（5）在静水力学天平上称得吸水饱和面干试件在水中的质量 m_2（精确至 0.01 g）。

（六）试验数据处理

石料表观密度 ρ_0 按下式计算（精确至 0.01 g/cm³）：

$$\rho_0 = \frac{m}{V_0}$$

其中

$$V_0 = \frac{m_1 - m_2}{\rho_w}$$

式中　m——干燥状态试件质量（g）；
　　　V_0——试件的表观体积（cm³）；
　　　m_1——饱和面干试件在空气中的质量（g）；
　　　m_2——饱和面干试件在水中的质量（g）；
　　　ρ_w——水的密度（g/cm³）。

组织均匀的岩石，其表观密度为三个试件测得结果的平均值；组织不均匀的岩石，表观密度应记录最大与最小值。

注意：对于规则几何形状的试件，可采用量积法测定其表观密度。例如立方体试件，可用卡尺测量试件尺寸，精确至 0.1 mm。正立方体的长、宽、高均要在每个面的上、中、下三个部位进行测量，以三次测量的算术平均值作为测量结果；圆柱体的上、中、下三个截面则沿互相垂直的直径方向测量直径六次，再在互相垂直的直径与圆周交点处测量高度四次，按以上量得的直径和高度的算术平均值计算其表观体积。试件烘干后的质量除以其相应的表观体积，即得试件表观密度。

三、吸水率试验

(一)试验目的和意义

材料的吸水率是指在常温和常压条件下,材料在水中吸水至饱和面干状态时的含水率。其值大小取决于材料的亲水程度和孔隙构造特征。一般情况下,吸水率大的材料孔隙率较大,强度较低,耐久性较差,耐水性较差。通过吸水率的测定可大致判断材料的各种性质。

(二)试验原理

材料的孔隙包括开口孔隙和闭口孔隙,开口孔隙又分为开口宽孔隙和窄孔隙,在常温、常压条件下,水只能进入开口宽孔隙,故吸水率值的大小仅反映了开口宽孔隙的数量。

(三)主要仪器与设备

切石机、钻石机、磨平机及小锤、天平(感量0.01g)、烘箱、干燥器、盛水容器等。

(四)试样制备

将石料试样制成直径和高均为(50±2)mm 的圆柱体或边长为(50±2)mm 的正立方体试件。如采用不规则试件,其边长或直径为 40~50 mm 的浑圆形岩块,每组试件至少三个。石质组织不均匀的,每组试件不少于五个。用毛刷将试件洗涤干净,并用不易被水浸褪掉的颜料标号。对有裂纹的试件应弃之不用。

(五)试验步骤

(1)将试件放入温度为 105~110 ℃ 的烘箱内烘至恒量,烘干时间一般为 12~24 h。取出置于干燥器内冷却至室温(20±2)℃,称其质量 m(精确至 0.01 g)。

(2)将称量后的试件置于盛水容器内,先注水至试件高度的 1/4 处,以后每隔 2 h 分别注水至试件高度的 1/2 和 3/4 处,6 h 后将水加至高出试件顶面 20 mm 以上,以利于试件空气逸出。试件全部被水淹没后再自由吸水 48 h。

(3)取出浸水试件,用湿纱布擦去试件表面水分,立即称其质量 m_1(精确至 0.01 g)。

(六)试验数据处理

用下列公式计算石料的质量吸水率 β 和体积吸水率 β'(精确至 0.01%):

$$\beta = \frac{m_1 - m}{m} \times 100\%$$

$$\beta' = \frac{m_1 - m}{V_0} \cdot \frac{1}{\rho_w} \times 100\%$$

式中　m_1——试件吸水饱和面干时的质量(g);

　　　m——试件干燥状态时的质量(g);

　　　V_0——试件的表观体积(cm³)。

组织均匀的试件，取三个试件试验结果的平均值作为测定值；组织不均匀的试件，则取五个试件试验结果的平均值作为测定值。

四、饱水率试验（真空法）

（一）试验目的和意义

材料的饱水率是指在常温 (20±2) ℃ 和真空（真空度为 100 kPa）条件下，在水中吸水至饱和面干状态时的含水率。测定饱水率可判断材料的孔隙构造，饱水率值大小影响材料的强度、抗渗性、抗冻性和耐水性等。

（二）试验原理

在常温、常压条件下，材料在水中吸入的水可将开口宽孔隙中空气排除并充满其中，但同时也将部分空气挤入开口窄孔隙内，此时窄开口孔隙中空气压力增大，因此常压下水不能进入开口窄孔隙。在真空压力差作用下，开口窄孔隙中的空气以气泡形式被逐渐排除，而在开口窄孔隙中形成真空，当真空机停止工作时，在材料中形成外高内低的压强梯度，在其作用下水逐渐进入开口窄孔隙内并最终将其充满。试验测出的饱水率反映了全部开口孔隙的数量。材料体积吸水率与体积饱水率之比称为饱水系数，饱水系数越大，表示开口宽孔隙数量越多。

（三）主要仪器与设备

天平（感量 0.01 g）、烘箱、干燥器、真空干燥器、抽气机、水银压力计、净气瓶、切石机、钻石机、毛刷及小锤。

（四）试样制备

将石料试样制成直径和高均为 50 mm 的圆柱体或边长为 50 mm 的正立方体试件；如采用不规则试件，其边长或直径为 40 ~ 50 mm 的浑圆形岩块，每组试件至少三个。石质组织不均匀的，每组试件不少于五个。用毛刷将试件洗涤干净，并用不易被水浸褪掉的颜料标号。对有裂纹的试件应弃之不用。

（五）试验步骤

（1）将试件放入温度为 105 ~ 110 ℃ 的烘箱内烘至恒量，烘干时间一般为 12 ~ 24 h，取出置于干燥器内冷却至室温，称其质量 m_1（精确至 0.01 g）。

（2）将称量后的试件置于真空干燥器中，注入清水，水面高出试件顶面 20 mm 以上，开动抽气机，产生 100 kPa 的真空，保持此真空状态直至无气泡发生时为止（不少于 4 h）。关上抽气机，在水中保持试件 4 h。拧开真空干燥器的开关，取出试件，用湿纱布擦去表面水分立即称其质量 m_2（精确至 0.01 g）。

（六）试验数据处理

用下列公式计算石料的质量饱水率和体积饱水率（精确至 0.01%）：

$$\beta_{饱} = \frac{m_2 - m_1}{m_1} \times 100\%$$

$$\beta'_{饱} = \frac{m_2 - m_1}{V_0} \cdot \frac{1}{\rho_w} \times 100\%$$

式中　$\beta_{饱}$、$\beta'_{饱}$ ——石料的质量饱水率和体积饱水率（%）；
　　　m_1——试件在干燥状态下的质量（g）；
　　　m_2——试件在常温(20±2)℃、真空（100 kPa）条件下在水中吸水至饱和面干状态时的质量（g）；
　　　V_0——试件的表观体积（cm³）；
　　　ρ_w——水的密度（g/cm³）。

用下式计算石料的饱水系数（精确至 0.01）：

$$K_{饱} = \frac{\beta'}{\beta'_{饱}}$$

式中　$K_{饱}$——石料的饱水系数；
　　　β'——石料的体积吸水率。

组织均匀的试件，取三个试件试验结果的平均值作为测定值；组织不均匀的，则取五个试件试验结果的平均值作为测定值。

五、干燥、饱水试件抗压强度试验

（一）试验目的和意义

材料在压缩状态下抵抗破坏的能力称为抗压强度。它是衡量材料力学性能的主要指标之一。对于脆性材料，如石料、混凝土等，其抗压强度是划分等级的主要依据。

（二）试验原理

压力试验机通过上下承压钢板对材料施加均匀、连续的静压面荷载，在极限荷载作用下，材料丧失抵抗能力而破坏。材料的强度除了取决于其组成、结构与构造外，还和试验方法与条件、加荷速度、试件形状与尺寸、表面平整度、含水状态等有关。吸水饱和的材料，孔隙中水在外部压力作用下会产生对孔壁侧面的挤压力（楔子作用），从而使裂缝扩展，导致强度降低。

（三）主要仪器与设备

压力试验机、游标卡尺（精度 0.1 mm）、切石机或钻石机、磨平机、角尺及水池等。
注意：压力机吨位的选择应视试件的破坏荷载的大小而定。一般试件的破坏荷载宜大于压力机最大吨位的 20%、小于最大吨位的 80%，所测结果较为准确。

（四）试样制备

用切石机或钻石机从岩石试样或岩芯中制取边长为（50±2）mm 的正立方体或直径与高均为（50±2）mm 的圆柱体试件，每组试件为 6 个。有显著层理的岩石，分别沿平行和垂直层理的方向各取试件 6 个。试件上、下端面应平行和磨平。试件端面的平面度公差应小于 0.05 mm，端面对于试件轴线垂直度偏差不应超过 0.25°。

（五）试验步骤

1. 干燥试件抗压强度测定

（1）用游标卡尺量取试件尺寸（精确至 0.1 mm），对立方体试件在顶面和底面上各量取其边长，以各个面上相互平行的两个边长的算术平均值计算其承压面积；对于圆柱体试件在顶面和底面分别测量两个相互正交的直径，并以其各自的算术平均值分别计算底面和顶面的面积，取其顶面和底面面积的算术平均值作为计算抗压强度所用的截面积。

（2）将试件放入温度为 105~110 °C 的烘箱内烘至恒量。取出置于干燥器内冷却至室温。

（3）将压力机的上、下承压板和试件受荷表面擦拭干净，并将试件放在下压板的中央。注意天然石料试件的层理方向和受力方向，并在试验报告中加以注明。

（4）以 0.5~1.0 MPa/s 的速度均匀加荷，直至试件破坏为止，并记录破坏荷载 P(N)。

2. 饱水试件抗压强度测定

（1）用游标卡尺量取试件尺寸（精确至 0.1 mm）。试验方法同干燥试件抗压强度测定的步骤（1）。

（2）将试件置于盛水容器内，先注水至试件高度的 1/4 处，以后每隔 2 h 分别注水至试件高度的 1/2 和 3/4 处，6 h 后将水加至高出试件顶面 20 mm 以上，以利试件内空气逸出。试件全部被水淹没后再自由吸水 48 h。

（3）取出试样并用湿纱布擦干表面，置于压力机上进行抗压强度测定。测定方法同干燥试件抗压强度测定的步骤（3）、（4）。

（六）试验数据处理

石料的干燥试件抗压强度 $f_干$ 和饱水试件抗压强度 $f_饱$ 按下式计算（精确至 0.1 MPa）：

$$f_干 = \frac{P}{A}, \qquad f_饱 = \frac{P_饱}{A}$$

式中　　P、$P_饱$——干燥试件和饱水试件抗压极限破坏荷载（N）；

　　　　A——试件的受压面积（mm²）。

取六个试件试验结果的算术平均值作为抗压强度测定值，并应同时列出每个试件的试验值。有显著层理的岩石取垂直和平行层理方向的两种试件强度各自的平均值作为试验结果。

石料的软化系数 $K_饱$ 按下式计算（精确至 0.01）：

$$K_{饱} = \frac{f_{饱}}{f_{干}}$$

软化系数 $K_{饱}$ 按 3 个试件平行测定，取平均值作为试验结果。

六、坚固性试验（硫酸钠侵蚀法）

（一）试验目的和意义

材料的坚固性是指材料在气候变化、外力或其他各种物理、风化因素作用下抵抗碎裂的能力。坚固性试验是确定材料经饱和硫酸钠溶液多次浸泡与烘干循环后而不发生显著破坏或强度降低的性能，是间接测定材料抗冻性、盐类循环结晶破坏等的一种简易方法。

（二）试验原理

在温度变化和干湿循环作用下，硫酸钠溶液在材料开口孔隙中结晶和溶解，在孔隙周壁产生结晶膨胀应力的变化，最终会形成材料局部表面的盐类循环结晶破坏，其破坏程度由试验结束后的材料质量损失率来定量确定。

（三）主要仪器与设备

天平（感量 0.01 g）、烘箱、瓷或玻璃或釉盛器、放大镜、钢针等。

（四）试样和试剂制备

1. 试样制备

将石料试样制成直径和高均为（50±2）mm 的圆柱体或边长为（50±2）mm 的正立方体试件，每组试件至少 3 个。

2. 试剂制备

饱和硫酸钠溶液：将约 400 g 的无水硫酸钠（或 800 g 的结晶硫酸钠）溶解于温度为 30～50 ℃ 的 1 000 mL 纯净水中配制而成（溶液总需要量约等于试件体积的 5 倍）。其配制方法是：边加热纯净水（水温为 30～50 ℃）边逐渐加入硫酸钠，并用玻璃棒不断搅拌，待硫酸钠全部溶解直至饱和并有部分结晶析出为止。让溶液冷却至室温（20～25 ℃）并静置 48 h 后待用。使用时需将溶液充分搅拌，试验过程中应保持溶液密度在 1.150～1.175 g/cm³ 范围。

另备少量 10% 氯化钡溶液。

（五）试验步骤

（1）将试件放入烘箱，在 105～110 ℃ 下烘至恒量，烘干时间一般为 12～24 h。取出置于干燥器内，冷却至室温，称其质量 m_1（精确至 0.01 g）。

（2）把烘干试件浸入装有硫酸钠溶液的盛器中，溶液应高出试件顶面 20 mm 以上，用盖将盛器盖好，浸置 20 h。然后将试件取出，再用瓷皿衬住置于 105～110 ℃ 的烘箱中烘 4 h。4 h 后取出试件，任其冷却至室温，再重新浸入硫酸钠溶液中，至硫酸钠结晶溶解后取出试件，用放大镜及钢针仔细观察有无破坏现象，并详细描述记录。

（3）按上述方法反复浸烘5次，最后一次循环后，用热纯净水煮洗几遍，直至将试件中硫酸钠溶液全部洗净为止（是否洗净可用10%氯化钡溶液滴入鉴定）。将洗净的试件烘干至恒量，准确称出其质量 m_2（精确至 0.01 g）。

注意：试样中硫酸钠是否洗净，可按下法检验：取洗涤试样的水若干毫升，滴入少量氯化钡溶液，如无白色沉淀，则说明硫酸钠已被洗净。

（六）试验数据处理

用下式计算石料的坚固性试验质量损失率（精确至1%）：

$$Q = \frac{m_1 - m_2}{m_1} \times 100\%$$

式中　Q——试验后岩石或石料质量损失率（%）；
　　　m_1——试验前烘干试件的质量（g）；
　　　m_2——试验后烘干试件的质量（g）。

取3个试件试验结果的算术平均值作为测定值。

试验二　水泥性能检验

一、一般规定

1. 取样方法

水泥检验应按同一生产厂家、同一等级、同一品种、同一批号且连续进场的水泥，袋装不超过200 t为一批，散装不超过500 t为一批，每批抽样不少于一次。取样应有代表性，可连续取，也可从20个以上不同部位抽取等量样品，总量至少12 kg。

2. 试验条件

（1）实验室温度为 18~22 ℃，相对湿度大于 50%。养护箱的温度为 (20 ± 1) ℃，相对湿度大于 90%。养护池水温为 (20 ± 1) ℃。
（2）试验用水应是洁净的淡水，有争议时采用蒸馏水。
（3）水泥试样通过 0.9 mm 方孔筛，记录其筛余物情况。
（4）试验用材料、仪器、用具的温度与实验室一致。

二、水泥细度（80 μm 筛析法）测定（GB 1345—2005）

（一）试验方法和原理

采用 80 μm 筛对水泥试样进行筛析试验，用筛网上所得筛余量的质量占试样原始质量的百分数来表示水泥样品的细度。

细度检验方法主要有负压筛法、水筛法两种，无条件时，也可以采用手工筛。当检验方法测试结果发生争议时，以负压筛法为准。

（二）试验目的及标准要求

通过 80 μm 筛析法测定筛余量，评定水泥细度是否达到标准要求，若不符合标准要求，该水泥视为不合格。GB 175—2007《通用硅酸盐水泥》规定，矿渣硅酸盐水泥、火山灰硅酸盐水泥、粉煤灰硅酸盐水泥、复合硅酸盐水泥等，80 μm 方孔筛筛余量不得超过 10%。

（三）主要仪器

（1）负压筛析仪：由筛座、负压筛、负压源及吸尘器组成，其中筛座由转速为 (30 ± 2) r/min 的喷气嘴、负压表、控制板、微电机和机壳等构成。

（2）试验筛：由圆形筛框和筛网组成，分负压筛和水筛两种。

（3）水筛架和喷头。

（4）天平最大称量 100 g，分度值不大于 0.05 g。

（四）主要试验步骤

1. 负压筛法

（1）筛析试验前，应把负压筛放在筛座上，盖上筛盖，接通电源，检查控制系统，调节负压至 4 000 ~ 6 000 Pa 范围内。

（2）称取试样 25 g，置于洁净的负压筛中，盖上筛盖，放在筛座上，开动筛析仪连续筛析 2 min，在此期间如有试样附着在筛盖上，可轻轻敲击使试样落下。筛毕，用天平称量筛余物。

（3）当工作负压小于 4 000 Pa 时，应清理吸尘器内水泥，使负压恢复正常。

2. 水筛法

（1）筛析试验前，应检查水泥中有无泥、砂，调整好水压及水筛架的位置，使其能正常运转。喷头底面和筛网之间的距离为 35 ~ 75 mm。

（2）称取试样 50 g，置于洁净的水筛中，立即用淡水冲洗至大部分细粉通过后，放在水筛架上，用水压为 (0.05 ± 0.02) MPa 的喷头连续冲洗 3 min。筛毕，用少量水把筛余物冲至蒸发皿中，等水泥颗粒全部沉淀后，小心倒出清水，烘干并用天平称量筛余物。

3. 手工干筛法

在没有负压筛析和水筛的情况下，允许用手工干筛法测定，操作方法如下：

（1）称取水泥试样 50 g 倒入干筛内。

（2）用一只手执筛往复摇动，另一只手轻轻拍打，拍打速度约 120 次/min，每 40 次向同一方向转动 60°，使试样均匀分布在筛网上，直至每分钟通过的试样量不超过 0.05 g 为止。

（3）称量筛余物。

（五）数据处理及试验结果

水泥试样筛余百分数按下式计算：

$$F = \frac{R_s}{m} \times 100\%$$

式中　F ——水泥试样的筛余百分数（%）；
　　　R_s ——水泥筛余物的质量（g）；
　　　m ——水泥试样的质量（g）。

结果计算精确至 0.1%。

由于水泥筛易被水泥颗粒堵塞，或在清洗水泥筛的过程中损伤筛网，因此，水泥筛应经常进行校正，试验筛的修正系数试验和校正方法见下面第（六）项，校正后的水泥筛余百分数 $F_c \leq 10\%$ 时为合格。

（六）试验筛的修正系数测定方法和水泥试样筛余百分数结果计算

（1）用一种已知粉状试样（该试样不受环境影响，80 μm 标准筛筛余百分数不发生变化）作为标准样，按照上述筛析方法测定标准样在试验筛上的筛余百分数。

（2）试验筛的修正系数按照下式计算：

$$C = \frac{F_n}{F_t}$$

式中　C ——试验筛的修正系数；
　　　F_n ——标准样给定的筛余百分数（%）；
　　　F_t ——标准样在试验筛上的筛余百分数（%）。

修正系数计算精确至 0.01。当修正系数 C 在 0.80~1.20 范围内时，试验筛可继续使用，C 可作为试验结果修正系数，否则试验筛应予淘汰。

（3）水泥试样筛余百分数结果计算：

$$F_c = C \cdot F$$

式中　F_c ——水泥试样修正后的筛余百分数（%）；
　　　F ——水泥试样修正前的筛余百分数（%）。

三、水泥标准稠度用水量测定（GB/T 1346—2011）

（一）试验方法和原理

水泥标准稠度的净浆对标准试杆（或试锥）的沉入具有一定阻力。通过试验不同含水量的水泥净浆的穿透性，以确定水泥标准稠度净浆中所需加入的水量。

水泥标准稠度用水量的测定有两种方法：标准法和代用法。

（二）试验目的及标准要求

水泥的凝结时间、安定性均受水泥浆稠度的影响，为了不同水泥具有可比性，水泥必须有一个标准稠度，通过此项试验测定水泥浆达到标准稠度时的用水量，作为该水泥凝结时间和安定性试验用水量的标准。

当采用标准法时，以试杆沉入净浆并能稳定在距底板 (6 ± 1) mm 时的水泥净浆为标准稠度净浆，其拌和水量为该水泥的标准稠度用水量 P。当采用代用法时，以试锥下沉深度为 (28 ± 2) mm 时的净浆为标准稠度净浆，其拌和水量为该水泥的标准稠度用水量。

（三）主要仪器

（1）水泥净浆搅拌机。
（2）代用法维卡仪。
（3）标准法维卡仪。基本同代用法维卡仪，用试杆取代试锥，用带顶圆锥模取代锥模。
（4）量水器（最小刻度为 0.1 mL，精度 1%），天平（分度值不大于 1 g，最大称量不小于 1 000 g）。

（四）主要试验步骤

1. 标准法

（1）搅拌锅和搅拌叶片用湿布擦过后，将拌和水倒入搅拌锅内，然后在 5～10 s 内小心将称好的 500 g 水泥加入水中。
（2）拌和时，低速搅拌 120 s，停 15 s，同时将搅拌锅壁和搅拌叶片黏有的水泥浆刮入锅内，接着高速搅拌 120 s 停机。
（3）拌和结束后，立即将拌和的水泥浆装入已置于玻璃底板上的试模内，用小刀插捣，轻振数次，刮去多余的净浆，抹平后迅速将试模和底板移至维卡仪上，调整试杆与水泥浆表面接触，拧紧螺丝 1～2 s 后，突然放松，使试杆垂直自由沉入水泥浆中，在试杆停止沉入或放松 30 s 时记录试杆距底板之间的距离。整个操作过程应在搅拌后 1.5 min 内完成。

2. 代用法

（1）水泥净浆的拌制同标准法（1）、（2）项。
（2）采用代用法测定水泥标准稠度用水量时，可采用调整水量法或不变水量法，采用调整水量法时拌和水据经验确定，采用不变水量法时拌和水用 142.5 mL。
（3）水泥净浆搅拌结束后，立即将拌和好的水泥浆装入锥模中，用小刀插捣，轻振数次，刮去多余的净浆，抹平后迅速放至锥下面固定的位置上，将试锥与水泥净浆表面接触，拧紧螺钉 1～2 s 后，突然放松，让试锥垂直自由沉入净浆中，到试锥停止下沉或释放试锥 30 s 时，记录试锥下沉深度。整个操作过程应在搅拌后 1.5 min 内完成。

（五）数据处理及试验结果

（1）当采用标准法时，以试杆沉入净浆并距底板 (6 ± 1) mm 的水泥浆为标准稠度净浆，其拌和水为该水泥的标准稠度用水量 P，按水泥质量百分比计算。
（2）当采用代用法时，用调整水量方法测定时，以试锥下沉深度为 (30 ± 1) mm 时的净浆为标准稠度净浆,其拌和水量为该水泥的标准稠度用水量 P,按水泥质量百分比计算。用不变水量方法测定时,根据试锥下沉深度 S(mm)按下式计算标准稠度用水量 P(%)。

$$P = 33.4 - 0.185 S$$

标准稠度用水量可从仪器上对应的标尺直接读取,当 $S < 13$ mm 时,应改用调整水量法测定。

四、水泥凝结时间测定(GB/T 1346—2011)

(一)试验方法和原理

通过测定试针沉入标准稠度水泥净浆并能稳定在规定深度所需的时间来表示水泥初凝和终凝时间。

(二)试验目的及标准要求

通过凝结时间的测定,得到初凝时间和终凝时间,以便评定水泥质量,判定是否符合凝结时间的技术标准要求,是否满足施工要求。

现行国家标准规定:硅酸盐水泥初凝时间不得早于 45 min,终凝时间不得迟于 390 min;普通硅酸盐水泥、矿渣水泥、火山灰水泥、粉煤灰水泥、复合水泥初凝时间不得早于 45 min,终凝时间不得迟于 10 h。

(三)主要仪器

(1)凝结时间测定仪,如图 1 所示。

(a)初凝时间测定用立式试模的侧视图　　(b)终凝时间测定用反转试模的前视图

(c)标准稠度试杆　　(d)初凝用试针　　(e)终凝用试针

图 1　水泥凝结时间测定仪及配置（单位：mm）

（2）量水器：最小刻度为 0.1 mL，精度 1%。
（3）天平：最大称量不小于 1 000 g，分度值不大于 1 g。
（4）养护箱：温度 (20 ± 3) ℃，相对湿度 > 90%。

(四) 主要试验步骤

（1）试件制备。以标准稠度用水量测定方法制备标准稠度水泥净浆，一次装满试模振动数次刮平，立即放入养护箱内，记录水泥全部加入水中的时间即为凝结时间的起始时间。

（2）初凝时间测定。试件在养护箱中养护至加水后 30 min 时进行第一次测定。测定时，将试针与水泥净浆表面接触，拧紧螺钉 1～2 s 后，突然放松，让试针垂直自由沉入净浆，观察试针停止下沉或释放试针 30 s 时指针的读数，并同时记录此时的时间。

（3）终凝时间测定。在完成初凝测定后，将试模连同浆体从玻璃板上平移取下，并翻转 180° 将小端向下放在玻璃板上，再放入养护箱内继续养护，接近终凝时间时，每隔 15 min 测定一次，并同时记录测定时间。

注意事项：
（1）测定前调整试件接触玻璃板时，指针对准零点。
（2）整个测试过程中试针以自由下落为准，且沉入位置至少距试模内壁 10 mm。
（3）每次测定不能让试针落入原孔，每次测定后须将试针擦净并将试模放入养护箱，整个测试防止试模受振。
（4）临近初凝，每隔 5 min 测定一次，临近终凝，每隔 15 min 测定一次。达到初凝或终凝时应立即重复测一次，当两次结论相同时，才能确定达到初凝状态或终凝状态。

(五) 数据处理及结果评定

初凝时间确定：当试针沉至距底板 (4 ± 1) mm 时，为水泥达到初凝状态。达到初凝时，应立即重复测一次，两次结论相同才能确定初凝状态。由水泥全部加入水中起至初凝状态的时间为初凝时间，用 "min" 表示。终凝时间确定：当试针沉入试体 0.5 mm 时，即环形附件开始不能在试件上留下痕迹时，为水泥达到终凝状态。达到终凝时，应立即重复测一次，两次结论相同才能确定终凝状态。由水泥全部加入水中起至终凝状态的时间为终凝时间，用 "min" 表示。

若初凝时间未达到标准要求，则判定为废品；若终凝时间未达到标准要求，则判定为不合格品。

五、安定性的测定（GB/T 1346—2011）

（一）试验方法和原理

雷氏法（标准法）是通过测定沸煮后雷氏夹中两个试针的相对位移，即水泥标准稠度净浆体积膨胀程度，以此评定水泥浆硬化后体积安定性。

试饼法（代用法）是观测沸煮后水泥标准稠度净浆试饼外形变化，评定水泥浆硬化后体积安定性。

体积安定性测定中，当雷氏法和试饼法发生争议时，以雷氏法为准。

（二）试验目的及标准要求

通过测定沸煮后标准稠度水泥净浆试样的体积和外形的变化程度，评定体积安定性是否合格。

国家标准规定：硅酸盐水泥，普通硅酸盐水泥，矿渣硅酸盐水泥，粉煤灰硅酸盐水泥，火山灰硅酸盐水泥，复合硅酸盐水泥，沸煮法安定性检验必须合格。

（三）主要仪器

（1）雷氏夹。由铜质材料制成，结构如图 2 所示。当一根指针的根部先悬挂在一根金属丝或尼龙丝上，另一根指针的根部再挂上 300 g 质量的砝码时，两根针针尖的距离增加应在 (17.5 ± 2.5) mm 范围内，即 $2x = (17.5 \pm 2.5)$ mm。当去掉砝码后针尖的距离能恢复至挂砝码前的状态。

（2）沸煮箱。有效容积约为 410 mm × 240 mm × 310 mm，箅板与加热器之间的距离大于 50 mm。箱的内层由不易锈蚀的金属材料制成，能在 (30 ± 5) min 内将箱内的试验用水由室温升至沸煮状态达 3 h 以上，整个试验过程不需补充水量。

（3）雷氏夹膨胀测定仪。标尺最小刻度为 0.5 mm，如图 3 所示。

（a）雷氏夹

（b）雷氏夹受力示意图

图 2　雷氏夹及受力示意图（单位：mm）

图 3　雷氏夹膨胀值测量仪

1—底座；2—模子座；3—测弹性标尺；4—立柱；5—测膨胀值标尺；6—悬臂；7—悬丝；8—弹簧顶钮

(4)水泥净浆搅拌机。

(5)养护箱。

(6)量水器和天平。要求同水泥标准稠度用水量测定。

(四)主要试验步骤

1. 标准法(雷氏法)

(1)将预先准备好的雷氏夹放在已稍擦油的玻璃板上,并立即将制好的标准稠度净浆一次装满雷氏夹,装浆时一只手轻轻扶持雷氏夹,另一只手用小刀插捣数次后抹平,盖上稍涂油的玻璃板,立即置于养护箱内养护 (24 ± 2) h。

(2)调整好沸煮箱内的水位,使水位能保证在整个沸煮过程中都超过试件,不需中途加水,又能保证在 (30 ± 5) min 内达到沸腾。

(3)脱去玻璃板,取下试件,先测量雷氏夹指针尖端间的距离 A,精确至 0.5 mm,接着将试件放入沸煮箱水中的试件架上,指针朝上,然后在 (30 ± 5) min 内加热至沸腾并恒沸 (180 ± 5) min。

(4)沸煮结束后,立即放掉沸煮箱中的热水,打开箱盖,冷却至室温,取出试件,测量雷氏夹指针尖端的距离 C,准确至 0.5 mm。

2. 代用法(试饼法)

(1)将制好的标准稠度净浆分成两等分,使之成球,放在准备好的玻璃板上,制成直径 70~80 mm,中心厚约 10 mm,边缘渐薄,表面光滑的试饼,放入养护箱内养护 (24 ± 2)h。

(2)按标准法沸煮试饼。沸煮结束后,放掉热水,冷却至室温,取出试饼观察、测量。每种方法需平行测试两个试件。

(五)数据处理及结果评定

1. 标准法

当沸煮前后两个试件指针尖端距离差 ($C - A$) 的平均值不大于 5.0 mm 时,即认为该水泥安定性合格,当两个试件的 ($C - A$) 相差超过 5.0 mm 时,应用同一样品立即重做一次试验,以复验结果为准。安定性不合格的水泥应视为废品。

2. 代用法

目测试饼未发现裂缝,钢直尺测量未弯曲(钢直尺和试饼底部紧靠,以两者间不透光为不弯曲)的试饼为安定性合格,当两个试饼判别结果不一致时,该水泥的安定性不合格。安定性不合格的水泥应视为废品。

六、水泥胶砂强度测定(ISO 法)(GB/T 17671—1999)

(一)试验方法和原理

通过测定以标准方法制备成标准尺寸的胶砂试块的抗压、抗折破坏荷载,确定其抗压、抗折强度。

（二）试验目的及标准要求

通过检验不同龄期的抗压、抗折强度，确定水泥的强度等级或评定水泥强度是否符合标准要求。国标分别规定了通用水泥不同等级应达到相应的抗压、抗折强度最低值。

（三）主要仪器

（1）行星式胶砂搅拌机：由搅拌锅、搅拌叶、电动机等组成。

（2）水泥胶砂试模：由三个模槽组成，可同时成型三条截面为 40 mm × 40 mm，长度为 160 mm 的棱柱体试件。

（3）水泥胶砂试件成型振实台。

（4）抗折试验机。

（5）抗压试验机。

（6）抗压夹具：受压面积为 40 mm × 40 mm。

（四）主要试验步骤

1. 配合比

按水泥：标准砂：水 = 1 : 3 : 0.5（以质量计）的比例，每一锅胶砂成型三条试件，需水泥 (450 ± 2) g，ISO 标准砂 (1 350 ± 5) g，水 (225 ± 1) g。

2. 搅拌

把水加入锅里，再加入水泥，把锅放在固定架上，上升至固定位置。开动搅拌机，低速搅拌 30 s 后，在第一个 30 s 开始搅拌的同时均匀加入砂子，当各级砂是分装时，从最大粒级开始，依次将所需的每级砂量加完。把机器转至高速再拌 30 s。停拌 90 s，在第一个 15 s 内，用胶皮刮具将叶片和锅壁上的胶砂刮入锅中间。在高速下继续搅拌 60 s。各个搅拌阶段，时间误差应在 ± 1 s 以内。

3. 试件的制备

胶砂制备后应立即成型，将空模及模套固定于振实台上，将胶砂分两层装入试模。装第一层时每模槽内约放 300 g 胶砂，并将料层插平振实 60 次；再装入第二层胶砂，插平后再振实 60 次。从振实台上取出试模，用金属直尺以近似 90°的角度架在试模模顶一端，沿试模长度方向从横向以锯割动作慢慢向另一端移动，一次将超出试模部分的胶砂刮去，并用同一直尺在近乎水平的情况下将试件表面抹平，然后做好标记。

4. 试件的养护

将做好标记的试模放入养护箱内至规定时间拆模，脱模应非常小心，对于 24 h 龄期的试件，应在试验前 20 min 内脱模，并用湿布覆盖。对于 24 h 以上龄期的试件，应在成型后 20 ~ 24 h 间脱模，并放入水中养护［温度(20 ± 1) ℃］。

5. 抗压、抗折强度测定

养护到期的试件，应在试验前 15 min 从水中取出，擦去表面沉积物，并用湿布覆盖。先进行抗折试验，后进行抗压试验。

试件龄期是从水泥加水搅拌开始试验时算起。不同龄期强度试验在下列时间里进行：24 h ± 15 min，48 h ± 30 min，72 h ± 45 min。

抗折试验：将试件长向侧面放于抗折试验机的两个支撑圆柱上，通过加荷圆柱，以(50 ± 10) N/s 速率均匀将荷载加在试件相对侧面至折断，记录破坏荷载 F_f。

抗压试验：以折断后保持潮湿状态的两个半截棱柱体侧面为受压面，分别放入抗压夹具内，并要求试件中心、夹具中心、压力机压板中心三心合一，偏差为 ± 0.5 mm，以(2 400 ± 200) N/s 的速率均匀加荷至破坏，记录破坏荷载 F_c。

注意事项：

（1）试模内壁应在成型前涂薄层的隔离剂。

（2）脱模时应小心操作，防止试件受到损伤。

（3）养护时不应将试模叠放。

（五）数据处理及结果评定

一组试件三块，分别进行抗折、抗压试验，测得破坏荷载。

抗折强度按下式计算（精确至 0.1 MPa）：

$$R_f = \frac{1.5 F_f L}{b^3}$$

式中　F_f——棱柱体折断时的荷载（N）；

　　　L——支撑圆柱之间的距离（mm）；

　　　b——棱柱体截面边长（mm），b = 40 mm。

以一组三个棱柱体抗折强度的平均值为试验结果。若三个强度值中有偏离平均值 ± 10% 者，应剔除后再取平均值作为抗折强度试验结果。

抗压强度按下式计算（精确至 0.1 MPa）：

$$R_c = \frac{F_c}{A}$$

式中　F_c——受压破坏最大荷载（N）；

　　　A——受压部分面积（mm²），40 mm × 40 mm = 1 600 mm²。

以一组三个棱柱体得到的六个抗压强度测定值的算术平均值为试验结果。如六个测定值中有一个偏离其平均值 ± 10% 时，应剔除这个结果，而以剩下五个的平均值为结果。若五个测定值中再有偏离其平均值 ± 10% 者，则此组结果作废。

当强度值低于标准要求的最低强度值时，应视为不合格或降低等级。

试验三　混凝土试验

一、砂、石材料试验（GB/T 14684—2001、GB/T 14685—2001）

（一）砂、石材料取样方法的规定

1. 砂

（1）在料堆上取样时，取样部位应均匀分布。取样前先将取样部位表层铲除，然后从不

同部位抽取大致等量的砂 8 份，组成一组样品。

（2）从皮带运输机上取样时，应用接料器在皮带运输机机尾的出料处定时抽取大致等量的砂 4 份，组成一组样品。

（3）从火车、汽车、货船上取样时，从不同部位和深度抽取大致等量的砂 8 份，组成一组样品。

2. 石

（1）在料堆上取样时，取样部位应均匀分布。取样前先将取样部位表层铲除，然后从不同部位抽取大致等量的石子 15 份，组成一组样品。

（2）从皮带运输机上取样时，应用接料器在皮带运输机机尾的出料处定时抽取大致等量的石子 8 份，组成一组样品。

（3）从火车、汽车、货船上取样时，从不同部位和深度抽取大致等量的石子 16 份，组成一组样品。

（二）砂的筛分试验

1. 试验目的和意义

通过砂子筛分试验，计算砂的细度模数，确定砂子级配的好坏和粗细程度。砂的级配好坏和细度大小，对于混凝土的水泥用量具有显著的影响。

2. 仪器及设备

（1）孔径为 9.5 mm，4.75 mm，2.36 mm，1.18 mm，0.600 mm，0.300 mm，0.150 mm 的方孔筛及底盘和盖各一个。

（2）天平（称量 1 000 g，感量 1 g）。

（3）烘箱、摇筛机、瓷盘、容器、毛刷等。

3. 试样制备

将试样缩分至约 1 100 g，放在 (105 ± 5) ℃ 的温度下烘干至恒质量，筛除大于 9.5 mm 的颗粒（并算出其筛余百分率），分成大致相等的两份备用。

4. 试验步骤

（1）称取烘干试样 500 g，精确至 1 g。

（2）将孔径 9.5 mm，4.75 mm，2.36 mm，1.18 mm，0.600 mm，0.300 mm，0.150 mm 的筛子按筛孔大小顺序叠置，孔径大的放上层。加底盘后，将试样倒入最上层 9.5 mm 筛内，加盖置摇筛机上筛 10 min（如无摇筛机可用手筛）。

（3）将整套筛自摇筛机上取下，按孔径从大至小逐个在洁净瓷盘上进行手筛。各号筛均须筛至每分钟通过量不超过试样总质量 0.1% 时为止，将通过的颗粒并入下一号筛中一起过筛。按此顺序进行，至各号筛筛完为止。

（4）生产控制检验时，试样在各号筛上的筛余量不得超过下式的规定：

$$m_r = \frac{A \cdot d^{1/2}}{200}$$

式中　m_r——筛余量（g）；
　　　d——筛孔尺寸（mm）；
　　　A——筛的面积（mm²）。

否则应将筛余试样分成两份，并以其筛余量之和作为该号筛的筛余量。

（5）称量各号筛筛余试样的质量，精确至 1 g。所有各号筛的筛余质量和底盘中剩余试样质量的总和与筛分前的试样总质量相比，其差值不得超过 1%。

5. 试验结果

（1）分计筛余百分率。将各号筛上的筛余量除以试样总量，以求得各筛分计筛余百分率，精确到 0.1%。

（2）累计筛余百分率。将各号筛的分计筛余百分率与大于该号筛的各分计筛余百分率累加起来，以求得该号筛的累计筛余百分率，计算精确至 0.1%。

（3）按下式计算细度模数 μ_f（精确至 0.01）：

$$\mu_f = \frac{(A_2 + A_3 + A_4 + A_5 + A_6) - 5A_1}{100 - A_1}$$

式中　$A_1 \sim A_6$——4.75～0.150 mm 六个筛上的累计筛余百分率。

（4）筛分试验应用两份试样进行试验，并以两次试验值的算术平均值作为试验结果。累计筛余百分率精确至 1%，细度模数精确至 0.1。如果两次试验所得细度模数之差大于 0.02，应重新进行试验。

（三）砂的视密度试验

1. 试验目的和意义

测定砂的视密度，以此评定砂的质量。砂的视密度也是进行混凝土配合比设计的必要数据之一。

2. 仪器及设备

（1）托盘天平。最大称量 1 000 g，感量 1 g。
（2）容量瓶。容积为 500 mL。
（3）烘箱、干燥器、浅盘、料勺、温度计等。

3. 试样制备

将取回的试样用四分法缩取约 660 g，置于温度为 (105 ± 5) ℃ 烘箱中烘干至恒量，冷却至室温后分成两份备用。

4. 试验步骤

（1）称取烘干试样 300 g（m_0），精确至 1 g，装入盛有冷开水至半满的容量瓶中，塞紧瓶塞。

（2）静置 24 h 后，打开瓶塞，摇动容量瓶，使试样在水中充分搅动以排除气泡。然后用滴管加水，使水面与瓶颈刻度线平齐，塞紧瓶塞，擦干瓶外水分，称出质量（m_1），精确至 1 g。

（3）倒出瓶中水和试样，将瓶内外表面洗净。再向瓶内注入与（2）项水温相差不超过 2 ℃ 的冷开水至瓶颈刻度线，塞紧瓶塞，擦干瓶外水分，称其质量（m_2），精确至 1 g。

5. 试验结果

试样的视密度 ρ' 按下式计算：

$$\rho' = \frac{m_0}{m_0 + m_2 - m_1} \cdot \rho_{H_2O}$$

式中　m_0——烘干试样质量 300 g；
　　　m_1——试样和水加容量瓶的总质量（g）；
　　　m_2——水加容量瓶的总质量（g）；
　　　ρ_{H_2O}——水的密度（g/cm³）。

以两次测定结果的算术平均值作为试验结果，精确至 0.01 g/cm³，如两次结果之差大于 0.02 g/cm³ 时，应重新取样做试验。

（四）砂的堆积密度试验

1. 试验目的和意义

测定砂的堆积密度并计算空隙率，借以评定砂的质量。砂的堆积密度也是混凝土配合比设计必需的重要数据之一。在运输中，可以根据砂的堆积密度换算砂的运输质量和体积。

2. 仪器及设备

（1）台秤。最大称量 10 kg，感量 1 g。
（2）容量筒。金属制圆柱形筒，容积为 1 L，内径为 108 mm，净高为 109 mm，筒壁厚为 2 mm，筒底厚为 5 mm。
（3）烘箱、漏斗或料勺、直尺、浅盘等。
（4）方孔筛。孔径为 4.75 mm 的筛一只。

3. 试样制备

用浅盘取砂样约 3 L，在温度为 (105 ± 5) ℃ 的烘箱中烘干至恒量，取出冷却至室温后，筛除大于 4.75 mm 的颗粒，分成大致相等的两份备用。

图 4　砂堆积密度漏斗
（单位：mm）

1—漏斗；2—ϕ20 mm 管子；3—活动门；
4—筛子；5—容量筒

4. 试验步骤

称容量筒质量（m_1），精确至 1 g。用漏斗或料勺将试样徐徐装入容量筒内，漏斗（见图 4）或料勺距离筒口约为 5 cm，装满并使筒口上部试样呈锥形，然后用钢尺将筒口上部多余的试样，沿筒口中心线向两个相反方向刮平后称质量（m_2），精确至 1 g。

5. 试验结果

（1）堆积密度按下式计算（精确至 10 kg/m³）：

$$\rho_0' = \frac{m_2 - m_1}{V}$$

式中　m_1——容量筒的质量（kg）；

　　　m_2——容量筒和砂的总质量（kg）；

　　　V——容量筒容积（m³）。

以两次试验结果的算术平均值作为测定值。

（2）空隙率 P' 按下式计算（精确至 1%）：

$$P' = \left(1 - \frac{\rho_0'}{\rho'}\right) \times 100\%$$

式中　ρ_0'——砂的堆积密度；

　　　ρ'——砂的视密度（近似表观密度）。

以两次试验结果的算术平均值作为测定值。

（五）砂的含水率试验

1. 试验目的和意义

测定砂的含水率，以供搅拌混凝土时校正加水量和用砂量之用。此外，砂料的含水率对于砂料的体积也有很大影响。当验收砂时也可根据其含水率来进行体积的折算。

2. 仪器及设备

（1）天平。称量 2 kg，感量 2 g。

（2）烘箱、干燥器、浅盘等。

3. 试验步骤

（1）将约 500 g 试样装入已称得质量为 m_1（精确至 2 g）的浅盘中，称出试样连同浅盘的总质量 m_2（精确至 2 g）。摊开试样，置于温度为 (105±5) ℃ 的烘箱中烘干至恒量，然后置于干燥器中冷却至室温。

（2）称出烘干试样连同浅盘的总质量 m_3（精确至 2 g）。

4. 试验结果

试样的含水率 W 按下式计算（精确至 0.1%）：

$$W = \frac{m_2 - m_3}{m_3 - m_1} \times 100\%$$

式中　m_1——容器质量（g）；

　　　m_2——未烘干试样与容器的总质量（g）；

　　　m_3——烘干试样与容器的总质量（g）。

以两次测定值的算术平均值作为试验结果。砂的表面含水率可将此试验值减去其吸水率求得。

(六)石子的筛分试验

1. 试验目的和意义

石子的颗粒级配对于混凝土中水泥用量的大小具有显著的影响,它是评定石子质量的一个重要依据。

2. 仪器及设备

(1)标准筛一套。

(2)天平或台秤,称量随试样质量而定,感量为试样质量的 0.1% 左右。

(3)烘箱、摇筛机、容器、浅盘等。

3. 试样制备

将取回的试样用四分法缩取不小于表 1 规定的试样数量,经烘干或风干后备用。

表 1 试样最少质量

石子最大粒径/mm	10.0	16.0	20.0	25.0	31.5	40.0	63.0	80.0
试样质量/kg	2.0	3.2	3.8	5.0	6.3	7.5	12.6	16.0

4. 试验步骤

(1)按表 1 规定数量取试样一份,精确至 1 g,将试样倒入按孔径大小从上到下组合的套筛(附底筛)上,然后筛分。

(2)将套筛置于摇筛机上摇 10 min,取下套筛,按筛孔大小顺序逐个用手筛,筛至每分钟通过量不超过试样总量 0.1% 时为止,通过的颗粒并入下一号筛中,这样顺序进行直至各号筛全部筛完为止。

(3)筛余量称量精确至试样总量的 0.1%,各筛分计筛余量之和与筛底剩余量的总和与筛前总量相差不得超过 1%。

5. 试验结果

分计筛余百分率和累计筛余百分率的计算方法与砂的筛分试验相同。

(七)卵石或碎石的视密度(近似密度或表观密度)试验(简易方法)

1. 试验目的和意义

石子的视密度,是指不包括颗粒的外部孔隙在内,但却包括颗粒内部孔隙在内的单位体积的质量。

石子的视密度与石子的矿物成分有关。测定石子的视密度,可以鉴别石子的质量,同时也是计算空隙率和进行混凝土配合比设计的必要数据之一。此方法可用于最大粒径不大于 37.5 mm 的碎石或卵石。

2. 仪器及设备

(1)天平。称量 5 kg,感量 1 g。

(2)广口瓶。1 000 mL,磨口并带玻璃片。

(3)筛（孔径 4.75 mm）、烘箱、金属丝刷、浅盘、带盖容器、毛巾等。

3. 试样制备

将试样筛去 4.75 mm 以下的颗粒，用四分法缩分至不少于 2 kg，风干并洗刷干净后，分两份备用。

4. 试验步骤

（1）取试样一份浸水饱和后，装入广口瓶中。装试样时，广口瓶应倾斜一定角度。然后注满饮用水，用玻璃片覆盖瓶口。以上下左右摇晃的方法排尽气泡。

（2）气泡排尽后，再向瓶中添加饮用水至水面凸出瓶口边缘。然后用玻璃板沿瓶口迅速滑行，使其紧贴瓶口水面，擦干瓶外水分，称出试样、水、瓶和玻璃板的总质量（m_1），精确至 1 g。

（3）将瓶中试样倒入浅盘中，置于温度为 (105 ± 5) °C 的烘箱中烘干至恒量，然后取出置于带盖的容器中冷却至室温后称出试样的质量（m_0），精确至 1 g。

（4）将瓶洗净，重新注入饮用水。用玻璃板紧贴瓶口水面，擦干瓶外水分后称出质量（m_2），精确至 1 g。

5. 试验结果

视密度 ρ' 按下式计算（精确至 10 kg/m³）：

$$\rho' = \frac{m_0}{m_0 + m_2 - m_1} \cdot \rho_{H_2O}$$

式中 m_0——烘干后试样质量（g）；

m_1——试样、水、玻璃片和瓶的总质量（g）；

m_2——水、瓶和玻璃片总质量（g）；

ρ_{H_2O}——水的密度，为 1 000 kg/m³。

视密度试验应用两份试样，以两次结果的算术平均值作为试验结果。若两次结果之差大于 20 kg/m³，应重新取样试验。对颗粒材质不均匀的试样，如两次结果之差超过 20 kg/m³，可取四次测定结果的算术平均值作为测定值。

（八）卵石或碎石的堆积密度试验

1. 试验目的和意义

测定干燥石子的堆积密度和空隙率，可用以评定石子的质量好坏。同时石子的堆积密度也是进行混凝土配合比设计的必要数据之一。

2. 仪器及设备

（1）台秤：称量 10 kg，感量 10 g。

（2）磅秤：称量 50 kg 或 100 kg，感量 50 g。

（3）容量筒：其规格见表 2。

表2 容量筒的规格要求

卵石（碎石）的最大粒径/mm	容量筒容积/L	容量筒规格/mm		筒壁厚度/mm
		内径	净高	
10.0，16.0，20.0，25.0	10	208	294	2
31.5，40.0	20	294	294	3
50.0，63.0，80.0	30	360	294	4

（4）烘箱、平头铁锹。

3. 试样制备

用浅盘按表3所规定的质量盛装试样，在(105 ± 5) ℃ 的烘箱中烘干，也可以摊在清洁的地面上进行风干，拌匀后分成两份备用。

表3 取样质量

石子最大粒径/mm	取样质量/kg
10.0，16.0，20.0，25.0	40
31.5，40.0	80
50.0，63.0，80.0	120

4. 试验步骤

取试样一份，置于平整干净的地面（或铁板）上，用平头铁铲铲起试样，使石子自由落入容量筒内（铁铲的齐口至容量筒上口距离约为 5 cm）。装满后，除去凸出筒口表面的颗粒，并以合适的颗粒填入凹陷空隙中，使表面凸起部分与凹陷部分的体积大致相等，最后称出容量筒连同试样的总质量（m_2）。

5. 试验结果

（1）堆积密度 ρ_0' 的计算（精确至 10 kg/m³）：

$$\rho_0' = \frac{m_2 - m_1}{V}$$

式中　m_1——量筒的质量（kg）；

　　　m_2——量筒和试样总质量（kg）；

　　　V——量筒的容积（m³）。

以两次测定值的算术平均值作为试验结果。

（2）空隙率 P' 的计算（精确至 1%）：

$$P' = \left(1 - \frac{\rho_0'}{\rho'}\right) \times 100\%$$

式中　ρ_0'——石子的堆积密度；

　　　ρ'——石子的视密度（近似表观密度）。

以两次测定值的算术平均值作为试验结果。

（九）卵石或碎石含水率试验

1. 试验目的和意义

测定石子的含水率，用于混凝土调整加水量之用。

2. 仪器及设备

（1）托盘天平或台秤。称量 10 kg，感量 1 g。
（2）烘箱、浅盘等。

3. 试样制备

将取回的试样用四分法缩取不少于表 3 规定的质量，再分为两份备用。

4. 试验步骤

（1）按表 4 要求取试样一份，装入已称质量为 m_1 的浅盘内，称出试样和浅盘的总质量 m_2。

表 4　取样质量

最大粒径/mm	10.0	16.0	20.0	25.0	31.5	40.0	63.0	80.0
取样质量/kg	2	2	2	2	3	3	4	6

（2）摊平试样，置于温度为 (105±5)℃ 的烘箱中烘干至恒量（烘干过程中每隔 0.5 h 翻拌一次），冷却至室温后，称出试样和浅盘的总质量 m_3。

5. 试验结果

含水率 W 用下式计算（精确至 0.1%）：

$$W = \frac{m_2 - m_3}{m_3 - m_1} \times 100\%$$

式中　m_1——浅盘质量（g）；

　　　m_2——未烘干时试样和浅盘的总质量（g）；

　　　m_3——烘干后试样和浅盘的总质量（g）。

以两次测定值的算术平均值作为试验结果。

二、新拌混凝土试验（GB/T 50080—2002）

（一）实验室拌和方法

1. 一般规定

（1）在实验室拌和混凝土，室温应保持在 (20±5) ℃。

（2）拌制混凝土所用原材料应符合技术要求，并与施工实际用料相同。在拌和前，材料的温度应与室温相同。水泥如有结块现象，应用 64 孔/cm² 筛过筛，筛余团块不得使用。

（3）称量的精确度要求：骨料为 ±1%，水、水泥及外加剂为 ±0.5%。

（4）在拌制混凝土前，应先做砂、石的含水率试验。根据含水率计算出含水量，并从拌和用水量中扣除，但在称量砂、石时则应加上相应的质量。

（5）测定新拌混凝土本身的性质时，应尽快进行试验。试验前应经人工略加翻拌，以保证其质量均匀。

2. 主要拌和设备

（1）搅拌机。容积为 75～100 L，转速为 18～22 r/min。

（2）台秤。50 kg（感量 50 g）。

（3）天平。5 kg（感量 1 g）。

（4）量筒。200 mL，1 000 mL。

（5）容量筒。1 L，5 L，10 L。

（6）拌板和拌铲。拌板为 1.5 m×2 m 的钢板。

3. 拌和方法

1）人工拌和法

（1）测定砂、石含水率，按所定配合比备料。

（2）将拌板和拌铲用湿布润湿后，将砂倒在拌板上，然后加上水泥，用铲自拌料一端翻到另一端，如此重复，直至充分混合，颜色均匀为止。再加上石料，翻拌至均匀混合。

（3）将干拌和料堆成堆，在中间做一凹槽，将已称量好的水，倒入一半左右在凹槽中，注意勿使水流出。然后仔细翻拌，并徐徐加入剩余的水，继续翻拌。每翻一次，用铲在拌合物上铲切一次。从加水完毕时算起，至少应翻拌六次。拌和时间（从加水完毕时算起），应大致符合下列规定：

① 拌和料体积为 30 L 以下时，为 4～5 min。

② 拌和料体积为 30～50 L 时，为 5～9 min。

③ 拌和料体积为 50～75 L 时，为 9～12 min。

（4）拌好后应根据试验要求，立即做坍落度试验或成型试件。从加水时算起，全部操作必须在 30 min 内完成。

2）机械搅拌法

（1）按试验配合比备料。

（2）搅拌前，要用相同配合比的水泥砂浆，对搅拌机进行涮膛，然后倒出并刮去多余的砂浆。目的是让水泥砂浆薄薄黏附在搅拌机的筒壁上，以免正式拌和时影响配合比。

（3）开动搅拌机，向搅拌机内按顺序加入石子、砂和水泥。干拌均匀，再将水徐徐加入。加料时间不应超过 2 min。

（4）水全部加入后，继续拌和 2 min。

（5）将混凝土拌合物从搅拌机中卸出，倾倒在拌和板上，再经人工翻拌 1～2 min，使拌合物均匀一致，即可进行试验。

（二）新拌混凝土和易性试验

混凝土拌合物应具有适应构件尺寸和施工条件的和易性，即应具有适宜的流动性和良好的黏聚性与保水性，借以保证施工质量，从而获得均匀密实的混凝土。测定混凝土拌合物和易性常用的方法是测定它的坍落度或维勃稠度。

1. 坍落度试验

1) 试验目的和意义

坍落度是表示新拌混凝土稠度大小的一种指标,以它来反映混凝土拌合物流动性的大小。本方法适用于坍落度为 10~150 mm,最大粒径不大于 40.0 mm 的塑性混凝土和高流动性混凝土。试验需 15 L 拌合物。

2) 试验设备

(1) 截头圆锥筒。根据表 5 进行选择。常用的标准圆锥坍落筒如图 5 所示。

表 5　圆锥筒规格

最大粒径/mm	圆锥筒名称	圆锥筒尺寸/mm			
		底面内径	顶面内径	高　　度	筒壁厚度
70 及 70 以下	标准圆锥筒	200±2	100±2	300±2	≥1.5

(2) 弹头形捣棒。直径为 16 mm、长为 650 mm 的金属棒,端部磨圆。

(3) 平板。用标准圆锥筒时,平板应用 700 mm × 700 mm 的金属板或漆布。

(4) 小铁铲、装料漏斗、小木尺(宽约 40 mm,长约 300 mm,厚为 34 mm)、钢尺(长 300~500 mm,并带有刻度)、镘刀等。

3) 试验步骤

(1) 每次试验前将截头圆锥筒内外擦净,顶部扣上漏斗,用水润湿,放置在经水润湿的平板上(或漆布上),用双脚踏紧踏脚板。

(2) 用取样勺将混凝土拌合物分三层装入筒内,使每层装入高度稍高于筒高的 1/3。

图 5　标准圆锥坍落筒
(单位:mm)

(3) 每装一层,用捣棒垂直插捣 25 次。插捣应在全部面积上进行,沿螺线由边缘渐向中心。插捣底层混凝土时,捣棒应捣至底部。插捣其他两层时,应插至下层表面为止。

(4) 插捣完毕即取下漏斗,将多余的混凝土刮去,使之与筒齐平。筒周围拌板上的混凝土必须刮净。

(5) 将圆锥筒小心地垂直向上提起,不得歪斜,将筒放在拌和料锥体一旁,筒顶上放一木尺,用钢尺量出木尺底面至试样最高点的垂直距离,以 mm 计,读数准确至 5 mm,即为拌和料的坍落度。坍落度的测定如图 6 所示。

图 6　坍落度测量方法

坍落筒的提离过程应在 5~10 s 内完成。从开始装料到提坍落筒的整个过程应不间断地进行,并应在 150 s 内完成。

(6) 测定坍落度之后,应用目测方法判断新拌混凝土的含砂率、黏聚性和保水性是否合格,观察方法见表 6、表 7 和表 8。

4）试验结果

（1）一次拌和的混凝土，其坍落度只测一次作为试验结果。

（2）根据表6、表7和表8的规定，判断含砂率是否适宜，判断黏聚性和保水性是否良好。

表6 混凝土含砂率的观察方法

用镘刀抹混凝土面次数	抹面状态	判断
1～2	砂浆饱满，表面平整，不见石子	含砂率过大
5～6	砂浆尚满，表面平整，微见石子	含砂率适中
>6	石子裸露，有空隙，不易抹平	含砂率过小

表7 混凝土黏聚性的观察方法

测定坍落度后，用弹头棒轻轻敲击锥体侧面	判断
锥体渐渐向下沉落，侧面看到砂浆饱满，不见蜂窝	黏聚性良好
锥体突然崩塌或溃散，侧面看到石子裸露，浆体流淌	黏聚性不好

表8 混凝土保水性的观察方法

做坍落度试验（在插捣时和提起圆锥筒后）	判断
有较多水分从底部流出	保水性差
有少量水分从底部流出	保水性稍差
无水分从底部流出	保水性良好

5）和易性的调整

如果坍落度不符合设计要求，就应立即调整配合比。具体地说，当坍落度过小时，应保持水灰比不变，适当添加水泥和水；当坍落度过大时，则应保持含砂率不变，适当添加砂与石子；当黏聚性不良时，应酌量增大含砂率（增加砂子用量）；反之，若砂浆显得过多时，则应酌量减少含砂率（可适当增加石子用量）。根据实践经验，要使坍落度增大 10 mm，水泥和水各需添加约2%（相对于原用量）；要使坍落度减小 10 mm，则砂与石子各添加约2%（相对于原用量）。添加材料后，应重新拌和 2 min，然后重测坍落度。调整时间不能拖得过长。从加水时算起，如果超过 0.5 h，则应重新配料拌和，进行试验。

2. 维勃稠度试验

1）试验目的和意义

较干硬的混凝土拌合物（坍落度小于 10 mm）用维勃稠度仪测定其稠度，作为它的和易性指标。

2）试验设备

（1）维勃稠度仪。

① 振动台。台面为 380 mm × 260 mm。振动频率为 (50 ± 3) Hz，空容器时台面振幅为 (0.5 ± 0.1) mm。

② 容器。3 mm 钢板制成，内径为 (240 ± 5) mm，高为 (200 ± 2) mm，筒底厚为 7.5 mm。

③ 坍落筒。底部内径为 (200±2) mm，顶部内径为 (100±2) mm，高为 (300±2) mm。

④ 旋转架。与测杆及喂料斗相连。测杆下部装有直径为 (230±2) mm、厚度为 (10±2) mm 的透明且水平的圆盘。测杆用螺丝固定在套管中，旋转架固定在立柱上。

（2）捣棒。同坍落度试验用的捣棒。

3）试验步骤

（1）将维勃稠度仪放置在坚实水平的地面上，用湿布将容器、坍落筒、喂料斗内壁及其他用具润湿。

（2）将喂料斗置于坍落筒上方扣紧，校正容器位置，使其中心与喂料斗中心重合，然后拧紧固定螺丝。

（3）将混凝土拌合物经喂料斗分三层装入坍落筒。装料及插捣方法同坍落度试验。

（4）把喂料斗转离。抹平后垂直提起坍落筒，此时应注意不使混凝土试体产生横向的扭动。

（5）将透明圆盘转到混凝土体顶面，放松螺丝，放下圆盘，与混凝土表面接触，同时开启振动台和秒表。当透明圆盘的底面被水泥浆布满的瞬间，立即关闭秒表和振动台，记录时间（s）。

4）试验结果

秒表的读数（s），即为混凝土拌合物的工作度。

（三）新拌混凝土表观密度试验

1. 试验目的和意义

测定混凝土拌合物单位体积的质量，可作为评定混凝土质量的一项指标，也可用来计算每立方米混凝土所需材料的用量。

2. 仪器及设备

台称（称量 50 kg，感量 50 g）、振动台、捣棒、金属容量筒（筒壁外侧焊有把手）。

3. 试验步骤

（1）用湿布将量筒内外擦干净。称出量筒质量 m_1（kg），精确至 50 g。

（2）采用插捣法捣实，用 5 L 量筒时，混凝土拌合物应分两层装入容量筒，每层插捣次数为 25 次。用大于 5 L 量筒时，每层混凝土的高度不应大于 100 mm，每层插捣次数应按每 100 cm² 截面不小于 12 次计算。各次插捣应均匀地分布在每层截面上。插捣底层时，捣棒应贯穿整个深度。插捣第二层时，捣棒应插透本层至下一层的表面。每一层捣完后，用橡皮锤轻轻沿容器外壁敲打 5~10 次，进行振实，直至拌合物表面插捣遗痕消失并不见大气泡为止。

（3）采用振动法振实时，一次将混凝土拌合物装满于容量筒中，并使之稍高出筒口。将筒移置振动台上振动，直到混凝土表面出现水泥浆时为止。

（4）用刮尺齐筒口将捣实或振实后多余的混凝土刮去，将容量筒外部仔细擦净，称出质量 m_2（kg），精确至 50 g。

4. 试验结果

用下式计算混凝土拌合物的表观密度（精确至 10 kg/m³）：

$$\rho_0 = \frac{m_2 - m_1}{V_0}$$

式中 V_0——容量筒容积（m^3）。

取两次测定值的算术平均值作为混凝土拌合物的表观密度。每次试验均须换用未测定过的拌合物。

三、混凝土力学性能试验（GB/T 50081—2002）

（一）混凝土力学性能试验的一般规定

1. 适用范围

适用于普通混凝土的力学性能试验。

2. 取样和试件制作

（1）混凝土力学性能试验以三个试件为一组，每一组试件所用的混凝土拌合物均应从同一次拌和的拌合物中取得。

（2）混凝土拌合物的取样地点应根据试验要求来选择，可在混凝土灌注地点或搅拌机出料处。

（3）所有试件必须在取样后立即制作。用以确定混凝土配制强度、等级及进行材性研究的试件，其成型方法应视混凝土拌合物的稠度而定。一般来说，坍落度不大于 7 cm 的混凝土拌合物，用振动捣实，大于 7 cm 的宜用捣棒人工捣实。用来检验工程和构件质量的混凝土试件，其成型方法应尽可能与实际采用的方法相同。

（4）制作试件用的试模由铸铁或钢制成，并应具有足够的刚度且拆装方便。试模内表面应刨光，其平整度应不超过最小边长的 0.000 5，组装后，各相邻面的垂直度误差均不应超过 ±0.5°。

在制作试件前，应将试模擦拭干净，并在其内表面涂上一层脱膜剂。

（5）用振动台成型时，可将混凝土拌合物一次装入试模，装料应稍有富余。振动时应防止试模在振动台上自由跳动。开动振动台至混凝土表面呈现水泥浆为止，记录振动时间。振动结束后，将试模顶部多余的混凝土刮除，用抹刀抹平。

实验室用振动台的振动频率为 (50 ± 3) Hz，其空载振幅为 (0.5 ± 0.1) mm。

（6）采用人工插捣时，按下述方法进行：

① 将混凝土拌合物分两层装入试模，每次装料厚度应大致相等。

② 插捣时应按螺线方向从边缘向中心均匀地进行。

③ 插捣底层时，捣棒应达到试模底部；捣上层时，捣棒应插入该层底面以下 20～30 mm 处。插捣时应用力将捣棒压下，插捣过程中随时用镘刀沿试模内壁插切数次，以防止试件产生麻面。每层插捣次数应视试件截面而定，一般每 100 cm^2 面积应插捣 12 下。

④ 结束顶层插捣后，应将多余的混凝土刮去，待混凝土适当凝结后用镘刀抹平。

3. 试件养护

根据试验目的不同，试件可采用标准养护或与构件同条件养护。

（1）标准养护。确定混凝土配制强度、等级和进行一般材料性能研究时采用标准养护，其方法为：

① 试件成型后，用湿布覆盖表面，在室温为 (20±5) ℃ 的环境中至少静置一昼夜（但不得超过两昼夜），然后拆模并编号。

② 拆模后随即将试件放在温度为 (20±2) ℃，相对湿度为 95% 以上的标准养护室中养护。在标准养护室内试件应放在架上，彼此间距为 10~20 mm，并不得用水直接淋刷试件，试件标准养护时间为 28 d（从搅拌加水开始计时）。

在缺乏标准养护时，试件容许放在 (20±2) ℃ 的不流动水中养护。水的 pH 值不应小于 7。

（2）与构件同条件养护。检验工程或构件质量的试件应随构件同条件养护。其方法为：试件成型后，用湿布覆盖表面，随即放在构筑物或构件旁边，使它们保持相同的养护条件（包括温度和湿度）。试件拆模时间可与实际构件的拆模时间相同，拆模后，试件仍需保持同条件养护。

4. 材料试验机

（1）所采用试验机的精确度在 ±1% 以内。其量程应能使试件的预期破坏荷载值不小于全量程的 20%，也不大于全量程的 80%。

（2）试验机上下压板应有足够的刚度，其中的一块（最好上压板）应带有球形支座，以便于试件对中。

（二）混凝土抗压强度试验

1. 试验目的和意义

测定混凝土立方体试件的抗压强度。

2. 试验设备

压力试验机、试模、振动台、小铁铲、金属直尺、馒刀等。设备应符合前面"混凝土力学性能试验的一般规定"的要求。

3. 试 件

按混凝土骨料最大粒径由表 9 选择试件的尺寸。

试件的制作和养护均应按前面"混凝土力学性能试验的一般规定"进行。

表 9　立方体试件尺寸选择

骨料最大粒径/mm	试件尺寸/mm×mm×mm
31.5	100×100×100
40.0	150×150×150
63.0	200×200×200

4. 试验步骤

（1）试件从养护室取出后，应及时进行抗压试验，以免试件内部的湿度发生变化。

（2）试件在试压前应先擦拭干净，测量尺寸并检查外观，试件不得有明显缺损。尺寸测量精确至 1 mm，并根据此计算试件的承压面积。

（3）将试件放置在试验机下压板中心，其承压面应与成型时的顶面垂直。开动试验机，当上压板与试件接近时，调整球座，使接触均衡。

（4）以 0.3~0.8 MPa/s 的速度连续而均匀地加荷（低等级混凝土取较低的加荷速度，高等级混凝土取较高的加荷速度），当试件接近破坏而开始迅速变形时，应停止调整试验机油门,直至试件破坏,然后记录破坏荷载 F。

5. 试验结果

(1)试件的抗压强度 f_{cu}(MPa)按下式计算(精确至 0.1 MPa):

$$f_{cu} = F/A$$

式中 F——破坏荷载(N);
   A——受压面积(mm^2)。

(2)取三个试件测定值的算术平均值作为该组试件的抗压强度值。如果三个测定值中的最小或最大值中,有一个与中间值的差值超过中间值的 15% 时,则取中间值作为试验结果;如果两个差值均超过中间值的 15%,则该组试验作废。

(3)混凝土抗压强度以 150 mm×150 mm×150 mm 的立方体试件的抗压强度值作为标准。用其他尺寸试件测定的抗压强度值,按表 10 的规定加以换算。

表 10 抗压强度换算系数

试件尺寸/mm	换算系数
100×100×100	0.95
150×150×150	1
200×200×200	1.05

(三)混凝土抗拉强度试验(劈裂法)

1. 试验目的和意义

测定混凝土立方体劈裂抗拉强度。

2. 试验设备

(1)压力试验机、试模。

(2)垫条。采用直径为 150 mm 的圆弧形钢垫条,其断面尺寸如图 7 所示。垫条长度不应短于试件边长。

(3)垫片。采用宽为 20 mm,厚为 3~4 mm,长不应短于试件边长的木质三合板或硬质纤维板作为垫片,垫片不得重复使用。

(4)定位支架(见 GB/T 50081—2002)。

图 7 垫条断面(单位:mm)

3. 试 件

采用 150 mm×150 mm×150 mm 的立方体为标准试件,其骨料的最大粒径应不大于 37.5 mm。

4. 试验步骤

(1)试件从养护地点取出后,应及时进行试验,试验前试件应保持与原养护地点相似的干湿状态。

(2)试件在试验前应先擦拭干净,测量尺寸,检查外观,并在试件中部画线定出劈裂面的位置,劈裂面应与试件成型时的顶面垂直。

试件尺寸测量精确至 1mm,并据此计算试件劈裂面积。

(3)将试件放在材料试验机下压板的中心位置,在上下压板与试件之间垫以圆弧形垫条及垫片各一个。宜把垫块、垫条及试件安装在定位支架上使用。开动试验机,当上压板与试件接近时,调整球座,使接触均衡。

(4)以 0.02~0.08 MPa/s 的速度(强度等级高时取较大值,低时取较小值,约为抗压试验的 1/10)连续而均匀地加荷,当试件接近破坏时,应停止调整油门,直至试件破坏,然后记录破坏荷载 F。

5. 试验结果

(1)试件的劈裂抗拉强度按下式计算(精确至 0.01 MPa):

$$f_{ls} = \frac{2F}{\pi A} = 0.637 \times \frac{F}{A}$$

式中 A ——试件劈裂面面积(mm^2);

  F ——试件的破坏荷载(N)。

(2)混凝土劈裂抗拉强度按三个试件的算术平均值计算。如果三个测定值中的最小或最大值中,有一个与中间值的差值超过中间值的 15% 时,取中间值作为该组试件的劈裂抗拉强度;如果两个差值均超过中间值的 15%,则该组试验作废。采用 100 mm × 100 mm × 100 mm 非标准试件测得的劈裂抗拉强度应乘以尺寸换算系数 0.85。

(四)混凝土静力受压弹性模量试验

1. 试验目的和意义

测定混凝土的静力受压弹性模量(简称弹性模量)。弹性模量值取应力为轴心抗压强度 1/3 时的加荷割线模量。

2. 试验设备

(1)压力试验机、试模。

(2)千分表(测量精度为 ±0.001 mm),并附有夹具(如金属环夹具),如图 8 所示。

图 8 千分表测定混凝土静力弹性模量装置

1—试件;2—量表;3—上金属环;4—下金属环;5—接触杆;6—刀口;7、8—固定螺丝

量测试件变形也可采用精度不低于 0.001 mm 的其他仪表,如应变计、双杠杆引伸仪等。

3. 试 件

采取 150 mm × 150 mm × 300 mm 的棱柱体为标准试件,骨料最大粒径应不大于 40.0 mm。

试件六个,同时制作并在同条件下养护。其中三个试件用于测定试件的棱柱体轴心抗压强度,作为弹性模量试验时加荷应力的参数,另三个试件用以测定混凝土静力抗压弹性模量。骨料最大粒径与棱柱体或圆柱体试件尺寸的选择需满足表 11 的要求。

表 11 棱柱体试件尺寸选择

试件最小边长/mm	骨料最大粒径/mm
100	20.0
150	40.0
200	63.0

4. 试验步骤

(1)试件从养护地点取出后,应及时进行试验。试验前,试件应保持与原养护地点相似的干湿状态。

(2)取三个试件,按混凝土轴心抗压强度试验方法测定其轴心抗压强度 f_{cp}。

(3)取另三个试件,测定其受压弹性模量,步骤如下:

① 在测定混凝土弹性模量时,变形测量仪应安装在试件两侧的中线上,并对称于试件的两端。

② 应仔细调整试件在压力试验机的位置,使其轴心与下压板的中心线对准。开动压力试验机,当上压板与试件接近时调整球座,使其接触均衡。

③ 加荷至基准应力为 0.5 MPa 的基准荷载值 F_0,保持恒载 60 s 并在以后的 30 s 内记录每测点的变形读数 ε_0。应立即连续均匀地加荷至应力为轴心抗压强度 f_{cp} 的 1/3 的试验荷载值 F_a,保持恒载 60 s 并在以后的 30 s 内记录每一测点的变形读数 ε_a,应连续均匀加荷,混凝土等级 < C30 时,加荷速度取 0.3 ~ 0.5 MPa/s;混凝土等级 ≥ C30 且 < C60 时,取 0.5 ~ 0.8 MPa/s;混凝土等级 ≥ C60 时,取 0.8 ~ 1.0 MPa/s。

④ 当以上这些变形值之差与它们平均值之比大于 20% 时,应重新对中试件后重复第③条的试验。如果无法使其减少到低于 20% 时,则此次试验无效。

⑤ 在确认试件对中符合第④条规定后,以与加荷速度相同的速度卸荷至基准荷载(F_0),保持 60 s 的恒载(F_0 及 F_a),至少进行两次反复预压。在最后一次预压完成后,在基准荷载(F_0)下持荷 60 s,并在以后的 30 s 内记录每一测点的变形读数 ε_0;再用同样的加荷速度加荷至试验荷载(F_a)下持荷 60 s,并在以后的 30 s 内记录每一测点的变形读数 ε_a(见图 9)。

图 9 弹性模量加荷方法示意图

⑥ 卸除变形测量仪，以同样的速度加荷至破坏，记录破坏荷载。如果试件的抗压强度与 f_{cp} 之差超过 f_{cp} 的 20% 时，则应注明。

5. 试验结果

（1）按下式计算试件静力受压弹性模量 E_h（精确至 100 MPa）：

$$E_h = \frac{F_a - F_0}{A} \cdot \frac{L}{\Delta n}$$

式中　F_a ——应力为 1/3 轴心抗压强度时的试验荷载（N）；

　　　F_0 ——应力为 0.5 MPa 时的基准荷载（N）；

　　　A ——试件承压面积（mm²）；

　　　Δn ——最后一次从 F_0 加荷到 F_a 时，试件两侧变形平均值（mm）$\Delta n = \varepsilon_a - \varepsilon_0$；

　　　ε_a —— F_a 时试件两侧变形的平均值（mm）；

　　　ε_0 —— F_0 时试件两侧变形的平均值（mm）；

　　　L ——测量标距（mm）。

混凝土受压弹性模量计算精确至 100 MPa。

（2）混凝土静力受压弹性模量按三个试件的算术平均值计算。如果其中一个试件的轴心抗压强度与用以确定检验控制荷载的轴心抗压强度值之差超过后者的 20%，则按另两个试件的算术平均值计算；如有两个试件超过规定，则试验结果无效。

（五）抗折（抗弯）强度试验

1. 试验目的和意义

测定混凝土的抗折（抗弯）强度，以提供道路混凝土设计参数，用以控制道路混凝土的施工质量。本试验方法按《普通混凝土力学性能试验方法标准》（GB/T 50081—2002）的规定进行。

2. 试验设备

（1）试验机。50~300 kN 抗折试验机或万能试验机。

（2）试验装置。抗折试验装置如图 10 所示，为三分点处双点加荷和三点自由支承式装置。

3. 试　件

混凝土抗折强度试件为直角棱柱体小梁，标准试件尺寸为 150 mm × 150 mm × 550 mm，骨料粒径应不大于 40.0 mm。如确有必要，允许采用 100 mm × 100 mm × 400 mm 的试件，骨料粒径应不大于 31.5 mm。

图 10　抗折试验装置图（单位：mm）
1、2、6—一个钢球；3、5—两个钢球；
4—试件；7—活动支座；8—机台；
9—活动船形垫块

4. 试验步骤

（1）试件从养护地取出后应及时进行试验，将试件表面擦干净。

（2）按图 10 装置试件，安装尺寸偏差不得大于 1 mm。试件的承压面应为试件成型时的侧面。支座及承压面与圆柱的接触面应平稳、均匀，否则应垫平。

（3）施加荷载应保持均匀、连续。当混凝土强度等级<C30 时，加荷速度取 0.02~0.05 MPa/s；当混凝土等级≥C30 且<C60 时，取 0.05~0.08 MPa/s；当混凝土等级≥C60 时，取 0.08~0.10 MPa/s。直至当试件接近破坏，应停止调整试验机油门，直至试件破坏，记下破坏荷载。

（4）记录试件破坏荷载的试验机示值及试件下边缘断裂位置。

5. 试验结果

（1）当断面发生在两个加荷点之间时，抗折强度 f_f 按下式计算：

$$f_f = \frac{PL}{bh^2}$$

式中　P ——破坏荷载（N）；
　　　L ——支座间距离（mm），取 450 mm；
　　　h ——试件截面高度（mm）；
　　　b ——试件截面宽度（mm）。

（2）抗折强度值的确定应符合下列规定：

① 三个试件测定值的算术平均值作为该组试件的强度值（精确至 0.1 MPa）。

② 三个测定值中的最大或最小值中，如有一个与中间值的差值超过中间值的 15% 时，则把最大与最小值一并舍去，取中间值作为该组试件的抗压强度值。

③ 如果最大和最小值分别与中间值的差值都超过中间值的 15%，则该组试件的试验结果无效。

（3）三个试件中，若有一个折断面位于两个集中荷载之外，则混凝土抗折强度值按另外两个试件的试验结果计算。若这两个测值的差值不大于这两个测值的较小值的 15% 时，则该组试件的抗折强度值按这两个测值的平均值计算，否则该组试件的试验无效。若有两个试件的下边缘断裂位置位于两个集中荷载作用线之外，则该组试件试验无效。

（4）采用 100 mm × 100 mm × 400 mm 非标准试件时，取得的抗折强度值应乘以尺寸换算系数 0.85。当混凝土强度等级≥C60 时，宜采用标准试件；使用非标准试件时，尺寸换算系数应由试验确定。

试验四　建筑砂浆试验

一、稠度试验（JGJ/T 70—2009）[*]

本方法适用于确定配合比或施工过程中控制砂浆的稠度，以达到控制用水量的目的。

1. 仪器和设备

（1）砂浆稠度仪由试锥、容器和支座三部分组成（见图 11）。试锥由钢材或铜材制成，试锥高度为 145 mm，锥底直径为 75 mm，试锥连同滑杆的质量为 300 g。盛砂浆容器由钢板

---

[*] 最新 JGJ/T 70—2009《建筑砂浆基本性能试验方法标准》。

制成，筒高为 180 mm，锥底内径为 150 mm。支座分底座、支架及稠度显示盘三个部分，由铸铁、钢及其他金属制成。

（2）钢制捣棒直径为 10 mm、长为 350 mm，端部磨圆。

（3）秒表等。

2. 试验步骤

（1）盛浆容器和试锥表面用湿布擦净，并用少量润滑油轻擦滑杆，再将滑杆上多余的油用吸油纸擦净，使滑杆能自由滑动。

（2）将砂浆拌合物一次装入容器，使砂浆表面低于容器口约 10 mm，用捣棒自容器中心向边缘插捣 25 次，然后轻轻地将容器摇动或敲击 5~6 下，使砂浆表面平整，随后将容器置于稠度测定仪的底座上。

（3）拧开试锥滑杆的制动螺丝，向下移动滑杆，当试锥尖端与砂浆表面刚接触时，拧紧制动螺丝，使齿条测杆下端刚接触滑杆上端，并将指针对准零点上。

（4）拧开制动螺丝并计时，待 10 s 立即固定螺丝，将齿条测杆下端接触滑杆上端，从刻度盘上读出下沉深度（精确至 1 mm）即为砂浆的稠度值。

（5）圆锥形容器内的砂浆只允许测定一次稠度。重复测定时，应重新取样测定。

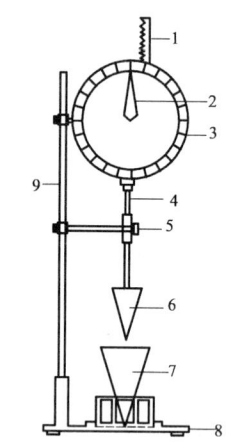

图 11　砂浆稠度测定仪

1—齿条测杆；2—指针；3—刻度盘；
4—滑杆；5—固定螺丝；6—圆锥体；
7—圆锥筒；8—底座；9—支架

3. 试验结果处理

（1）取两次试验结果的算术平均值，计算精确至 1 mm。

（2）两次试验值之差如大于 10 mm，则应另取砂浆搅拌后重新测定。

二、分层度试验（JGJ/T 70—2009）

本方法适用于测定砂浆拌合物在运输及停放时内部组分的稳定性。

1. 仪器和设备

（1）砂浆分层度筒（见图 12）：内径为 150 mm，上节高度为 200 mm，下节带底净高为 100 mm，用金属板制成，上、下连接处需加宽到 3~5 mm，并设有橡胶垫圈。

（2）水泥胶砂振动台：振幅 (0.85 ± 0.05) mm，频率 (50 ± 3) Hz。

（3）稠度仪、木锤等。

2. 试验步骤

（1）首先将砂浆拌合物按稠度试验方法测定稠度。

（2）将砂浆拌合物一次装入分层度筒内，待装满后，用木锤在容器周围距离大致相等的四个不同地方轻轻敲击 1~2 下，如砂浆沉入到低于筒口，则应随时添加砂浆，然后刮去多余的砂浆并用抹刀抹平。

图 12　砂浆分层度测定仪
（单位：mm）

（3）静置 30 min 后，去掉上节 200 mm 砂浆，剩余 100 mm 砂浆倒出放在搅拌锅内拌

2 min，再按稠度试验方法测定稠度。前后测得的稠度之差即为该砂浆的分层度值（mm）。

3. 试验结果处理

（1）取两次试验结果的算术平均值作为该砂浆的分层度值。

（2）两次分层度试验值之差如大于 10 mm，应重做试验。

试验五　建筑钢材试验

一、硬度试验

（一）试验目的和意义

测定钢材硬度，可以估计钢材的力学性能，判定钢材材质的均匀性或热处理后的效果。硬度试验方法很多，常用的是布氏和洛氏两种试验方法。

（二）布氏硬度试验（根据 GB/T 231.1—2002）

1. 仪器和设备

（1）布氏硬度计（见图 13）或三用硬度计。

（2）读数显微镜，测量精度为 0.01 mm。

2. 试件制备

（1）试件制备过程中，应使过热或冷加工等因素对表面性能的影响减至最小。

（2）试件厚度至少应为压痕深度的 8 倍。

（3）试件表面应光滑和平坦，并且不应有氧化皮及外界污物，尤其不应有油脂。试件表面应能保证压痕直径的精确测量。

图 13　布氏硬度计
1—试验台；2—手轮；3—重锤；
4—压头；5—电动机

3. 试验步骤

（1）根据试件大致的硬度，按表 12 选择相应的压头和荷载，当试件尺寸允许时，应优先选用 10 mm 的球压头进行试验。装好压头，调好硬度计。试验应在 10~35 ℃ 室温下进行，对于温度要求严格的试验，室温为 (23 ± 5) ℃。

（2）将试件稳固地置于刚性支撑物上，使压头中心距试件边缘的距离不小于压痕直径的 2.5 倍，转动手轮使试件上升，直到钢球压紧，保证试件加载过程中不产生滑动。

（3）按电钮加载，加至要求试验力的时间为 2~8 s，在试验力下维持 10~15 s。加载应平稳均匀，不得受到冲击和振动，并保证荷载与试件的试验平面垂直。

（4）按电钮卸载，反向转动手轮，使载样台下降，取出试件。

（5）按上述方法测三次，两相邻压痕中心的距离不小于压痕直径的 3 倍。

（6）用读数显微镜测量压痕直径（d），每个压痕应在相互垂直的方向上进行测量，取其算术平均值，其平均值应在 $0.24D < d < 0.6D$ 的范围内。

如不符合上述条件，试验结果无效，应另行选择相应的压头和荷载重新试验。

（7）用直径为 10 mm 或 5 mm 的钢球进行试验时，压痕直径的测量应精确至 0.02 mm，如用 2.5 mm 钢球测量时，则应精确至 0.01 mm。

表12 布氏硬度钢球、荷载选择

材料	试验力与压头球直径平方的比率 $0.102F/D^2$	硬度符号	压头球直径 D/mm	试验力 F/N	荷载保持时间/s
钢 铸铁（HBW≥140）	30	HBW10/3000	10	29 420	10～15
		HBW5/750	5	7 355	
		HBW2.5/187.5	2.5	1 839	
		HBW1/30	1	294.2	
铸铁（HBW<140）	10	HBW10/1000	10	9 807	10～15
		HBW5/250	5	2 452	
		HBW2.5/62.5	2.5	612.9	

4. 结果评定

$$HBW = 0.102 \times \frac{2F}{\pi D(D - \sqrt{D^2 - d^2})}$$

式中　F——试验力（N）；
　　　D——硬质合金球的直径（mm）；
　　　d——压痕直径（mm）。

也可根据压痕直径、荷载与钢球的关系式，由有关表中查出布氏硬度值 HBW。

5. 布氏硬度表示方法

布氏硬度表示方法为符号 HBW 前面为硬度值，符号后面是按硬质合金球直径、试验力数字、与规定时间不同的试验力保持时间。如：600HBW1/30/20 表示用直径 1 mm 的硬质合金球在 294.2 N（原为 30 kgf）试验力下保持 20 s 测定的布氏硬度值为 600。350HBW5/750 表示用直径 5 mm 的硬质合金钢球在 7.355 kN 试验力下保持 10～15 s 测定的硬度值为 350。10～15 s 是规定的试验力保持时间，布氏硬度符号中不标注。

（三）洛氏硬度试验（根据 GB/T 230.1—2009）

1. 仪器和设备

洛氏硬度计（见图14）或三用硬度计。

2. 试验步骤

（1）根据试件的大致硬度按表13选择洛氏硬度标尺、荷载和压头，装好压头，调好荷载。试验应在 10～35 ℃下进行。

（2）将试件稳定地置于载样台上，使压头中心离试件边缘的距离至少为压痕直径的 2.5 倍，且不得小于

图14　洛氏硬度试验机

1—刻度盘；2—手柄；3—压头；4—试样台；
5—手轮；6—阻尼；7—砝码；
8—门；9—杠杆

1 mm。两压痕中心之间的距离，至少应为压痕直径的 4 倍，且不应小于 2 mm。转动手轮使试件上升与压头接触，保证在加荷过程中荷载作用方向与试件的试验面垂直，试件不得滑动，荷载应均匀平稳地加在试件上，不得有跳动和冲击现象。

表 13 洛氏硬度标尺、压头和荷载选择

符号		压头	荷载 F /N	洛氏硬度测量范围
标尺	硬度值			
B	HRB	钢球直径 1.588 mm	981	25~100
C	HRC	顶角为 120°的金刚石圆锥	1 471	20~700
A	HRA	顶角为 120°的金刚石圆锥	588	20~88

（3）先加初荷载 F_0（98 N），并调整表盘使 C0（测 HRC 时）或 B30（测 HRB 时）对正指针后，再加主荷载 F_1（2~8 s 内完成）。当表盘指针停止旋转后，应在 2 s 内平稳地卸除主荷载 F_1。

（4）保持初荷载 F_0 的继续作用下，从表盘上读出相应的硬度值，精确至 0.5 刻度。然后卸除初荷载 F_0，转动手轮使载样台下降，取出试件。

（5）每一试件照上述方法连测 4 次（第一次不计），取 3 次的算术平均值作为硬度值。

（6）洛氏硬度与布氏硬度有一定关系，必要时可将洛氏硬度换算成布氏硬度值，然后再按经验公式估计强度极限。

当 HB<175 时，$\sigma_b \approx 0.36 HB$

当 HB>175 时，$\sigma_b \approx 0.35 HB$

3. 注意事项

（1）若试件的硬度范围事先无法估计时，应先用洛氏 C 试验，绝对不能用洛氏 B 先试，以防损坏压头。

（2）切勿用手抚摸压头，以防生锈。

（3）在任何情况下，不允许压头与试台及支座触碰，试件支承面、支座和试台工作面上均不得有压痕。

二、冲击试验（根据 GB/T 229—2007）

（一）试验目的和意义

本试验是测定在动荷载作用下，试件冲断时的弯曲冲击韧性值，借以检查钢材在常温下的冲击韧性、负温下的冷脆性、时效敏感性以及焊接后的硬脆倾向等。按不同条件可分为常温冲击试验法、低温冲击试验法和高温冲击试验法三种。下面介绍的是常温冲击试验法（夏比 V 型缺口）。

（二）仪器和设备

摆式冲击试验机，最大能量一般应不大于 300 J。

（三）试件制备

规定以夏比 V 形缺口试件作为标准试件，试件的形状、尺寸和光洁度均应符合国标的要求。

（四）试验步骤

（1）首先校正试验机，将摆锤置于垂直位置，调整指针对准在最大刻度上，举起摆锤到规定高度，用挂钩钩于机组上。然后拨动机钮，使摆锤自由下落，待摆锤摆到对面相当高度回落时，用皮带闸住，读出初读数，以检查试验机的能量损失。其回零差值应不大于读盘最小分度值的 1/4。

（2）量出试件缺口处的截面尺寸。

（3）将试件置于机座上，使试件缺口背向摆锤，缺口位置正对摆锤的打击中心位置，此时摆锤刀口应与试件缺口轴线对齐。

（4）将摆锤上举挂于机钮上，然后拨动机钮使摆锤下落冲击试件，根据摆锤冲断试件后的扬起高度，读出表盘示值冲击功 A_k（保留 2 位有效数字）。

（5）遇有下列情形之一者应重做试验：

① 试件侧面加工划痕与冲断处相重合。

② 冲断试件上发现有淬火裂缝。

（6）试验应在 (20 ± 5) °C 的温度下进行，试件数量一般应不少于 3 个。

（五）结果评定

（1）列出试样编号及相应的冲击值 KV2 或 KV8，单位 J。

KV2 表示试样为 V 型缺口、2 mm 厚锤刃的冲击值。

KV8 表示试样为 V 型缺口、8 mm 厚锤刃的冲击值。

（2）试验时试件将冲击能量全部吸收而未冲断时，则在 KV2 或 KV8 值前加 ">" 符号，并在记录中注明 "未冲断" 字样。

（六）注意事项

试验时，应特别注意安全，摆锤升起后，所有人员应退到安全栏以外两侧，顺着摆锤的摆动方向严禁站人，以防不测。

三、冷弯试验（根据 GB/T 232—2010）

（一）试验目的和意义

冷弯试验是用以检查钢材承受规定弯曲变形的能力，可观察其缺陷。

（二）仪器和设备

应在配置下列弯曲装置之一的试验机或压力机上完成试验：

（1）支辊式弯曲装置，见图 15。

（2）V形模具式弯曲装置，见图16。
（3）虎钳式弯曲装置，见图17。
（4）翻板式弯曲装置，见图18。

图15　支辊式弯曲装置

图16　V形模具式弯曲装置　　　　图17　虎钳式弯曲装置

图18　翻板式弯曲装置

（三）试件制备

（1）圆形或多边形截面的钢材，其直径（或内切圆直径）不大于50 mm时，试件的横截面应等于原材料的横截面。如果试验设备不足，可以加工成横截面内切圆直径不小于25 mm的试样。

（2）板材、带材和型材，产品厚度不大于25 mm时，试件厚度应为原产品的厚度；产品厚度大于25 mm时，试件厚度可以机械加工减薄至不小于25 mm，并保留一侧原表面。并且弯曲试验时试样保留的原表面应位于受拉变形的一侧。

（3）试样的长度L应根据试样的厚度和所用的试验设备确定。采用支辊式弯曲装置或翻板式弯曲装置试验时，可以按照下式确定：

或
$$L = 5.5d + 150$$
$$L = 5.65 \text{ 倍截面积开方} + 150$$

式中　L——试样的长度（mm）；
　　　d——弯曲直径（mm）。

（四）试验步骤

（1）试验一般在 10～35 ℃ 的室温下进行，对温度要求严格的试验，温度应在 (23 ± 5) ℃ 范围内进行。

（2）如果采用图 15 或图 18 的方法时，按规范规定，应选择适当大小的心轴直径 d。

（3）将试件置于心轴与支座之间，按规定调好两支座间的距离 l。

支辊式弯曲装置：$l = (d + 3a) \pm 0.5a$。

翻板式弯曲装置：$l = (d + 2a) + e$，e 取 2～6 mm。

（4）开动试验机加载，加载时应均匀平稳，无冲击或跳动现象，直到试件弯曲至规定的程度，然后卸载取下试件。

（五）结果评定

用放大镜看试件弯曲处的外表面及侧面，如无裂缝、裂断或起层，即认为冷弯合格。

试验六　石油沥青及沥青混合料马歇尔稳定度试验

一、取样方法

从容器中取样时，取样部位应按液面上、中、下位置各取规定数量。进行沥青性质常规检验的取样数量为：黏稠或固体沥青不少于 1.5 kg，液体沥青不少于 1 L，沥青乳液不少于 4 L。

二、针入度测定（GB/T 4059—1998）

（一）试验目的和意义

针入度是反映沥青黏滞性的指标，是沥青牌号划分的主要依据之一。

（二）仪器和设备

（1）针入度仪。凡能保证针和针连杆在无明显摩擦下垂直运动，并能指示针贯入深度准确至 0.1 mm 的仪器均可使用，图 19 为仪器种类之一。为提高测试精度，不同温度的针入度试验宜采用自动针入度仪进行。

（2）盛样皿。金属制，平底筒状，内径为(55±1) mm，深(35±1) mm。

（3）温度计（0~50 ℃，分度 0.1 ℃）、恒温水浴（容量不少于10 L，能保持温度在所需要的±0.1 ℃范围内）、平底玻璃皿（容量不少于1 L，深度不少于80 mm，内设一个不锈钢三腿支架，能使盛样皿稳定）、金属皿或瓷皿、筛（孔径为 0.3~0.5 mm）、秒表、砂浴等。

（三）试验准备

将沥青在120~180 ℃下脱水，用筛过滤，注入盛样皿内，在15~30 ℃的空气中冷却1 h，然后将盛样皿浸入(25±0.5) ℃的水浴中，恒温1 h，水浴中的水面应高于试样表面25 mm。

图 19 针入度仪

1—底座；2—小镜；3—圆形平台；4—调平螺丝；
5—保温皿；6—试样；7—刻度盘；8—指针；
9—活杆；10—标准针；11—连杆；
12—按钮；13—砝码

（四）试验步骤

（1）针入度仪的水平调节（通过调平螺丝4调节）。

（2）盛样皿恒温1 h后取出，放入水温25 ℃的平底玻璃皿5中，试样6表面以上的水层高度不应少于10 mm。将玻璃皿放于圆形平台3上，调整标准针，使针尖与试样表面恰好接触，拉下活杆9，使之与连杆顶端接触，并将刻度盘7的指针8指在"0"上（或记下指针初始值）。本试验测定温度条件为25 ℃，标准针、连杆及砝码合质量为100 g。

（3）用手紧压按钮12，使标准针自由穿入沥青中5 s，停止按压，使指针停止下沉。

（4）再拉下活杆，与标准针连杆顶端接触，读出读数（或与初始值之差），即为针入度值。

（5）同一试样至少测定3次，各测定点及测定点与盛样皿边缘之间的距离不少于10 mm。每次测定前应将平底玻璃皿放入恒温水浴。每次测定后应将标准针取下，用溶剂擦净擦干。

（五）结果评定

（1）平行测定的3个值的最大与最小值之差不超过表14中的数值，否则重做。

（2）每个试样取3个结果的平均值作为试样的针入度 [(1/10) mm]。

表 14 针入度测定允许最大差值　　　　单位：0.1 mm

针入度	0~49	50~149	150~249	250~500
最大差值	2	4	12	20

三、延度测定（GB/T 4508—1999）

（一）试验目的和意义

延度是反映沥青塑性的指标，是确定沥青牌号的依据之一。通过延度的测定，还可以了解沥青的抗变形能力。

（二）仪器和设备

（1）延度仪。拉伸速度为 (5 ± 0.25) cm/min。

（2）试模。试模如图 20 所示。

（3）温度计（0～50 ℃，分度 0.1 ℃）、恒温水浴、金属皿或瓷皿、筛（0.3～0.5 mm 孔径）、甘油、滑石粉、隔离剂、砂浴。

图 20　试模（单位：mm）
1—端模；2—侧模

（三）试验准备

（1）组装模具于金属板上，在底板和侧模的内侧面涂隔离剂。

（2）将沥青熔化脱水至气泡完全消除，然后将沥青试样自模的一端至另一端往返倒入，使试样略高于模具。

（3）浇注好的试件在 15～30 ℃ 的空气中冷却 30 min 后，用热刀将高出模具部分的沥青刮去，使沥青面与模面齐平，并将其浸入延度仪水槽中，水温为 (25 ± 0.5) ℃，沥青表面以上水层高度不少于 25 mm。

（四）试验步骤

（1）调整延度仪，使指针正对标尺的零。

（2）试件恒温 1～1.5 h 后，将模具两端的孔分别套在滑板及槽端的金属柱上，然后去掉侧模。

（3）开动延度仪（水温 25 ℃），并观察拉伸情况，如发现沥青细丝浮于水面或沉入槽底时，则应在水中加入乙醇或食盐水调整水的密度至与试样密度相近后，再测定。

（4）试样拉断时，指针所指读数即为试样的延度，以 cm 计。

（五）结果评定

取平行测定 3 个结果的算术平均值作为测定结果。如其中两个较高值偏离在平均值 5% 之内，而最低值偏离平均值 5% 之外，则弃去最低值，取两个较高值的平均值作为测定结果。

四、软化点测定（GB/T 4507—1999）

（一）试验目的和意义

软化点是反映沥青耐热度及温度稳定性的指标，也是确定沥青牌号的依据之一。

（二）仪器和设备

（1）软化点测定仪如图 21（a）所示。钢球直径为 9.53 mm，质量为 (3.50 ± 0.05) g。试样环为铜制锥环或肩环，尺寸如图 21（b）所示。支架由上、中及下承板和定位套组成。

（2）电炉或加热器、金属板（表面粗糙度 R_a 为 0.8 μm）或玻璃板、刀、筛（0.3～0.5 mm）、甘油、滑石粉、隔离剂、新煮沸的蒸馏水。

(a)软化点测定仪装置图　　　(b)试验前后钢球位置图

图 21　软化点测定仪(单位:mm)

（三）试验准备

(1)将铜环置于涂有隔离剂的金属板或玻璃板上,将预先脱水的试样加热熔化,加热温度不高于试样估计软化点(100 ℃),过筛后注入铜环内并略高于环面。如估计软化点在 120 ℃ 以上,应将铜环加热至 80～100 ℃。

(2)将试样在 15～30 ℃ 的空气中冷却 30 min 后,用热刀刮去高出环面的试样,使之与环面齐平。

（四）试验步骤

(1)将试样环水平地安在环架中层板的圆孔上,然后放入烧杯中,恒温 15 min。烧杯中事先放入温度为 (5 ± 0.5) ℃ 的水(估计软化点低于 80 ℃)或 (32 ± 1) ℃ 的甘油(估计软化点高于 80 ℃),然后将钢珠放在试样上表面,调整水面或甘油液面至所需深度。将温度计由上层板中心孔垂直插入,使水银球与铜环下面齐平。

(2)将烧杯移放至有石棉网的三脚架或电炉上,立即加热,升温速度为 (5 ± 0.5) ℃/min。

(3)试样受热软化下坠至与下承板面接触时的温度即为试样的软化点。

（五）结果评定

(1)平行测定两个结果间的差值不应大于表 15 的规定。

表 15　软化点测定允许差值

软化点/℃	允许差值/℃
≤80	1
>80	2

(2)取平行测定两个结果的算术平均值作为测定结果。

五、沥青混合料马歇尔稳定度试验(JTJ 052—2000)

（一）试验目的和意义

通过试验确定沥青混合料的最佳沥青掺量。

(二)沥青混合料的制备和试件成型

沥青混合料的制备和试件成型可参阅我国现行交通行业标准(JTJ052—2000),主要是按照设计的配合比,应用现场实际材料,在实验室内用小型拌和机,按规定的拌制温度制备成沥青混合料。然后将这种混合料在规定的成型温度下,用击实法制成直径为 101.6 mm、高为 63.5 mm 的圆柱体试件,供试验用。

(三)沥青混合料马歇尔稳定度试验

1. 概 述

沥青混合料稳定度试验是将沥青混合料制成直径为 101.6 mm、高为 63.5 mm 的圆柱形试件,在稳定度仪上测定其稳定度和流值,以这两项指标来表征其高温时的稳定性和抗变形能力。

2. 仪器和设备

(1)沥青混合料马歇尔试验仪。试验仪最大荷载不小于 25 kN,测定精度 100 N,加载速率应保持 (50 ± 5) mm/min,并附有测定荷载与试件变形的压力环(或传感器)、流值计(或位移计)、钢球(直径 16 mm)和上下压头(曲率半径为 50.8 mm)等。

(2)恒温水槽。水槽能保持水温与测定温度相差在 ±1 ℃ 之内,深度不少于 150 mm。

(3)真空饱水容器、烘箱、天平(感量 0.1 g)、温度计(分度 1 ℃)、卡尺或试件高度测定器、棉纱、黄油。

3. 试验方法

1)标准马歇尔试验方法

(1)用卡尺(或试件高度测定器)测量试件直径和高度[如试件高度不符合 (63.5 ± 1.3) mm 的要求或两侧高度差大于 2 mm 时,此试件应作废],并按规范要求测定试件的物理指标(表观密度、理论密度、空隙率、沥青体积百分率、矿料间隙率、沥青饱和度等)。

(2)将恒温水槽(或烘箱)调节至要求的试验温度[对黏稠石油沥青混合料为 (60 ± 1) ℃]。将试件置于已达规定温度的恒温水槽(或烘箱)中保温 30~40 min。试件应垫起,离容器底部不小于 5 cm。

(3)将马歇尔试验仪的上下压头放入水槽(或烘箱)中达到同样温度。将上下压头从水槽(或烘箱)中取出拭干内面。为使上下压头滑动自如,可在下压头的导棒上涂少量黄油。再将试件软化取出置于下压头上,盖上上压头,然后装在加载设备上。

(4)将流值测定装置安装在导棒上,使导向套管轻轻地压住上压头,同时将流值计读数调零。在上压头的球座上放妥钢球,并对准荷载测定装置(应力环或传感器)的压头,然后将应力环中百分表对准零或将荷重传感器的读数复位为零。

(5)启动加载设备,使试件承受荷载,加载速度为 (50 ± 5) mm/min。在试验荷载达到最大值的瞬间,取下流值计,同时读取应力环中百分表(或荷载传感器)读数和流值计的流值读数(从恒温水槽中取出试件至测出最大荷载值的时间不应超过 30 s)。

(6)试验结果和计算。

① 稳定度及流值:

由荷载测定装置读取的最大值即试样的稳定度。当用应力环百分表测定时,根据应力环表测定曲线,将应力环中百分表的读数换算为荷载值,即试件的稳定度(MS),以 kN 计。

由流值计及位移传感器测定装置读取的试件垂直变形,即为试件的流值(FL),以 mm 计。

② 马歇尔模数:

试件的马歇尔模数按下式计算:

$$T = \frac{MS \cdot 10}{FL}$$

式中　T——试件的马歇尔模数(kN/mm);

　　　MS——试件的稳定度(kN);

　　　FL——试件的流值(mm)。

(7)试验结果报告:

① 当一组测定值中某个数据与平均值之差大于标准差的 k 倍时,该测定值应予舍弃,并以其余测定值的平均值作为试验结果。当试验数目 n 为 3,4,5,6 个时,k 值分别为 1.15,1.46,1.67,1.82。

② 试验应报告马歇尔稳定度、流值、马歇尔模数,以及试件尺寸、密度、空隙率、沥青用量、沥青体积百分率、沥青饱和度、矿料间隙率等各项物理指标。

2)浸水马歇尔试验方法

(1)浸水马歇尔试验方法是将沥青混合料试件,在规定温度[黏稠沥青混合料为 (60 ± 1) ℃]的恒温水槽中保温 48 h,然后测定其稳定度。其余方法与标准马歇尔试验方法相同。

(2)根据试件的浸水马歇尔稳定度和标准马歇尔稳定度,可按下式求得试件浸水残留稳定度:

$$MS_0 = \frac{100 \cdot MS_1}{MS}$$

式中　MS_0——试件的浸水残留稳定度(%);

　　　MS_1——试件浸水 48 h 后的稳定度(kN);

　　　MS——试件按标准试验方法的稳定度(kN)。

3)真空饱和马歇尔试验方法

(1)真空饱和马歇尔试验方法,是将试件先放入真空干燥器中,关闭进水胶管,开动真空泵,使干燥器的真空度达到 -98.3 kPa 以下,维持 15 min,然后打开进水胶管。靠负压引入冷水流使试件全部浸入水中,浸水 15 min 后恢复常压,取出试件再放入规定温度[黏稠沥青混合料为 (60 ± 1) ℃]的恒温水槽中保温 48 h,再进行马歇尔试验。其余与标准马歇尔试验方法相同。

(2)根据试件的真空饱水稳定度和标准稳定度,可按下式求得试件真空饱水残留稳定度:

$$MS_0' = \frac{100 \cdot MS_2}{MS}$$

式中　MS_0'——试件真空饱水残留稳定度(%);

　　　MS_2——试件真空饱水后浸水 48 h 后的稳定度(kN);

　　　MS——试件按标准试验方法的稳定度(kN)。

(四)试验记录

沥青混合料马歇尔稳定度试验记录见表 16。

表16 沥青混合料稳定度试验记录表

沥青混合料用途					矿粉密度 $\rho_{t(F)}$/g·cm⁻³								拌和温度/°C				
沥青混合料类型					沥青品种								击实温度/°C				
沥青混合料配比	矿质集料品种 粗集料表观密度 $\rho'_{t(c)}$/g·cm⁻³ 细集料表观密度/g·cm⁻³				沥青密度 $\rho_{t(a)}$/g·cm⁻³								击实次数				

试件编号	沥青用量 q_a/%	试件高度			试件在空气中质量 m_0/g	试件在水中质量 m_1/g	试件表观密度 ρ_0/g·cm⁻³	试件理论真实密度 ρ_t/g·cm⁻³	试件中沥青体积百分率 VA/%	试件空隙率 VV/%	试件矿料空隙率 VMA/%	沥青饱和度 VFA/%	稳定度		稳定值 MS/kN	流值 FL/(1/10mm)	马歇尔模数 T/kN·mm⁻¹	浸水稳定度 MS_1/kN	残留稳定度 MS_0/%
		h_1/cm	h_2/cm	平均高度 $\bar{h}$/cm									测力环百分表读数/(1/100mm)	折算系数 k/kN·(100mm)⁻¹					
①	②	③	④	⑤=(③+④)/2	⑥	⑦	⑧=⑥/(⑥−⑦)	⑨	⑩=②×⑧/$\rho_{t(a)}$	⑪=(1−⑧/⑨)×100	⑫=⑩+⑪	⑬=⑩/⑫	⑭	⑮	⑯=⑭×⑮	⑰	⑱=⑯/⑰×10	⑲	⑳=⑲/⑯×100
I-1																			
I-2																			
I-3																			
平均																			
II-1																			
II-2																			
II-3																			
平均																			
III-1																			
III-2																			
III-3																			
平均																			

试验者：＿＿＿＿＿ 复核者：＿＿＿＿＿ 日期：＿＿＿＿＿

参考文献

[1] 周士琼. 建筑材料[M]. 北京：中国铁道出版社，2004.
[2] 黄晓明，潘钢华，赵永利. 土木工程材料[M]. 南京：东南大学出版社，2001.
[3] 袁润章. 胶凝材料学[M]. 武汉：武汉工业大学出版社，1993.
[4] 张冠伦. 混凝土外加剂原理与应用[M]. 北京：中国建筑工业出版社，1996.
[5] 冯乃谦. 高性能混凝土结构[M]. 北京：机械工业出版社，2004.
[6] 吴中伟，廉慧珍. 高性能混凝土[M]. 北京：中国铁道出版社，1999.
[7] 金伟良，赵羽习. 混凝土结构耐久性[M]. 北京：科学出版社，2002.
[8] 国家建材局标准化研究所. 混凝土常用标准汇编（上、下）[M]. 北京：中国标准出版社，2000.
[9] 洪平. 特种水泥[M]. 北京：中国建材工业出版社，1998.
[10] 中国建筑科学研究院. JGJ55—2000 普通混凝土配合比设计规程[S]. 北京：中国建筑工业出版社，2001.
[11] 赵国藩. 钢纤维混凝土结构[M]. 北京：中国建筑工业出版社，1999.
[12] A. M. 内维尔. 混凝土的性能[M]. 李国泮，马贞勇，译. 北京：中国建筑工业出版社，1983.
[13] 陈肇元. 土建结构工程的安全性与耐久性[M]. 北京：中国建筑工业出版社，2003.
[14] 符芳. 建筑材料[M]. 南京：东南大学出版社，1995.
[15] 赵品，谢洲，孙文山. 材料科学基础[M]. 哈尔滨：哈尔滨工业大学出版社，1999.
[16] 赵斌. 建筑装饰材料[M]. 天津：天津科学技术出版社，1998.
[17] 严家级. 道路建筑材料[M]. 北京：人民交通出版社，1996.
[18] 陈志源. 土木工程材料[M]. 武汉：武汉工业大学出版社，2000.
[19] 杨培林. 建筑砂浆实用手册[M]. 北京：中国建筑工业出版社，2003.